U0180944

安装与吊装工程七十年

杨文柱 杨晓杰 杨晓燕 古 阳 著

Industrial Installation and Hoisting Engineering

Seventy-Year Journey

重庆大学出版社

内容提要

本书是我国工业设备安装工程专业主要创建人之一、安装工程学科领域的奠基人和开拓者、安装专业及学科带头人杨文柱教授从业五十余年的实践总结。本书内容包括:第一篇 不忘初心;第二篇 学科技术;第三篇 技术创新,经典案例;第四篇 人才培养,专业创建,砥砺发展。本书回忆了中国安装、吊装行业72年走过的历程,回顾了中国安装、吊装行业的重大事件,展示了安装与吊装行业的发展和所取得的成就,再现了几代安装与吊装人共同奋斗的经历,将中国安装与吊装人的成就弘扬光大。本书取材主要来自实践,内容经典完备,图文并茂,数据丰富,可读性强,可供相关领域专业人员、技术人员与相关专业在校师生阅读参考。

图书在版编目(CIP)数据

安装与吊装工程七十年/杨文柱等著. --重庆:
重庆大学出版社,2022.3
ISBN 978-7-5689-3070-3

Ⅰ.①安… Ⅱ.①杨… Ⅲ.①安装—产业发展—中国
Ⅳ.①TB4

中国版本图书馆 CIP 数据核字(2021)第 240542 号

安装与吊装工程七十年
ANZHUANG YU DIAOZHUANG GONGCHENG QISHINIAN

杨文柱 杨晓杰 杨晓燕 古 阳 著
策划编辑:张 婷

责任编辑:杨 敬 版式设计:张 婷
责任校对:谢 芳 责任印制:赵 晟

*
重庆大学出版社出版发行
出版人:饶帮华
社址:重庆市沙坪坝区大学城西路 21 号
邮编:401331
电话:(023)88617190 88617185(中小学)
传真:(023)88617186 88617166
网址:http://www.cqup.com.cn
邮箱:fxk@cqup.com.cn(营销中心)
全国新华书店经销
重庆升光电力印务有限公司印刷

*
开本:787mm×1092mm 1/16 印张:32 字数:723 千
2022 年 3 月第 1 版 2022 年 3 月第 1 次印刷
印数:1—3 000
ISBN 978-7-5689-3070-3 定价:198.00 元

序 | INTRODUCTORY

百年奋斗,初心弥坚。在迎接建党 100 周年和我国安装与吊装业走过 72 年之际,杨文柱教授邀请我们为他著的《安装与吊装工程七十年》一书写序,我们欣然同意。杨教授 1937 年出生于云南大理市喜洲镇城北村一个普通白族家庭,在故乡如诗如画的苍山洱海之间度过了他的童年。他童年期间生活很清苦,10 岁时与母亲及兄妹一起移居重庆,先后就读南开中学、重庆建筑工程学院(1994 年 1 月学校升格为重庆建筑大学,2000 年 4 月与重庆大学合并)。1961 年 7 月毕业留校任教,历任重庆建筑大学建筑安装工程系主任(直属系)、建筑安装技术研究所所长、重庆交通职业学院建筑系主任兼书记,并曾任四川省政协委员、四川省土木建筑学会副秘书长、四川省安装协会副会长、重庆科普作家协会副理事长、重庆土木建筑学会安装专业委员会副主任委员、重庆市建设技术发展中心总工程师(同时兼任重庆建新建设工程监理咨询有限公司总工程师)、浙江精工钢结构集团有限公司顾问总工程师、四川华神钢结构有限责任公司顾问总工程师、中国安装协会科学技术委员会顾问委员、中国钢结构协会专家委员会资深专家、同济精工钢结构技术研究中心专家委员、《钢构技术》编委、《安装杂志》编委、重庆交通职业学院客座教授等。

作为重庆大学教授,近 60 年来,杨教授在出色地创造性完成教学任务的同时,曾主持和参加国内外石油、化工、冶金、电力行业,核电站、奥运会场馆等设备与钢结构工程中百余项高、重、大、精、尖、难大型设备及特种结构吊装方案设计、工程安装与吊装。杨教授前三十年主要从事"中国石化""中国石油""燕山石化"总厂、"上海石化"总厂、"四川化工"总厂等企业上百台塔、罐、容器、火炬塔架的安装与吊装,以及"第二重型机器厂"大型桥式起重机、"第二汽车制造厂"12000 吨模锻的安装与吊装,后三十年主要从事机场、体育场馆、超高层钢结构建筑安装与吊装,并参与重大安装与吊装工程的科技成果评审。这些重点工程中的设备与结构十分复杂,且荷载传递复杂多变,给安装与吊装工作带来很多难点。他始终带领技术团队深入学习,了解这些工程中复杂的设备与结构,理解每项工程的重点、难点和特点,特别针对荷载与力的传递,成功地运用和创造了许多新技术,解决了这些难题。

杨教授是我国"工业设备安装工程专业"学科的主要创建人之一,也是安装工程学科领域的奠基人和开拓者,是我国知名的安装专业及学科带头人,是我国桅杆吊装技术的泰斗,在安装专业及学科创建过程中做出了重要贡献。作为教师,他培养了上千名安装与吊装技术骨干和十余名研究生,他们均已成长为安装与吊装业的中坚力量与行业专家。杨教授曾获部、省、市级,学会、协会、院校等各种奖项五十余项,并于 2017 年 9 月由中国钢结构协会专家委员会授予终身成就奖,是中国钢结构杰出贡献专家、学者。除此之外,杨教授撰写、参编辞典、国家规范、教材、科技图书等共 29 本,发表论文与科普文章 200 多篇,也是国内知名的科普作家。

我们想起两位世界名人的话。英国伟大作家狄更斯说:"顽强的毅力可以征服世界上任何一座高峰。"美国伟大科学家爱迪生说:"我平生从来没有做过一次偶然的发明,我的一切发明都是经过深思熟虑和严格实验的结果。"杨教授就是这样,他仰望星空而又脚踏实地,他志存高远而又一步一个脚印地勤奋学习、刻苦钻研、忘我工作、大胆创造。不论是教学任务还是各种安装工程,他担起担子就以饱满的激情、顽强的毅力、一往无前的精神,高标准、严要求地把它做好。在职业教育和工程建设中,他也坚持深思熟虑和严谨实践。在重庆交通职业学院高职教学中,他提出了在学生中开展"五小"(小发明、小革新、小改造、小设计、小建议)创新与技能大赛,增强学生动手实作能力;提出实训、实验、实习三位一体,培养学习型、技能型、技术型的高级技能人才。在指导安装与吊装工程中,他一丝不苟地落实"四按"和"严准细"。"四按"指施工按规范、操作按规程、检验按标准、办事按程序;"严"即严肃的态度、严格的要求、严密的措施,"准"即数据要准、计算要准、指挥要准,"细"即考虑问题要细、准备工作要细、方案措施要细。他主持的建筑安装及吊装工程都带头做到"五个一",即以一流的队伍、一流的技术、一流的装备、一流的管理水平、一流的材料,建成一流的工程。正是如此,在他主持和参与的上百项安装与吊装工程中,没有发生过一起事故,实属难能可贵。

在我国安装与吊装业走过70年之际,杨教授推出了他主编的50余万字的学术专著《建筑安装工程学》(由机械工业出版社于2015年11月出版)。他在因重病(尿管癌)动了两次大手术之后,以顽强的毅力著述了《安装与吊装工程七十年》一书。在书中,他回顾总结了70年的跋涉、探索与成就,70年的弘扬与支撑,书写了中国安装人的追求与梦想。

杨教授于迟暮之年完成了这本《安装与吊装工程七十年》,用朴实生动的笔触,抒写出自己不忘初心、始于教育的人生经历:童年的时候就和安装与吊装结缘的小故事,成长的经历和一生的追求。从小时候到中学、大学,他一步步地与安装与吊装业结缘,使之成为他奋斗、奉献终生的事业。从中我们看到杨教授怎样以勤奋学习、刻苦钻研的精神,敢于担当、充沛饱满的激情,不断探索、开拓创新的勇气,以及顽强拼搏、坚持不懈的毅力,一步一步达到自己追求的目标——"为安装与吊装学科和技术发展做出艰辛的铺垫"。《安装与吊装工程七十年》这部著作,不但在安装与吊装工程领域中有重要价值,而且对广大读者也有励志和鼓舞的作用。

在迎接建党100周年与我国安装与吊装业走过72年之际,我们衷心祝贺杨教授《安装与吊装工程七十年》的出版,祝他健康长寿,为迈向新时代再立新功!

诗人、作家、画家、书法家,中国当代文学研究会副会长、中国当代少数民族文学研究会会长、国际诗人笔会主席团委员、云南省作家协会主席,2014年纽约东西方艺术家协会终身成就奖获奖者

高级工程师,曾任四川省建设委员会主任、四川省建筑工程总公司总经理、中国华西企业有限公司董事长、四川省建筑业协会会长

教授级高级工程师,中国安装协会副会长,四川省工业设备安装集团有限公司党委书记、董事长

研究员级高级工程师,中国施工企业管理协会科技专家,全国六大行业协会吊装专家,南京南化建设有限公司董事、副总经理

2021年4月

前　言 ｜ PREFACE

　　峥嵘百年,与党同行,在迎接建党 100 周年与我国安装与吊装业走过 72 年之际,我完成了这部著作。72 年的跋涉与开拓,72 年的探索与成就,72 年的弘扬与支撑,中国安装与吊装技术和力量的沉淀与积聚,书写了中国安装与吊装人的追求与梦想。赶路者心中必有梦想,追梦人脚下定是征途,弹指一挥间,沧桑巨变,中国安装与吊装业走过一条梦想辉耀下的金光大道,"这条道路既不是'传统的',也不是'外来的',更不是'西化的',而是我们'独创的',是一条人间正道。"正如习近平总书记的宣告,昭示着一个文明古国的自觉与自信。让我们共同回忆中国安装与吊装行业七十年走过的历程,记录中国安装与吊装业的重大事件。本书书写安装与吊装业七十年来的发展和取得的举世瞩目的成就,再现几代安装、吊装人的共同奋斗经历,将中国安装、吊装人的成就弘扬光大。书中也描述了我一生为安装与吊装技术和学科发展做出的艰辛的铺垫工作。

　　安装与吊装技术是一门综合性、系统性、实践性很强的科学技术,涉及知识面广,并与其他学科相互渗透交叉,难度较大,有时计算条件随安装与吊装的不同条件而千变万化。我在工作的前三十年主要从事了"中石化""中石油""中核电""中机""中建""四川化工"等企业的塔、罐、容器、火炬塔架、大中型桥式起重机、万吨水压机、"二汽"12000 吨模锻等设备的安装与吊装。这些在我编写的由中国建筑工业出版社出版发行的《重型设备吊装工艺与计算》等畅销书中有充分说明。后三十年我主要从事的项目为国家重点钢结构项目如国家体育场馆、大型机场钢结构的安装与吊装。这些在《建筑安装工程学》专著中有充分说明。执着就要不忘初心,执着就要砥砺前行,执着是有定力的积淀,执着需要保持专注,执着需要追求卓越,执着需要恪守本真,执着需要不惧未知,执着需要不惧挑战,执着需要不惧失败。在安装与吊装工程中有较多的复杂计算问题还需不断探索、研究,不断完善,以适应学科发展的需要。近些年我国安装与吊装技术和学科跨越式发展,先进、创新的安装、吊装方法层出不穷。其中有不少的安装与吊装的前沿技术思路巧妙,如在我国港珠澳大桥安装与吊装工程中就有充分体现;又如徐工集团圆满完成广东石化炼化一体化项目的 4606 吨抽余液塔的吊装,一举刷新亚洲最重塔器吊装纪录。我国起重吊装技术的崛起,充分反映我国吊装行业自中华人民共和国成立以来的飞速发展和瞩目成就。

　　我从童年到中学时代到大学时代,对吊装情有独钟。20 世纪 80 年代我在安装与吊装项目中摸爬滚打,从肩扛道木、铺设道木与滚杠、接长钢丝绳、桅杆设计与验算、测定大型网架同步提升卷扬机功率、研究起重滑轮组钢丝绳的穿绕方法与计算,再到经验公式提升到理论计算等,并且对桅杆式起重机情有独钟。我完成了建设部"起重吊装工程成套技术及计算机仿真系统研究"项目,并进一步完成了50～1000 吨角钢型、圆管型、方管型桅杆式起重机标准系列设计。项目成果在石油化工与中建集团各单位使用,效果很好,吊装界称我"杨桅杆"。当国内外起重机吊重与自重之比还未能达到 7∶1 时,我在国内创造性用 4000 吨龙门桅杆、钢绞线承重液压提升、履带吊抬吊相结合的吊装技术,成功吊装重达 2300 吨 C3 分离塔(当时在亚洲同类塔类设备中是首次)。我参加了国内外众多领域上百项大型安装与吊装工程的设计、实施,乃至技术研发。其间,是学校、企业共同为我搭建了成长的平台。在这样的平台上我也培养了上千名各种层次从事工业与民用设备及钢结构安装与吊装工程的技术骨干,他们有的已成长为专家。我参编了《中国土木建筑百科辞典》工程施工卷、《建筑经济大辞典》《安装技术名词术语》共三本辞典类书籍;编审了国家与行业规范十二本;编著了《重型设备吊装工艺与计算》《设备安装工艺》《设备起重工》《建筑安全工程》《网架结构制作与施工》《钢结构工程施工工艺标准》《起重吊装简易计算》《建筑安装工程学》等科技图书、教材十余本;撰写了《论建筑安装业在国民经济中的地位与作用》《论建筑安装企业技术装备方案的拟定》《论我国吊装技术的发展与展望》《论超高层钢结构工程详图设计、加工制作、安装施工的重点、难点及对策》等论文和指导研究生论文共八十余篇,以及编写科普文章百余篇;获部、省、市级,学会、协会、院校等各种奖励五十余项。

本书主要内容包括:第一篇不忘初心(共 1 章);第二篇学科技术(共 18 章);第三篇技术创新,经典案例(共 14 章);第四篇人才培养,专业创建,砥砺发展(共 3 章)。书中列举了"国家精品工程国家体育场(鸟巢)钢结构 C13 柱脚第一吊""具有科技时代特色的广州新白云国际机场设备及钢结构安装与吊装""国家精品工程国家体育馆项目安装工程机器人的运用""神华宁夏煤业集团 50 万吨/年甲醇制烯烃项目 C3 分离塔的吊装"等经典案例,涉及"超级钢结构工程安装与吊装关键技术""我国石油化工工业中塔类设备的安装与吊装技术""我国钢结构桥梁、塔桅与高耸钢结构、海洋钢结构安装与吊装的成就"等工程技术实践,并介绍了"国内外几大起重吊装技术"及"起重滑轮组钢丝绳的穿绕方法与计算""动臂桅杆式起重机设计计算"等从吊装实践中获得的理论与经验,以及阐述了"把我国安装与吊装行业办成'学习型行业'""初心从未改,深情话吊装"等对安装与吊装技术人才培养的总结。

本书取材主要来自实践,内容经典完备,图文并茂,数据丰富,可读性强。撰著本书是秉持着让读者能看得懂、学得会、用得上的本意,希望本书可供相关领域专业人员、技术人员与相关专业在校师生阅读参考。

参加本书撰写的还有杨晓杰(第一篇至第四篇部分内容),杨晓燕(第二篇、第三篇部分内容),古阳(第二篇、第三篇部分内容)。全书的原稿前后修订了多次,编排、绘图、校对、设计、计算等具体工作均由他们协助我完成。他们付出了辛勤的劳动,终使本书成稿。

本书的撰写、出版,得到了原四川省建设委员会主任、四川省建筑业协会会长刘丹陵,重庆大学土木工程学院教授、党委书记华建民,重庆大学发展规划处教授、处长蔡珍红,重庆大学出版社党总支书记、副社长柏子康,成都市住房和城乡建设局副局长王建新,四川省工业设备安装集团有限公司党委书记、董事长、教授级高级工程师、中国安装协会副会长杜江,成都建工工业设备安装有限公司党委书记、董事长、"四川省优秀企业家"翟跃明,中国施工企业管理协会科技专家、全国六大行业协会吊装专家、南京南化建设有限公司董事兼副总经理、研究员级高级工程师甘继荣的大力支持和帮助,在此表示敬意和感谢!感谢能和大家一起在安装与吊装技术发展中同行,感谢大家使该书能顺利出版。

我邀请了晓雪、刘丹陵,以及另外两位在安装与吊装技术领域有显著成就的专家——我的学生杜江、甘继荣为该书作序,其意义深远,不仅表明青出于蓝胜于蓝,而且表达了安装与吊装技术的发展后继有人!我对此深感欣慰。由于该书的编排是一种尝试,限于水平,不能完全覆盖所有的安装与吊装技术,还望读者不吝指正。

杨文柱

2021 年 4 月

目　录

第一篇　不忘初心

第二篇　学科技术

第四篇　人才培养，专业建设，砥砺发展

第一篇　不忘初心

第一节　童年的回忆与启发

1937 年 5 月 12 日,我出生在云南大理洱海边的一个户户都姓杨的村子——喜洲镇城北村。喜洲背靠苍山、面对洱海,风景优美、气候宜人,物华天宝、人杰地灵。我出生后,父亲到外地(重庆)做职员。我们这一辈是"文"字辈,名字中都有一个"文"字。我有四个兄弟姐妹(大姐文莲,大哥文樑,妹妹文慧、文渝),而我的名字是祖父给我选的一个"柱"字,希望我和大哥文樑长大后成为国家的栋梁。这也是我最早的初心吧!那时,我们主要依靠母亲手工卷草烟来维持生活,生活很贫苦。但是,大理有着我们最美的母亲湖——洱海,这里是养我、育我的宝地(图 1-1-1)。

图 1-1-1

洱海一天的景色都很美。早晨,太阳刚刚升起,水面是金灿灿的,波光粼粼,安安静静。一层薄薄的雾轻轻地浮在水面上,像美丽的仙境。

中午,太阳升到了头顶。这时,水面倒映了天空的颜色,湖水是蓝莹莹的,海天一色。

晚上,皓月当空,又大又圆又亮的月亮挂在天空,星星也有伴了。湖面倒映着月亮和星星,一眼看去,好像有两个一模一样的星空。

喜洲镇是白族聚居的城镇,这里有着保存最多、最好的白族民居建筑群。它们雕梁画栋、斗拱重叠、翘角飞檐,门楼、照壁、山墙的彩画装饰艺术绚丽多姿,充分体现了白族人民的建筑才华和艺术创造力。受其影响,我考进了重庆建筑工程学院(已与重庆大学合并)。

一、爱清洁的小男孩

都说白族人民爱清洁,真的是这样。我五岁开始上小学。在我的眼中,爱劳动、爱行好的母亲是我最敬服的人。勤劳和善良是我母亲美丽人生的最大"资本"和"金钥匙",也是母亲创造和装扮我们健康生活、美丽生活的无价之宝。受母亲勤劳持家的影响,我养成了每天早上必须扫地、擦净家里所有家具后才去上学的习惯。回忆中,偶尔有两次起床晚了不能做好家里清洁,只有边哭边走去上学。爱清洁的好习惯一直延续到中学、大学、工作以后,直到现在。在大学工作期间,我带学生到北京燕山石化总厂与上海金山石化总厂做毕业设计时,我和学生在驻地每天主动打扫公用厕所。我学习、工作与居住的房间,桌椅、门窗和地面均无灰尘,看起来很舒畅,也很明朗。

二、捉蝴蝶

大理蝴蝶泉离我上学的小镇约有 4 公里,老师曾带领我们一个班远足,到那里游玩。我们自带干粮,就喝蝴蝶泉流淌出来的山泉水。那里林木苍翠、环境幽静,有很多野花。成百上千的蝴蝶首尾相连,从树枝上一串串地垂挂下来,直垂到水面上。蝶影倒映在清澈见底的泉水里,奇丽无比。我有两本书,是专门来夹蝴蝶标本的。

三、打赤脚的真谛

小的时候,家里穷,我平时就赤着脚。当时,村里小孩穿得起鞋子的不多。打赤脚能下地帮助大人干活,在水里摸鱼也方便,可以一举两得。我们每年都盼着过年,这时才能有一双母亲做的鞋穿在脚上。由于平时没有鞋子穿,在很长一段时间里,我的脚趾头是向外张的,看起来脚就显得比较大。村里人常常拿我的脚开玩笑,说我长大了肯定是挑担子的一把好手,能承受得了担子的重压,挑个百十来公斤不成问题。不过,我的脚趾在干活或不小心走路时经常踢到路上凸出来的石头,碰得鲜血淋漓,就像伤口上撒了辣椒面一样,生疼。大人们呢,总是说:"肯定是你调皮,才让你的脚趾头踢在石头上来惩罚你!快撒上一把土。"我一边听着,一边抓上一把土敷在流血的脚趾上。也许是土生土长的缘故,一把土撒上去,很快就止住了血,接着玩耍,踢破了皮的脚趾头也不那么疼了。两三天过后,就结了痂,把脚往河水里一泡,泡软了后就可以把土和痂慢慢抠掉,过不了多长时间,这个脚趾头就好了。嘿,还是长辈们的土办法好。按现在来讲："来自泥土，归于泥土。"泥土的魅力，来自真实的零距离。从小我就养成了勤奋、不怕苦、不怕累的精神，这为我在安装与吊装项目中摸、爬、滚、打，如肩扛道木、铺设道木、滚杠、接长钢丝绳，和起重工一起干活等，打下良好的基础。这就是我打赤脚的真谛。

四、一根竹竿取鸟蛋

我小时候很天真，也很顽皮，经常用一根竹竿搭在屋檐瓦片上作为取鸟蛋的工具。记得有一次，在屋檐上我把手伸进鸟窝时，忽然感到手心凉凉的，一条看似剧毒无比的红色小蛇顺着手心爬出鸟窝，我险些被毒蛇咬到手。我急忙溜下竹竿跳到地面，告知了祖母。祖母听后急忙用姜给我搓手。因为不忘初心，从一根竹竿到一生从事吊装工作七十多年，我与桅杆结下了不解之缘。我从事桅杆设计、制作、安装、吊装施工，在国内外有个外号叫"杨桅杆"。

五、母亲对我成长的影响

我的母亲大名徐凤英，她朴实、慈祥、善良、勤劳能干、令人敬重，是我们家乡父老乡亲公认的勤快女人、朴实女人、慈心女人。母亲是一位朴实憨厚、勤快辛劳的普通手工劳动妇女，也是一位喜欢劳动、善于劳作，忙忙碌碌闲不住的勤劳之人，更是一位乐于吃亏、乐于行好、令人敬重的好心人。母亲就像不畏辛劳的蜜蜂一样不停地劳作着，她告诉我们，她从 5 岁开始就学卷草烟，辛勤地参加劳动，帮着父亲打工养家糊口。其实，母亲的美丽之处就在于她的勤劳能干和心地善良。她常常教育我们一定要记住"勤劳为本，勤奋是根，老实做事，善良做人"的"人生法宝"。母亲最相信"天上不会掉馅饼，唯有劳动最光荣，朴实善良传家宝，文明诚信受尊重"这句大实话的硬道理。她是这样说的，更是这样做的，她是一位让我们万分敬佩的伟大母亲！我们家还有一小块地和小果园，无论是菜园里的体力活，还是家里的家务活，母亲都样样精通且乐此不疲。不管是田间地里的耕耙播种、作物收割，还是场院里的扬场簸箕，果园里的修剪嫁接、爬树采摘，厨房里的蒸煎烹炒，她都样样拾得起，且做得干净利落，游刃有余，像模像样。图 1-1-2 是母亲；图 1-1-3 是母亲、妻子（周琼琪）和我；图 1-1-4 是母亲、妻子、儿子（杨晓杰）。

图 1-1-2

图 1-1-3

图 1-1-4

　　因为有了母亲那坚持不懈的劳动创造和辛勤耕耘,依靠勤劳的双手和辛勤的汗水使我们家渡过了一个又一个难关,才使我们家的生活从一穷二白到了温饱。因为母亲那毫不间断的劳动锻炼,方使她的身体健康硬朗。母亲用勤劳与善良的做人美德深深地影响、教育了我们晚辈,使我们真正懂得了"勤奋努力,淡泊名利,善良可亲,朴实有益"的含义,并且不折不扣地把"勤劳与善良"的"秘诀"落实在实际行动中,从而换来了丰厚甜美的勤劳果实。我在工作上取得红彤彤的荣誉证书五十多本;撰写、指导论文八十多篇,撰写科普文章100多篇,参编辞典与规范、编撰科技书二十多本,就是最有力的"勤奋"见证(见附录1至附录8)。

　　图 1-1-5 是晚辈最喜欢的与婆婆的合照。前排是杨晓燕(女儿)、黄角春(侄儿媳)、母亲、况蓉(侄女)、后排是杨晓杰(儿子)、况伟(侄儿)、况勇(侄儿)、何伟(侄儿)。

图 1-1-5

第二节　中学时代

一、允公允能、日新月异

1950年7月—1956年7月我就读于重庆南开中学(重庆三中)的初中与高中。我在南开中学就读期间,不仅享受全部助学金,喻校长还送衣物等给我哥哥和我。

南开中学的校训是"允公允能、日新月异"。允公是大公,而不是小公;允能是要做到最能。日新月异是指不但每个人要能接受新事物,而且要成为新事物的创始者;不但要能赶上新时代,而且要能走在时代的前列。这是德才兼备,先做人、后做事的意思,也是创新的意思。这句校训是办学理念的凝结、治校传统的升华,是南开人特殊的价值取向和精神品质的现实化。这句校训也成为我自己一生实践的箴言。

南开中学诞生于抗战的炮火中,因此"爱国"是其最根本的学校精神。重庆南开中学完整继承了南开学校的教育思想,在"允公允能、日新月异"的校训引领下,重庆南开中学规定了以下5项教育和教学原则。

①重视体育,锻炼学生强健的体魄;

②提倡科学,注重观察和实验;

③鼓励学生自动组织团体,培养他们的组织能力和团结协作的精神;

④重道德训练,加强人格教育;

⑤灌输爱国思想,培养救国力量。

以上5项原则体现了南开中学要求学生德智体美劳五育并进的方针,并通过丰富的课外活动,使我们自强不息,最终成长为振兴民族和国家之栋梁。

我在校期间曾任少先队大队委、班委、共青团支委、跳伞队队长、正声乐社社长等职。我还加入了校田径队,百米跑成绩是11.2 s,跳远6.88 m,三级跳12.86 m,引体向上可拉到36次。我记忆犹新的是,我们的化学与物理课的实验非常棒。我高考时,化学考了100分。

我参加过航空模型队,自制的弹射式模型小飞机成绩达到1分17秒,并参加了第一架滑翔机的制作。参加制作工作的这批高年级的同学全部调到了我国沈阳滑翔机制造厂。

图1-2-1为高1956级春季运动会留影(左二排第七人是我)。

图1-2-2为1956级与1957级的同学赴綦江铁矿参加服务队文艺分队留影(后排中是我)。

图1-2-3为1956级全体同学在成都聚会时留影(第一排左带孩的第三人是我的夫人,第四排左第五人是我)。

图1-2-4为1938—1956级部分校友在重庆枇杷山公园与李承恩老师等留影(前排中是李承恩老师、二排右第五人是我)。

图 1-2-1

图 1-2-2

图 1-2-3

图 1-2-4

二、跳伞运动有感

我国跳伞运动始于 20 世纪 40 年代。1942 年,重庆建成中国和亚洲第一座跳伞塔。1949 年以后,我国跳伞运动发展较快,我有幸参加了我国第一批跳伞运动,任南开中学跳伞队队长。

图 1-2-5 是我的跳伞证书;图 1-2-6 是当时的跳伞塔。

图 1-2-7,前排左第二人是北京航空航天大学教授汪家芸,第三人是原国家跳伞队教练宋广熙,第四人是潘必果,二排左第三人是我。图 1-2-8 为 2018 年 10 月 3 日,南开校友与国家跳伞队教练宋广熙在我家留影,左起分别是周文、宋广熙、王瑜瑜、我、周琼琪。

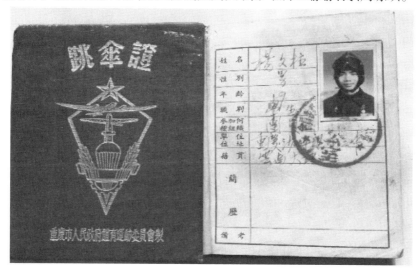

图 1-2-5

图 1-2-6

图 1-2-7

图 1-2-8

我参加跳伞运动，为我后来参加工业设备与钢结构高空安装与吊装工作空中作业打下了坚实的基础。

三、音乐伴我成长

正如冼星海所说，音乐是一种快乐，是一种思维的声音，也是一种智慧的启示。音乐，是我们生活中的一股清泉；音乐，是陶冶性情的熔炉；音乐，是我人生中最大的快乐。

在南开中学学习的 6 年中，我十分喜爱音乐，因我们白族人本身就特别爱音乐。在教音乐的阮北英老师影响下，我开始学弹三弦和月琴，后来又对扬琴产生了极大的兴趣，并开始学拉小提琴、大提琴、二胡、手风琴等。我进步很快，并自制手风琴"东风号"送到北京展览，并受到好评。成长为乐器的多面手后，我在校担任正声乐社的社长，组建了学校的民乐队和西洋乐队。考入重庆建筑工程学院后,我在党政工团领导组织下,组建了校业余文工团,成为主要骨干成员之一。我参与的扬琴、二胡二重奏《收割曲》曾获重庆市业余创作演出一等奖(扬琴为1965年建工部在大庆召开政治工作会,我赴大庆和北京演出时我国第一任文化部部长沈雁冰所赠)。

图1-2-9为我演奏各种乐器。图1-2-10为1958年我自制的送往北京展览的手风琴"东风号"。

图 1-2-9

图 1-2-10

1965年,重庆建筑工程学院受建设部委托,组织包括我在内的文工团员赴大庆参加政工会议,演出《红岩工地战歌》与歌舞,并与王铁人留影。图1-2-11,前二排左第五人是王铁人,后第二排右第一人是我。

图 1-2-11

2008 年 3 月 22—23 日,"冷弯方矩管制造与应用技术交流会"在山东省泰安市泰安华侨大厦举行。本次交流会由中国钢结构协会专家委员会与泰安科诺型钢股份有限公司联合主办,旨在进一步推广冷弯方矩管在建筑工程和其他领域的应用、研讨应用中存在的技术问题,也使专家对科诺公司、对冷弯方矩管制作与应用技术进一步加深了解,推动冷弯型钢产品制造与应用技术的发展。会议到会代表共 100 余位,其中专家委员会专家 60 余人。

会议的晚会还准备了文艺节目,气氛热烈,专家们也参与其中。作为浙江精工钢结构有限公司的顾问总工程师,我应邀表演自创的二胡独奏曲《鸟巢之春》。乐曲的内容主要描写清晨太阳从东方冉冉升起,建世纪工程、创千秋伟业的 13000 多工程技术人员、工人与管理人员劳动的场景。演出受到了大家的热烈欢迎。(图 1-2-12)

图 1-2-12

第三节 与安装与吊装业结缘

一、上海同济大学进修

1956 年,我从重庆南开中学毕业,考上了重庆建筑工程学院(后更名为重庆建筑大学)给水排水专业,毕业后留校任教。

1972 年 7 月—1974 年 7 月年学院委派我们到上海同济大学进修工程机械。两年间,我参加了受建设部委托,在我校与同济大学筹办"机械设备安装工程专业"的工作。随同我到同济大学进修工程机械的有洪昌银、王铁荪、万钟英。在同济大学进修期间,我们全程参加了起重量为 1 t 的液压汽车吊的设计与制作。我设计的是分动箱。我还参加了 1 t 塔吊的设计、计算与制作,并全程参加了上海万人体育馆 660 t 网架整体吊装和 10 t 电动卷扬机的设计与制作,由我负责绘制总图。在同济大学的进修,为我奠定了"机械设备安装工程"专业所需的机械、力学知识的扎实的基础。

二、学习是一个人真正的看家本领

我非常珍惜进修机会,周末与晚上的时间都在同济大学的图书馆度过。我参加了上海万人体育馆网架整体吊装方案拟定与现场吊装、测试等技术工作,还参加了上海石化总厂塔类设备的吊装,以及"上钢一厂""上钢五厂"100 t 和 200 t 桥式起重机的吊装实践。

通过现场安装与吊装的实践,学习和阅读图书馆丰富的科技文献、书刊,我在两年中积累了上百万字的安装与吊装的技术资料,为撰写《设备起重工》《起重工应知应会书》《重型设备吊装工艺与计算》书籍和在《施工技术》《起重运输机械》《建筑技术》杂志上发表论文打下扎实基础(表 1-1-1),感受到"学习是一个人真正的看家本领"的真谛。

表 1-1-1

文　章	发表时间	刊　物	作者排名
《大型网架同步提升时卷扬机功率的测定方法》	1974.04	建筑技术通讯 (施工技术)	唯一作者
《起重滑轮组钢丝绳的穿绕方法》	1975.06	建筑技术通讯 (施工技术)	唯一作者
《浅谈起重吊装技术概况》	1978.03	起重运输机械	唯一作者
《国内外起重吊装技术的发展》	1978.03	起重运输机械	唯一作者
《用自行式起重机吊装设备与构件计算方法》	1975.05	建筑技术	唯一作者

三、我和安装与吊装业结缘

我在上海同济大学进修期间,参加了上海万人体育馆大型网架的安装与吊装、上海金山石化总厂塔类设备的吊装,"上钢一厂""上钢五厂"桥式起重机的安装与整体吊装,从此也使我和安装与吊装业结了缘。安装与吊装业成为我奋斗、奉献终生的事业。我和安装与吊装技术人员与工人走在一起是缘分,走在一起是幸福。

目前,国内从事安装与吊装施工活动的企业有十万余家,从业人数五千多万人。从业人员文化层次普遍不高,仍然是一支劳动密集型的队伍。我和他们一样,都是从安装与吊装现场摸、爬、滚、打的过来人,他们的需求我非常清楚。可以说,我和他们"心相通、情相融、力相合"。正因如此,我在患尿道癌经历两次大手术后,也要坚持把这书稿完成。

第二篇　学科技术

第一章
安装业概述

第一节　安装业的基础作用、先导作用、带动作用

世界各国经济发展的实践证明：一个产业要成为国民经济的支柱，必须具备基础作用、先导作用和带动作用。

一、安装业是建筑业的基础性产业

国家标准《国民经济行业分类与代码》(GB/T 4754—2011)将建筑业划分为房屋建筑业、土木工程建筑业、建筑安装业、建筑装饰和其他建筑业四大类。一、房屋建筑业：指房屋的主体施工活动；不包括主体工程施工前的工程准备活动。二、土木工程建筑业(包括铁路、道路、隧道和桥梁工程建筑、水利和内河港口工程建筑、海洋工程建筑、工矿工程建筑、架线和管道工程建筑、其他土木工程建筑)：指土木工程主体的施工活动；不包括施工前的工程准备活动。三、建筑安装业(包括电气安装、管道和设备安装、其他建筑安装业)：指建筑物主体工程竣工后，建筑物内各种设备的安装活动，以及施工中的线路敷设和管道安装活动；不包括工程收尾的装饰，如对墙面、地板、天花板、门窗等处理活动。四、建筑装饰和其他建筑业(包括建筑装饰业、工程准备活动、提供施工设备服务、其他未列明建筑业)。其中，线路、管道和设备安装业包括专门从事电力、通信线路、石油、燃气、给水、排水、供热等管道系统和各类机械设备、装置的安装活动；装修装饰业包括从事对建筑物的内、外装修和装饰的安装施工活动，以及车、船、飞机等装饰、装潢活动。

建筑安装业的任务是在建筑安装工程中，按设计要求，将所需的工业设备、管路、电气、结构等装置就位、组装、连接、检测，以达到使用和投产要求。从社会功能上来讲，房屋和土木建筑工程的主要社会功能是为各类建(构)筑物中的各种工艺设备和技术装备提供可靠的支撑与依托，为各种生产活动及人的生活需要提供必要的活动场所与操作技术环境等。对建筑安装业来说，其主要社会功能就是直接为生产及生活提供必要的条件。如果将建筑业比成一架飞机，房屋建筑和土木工程是机壳，装饰工程是飞机座椅等设施，那么安装工程则是飞机的发动机等核心部分，四者相辅相成、缺一不可。从关系上看，房屋建筑和土木工程服务于安装工程，安装工程服务于生产与生活，因此安装工程在房屋建筑工程、土木工程、装饰工程与新建建(构)筑物的使用功能之间起着重要的桥梁和纽带作用。

二、安装业是国家的先导性产业

建筑安装业是社会产品的重要生产者。线路、管道与设备安装工程中的各种装置和系统,是由各种技术装备和各种工厂材料组合加工而成的。所有的机组、生产线、工艺装置、车间和工厂的安装,都是经过安装工程技术人员,经过深化与详图设计、起重搬运、精平找正、安装检测与装配调试等综合施工而成的,涉及 30 多个安装工种,8000 多种设备材料。在安装过程中,安装人员既要了解这些产品的性能、规格和使用要求,又要用各种手段对每种产品的质量进行检查,并进行筛选、维修、调整或更换。因为设计不妥、设备缺损等造成的问题,通过安装调试可以被检查出来,所以,安装过程也是检验社会工业产品质量好坏的过程,它能促进工厂生产出合格的工业产品或使安装的设备与构筑物达到最佳使用效果。国内外对安装的定义为:使产品或服务构成系统或结构的组成部分,并对其运行的有效性、设计意图的符合性进行验证。

安装工程是依据设计与生产工艺的要求,应用科学知识直接为产品生产服务提供条件的一种专门的技术应用,是将系统设备整体或其组合件依据设计与生产工艺的要求,按照安装施工组织设计、有关技术文件和安装规范的要求进行搬运、组合连接,包括吊装就位、精平找正、调试运转和交付投产等工序,使之成为一个机组、一条生产线、一套工艺装置或形成一个完整的车间或工厂,具备投产和使用的条件,并确保整个工程符合设计和产品的要求的生产活动。它是形成生产力的关键环节,是建设与生产的重要纽带。安装是赋予产品如设备、建筑等,以及生产服务生命和灵魂的过程,一种产品、一种生产服务的实用性如何、功能性如何等,都需要通过安装来实现。因此,安装与吊装业是国家的先导性产业。

三、安装业的带动作用

(一)安装业是先进科技成果的应用者和传播者,带动各行业的科技进步

国内新建和国外引进的各种装置和一切民用与工业设备的技术创新,其先进性首先是通过安装工程中的检测、调试与运转来实现的。因此,安装工程是应用和传播新技术、新工艺、新材料、新机具的新先驱。通过几十年的应用和传播,安装业已形成了一套适用的、有特色的技术体系,在技术上和管理水平上有自己的"绝招",例如,在高、重、大、新、尖、难设备与构件的搬运和吊装中,创造了十大吊装技术体系,并应用计算机完成了吊装机具的优化设计与造型、布置及吊装过程的受力分析等,在超速、超温、超震设备安装找正,间隙检查,密封实验,油循环及联锁试车等方面,不仅总结了很多经验,而且形成了较成熟的技术;焊接新工艺也层出不穷,各种高强钢焊接、低温钢焊接、高温钢焊接、合金钢的焊接都建立起了焊接工艺评定技术档案;仪表安装也已从电子管到集成电路,并已步入了计算机控制阶段。我国自行设计和建造的秦山核电站于 1985 年 6 月 1 日破土动工,1992 年 4 月并网发电。我国第一台60 万 kW 机组已经在河南投入运行,90 万 kW 超临界机组在上海外高桥投入发电。兆瓦级

超临界机组,先后在浙江、山东和江苏兴建。在核电建设方面我国已经进入快速发展时期。我国成功引进技术,并逐步提高国产化率,自建成有 90 万 kW 汽轮发电机的大亚湾核电站以后,核电站国产化达到了 70%,如完全自主知识产权的秦山核电站二期、清华大学自主开发的具有新一代核电技术水平的 10 kW 高温气冷堆技术、三峡工程 70 万 kW 水轮机组。可再生能源发电也进入了一个新的发展时期。2005 年全国人大常委会通过了《中华人民共和国可再生能源法》。可再生能源装机规模稳步扩大,据统计,截至 2020 年底,我国可再生能源发电装机达到 9.34 亿千瓦,水电装机 3.7 亿千瓦、风电装机 2.81 亿千瓦、光伏发电装机 2.53 亿千瓦、生物质发电装机 2952 万千瓦。机械系统安装业利用其悠久的历史和集团的优势,在国内基本建设中发挥了很大作用,并在引进成套高温设备的拆迁工作中开创了新道路,为建筑安装企业提供了可资借鉴的经验。电子工业安装业几十年来承接安装工程上千余项、援外工程多项,如国营七七三厂 300 万支显像管玻壳生产引进工程的玻璃熔窑点火一次成功,日产 4100 支玻壳,项目获国家优质工程金奖。航天工业安装涉及导弹、火箭、卫星等航天航空器,安装企业承建了这些地面实验室装置,各种风洞、发动机试车台、全弹试车台、试验设备及配套的低压输配电工程、低温冷冻工程、工艺管道工程等。电信建筑安装队伍承接了同轴电缆载波系统、模拟微波通信系统,数字微波通信系统、万门程控交换机、卫星通信地球站,以及移动通信、无线寻呼系统等工程项目,并在积极掌握国际先进的光纤通信设备和综合业务数字通信网的安装技术。港口建设安装工程大都涉及水上、高空、立体交叉作业,码头构件庞大,笨重,如重力式码头,沉箱达 2800 t,高达 24.5 m,并采用了中央控制室自动电脑控制技术等。轻工业设备安装工程安装了不少从法国、英国、日本、瑞典、美国等国家进口的各种 Ⅱ 型或 Ⅲ 型电动、气动仪表,这些仪表广泛用于生产设备的自动调整系统和自动控制系统。建材设备工程安装队伍先后承接了越南、蒙古、阿尔巴尼亚、柬埔寨、巴基斯坦等国的水泥厂和玻璃厂的机电设备安装,应用了先进的激光准直工艺、无脚手架施工工艺、蓖式冷却机采用流水作业法吊装工艺等。总的来说,安装行业在技术的研发、应用及项目管理方面都已形成自己的学科体系。

(二)安装业是工业生产的主要创造者,带动国民经济发展

据统计现代化建设所需要的先进设备和场所,只有通过建筑安装业的生产活动才能实现。例如,为了发展能源和交通运输事业,需要加强各种厂矿、铁路、码头、机场、通信设施的建设等。这些工程,最基本、最重要的条件是各项安装任务全部完成,并达到最佳的运行状态。由于我国建筑安装业积累了丰富经验,拥有本行业技术优势和特长,努力为新建、扩建或改建厂矿创造了良好的开工条件,因此受到国内外建设单位的高度评价。由此可知,建筑安装业不仅为社会创造了物质财富,而且为国民经济部门再生产提供了物质条件。它是工业生产的主要创造者,带动了国民经济的发展。

(三)安装业有广阔的就业容纳性,带动农村剩余劳动力转移

从整体看,我国建筑业目前仍是劳动密集型部门,容纳了大量的就业人员,在整个国民

经济就业人数的构成中占有较大的比例。据估算,每增加 1 名职工,工业部门平均投资为 1.2 万元,而建筑安装业仅为 3000 ~ 4000 元。因此,建筑安装业可以吸收比工业企业多得多的劳动力,成为主要的就业部门。我国自 1978 年以来,建筑施工队伍的规模迅速扩大,最主要的表现就是农村建筑队的异军突起。据统计,到 1995 年底,我国农村建筑队的人数已超过 1500 万。而之后有 10 年,安装业容纳的农村富余劳动力达 1800 多万人,在解决农村转移劳动力就业问题上做出了巨大贡献。

综上几点,我国建筑安装业已成为国民经济的支柱产业。我国建筑安装业的进一步发展必须加大改革力度,发展六大战略。第一大战略是培育建筑市场、健全市场机制战略:培育合格的市场主体、健全市场机制、培育要素市场、发展中间服务组织、健全社会保障制度、强化市场风险机制、建立健全法规体系。第二大战略是体制创新的战略:产业管理体制的改革、企业体制的创新、企业组织架构的调整。第三大战略是营销战略:企业由生产型向经营转变、由施工型向规模转变、由单一经营向多向经营转变、由独立承包向联合承包联合经营转变、由国内经营向国际经营转变、任意型经营向责任型经营转变。第四大战略是国际化战略:研究国际惯例、加强涉外工程管理、参与国际组织和参加国际会议、开拓国际市场。第五大战略是建筑工业化:完善建筑安装技术政策、加大新技术应用的力度、加大科学管理力度、加强职业道德教育。第六大战略是名牌战略:对市场经济条件下质量问题的再认识、建立企业的质量保证体系、强化政府的质量监督、推行法人负责制及配套的建设监理制、加强标准化建设。通过六大战略,让我国形成一套完整的建筑业发展的战略体系,从而全面振兴和繁荣我国的建筑安装业。

四、安装与吊装业发展的技术政策与方针的编制

1996 年,国家建设部编制了《1996—2010 年中国建筑技术政策》,提出要"合理使用钢材,发展钢结构、开发钢结构制造和安装施工新技术"。1998 年 10 月,建设部发文《关于建筑业进行推广应用 10 项新技术的通知》,其中第 9 项"大型构件和设备的整体安装技术"的推广依托单位为中国安装协会。重庆建筑大学建筑安装工程系与安装技术研究所在建设部科技司获准《起重工程成套技术及计算机仿真系统研究》项目,完成 50 ~ 1000 t 角钢型、圆管型、方管型桅杆式起重机标准系列设计。中国安装协会完成了《安装名词术语》的编制,共十二章,并分期在《安装》杂志发表。

五、安装与吊装相关规范、规程、标准、专利及工法日益发展

我国安装吊装相关的规范、规程、标准,有关安装工程建设的设计、制造、施工验收规范均已形成比较完整的体系,并随着技术进步和科技创新发展,不断更新和修订。目前,安装行业经常使用和强制执行的规范标准达 100 余种,专利及工法也达到 100 余项。曾由原机械工业部负责主编,机械工业部安装工程标准定额站组织,会同冶金部第一冶金建设总公

司、化工部施工技术研究所、全国安装协会技术标准中心和重庆建筑大学等单位共同编制、修订的有《机械设备安装工程施工及验收通用规范》（GB 50231）、《起重设备安装工程施工及验收规范》（GB 50278）等 10 种。现行使用的还有《工业设备及管道绝热工程施工规范》（GB 50126—2008）、《水泥基灌浆材料应用技术规范》（GB/T 50448—2015）、《钢质石油储罐防腐蚀工程技术标准》（GB/T 50393—2017）、《立式圆筒形钢制焊接储罐施工及验收规范》（GB 50128—2014）、《工业设备化学清洗质量验收规范》（GB/T 25146—2010）、《工业炉砌筑工程施工及验收规范》（GB 50211—2014）、《现场设备、工业管道焊接工程施工质量验收规范》（GB 50683—2011）、《工业设备及管道绝热工程施工质量验收标准》（GB/T 50185—2019）、《工业安装工程施工质量验收统一标准》（GB/T 50252—2018）、《管式炉安装工程施工及验收规范》（SH/T 3506—2020）、《钢制冷换设备管束防腐涂层及涂装技术规范》（SH/T 3540—2018）、《石油化工静设备安装工程施工技术规程》（SH/T 3542—2007）、《石油化工静设备现场组焊技术规程》（SH/T 3524—2009）、《石油化工球形储罐施工技术规程》（SH/T 3512—2011）、《石油化工特殊用途汽轮机工程技术规范》（SH/T 3145—2012）、《石油化工无密封离心泵工程技术规范》（SH/T 3148—2016）、《石油化工重载荷离心泵工程技术规范》（SH/T 3139—2019）、《石油化工转子泵工程技术规范》（SH/T 3151—2013）、《石油化工工程起重施工规范》（SH/T 3536—2011）、《石油化工大型设备吊装工程施工技术规范》（SH/T 3515—2017）、《工程建设安装工程起重施工规范》（HG 20201—2000），等等。它们的编制与实施，使安装工程设计按规范、操作按规程、检验按标准得以实现。

目前，在安装工程建设领域，熟悉相关标准与规范的设计、研究单位和技术人才相对来说比较缺乏。更让人忧心的是，当今技术和产业日新月异，仍有不少标准和应用规范的修订、编制严重滞后。规范标准的修订、编制必须依靠行业和企业的力量才能完成，这也是行业协会任重道远的职责和任务。此外，更多具有自主知识产权的专利、发明和创新技术，以及产品如何受到保护和扩大市场领域也是市场经济发展中的重大问题。

第二节　安装技术促进安装业兴起

中国安装业经过 72 年的沉淀与积聚，起重技术体系，机械设备安装技术体系，管道安装技术体系，电气与仪表工程安装技术体系，大型塔、罐、金属容器建造安装技术体系，电梯安装技术体系，供暖通风与空调系统安装体系，核电站安装技术体系，焊接技术体系，窑炉安装技术体系，大型钢结构拆撑卸载技术体系，超高层钢结构与设备安装技术体系等已经建立起来。这些技术体系促进了我国安装吊装业的高速发展。

技术、材料日新月异，大型安装与吊装工程不断涌现，基础设施建设满足了国家发展的需要，同时面临社会发展进程中对人居环境、智能化、生态文明的各种挑战。特别是近 20 年来，我国基础建设规模空前巨大，促进了安装技术体系与安装学科的繁荣和发展，国内各地一批又一批规模宏大、技术复杂的基础设施，如国家体育场（鸟巢）工程，国家体育馆钢结构屋盖工程,上海环球金融中心钢结构工程,国家数字图书馆,中央电视台新址大楼,国内第一个可开盒屋盖体育场——南通体育场,秦山核电站和大亚湾核电站二、三期工程,三门核电站 AP1000 项目,上海浦东机场,广州会展中心,广州白云国际机场迁建工程,广州白云国际会议中心,广州博物馆,610 m 高广州新电视塔钢结构与机电安装工程,杭州湾跨海大桥、港珠澳大桥、重庆朝天门大桥,神华煤矿煤制油、煤化工一体化项目等。

在国家体育场(鸟巢)、国家体育馆、国家数字图书馆等项目中,我国已成功地将计算机应用技术、网络技术、多媒体技术、数据库、数字传真、光纤通信、机器人等高新技术应用到安装施工吊装作业中,使吊装作业面的实景监控、数据和参数的自动采集、传输和处理、三维传真模拟、变形的预测预报、施工参数的自动调整和控制等得以实现,在很大程度上提高了我国传统学科的现代化水平。

美国《时代》周刊评选出 2000 年世界十大建筑奇迹,其中第 6 位、第 7 位和第 8 位分别是国家体育场(鸟巢)、中央电视台新址大楼和当代万国城。同年 7 月,英国《泰晤士报》评出全世界在建的十大最重要工程,国家体育场(鸟巢)名列榜首,北京国际机场三号航站楼和中央电视台新址大楼也同时入选。这些项目在安装技术、焊接技术、卸载技术、实时监控技术、安全技术方面,其尖端技术的科技含量名列世界前茅。如"鸟巢"全焊接钢结构,其焊缝达 320000 m,所用焊材达 2100 t,由 200 名多焊工历时 110 天完成,焊缝质量全部合格。在工程中,技术人员创造了仰焊、厚板(120 mm)、高强钢(Q460)、宽间隙(20 mm)、控制应力应变、CO 气体高能密度保护、低温、抗层状撕裂、远红外预热、异种钢、自动焊接十大焊接技术,被称为世界"焊绣"。

这些安装工程中各种新技术的应用,保证了工程项目的顺利进行,促进了行业的兴起,并推动力生产力的发展。

第三节 安装与吊装工程的特点及重点

一、安装工程

依据设计与生产工艺的要求,应用科学知识直接为产品生产服务提供条件的一种专门技术。

二、安装

安装是产品或生产服务构成系统或结构的组成部分,并对其运行的有效性及设计意图的符合性进行验证。

三、施工

施工泛指工程的实施。

四、起重

起重指在安装施工现场改变被安装构件的平面和空间的位置,将其准确地安放到预先规定的部位上所进行的作业。起重作业包括搬运和吊装。

五、拆撑卸载

拆撑卸载指使支撑主结构的临时支撑力释放,将力转化到主结构,使主结构达到最终设计稳定状态。

六、焊接

定义1:通过加热或加压,或两者并用,也可能用填充材料,使工件达到结合的方法。通常有熔焊、压焊和钎焊三种。

定义2:通过加热和(或)加压,使工件达到原子结合且不可拆卸连接的一种加工方法。包括熔焊、压焊、钎焊等。

定义3:利用连接件之间的金属分子在高温下互相渗透而结合成整体的一种金属结构构件连接方法。

七、检测

检测指按照规定程序,对给定产品的一种或多种特性进行检验,测试其指定的技术性能指标的技术操作。

八、工程检测技术

传统工程检测技术的服务领域包括建筑、水利、交通、矿山等。现代工程检测已经远远突破了仅仅为工程建设服务的概念,它不仅涉及工程的静态、动态、几何与物理量检测,而且包括对检测结果的分析,甚至包括对物体发展变化的趋势预报。

我国工程检测技术的发展可以概括为“四化”和“十六字”。“四化”:工程检测内外业作业的一体化,数据获取及其处理的自动化,检测过程控制和系统行为的智能化,检测成果和产品的数字化;“十六字”:连续、动态、遥测、实时、精确、可靠、快速、简便。

九、安全

国家标准《职业健康安全管理体系　要求及使用指南》(GB/T 45001—2020)对“安全”给出的定义是:“免除了不可接受的损害风险的状态。”即通过持续的危险识别和风险管理过程,将人员伤害或财产损失的风险降低并保持在可接受的水平或其以下。

第二章
促进我国安装与吊装业发展的因素及其特点

第一节　土木与钢结构工程同使用功能或生产工艺紧密结合

例如,公共和住宅建筑物要求给水排水、供暖、通风、供燃气、供电等技术设备与建筑结构组合成整体。又如,工业建筑有恒温、恒湿、防微振、防腐、防辐射、防火、防爆、防磁、除尘、耐高(低)温、耐高(低)湿等要求,并向大跨度、超重型、空间灵活方向发展。随着工程项目与其使用功能或生产工艺的结合日益紧密,对高新技术的要求越来越高,尤其是对工业与建筑安装工程钢结构的吊装技术提出了更高标准要求。如核电工程方面,我国在江苏三门与青岛海阳安装的安全度最高的 AP1000 核电站,安全壳就重达 3000 多 t,用亚洲最大的 3200 t 履带吊才完成了吊装任务;研究微观世界所需的建造技术要求极高的加速器的安装工程涉及核能工程、医疗工程、辐射防护、机械仪表等;发展海洋石油开采业要求建设高功能的海洋工程,如海上采油平台、海上炼油厂、海底油库等。这些工程中的设备安装与钢结构吊装多属高、重、大、精、尖、难工程,对安装吊装技术要求很高。

第二节　城市建设立体化

高层建筑引领着城市地标和天际线的风采,在一定程度上代表了城市化进程中的综合实力。我国改革开放的窗口——广东深圳 1990 年建设竣工了第一栋超过 100 m 的超高层建筑——深圳发展中心大厦,地上 43 层,高度 146 m。还有上海中心大厦(632 m、地上 121 层)、深圳平安金融中心(高度 660 m、地上 115 层)等项目,从方案设计到工程总承包、钢材的生产供应、钢结构的制造、施工总承包、检测等方面均完全实现国产化,而且整体达到国际先进水平。据世界高层建筑学会统计,中国的高层建筑数量世界排名第一。

地下工程如地下铁道、地下商业街、地下停车库、地下体育场、地下影剧院、地下工业厂房、地下仓库等高速发展,并形成了规模宏大的地下建筑群。城市高架公路、立交桥大量涌现,不仅缓解了城市交通的拥挤、堵塞现象,还为城市建设增添了一道亮丽的风采。

第三节　交通运输高速化

高速公路的大规模修建,在一定程度上分担了一部分铁路的职能。铁路电气化的形成和大发展,推进了铁路交通的高速化。1983 年,京秦铁路铺通接轨,这是我国的第一条双线电气化铁路。我国武汉到广州的高速铁路设计时速 350 km/h,其站台用钢量达万吨,对吊装技术要求很高,把吊装技术的发展推向了新阶段。长距离海底隧道的出现,也对吊装技术的发展提出了更高要求,如 1990 年贯通英法海峡的隧道长 50.5 km,它最浅埋深为 45 m,海水深度 60 m。我国 1970 年建成通车的第一条隧道——上海黄浦江打浦路隧道,全长 2.7 km。辽宁大伙房水库输水一期工程输水隧道直径 8 m、长 85.3 km,于 2004 年贯通。该隧道超过长 53.9 km 的日本青函海底隧道和长 57.6 km 的瑞士戈特哈尔德火车隧道,成为世界上最长的隧道。该工程采取了具世界上先进水平的安全措施,使这项巨大的工程至今没有一起安装施工吊装事故。终南山公路隧道:秦岭终南山公路隧道国家高速公路包头至茂名线控制性工程,也是陕西"三纵四横五辐射"公路网西安至安康高速公路重要组成部分,单洞全长 18.02 km,双洞共长 36.04 km,建设规模为当时中国公路隧道之最。该隧道驱车需 15 分钟才能穿越,其中为缓解驾驶员视觉疲劳,保证行车安全,特别设置了高速公路隧道世界先进技术的特殊灯光带,其安装难度很高。

第四节　工业与建筑材料的轻质高强化

材料科学与技术将成为带动安装产业革命最有力的科技力量。近年来,随着世界科技革命迅猛发展,新材料技术(如纳米技术)、生物技术、信息技术相互融合,结构功能一体化、功能材料智能化趋势明显。新材料技术的快速发展,为建材产业提供更多的材料支撑,将会进一步拓展建材产品的空间。未来随着太阳能、风能等新能源技术的不断发展,也将对为新能源产业提供重要材料支撑的建材相关产业带来较大的发展空间。

对安装技术发展的促进,还来自以下方面:围绕新材料和共性基础材料的发展,着重研究开发无机非金属新型功能材料、高性能结构材料、先进复合材料及产品;适应我国航空、航天乃至开发太空的需要,研究开发航空航天工程需要的高性能纤维和其他新型复合材料,以及特种陶瓷、特种玻璃和光纤材料等新材料;配合深海开发和海洋强国战略的需要,重点研究开发海洋工程建设用的硫铝酸盐水泥等工程材料;围绕支撑节能环保、新能源开发及应用。随着新一代信息技术、生物产业、高端装备制造等战略性新兴产业及绿色建筑的发展,研究开发新型功能材料、高性能结构材料及绿色建材产品;以进一步提高生产效率,降低资源、能源消耗和环境保护为目的的,推动"两化"深度融合,开发水泥、玻璃、陶瓷等产业的新一代低碳、智能化制造技术;走产业融合之路,将工业生态设计融入工业制造技术,将原材料制造与制品的深加工技术相融合,促进行业向生态产业和高端产业发展;利用在水泥、玻璃、陶瓷、玻璃纤维等产业获得的技术创新与突破,改造提升传统产业,使传统产业的生产技术和装备水平全面达到世界先进水平;利用在材料开发应用领域取得的应用成果,走产业延伸融合之路,延伸产业链,大力推进加工制品业发展,不断拓展建材工业新的发展空间和提升产品附加值;将在新兴产业、无机非金属材料领域内不断取得的新突破迅速转化为产业优势,培育并大力发展新材料、无机非金属新材料产业,如新型绿色建筑墙体材料等,形成建材工业新的经济增长引擎。

第五节　安装与吊装施工过程的工业化、装配化

建筑工业化是随着西方工业革命出现的概念。工业革命让生产效率大幅提升。欧洲兴起的新建筑运动,带来了工厂预制、现场机械装配等,逐步形成了建筑工业化的雏形。

现代建筑工业化,指通过现代化的制造、运输、安装和科学管理的大工业的生产方式,代替传统建筑业中分散的、低水平的、低效率的生产方式。它的主要标志是建筑设计标准化、构件部品生产工厂化,施工机械化和组织管理科学化。随着我国建筑工业化概念的引进和广泛推广,以及现代科学技术新成果的应用、标准化研究的推动,特别是加强 BIM 技术在深化设计、模块化设计中的推广应用,使我国安装工程的施工工业化、装配化程度不断提高,从而提高了建筑安装业的劳动生产率,加快了建设速度,降低了工程成本,提高了工程质量,开启了建筑工业化之路。

第六节　设计理论的精确化、科学化、综合化

设计理论的精确化、科学化、综合化主要表现为,理论分析由线性分析到非线性分析,由平面分析到空间分析,由单个分析到系统的综合分析,由静态分析到动态分析,由数字分析到模拟试验分析,由人工制图到计算机辅助设计、计算机优化设计、计算机绘图等。此外,建筑安装施工理论也日益得到发展和完善。

第七节　安装协会的成立促进了安装与吊装业的发展

1985 年是中国改革开放的第七年,国民经济建设各领域均得到快速发展,许多国外先进技术、装备、产品不断被引进、消化、吸收,化肥、乙烯、石油、汽车、核电、家电等产业的投资建设达到空前高潮,各行业对安装业的需求与日俱增。在此背景下,安装企业的许多领导及专家提出组建一个跨部门、跨行业、跨地区的协会,来协调安装行业与用户之间的联系和沟通,促进安装学科开发应用。为此,全国从事工业、交通、建筑工程中线路、管道、钢结构、压力容器、精密仪器、自动控制系统和设备安装、运行维修的企业,以及相关的科研、设计和教学单位,于 1985 年组成了全国安装协会,成立了全国性安装行业组织。

协会成立后,结合经济体制改革和行业发展的需要,进行了大量的调查研究,并提出了与技术、经济、市场相关的分析及建议报告。协会及分会许多领导、专家、学者结合自身专业造诣及在该领域的影响力,提出了安装业在线路、管道、钢结构、压力容器、精密仪器、自动控制系统和设备安装、运行维修等领域的现状及国际发展趋势,并积极参与制定有关的经济、技术政策,为全面推动我国安装业发展发挥了重要作用。

第八节　我国安装与吊装业的现状

一、技术人员比例低

我国建筑安装业技术人员比例低,职工人数中技术人员比例仅约为20%。而从业人员中有着大量的进城务工人员,因此从业人员人数又远远多于正式职工。

二、平均技术含量和研发投入低

据2004年统计,与我国建筑行业劳动力技术构成相匹配,建筑行业科技产值对GDP的贡献低,仅占20%~25%。

三、人均资本水平低

建筑安装施工业,资本含量低,为典型的非资本密集型行业。如据统计,我国建筑施工业2005年人均固定资产为2.8万元,仅是第二产业平均水平11.24万元的1/4;2010年人均固定资产为1.99万元,仅是工业平均水平22.13万元的1/10。

四、经营环境严酷

在国民经济体系中,建筑行业带动并促进其他行业的成长,如对原材料、机械制造等行业具有拉动作用,特别是对劳动力就业和安置、转移农村剩余劳动力的贡献巨大,从而拉动了国民生产总值的增长。这种互动关系体现出建筑行业在国民经济体系中的传导作用,而这种传导作用的意义则突出表现为它的高辐射范围和低附加值。建筑安装业所处的这种地位决定了它的基本经营环境——低收益和高竞争。

五、低收益、高负担

建筑安装行业的效益和收益状况同样表现出明显的劳动密集型特点。对建筑行业内部的企业来说,基本经济状况多表现为效益低下和负担沉重。据统计,2002—2006年建筑业的产值利润率大约为工业全产业产值利润率的1/2,建筑业以总产值计算的劳动生产率仅为工业全产业的1/3左右。建筑安装业的资金效益低下,大量资金滞留在生产环节,阻滞了企业的其他活动,制约了行业的发展。

第三章
浅谈起重吊装技术

在工程建设中,设备与结构安装工程中的起重技术指在安装施工现场改变被安装设备与构件的平面和空间位置,按设计和安装施工方案的要求,将其准确地安装到预先规定位置所进行的作业。起重技术包括搬运技术和吊装技术,其中吊装是设备与结构工程起重技术中的关键技术。

本章的内容来自我于1978年3月在《起重运输机械》杂志上发表的论文。

起重吊装技术在我国有着悠久的历史,如古代长城的修建、古代宫殿和大型古建筑的修建,大型铸钟、雕塑,以及巨石等建筑材料的起重、搬运与吊装,都凝聚着劳动人民智慧的结晶。

新中国成立后,我国的吊装技术有了迅速的发展。为了有步骤地用机械代替笨重的体力劳动,在吊装机具的制造和使用方面,我国已设计制造过350 t桅杆式起重机、400 t塔桅起重机、400 t安装用桥式起重机、100 t汽车起重机、100 t塔式起重机和500 t浮吊等,它们在不同的安装工程里发挥了巨大的作用。

在新中国成立初期,兴建化工厂时还只能用木制的桅杆和手动绞盘来吊装18 t的反应塔和蒸发塔。经过20多年的发展,我们已采用金属格构式的双桅杆整体吊装高达82.5 m、重达510 t的丙烯精馏塔,见图2-3-1(燕山石化总厂用双桅杆吊装510 t重的丙烯精馏塔);用塔桅起重机整体吊装321 t的尿素合成塔;用支撑回转铰链和人字桅杆配用电动卷扬机整体竖起重达410 t、高156 m的电视塔;用桥式起重机和桅杆吊装12000 t水压机的360 t底

图 2-3-1

座、立柱和上横梁,用浮吊整体吊装460 t的柴油机;用电动螺杆提升机整体吊装206 t的网架屋盖,用组合桅杆和卷扬机整体吊装650 t的网架屋盖,并在高空旋转就位等。

图2-3-2是1974年我们在四川化工厂用两套起重量200 t桅杆和起重量40 t塔吊改制成的400 t塔桅起重机,吊装四川化工厂氨合成塔、CO_2吸收塔、CO_2再生塔、尿素合成塔、废热锅炉等五大件的情景。

图 2-3-2

第一节　促进吊装技术发展的主要因素

一、设备的质量和外形尺寸

图2-3-3为设备质量变化曲线。

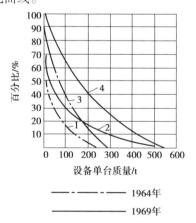

1,2—占设备总质量的百分比曲线,3,4—占设备总台数的百分比曲线

图 2-3-3

从表 2-3-1 可看出我国吊装技术发展的一部分情况。

表 2-3-1

年份	设备名称	质量/t	直径(边长)/m	吊高/m	吊装方法
1949	反应塔	18	2.3	10	木制双桅杆与绞盘滑移抬吊法
1956	减压塔	162	6.4	27	金属格构双桅杆与电动卷扬机滑移抬吊法
1960	减压塔	215	6.4	32	双桅杆与电动卷扬机滑移抬吊法
1964	减压塔	317	8	32	双桅杆与电动卷扬机滑移抬吊法
1974	尿素合成塔	360	2.5	35.5	塔桅起重机整体吊装,用变幅机构调整就位
1974	网架屋盖	650	124.6	24	组合桅杆与卷扬机整体吊装,在空中旋转就位
1975	丙烯精馏塔	510	4.5	87	双桅杆滑移抬吊
1976	网架屋盖	206	74.6×62.7	23	电动螺杆提升机吊装
1949	反应塔	18	2.3	10	木制双桅杆与绞盘滑移抬吊法
1956	减压塔	162	6.4	27	金属格构双桅杆与电动卷扬机滑移抬吊法
1960	减压塔	215	6.4	32	双桅杆与电动卷扬机滑移抬吊法
1964	减压塔	317	8	32	双桅杆与电动卷扬机滑移抬吊法
1974	尿素合成塔	360	2.5	35.5	塔桅起重机整体吊装,用变幅机构调整就位
1974	网架屋盖	650	124.6	24	组合桅杆与卷扬机整体吊装,在空中旋转就位
1975	丙烯精馏塔	510	4.5	87	双桅杆滑移抬吊
1976	网架屋盖	206	74.6×62.7	23	电动螺杆提升机吊装

促进吊装技术发展的首要因素是设备的质量和外形尺寸。根据石油化工部门统计,从 1964 年到 1969 年,我国共安装 736 台设备。1964 年单台质量在 200 t 以上的,占全年安装总台数的约 4%,而到 1969 年便增长到占全年安装总台数的约 16%;如果从占全年安装设备的总质量来看,则 1964 年 200 t 以上的设备质量占全年安装设备质量的 17%,1969 年占全年的 45%,图 2-3-3 表示其变化趋势。至于外形尺寸和安装基础标高也是逐渐增大的。随着这些大型超重设备所占比重的增大,吊装作业不仅工程量更大,吊装工艺的难度也更高了。一方面,要求采用大起重能力的吊装机具;另一方面,也要创造先进的吊装方法,使起重吊装技术不断地向前发展。

二、设备吊装的作业空间

有很多设备与构件要求安装在车间内部或者工艺管线与容器的中间,安装时要把设备或构件先从地面悬吊到高空,然后在不同标高的平台、基础或柱子上就位。这些平台、基础、柱子错落地分布,管线纵横交错,从而构成复杂的吊装环境。在不同的施工环境里,要求因地制宜地采用不同的吊装工艺和机具,这就进一步地促进了吊装技术的发展。图 2-3-2 是用起重量大、机动性好的塔桅起重机在复杂的作业空间吊装高大塔类设备的照片。

第二节　介绍几种吊装新工艺

我国的吊装技术在 20 世纪 70 年代虽有较快的发展,但主要的吊装设备还是以双桅杆为主。这种机具的利用率低,占用的劳动力多,不能完全适应吊装作业机械化成龙配套与连续作业的需要。为了改进这种状况并探讨吊装技术的发展方向,下面针对当时国内吊装现场机械化施工的薄弱环节,介绍同时期几种国内外较先进的吊装方法以供参考。

一、采用自行式起重机

吊装一般的中小型设备与构件时,理想的吊装机具是自行式起重机。在多班制里充分利用其起重能力,工作效率最高。但当它的起重能力越大,在单项工程吊装中充分利用它的各种参数的机会就越少。因此,当吊装的设备与构件的质量超过单独一台起重机的起重能力时,往往要采取一些措施,例如用牵引绳牵住起重机的臂杆,利用支柱支撑起重机臂杆头部等,临时加大它的起重能力,或者利用双机、三机,甚至四机同时抬吊一台设备。图 2-3-4 与图 2-3-5 分别表明用单台或三台起重机吊装设备时,机具的受力情况。图中的文字代号说明如下:

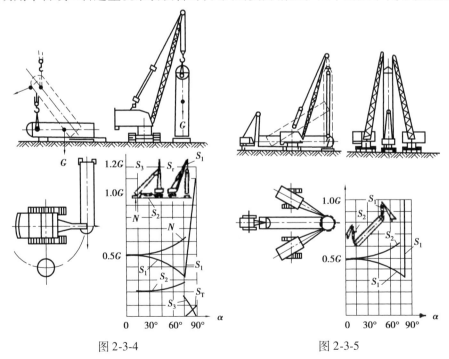

图 2-3-4　　　　　　　　　　　图 2-3-5

α——吊装时设备的倾角；S_1——起重滑轮组受力；S_2——牵引滑轮组受力；S_3——制动滑轮组受力；S_T——制动滑轮组受力；G——设备重量；N——设备对拖排的正力。

在利用两台或更多的起重机抬吊设备与构件时，为使各台起重机受力均衡而控制它们同步动作是比较困难的，为此要设计特殊的平衡装置，如平衡梁或平衡滑轮等。另外，在安装现场由于空间有限，不可能经常移动起重机，调用车辆也困难，因此应先拟订吊装顺序和吊装方法，规定好调车的顺序，控制好设备或构件的同步起吊方式。同时要防止起重机超载，事先考虑安全措施。

用自行式起重机吊装设备的优点是机动性好，使用和调度方便，工作效率高，可以减少准备工作时间、缩短安装周期。它的缺点是稳定性较差，并且依赖较好的通过路面和宽敞的施工现场，费用也比较高。

二、为自行式起重机增加辅助装置

①为了提高自行式起重机的起重能力，可以采用一些辅助装置。

当时认为行之有效的辅助装置有用临时的牵引绳牵引起重机的吊臂，如图2-3-6所示。

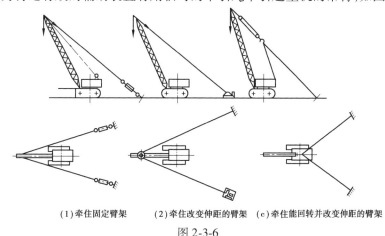

（1）牵住固定臂架　（2）牵住改变伸距的臂架　（c）牵住能回转并改变伸距的臂架

图 2-3-6

②用横梁把两台起重机的臂端连接起来，并使两个臂架可以相互配合，变化吊重的位置，如图2-3-7所示。

③把两台起重机的臂架都通过支柱固定起来抬吊重物，如图2-3-8所示。

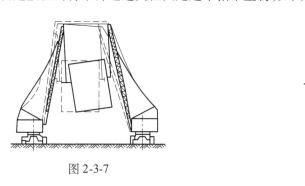

图 2-3-7　　　　　　　　　　　图 2-3-8

在采用上述辅助装置提高起重能力时,唯一值得注意的是应保证各受力杆件不超过正常工作状态下的许用应力,同时有足够的稳定性。

三、使用桅杆式起重机

桅杆式起重机通常使用金属格构式的桅杆,这种桅杆的杆件是用焊接或精制螺栓连接起来的。图 2-3-9 和图 2-3-10 为用单桅杆起重机和双桅杆起重机起吊重物时的布置图和受

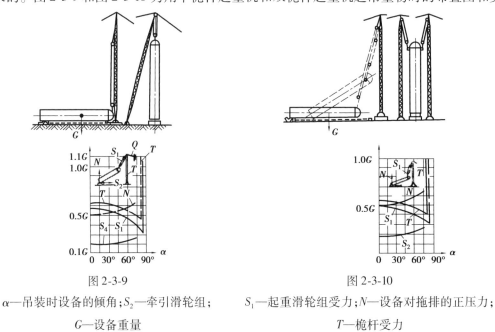

图 2-3-9

图 2-3-10

α—吊装时设备的倾角;S_2—牵引滑轮组;
G—设备重量

S_1—起重滑轮组受力;N—设备对拖排的正压力;
T—桅杆受力

力分析图。可见,吊装时在起重滑轮组上的最大受力 S_1 的数值可能超过设备自重,约等于 1.05 G,在拖排上最大正压力 N 约等于 0.65 G,牵引拖排滑轮组的牵引拉力 S_2,约等于 0.25 G。这样就必须使用大规格的起重滑轮组、地锚、钢丝绳、大吨位的电动卷扬机和桅杆等机具,并且往往会在准备工作耗费较多的劳动力。但桅杆式起重机构造简单,起重量大,装拆方便,易于操作和掌握,使用安全。

四、用支撑回转铰链扳倒桅杆法

用支撑回转铰链配合自行式起重机和桅杆来吊装大设备是当年国内外普遍使用的方法,已积累了一些经验。图 2-3-11 是 156 m 电视塔塔架整体扳起与滑轮组穿法示意图,图 2-3-12 所示是用支撑回转铰链扳倒桅杆法扳起火炬塔架。吊装时,桅杆的根部放在设备的支撑回转铰链轴线上或者设备重心与支撑回转铰链之间,在桅杆端部与设备之间用固定长度的钢绳连接起来。在吊装过程中,设备与桅杆一起围绕铰链回转,使设备被扳起来,桅杆被扳倒。这种安装方法特别适用于安装各种塔架,如架空索道的塔架、高压输电线路的塔

架及冷却水塔等。它的优点是所用的桅杆高度和质量都不大,制造时省工省料;缺点是支撑回转铰链比较笨重,承受的水平分力比较大,所用的钢丝绳比较长,并且不能把设备吊装到较高的基础上。

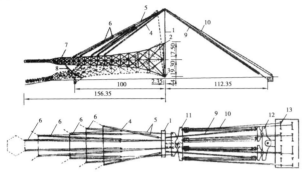

图 2-3-11

1—"人"字形桅杆;2—桅杆中部与塔架连接;

3—回转铰链;4—前保险滑轮组;5—长吊索(8 根);

6—吊点滑轮组;7—电视塔架;8—回直制动保险滑轮组;

9—后保险滑轮组;10—起扳滑轮组;11—上平衡梁装置;

12—下平衡梁装置;13—卷扬机(10 t 的 8 台)

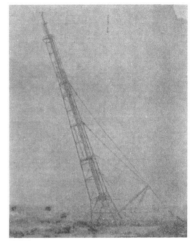

图 2-3-12

五、采用跨步式液压提升装置

跨步式液压提升装置也要采用回转铰链,只是当设备绕回转铰链提升时,是通过两个跨步式液压提升机构来实现的。这两个机构分别安装在两根支承桅杆上,桅杆之间用两根横梁连接起来,被起吊的设备利用回转铰链支承在横梁上。两根桅杆是金属的焊接结构,一边有许多凹形槽,凹槽在提升机构的卡爪下面(卡爪通过弹簧的作用只能上、不能下。跨步式液压提升机构起吊重型设备如图2-3-13 所示。两根桅杆位于被起吊设备的两侧,下端由铰链式的杆端支承,两根桅杆的拖排系统用钢丝绳与起吊设备的回转铰链底盘连接起来。由设备—承重桅杆—钢丝绳—回转铰链四部分构成一个三角连环机构,这机构只有内力进行作用,用跨步式液压提升机构起吊重型设备如图 2-3-14 所示,无锚点法起吊设备如图 2-3-15 所示。

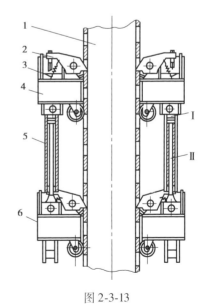

图 2-3-13

1—有凹槽的桅杆;2—支撑卡爪;3—弹簧;

4—上托架;5—液压油缸;6—下托架

这种起吊方法的优点是无须笨重的起重滑轮组与地锚等设备,装置的本身体积小、质量轻,而工作时有很大的推力,平稳且安全可靠,便于在施工现场狭窄的条件下使用;缺点是液压提升装置的结构比较复杂,对密封的要求高,制造成本贵,并且操作也复杂,如果被起吊的设备超过 50 m 高,还要用大型起重设备进行安装前的准备工作。

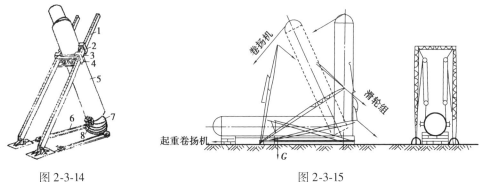

图 2-3-14

1—有凹槽的桅杆;2—上托架;

3—液压油缸;4—下托架;5—设备;

6—滑轮组;7—基础;8—回转铰链

图 2-3-15

六、无锚点安装法

无锚点安装法的特点是桅杆滑轮组在被起吊设备上的绑扎吊点和桅杆底座的支撑点位于同一个垂直平面内,因此起重滑轮组可以支撑门架而使它不倒下来,从而可以省去缆风绳和大部分锚桩。这样的起重工具的特点是可以自己吊起桅杆。当开动卷扬机时,桅杆以其底座铰链为轴旋转,逐步通过许多实际上不平衡的位置,最后到达临近直立的位置。卷扬机继续开动,起吊滑轮组便开始起吊,设备进入不稳定平衡的位置。在设备起吊的过程中,桅杆通过起扳滑轮组被逐渐放倒,设备最后用制动滑轮组就位。无锚点法起吊设备如图2-3-16 与图 2-3-17 所示。

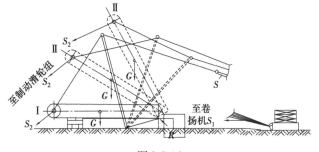

图 2-3-16

S——起重滑轮组受力;G——设备质量;S_1——卷扬机牵

引力;S_2——制动滑轮组受力;R——回转铰链反力

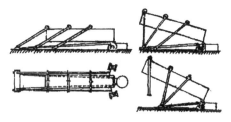

图 2-3-17

七、用推举法整体安装

用推举法整体安装设备时,用起重桅杆使设备绕支撑铰链回转,同时桅杆根部沿地面平移,于是卧倒的筒形设备便被竖起来。图 2-3-18 为用单桅杆、双桅杆或三桅杆推举安装的工作方式过程示意图。

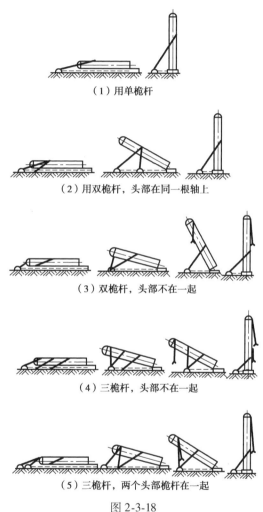

（1）用单桅杆

（2）用双桅杆,头部在同一根轴上

（3）双桅杆,头部不在一起

（4）三桅杆,头部不在一起

（5）三桅杆,两个头部桅杆在一起

图 2-3-18

这种吊装法的优点是可以在作业区狭窄的地段进行吊装;因桅杆的长度不超过起吊设备长度的一半,在吊装时不需要地锚;牵引滑轮组是接近地面的,故装拆方便。它的缺点是当牵引滑轮组在开始推举时受力很大。

第三节　实例说明几种方法的优缺点

为说明上述方法的优缺点,现以起吊重300 t高45 m的设备为例,把各种起吊方法的技术准备细节列于表2-3-2。

表2-3-2

吊装方法	起吊工具			起重滑轮组或液压提升装置最大受力/t	锚　桩		基础上承受的最大永平荷载/t	安装场地长度/m
	构　造	高度/m	质量/t		数量/个	受力/t		
用自行式起重机	(K5001型)500 t汽车式起重机	50	79	330	—		—	52
自行式起重机加辅助装置(立柱)双机抬吊	(T-500型)130 t汽车式起重机	30	65	363	—		—	60
双桅杆滑移抬吊	格构式桅杆	50	60	333	4	79	—	140
用支撑回转铰链扳倒桅杆法	人字形桅杆	35	21	230	2	260	170	175
用跨步式液压提升装置	双桅杆加液压提升装置	34	43	400	—		260	70
无锚点法	人字形桅杆	50	46	260	—		260	80
推举法	一副格构式桅杆	27	30	460	—			55

①用支撑回转铰链扳倒桅杆法时,锚桩承受的力最大,所需要的安装场地也最长。

②使用自行式起重机时,吊装方法的技术准备最佳,占用的安装场地最短、机动性最好,但需用大起重量的自行式起重机。

③按表中技术数据进行分析比较,以推举法使用的起重机具技术性能为最好,机具构造简单、轻便、易制,占用的安装场地也小。但这种方法的缺点是起重滑轮组上受力较其他吊装方法大得多。为了降低起重滑轮组上的受力值,可以加大桅杆与起重滑轮组之间的夹角。

第四章
我国安装业起重吊装技术的崛起

随着时代发展,新技术、新材料、新成果日新月异,在满足各种各样的国家建设发展需要的同时,也面临社会发展进程中对人居环境、智能化、生态文明的各种挑战。通过上千项国家重点与精品工程的建设,我国已建立了一系列安装技术体系,其中起重技术体系是最具我国特色的先进技术之一,包括 10 项吊装技术:利用桅杆式起重机吊装技术;利用自行式起重机吊装设备与构件技术;网架及网壳(网格)吊装技术;利用起重机加辅助装置吊装设备与构件技术;利用推举法整体安装设备与构件技术;利用跨步式液压提升装置安装设备与构件技术;钢绞线承重液压提升技术;气顶升法(水浮法)提升金属油罐技术;利用飞行器吊装技术(系留气球吊装、飞艇吊装、直升飞机吊装);机器人吊装技术等。

第一节　起重吊装技术的发展方向

起重技术的发展方针如下:

①新中国成立后,前 30 年我国起重技术发展的道路是"自力更生、土洋结合、以小吊大、组合安装",发展出具有中国特色的起重技术。

②近 40 年来的改革开放给我国起重技术提供的物质条件是前 30 年所无法比拟的,我国起重技术的发展已走上"自力更生、桅机结合、以小吊大、讲求效益"的道路,不断沿着"吊件更大、技术更新、效率更高、成本更低"的方向发展。

第二节　上海万人体育馆 600 t 网架整体提升、
高空旋转就位关键技术与设计计算

600 t 网架的整体吊装在 20 世纪 70 年代是我国起重技术中的一次创新,也是我国起重史上的创举,是具有"自力更生、桅机结合、以小吊大、组合安装"的中国特色的起重技术。

该方案是笔者在 1973 年参加制定和实施的,在国内外有较大影响。方案用 6 副起重量为 200 t 的格构式桅杆、12 台牵引力为 10 t 的电动卷扬机、27 根缆风绳、12 个卧式地锚组成组合式的桅杆式起重机,实现总质量 702 t(网架 600 t、风管、线管 60 t、索吊具 42 t)的整体吊装,并高空旋转就位。

一、工程概况

上海体育馆为 $D=124.6$ m 的内接正多边形,覆盖面积 $S=12252$ m^2,有 18000 个座位,网架质量 $Q=600$ t,钢网架整体吊装时加上风管 40 t、线管 20 t、总质量为 660 t。网架均匀分布在直径 110 m 圆周上,支承外挑 7.30 m,钢筋混凝土柱共 36 根,柱顶标高为 24.10 m。见图 2-4-1。

图 2-4-1

二、整体吊装步骤

(一)吊装总平面布置
吊装总平面布置如图 2-4-2 所示。

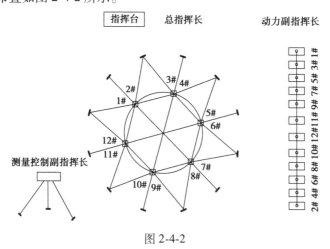

图 2-4-2

①6 副 200 t 格构式桅杆,高 50 m(标准节为 8 m,共 6 节,48 m,加上缆风盘球铰支座 2 m)。

②对角缆风绳 3 根,水平缆风绳 6 根,斜缆风每副桅杆 3 根,共计 18 根,缆风绳总计为 27 根。

③每副桅杆布置有两台电动可逆式慢速卷扬机2台,共计12台。为便于指挥控制网架在空中旋转和同步,卷扬机按单数和双数布置在同一轴线上。

④H140×8D,起重量为140 t,8门的起重滑轮组共12套(每副桅杆用两套)。

⑤起重滑轮组的钢丝绳弯绕方法采用了大花穿法(图2-4-3)。

$S_0,S_1,S_2,\cdots,S_{16}$ 各分支拉力中 S_{16} 最小,卷扬机 S 最大。

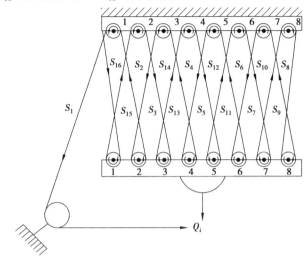

图 2-4-3

(二)吊装步骤

①试吊以后整体提升。

②用 12 台电动卷扬机将网架整体提升超过柱顶高度 24.60 m(柱顶标高为 24.10 m)。

③高空旋转。

④将 6 副桅杆一侧(按单号或双号)电动卷扬机刹住不动,另一侧的电动卷扬机(双号或单号)放松或提升,则这时每副桅杆两侧的起重滑轮组因受力不同而产生水平推力。此水平推力垂直于网架的径向半径,产生力偶矩,使网架产生旋转,见图 2-4-4,旋转 2°06′时,网架的支座对准柱顶。

⑤落位固定。

⑥网架落位前卷扬机不能移动,把 36 根柱子的两层圈梁,安装完毕后才能正式落位。

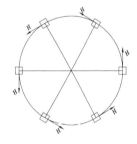

图 2-4-4

(三)网架在空中位移与旋转原理

桅杆两侧各挂一副 H140×8D 起重滑轮组,当网架提升到柱头上空后,将各桅杆一侧的起重滑轮组徐徐放松,网架就会慢慢移动或旋转,当卷扬机一停,网架就静止。下面从力学角度分析。

网架的空中位移,是利用每副桅杆两侧起重滑轮组所产生的不等水平力(即水平合力不等于零)来推动网架移动的。状态过程如图 2-4-5(网架提升时平衡状态),图 2-4-6(网架位移时不平衡状态),图 2-4-7(网架位移后平衡状态)及图 2-4-8 所示。

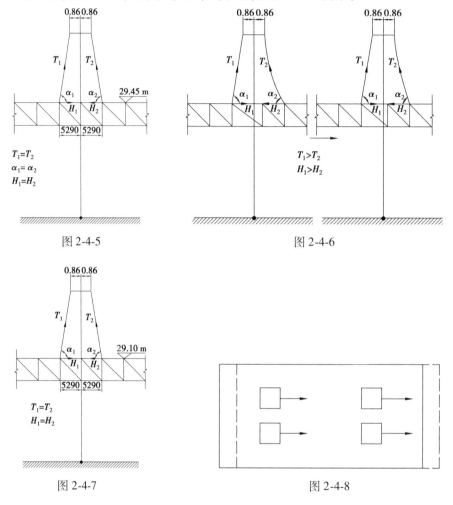

图 2-4-5   图 2-4-6

图 2-4-7   图 2-4-8

当网架提升时(图 2-4-5)每副桅杆两侧滑轮组夹角相等,卷扬机速度一致时,则两侧起重滑轮组受力相等($T_1 = T_2$),其水平分力也将相等($H_1 = H_2$),网架于水平面内处于平衡状态垂直上升,不会水平移动。

图 2-4-9 为由每副桅杆其中滑轮组产生的水平推力所形成力偶矩使网架在高空旋转的示意图。

此时,起重滑轮组拉力及水平分力可按下式求得:

$$T_1 = T_2 = \frac{Q_{计}}{2 \sin \alpha}$$

$Q_{计}$——每副桅杆所承受的计算载荷。

当网架空中移位时(见图 2-4-10),每副桅杆的同一侧(如右

图 2-4-9

边)起重机滑轮组钢丝绳徐徐放松,而另一侧(左边)起重滑轮组不动,此时右边滑轮组因松弛而拉力 T_2 变小,左边 T_1 侧由于网架重力作用而相应增大,因而水平分力也不相等,即 $H_1 > H_2$。这就打破了平衡状态,网架朝 H_1 所指方向移动。直至右侧滑轮组钢丝绳放松停止,重新处于拉紧状态,则 $H_1 = H_2$,网架恢复平衡。此时,根据平面汇交力系平衡方程式可得:

$$T_1 \sin \alpha_1 + T_2 \sin \alpha_2 = Q$$
$$T_1 \cos \alpha_1 = T_2 \cos \alpha_2 = H_1 = H_2$$

由于角 $\alpha_1 > \alpha_2$,$\cos \alpha$ 角大值小,$T_1 > T_2$。

网架在空中移动时之所以能平移而不倾斜,是因为有两副以上桅杆吊住网架,且其同一侧的起重滑轮组不动。由于一侧滑轮组不动,网架除平移外,还会以 O 点为圆心、OA 为半径做圆周运动而产生少许下降;网架空中移动时的运动方向,与桅杆及其起重滑轮组布置有很大关系,如矩形网架采用 4 副桅杆对称布置,桅杆的起重平面(即起重滑轮组与桅杆所构成的平面)方向一致平行于网架的一边。因此,使网架产生运动的水平分力 H 都平行于网架一边,于是网架便产生单向平移运动;如图 2-4-9 所示圆形网架采用 6 副桅杆均布在同一圆周上,桅杆的起重平面垂直于网架半径。因此,使网架产生运动的水平力 H 与 6 副桅杆所在的圆周相切,由于切向力 H 的作用,使网架便产生围绕圆心旋转的运动(图 2-4-9)。

(四)起重设备受力分析计算

(1)每副桅杆承受载荷:

$$Q = \frac{(Q_1 + Q_2 + Q_3)K}{n}(t)$$

Q——每副桅杆水平载荷,t;

Q_1——网架重(600 t);

Q_2——风管、线管(40 t+20 t=60 t);

Q_3——索吊重(42 t);

K——网架提升高差引起重受力不均系数,$K_{动}=1.1$,4 到 6 副桅杆取 $K=1.25 \sim 1.35$,取 $K=1.3$;

n——桅杆数。

$$Q = \frac{(600 + 60 + 42) \times 1.3}{6} = 152.1(t)$$

(2)起重滑轮组受力分析与计算(图 2-4-10)

网架旋转 $2°05'$,$R = 45.83$(m)。

$$h_{水平} = R \times \sin 2°05' = 45.83 \times \sin 2°05' = 1.67(m)$$

所以:

$$O'A' = 5290 - 1670 = 3.62(m)$$
$$O'B' = 5290 + 1670 = 6.96(m)$$

网架旋转时下降 $S = 0.31$ m(作图法)见图 2-4-10。

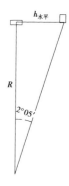

图 2-4-10

位移前平衡时：

$$\alpha = \arctan \frac{49 - 29.45}{5.29 - 0.86} = 77°14'$$

$$\alpha_1 = \arctan \frac{49 - 29.14}{3.62 - 0.86} = 82°05'$$

$$\alpha_2 = \arctan \frac{49 - 29.14}{6.96 - 0.86} = 72°55'$$

水平力 H = 14.324（t）。

$$T = \frac{152.1}{2 \sin 77°4'} = 78（t）$$

$$T_1 \cos 82°05' = T_2 \cos 72°55' = 14.68（t）$$

$$T_1 \sin 82°05' + T_2 \sin 72°55' = 152.1（t）$$

$$T_1 = 104（t）; T_2 = 50（t）。$$

选用 $H_1$40 × 8D、单抽头 $S_{牵}$ = 0.09 × 104 = 9.36（t），选用 10 t 卷扬机 12 台。

当网架提升到柱顶后，不能松动电动卷扬机，用吊车将圈梁安装完，使柱与梁形成整体后，才能将网架的 24 个活动支座落位到柱顶上，经检测支座在柱顶落位后，最大误差不到 3 cm。

（五）更多实践

图 2-4-11 为上海万人体育馆网架整体提升就位后检测组全体成员在现场留影，前排右第二人为笔者。

图 2-4-11

继上海万人体育馆之后，笔者又实践了北京西郊波音飞机停机库网架整体吊装。该吊装项目用 10 副钢管桅杆、46 根缆风绳、17 个地锚、10 台牵引力为 5 t 电动卷扬机组成的组合桅杆式起重整体吊装 460 t 网架，上海万人体育馆吊装全面借鉴了方案的技术与经验，实现了安全、可靠整体吊装。图 2-4-12 为缆风绳测力器，图 2-4-13 为波音飞机停机库网架结构，图 2-4-14 为管式桅杆顶部缆风绳布置，图 2-4-15 为波音飞机停机库网架整体吊装管式桅杆吊点布置，图 2-4-16 为波音停机库网架整体吊装平面分置图。

图 2-4-12　　　　　　　　　　　　图 2-4-13

图 2-4-14

图 2-4-15

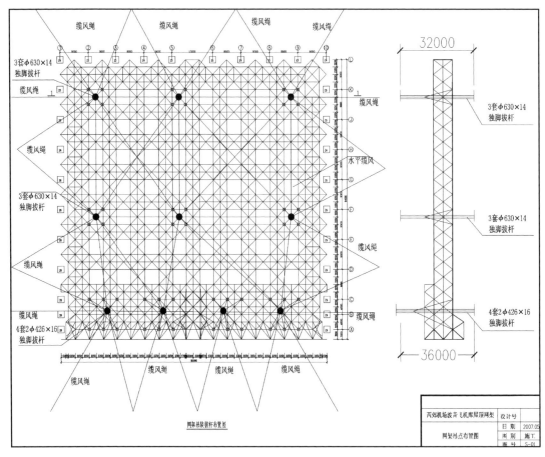

图 2-4-16

三、网架同步提升的关键技术措施

①在每台卷扬机上安装功率表,将每台卷扬机预应力控制在 3 kN。

②在每副桅杆上安装标尺,用全站仪观测控制网架提升的高度。

③用自整角机控制每副桅杆网架提升的高度。

④正式吊装前进行两次试吊,对指挥人员和全体参加吊装工作人员进行实战训练。

第三节　烟台新火车站标志性建筑"城市之门"钢结构吊装

以下内容部分参考自 2008 年 8 月 26 日新闻稿。

160 名壮汉通过 24 台固定的绞磨和一系列起重滑轮组将"城市之门"缓缓吊起。

图 2-4-17

图 2-4-18

图 2-4-19

一、"城市之门"吊装施工

被誉为铁路"鸟巢"的烟台新火车站标志性建筑"城市之门"吊装之日,160 名壮汉通过 24 架固定绞磨(图 2-4-17)和一系列动、静滑轮组将"城市之门"缓缓吊起,到达预定焊接点(图 2-4-18、图 2-4-19)。总质量 1500 t 的"城市之门"钢结构网架通过 24 副桅杆吊装在新火车站主体工程之上。

在施工现场,等待吊装的钢结构拱门与 12 副桅杆连接,拱门的连接杆与连接球密密麻麻,如复杂的分子结构一般,整个拱门显得气势磅礴。在拱门正前方,24台绞磨依次排开,绞磨通过钢丝绳连接事先安装到拱门上的滑轮组,通过人工转动绞磨带动滑轮组的方式将拱门提升。指挥长一声令下,工人们开始奋力转动绞磨,而巨大的钢结构拱门也开始缓缓升空,由于需要保持平衡,每隔一段时间,提升作业都会暂停,以测量调整拱门的水平。

二、"城市之门"的基本数据与情况

"城市之门"南北长165.5 m、东西有效跨度114 m,总重达1500 t大拱所用钢结构造价4000万元,东西两侧各有6大支点,总跨度列山东省之最,与国内同类建筑相比,难度较大。该工程的焊接需要10700根杆件和2721个连接球,主体结构需要经过组装、提升、调整、固定等程序,24根高度超过50 m的桅杆将承担起"城市之门"的吊装。通过力学计算,使用人工绞磨将钢结构网架吊起后准确调整在指定位置。

第五章
我国安装与吊装工程的前沿技术及国内外几大起重吊装技术

第一节　我国安装与吊装业的前沿技术

国内安装与吊装工程的前沿技术主要有以下内容。

①液压爬升模板技术,大吨位长行程油缸整体顶升模板技术,贮仓筒壁滑模托带仓顶空间钢结构整体安装吊装技术。

②插接式钢管脚手架及支撑架技术,盘销式钢管脚手架及支撑架技术,附着升降脚手架,电动桥式脚手架技术。

③钢结构深化设计技术。

④厚钢板焊接技术。

⑤大型钢结构滑移安装与吊装施工技术。

⑥钢结构与大型设备计算机控制整体顶升与提升安装施工技术。

⑦钢与混凝土组合结构技术。

⑧住宅钢结构技术,高强度钢材应用技术。

⑨大型复杂膜结构施工技术。

⑩模块式钢结构框架组装吊装技术。

⑪机电安装工程技术:管线综合布置技术,金属矩形风管薄钢板法兰连接技术,变风量空调系统技术,非金属复合板风管施工技术,大管道闭式循环冲洗技术,薄壁不锈钢管道新型连接技术,管道工厂化预制技术,超高层高压垂吊式电缆敷设技术,预分支电缆安装施工技术,电缆穿刺线夹安装施工技术等。

⑫大型储罐安装施工技术,结构无损拆除技术,结构安全性监测(控)技术,一机多天线GPS变形监测技术,信息化应用技术,虚拟仿真安装施工技术。

⑬高精度自动测量控制技术,安装施工现场远程监控管理及工程远程验收技术,安装施工工程量自动计算技术。

⑭安装施工工程项目管理信息化实施集成应用及基础信息规范分类编码技术。

⑮安装施工建设项目资源计划管理技术,安装施工项目多方协同管理信息化技术。

⑯安装施工塔式起重机安全监控管理系统应用技术。

⑰AP1000 核电站的核岛钢制安全壳底封头成套制造技术,模块化设计与制造技术,主管道制造关键技术,关键设备大型锻件制造技术,安全壳的安装与吊装技术等。

⑱BIM 技术的应用与可视化、协调性、模拟性、优化性及可出图性五个重要的特点。

⑲"国家体育场""国家体育馆""国家数字图书馆""北京大兴国际机场"钢结构工程安装与吊装技术体系。

⑳高层、超高层钢结构工程安装与吊装技术体系。

㉑港珠澳大桥安装与吊装技术体系。

㉒石油化工业塔、罐、容器、火炬塔架安装与吊装技术体系。

第二节　桅杆式起重机吊装技术

利用桅杆的吊装技术是我国开发最早的、应用最广泛的一种吊装技术,今后一个较长的时间内,它仍将是我国钢构件,特别是电视塔架、石油化工火炬塔架、塔、罐、容器类设备吊装的主要技术。

桅杆分为:独脚桅杆、人字桅杆、三角架桅杆、龙门桅杆、井架桅杆、动臂桅杆等种类。国内已有龙门桅杆起重量达 4000 t、5000 t、7500 t、10000 t,还有 22000 t 弧形龙门吊等,广泛用于钢结构、各种设备、龙门起重机安装的吊装作业。下面,介绍几种典型的用桅杆式起重机吊装方法。

一、扳吊法

扳吊法的特点在于在扳吊力的作用下,被吊构件绕基础上一点或设在基础上的铰轴旋转立起;扳吊力的竖向分力在扳吊阶段与重力方向相反,在就位阶段与重力方向相反或相同。

1982 年,武汉市工业设备安装公司用单桅杆,采用 4 个独立的吊点,成功扳吊 ϕ630 mm×100000 mm、总重 430 kN 无刚架火炬塔架。

青岛现代艺术中心斜塔是一座 48 m 长、倾斜 30°以上的斜塔——超级"万花筒",是现代艺术中心的标志性建筑。青岛现代艺术中心斜塔扳吊设计图如图 2-5-1 所示。

二、扳倒法

与扳吊法不同,扳倒法倒力的竖向分力在吊装全过程中始终与重力方向一致。

所用桅杆(人字架、A 形架)随被吊件的扳起而逐渐倒下。桅杆或人字架等与被吊件之间的滑轮组一般只起传力而不传递运动的作用。

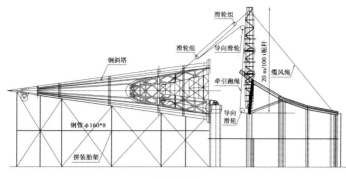

图 2-5-1

扳倒法广泛应用于塔架结构的吊装。如上海 209 m 高、自重 4200 kN 的电视塔,用 70 m 人字桅杆 4 个多小时扳倒成功。1988 年 9 月,用扳倒法吊装重 3068 kN、高 120.5 m 的广西北海炼油厂火炬塔架,历时 1 小时 40 分钟。图 2-5-2 为桅杆式起重机工作现场(左中第四人是笔者)。

图 2-5-2

三、摆动法

摆动法采用收紧或放松缆风绳的方法,使被吊构架或设备向前沿着底部向水平方向移动就位。此法与使用自行式起重机、采用变幅臂吊装构件水平移动就位相似。

四、多杆抬吊法

多杆抬吊法指用 2 副或二副以上桅杆完成共同吊装构件的作业。

①1973 年,上海体育馆比赛馆钢网架屋盖用 6 副桅杆、12 台 10 t 卷扬机抬吊成功。该网架直径为 124.6 m、自重 6000 kN,加上风管、线管等附加重量 600 kN,组合重量为 6600 kN。网架在地面组装好以后,整体提升到 22.22 m(超过柱顶 50 cm),随后利用每副桅杆两套起重滑轮组受力不同产生的水平力形成力偶使整个网架屋盖在空中旋转 2°06′,使网架上的 36 个活动支座对准 36 根柱顶,使网架坐落在 110 m 直径圆圈上的 36 根柱顶上。在用自行式起重机将 36 根柱子上的两层圈梁吊装焊接完毕后,再将钢网架上 36 个活动支座正式坐落在 36 根柱顶上。该结构从上午 7 点到晚上 7 点全部安装完毕,这在我国吊装史上是一个新的创举(图 2-5-3)。

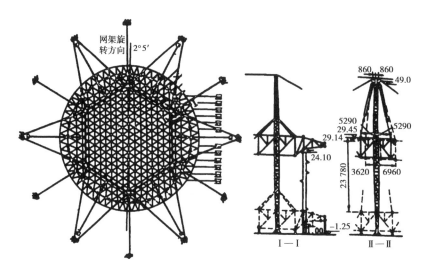

图 2-5-3

②北京西郊机场波音飞机机库网架整体吊装（详见第四章第二节）。

③2008 年，烟台新火车站标志性建筑"城市之门"的吊装（详见第四章第三节）。

④四川化工厂氨合成塔等五大件的吊装。

笔者全程参加了用 2 副起重量 200 t 桅杆和 40 t 塔吊改制成 400 t 塔桅起重机，对四川化工厂氨合成塔、CO_2 吸收塔、CO_2 再生塔、尿素合成塔、废热锅炉五大件的吊装，如图 2-5-4 所示。400 t 塔桅起重机后面钢桁架上是已吊装就位的废热锅炉，左侧是已吊装就位的 CO_2 吸收塔，正在吊装就位的是 CO_2 再生塔。

图 2-5-4

第三节　自行式起重机吊装技术

一、设备与钢结构工程吊装最常用的吊装机械

设备与钢结构工程吊装最常使用的吊装机械是自行式起重机或塔式起重机。

自行式起重机可分为汽车式起重机、轮胎式起重机、履带式起重机。塔式起重机通常又称塔吊，有行走式、固定式、附着式与内爬式几种类型。自行式起重机由起升机构、行走机构、变幅机构、回转机构四大机构组成。塔式起重机回转机构有上旋式回转或下旋式回转。自行式起重机具有起升高度高、工作半径大、动作平稳、工作效率高、吊装安全可靠等优点。

起重机特性曲线:起重机起重特性曲线是机构的起重能力、吊臂的承载能力、整机抗倾覆稳定性三条曲线的包络线,也就是说起重机实际的起重性能是由机构、结构、整机稳定性三项因素综合决定的。

二、自行式起重机适用于吊装重型、中型设备与构件

吊装重型与中型设备与构件最合理的吊装机具是自行式起重机。在多班制中充分利用其起重能力时,它的工作效率最高,但在单个吊装项目上要充分利用它的各种参数则相对较难。同时,将其从一个安装现场转移到另外一个安装现场并不方便,台班费也高。因此,当被吊装的设备与构件质量超过单独一台自行式起重机时,往往采取各种有效措施,以增大它的起重能力,或者采用双机、三机或多机抬吊。

自行式起重机在实际吊装中需注意的问题:起重机的性能往往不可能发挥到最大程度;需准确安排好吊车的顺序与吊装顺序;当使用双机和多机吊装设备与构件时,要控制好同步起吊;采取措施,防止起重机超载;需周密考虑各种安全防护措施。

(一)杭州国际会议中心

杭州国际会议总建筑面积 13 万 m²,其中会议部分 2.1 万 m²,酒店 4.8 万 m²,其余为后勤服务设施。建筑总高度 85 m,主体建筑由 12 m 的椭圆形裙房部分和直径 85 m 的上部球体组成。中心外墙采用金色钛板金色玻璃幕墙。(图 2-5-5、图 2-5-6)

图 2-5-5

图 2-5-6

（二）哈尔滨国际会展中心体育场

哈尔滨国际会展中心体育场工程总用地面积63万m²，整体平面呈椭圆形，长247.5 m，宽236.866 m，最高高度为53.9 m。体育场主馆钢结构屋盖结构由35榀张弦桁架组成，桁架总长达140 m、质量为154 t。（图2-5-7、图2-5-8）。

图 2-5-7

图 2-5-8

（三）中％化、中石油塔类设备吊装（图2-5-9）

图 2-5-9

（四）风电机组吊装（图2-5-10）

图 2-5-10（图片来源网络）

（五）4000 t 履带吊吊装煤制油费托反应器（图2-5-11）

图 2-5-11

第四节 网架与网壳结构吊装技术

钢网架结构的节点和杆件在工厂内制作完成并检验合格后,需要运送至安装现场拼装成整体进行安装。其安装方法根据网架受力和构造特点,在满足品质、安全、进度和经济效益的前提下,结合现场和本单位安装施工技术条件确定。

一、高空散装法

高空散装法是指运送到安装现场的单元(平面桁架或锥体)或散件,由起重机吊升到空中拼装成整体结构的方法。此法适用于螺栓球或高强螺栓连接节点的网架结构,在空中拼装的过程中始终有一部分网架悬挑着。当跨度较大、拼接到一定悬挑长度后,设置单肢柱或支撑架,支撑在悬挑部分,以减少或避免自重和施工荷载产生的较大的挠度和变形。

北京首都国际机场 T3B 航站楼工程建筑面积 387057 m²,地下 2 层、地上 3 层,工程东西宽 759 m、南北长 956 m,整体呈 Y 字形(图 2-5-12)。

图 2-5-12

该工程用超大空间 CRAB 模块式脚手架可移动作业平台安装施工。在施工前,通过计算分析和试验研究,设计出可移动作业平台,解决了超大空间(10 万 m^2、最高处为 50 m)的复杂曲面天花施工难题,创新了超大型满堂红脚手架的搭设方法。较之采用传统满堂红钢管扣件式脚手架,该方法具有安全、高效、劳动强度低、成本低的特点。满堂红脚手架搭设与安装施工方法如图 2-5-13 所示。

图 2-5-13

二、分条分块法

分条分块法是指当高空散装的组合较大时,为适应起重机的吊装能力和减少高空拼装工作量,将网架屋盖划分为若干个单元,在地面拼装为条状或块状扩大其组合单元后,用起重机械或设在柱顶上的起重设备(钢带提升机、升扳机等)将条状或块状网架吊升或提升到设计位置上,再将其拼装成整体网架结构的安装方法。

网架条状单元在吊装就位过程中的受力状态属平面结构体系,而网架结构是按空间结构设计的,因而条状单元在总拼装前的挠度要比网架形成整体后的挠度大。因此,在总拼前必须在合拢处用支撑架撑住,调整挠度,使于整体网架的挠度相符合。块状单元在地面制作后,也应模拟高空支撑条件。在拆除全部地面支撑后,还要观察施工挠度,并进行挠度的调整。

三、高空滑移法

高空滑移法是通过设置在网架端部或中部的局部拼装架,或利用已建结构作为拼装平台,以及设在两侧或中间的通长滑道,在地面将网架拼装成条状或块状单元,再用自行式起重机吊至拼装平台上拼装成滑移单元,用牵引设备(葫芦牵引器、卷扬机、液压爬行器)将滑移单元滑移到设计位置的安装方法。滑移法可分为单条滑移法和逐条累积滑移法两种。图 2-5-14 国家体育馆钢屋盖累积滑移所用机器人(液压爬行器)。因为它可以解决起重机械无法吊装到位的困难,所以目前已在国内广泛使用。在网架安装施工期间,可以和土建交错施工,拼装支架比高空散装法节省费用50%左右,且占用建筑物周边场地少,用一边安装施工场地即可。

图 2-5-14

其牵引力计算如下:

1. 滑动摩擦时

$$F_1 \geqslant \mu_1 \xi G_0$$

式中　F_1——总起动牵引力,kN;

　　　μ_1——滑动摩擦系数,在钢对钢轧制表面,经除锈并加润滑油后可取 $0.1 \sim 0.15$;

　　　G_0——网架总的自重标准值,kN;

　　　ξ——起动附加系数,一般取 $1.5 \sim 2$。

2. 滚动摩擦时

$$F_1 = \left(\frac{\varphi}{\gamma_1} + \mu_2 \frac{\gamma}{\gamma_1} \right) G_0$$

式中　φ——钢制轮与钢的间隙,按经验值可取为 0.5 mm;

　　　μ_2——滚动摩擦系数,为安全起见钢与钢之间经粗加工并加润滑油,此时可取 0.1;

　　　γ_1——滚轮的外圆半径,mm;

　　　γ——轴的半径,mm;

　　　G_0——网架总的自重标准值,kN。

一般牵引速度不宜大于 1.0 m/min,两滑道不同步值控制在 30 mm 以内为宜。

四、整体吊装法

整体吊装法是指网架在地面总拼后,采用一台或多台自行式起重机或桅杆式起重机进行吊装就位的安装方法。这种吊装方法吊装时可以在空中平移或旋转就位(见多杆法抬吊)。它的特点是网架在地面总拼时可以就地与柱错位或在场外进行。四机抬吊网架布置图如图 2-5-15 所示。

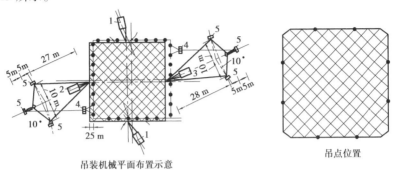

吊装机械平面布置示意　　　　　　　吊点位置

图 2-5-15

五、升扳机整体提升法

升扳机整体提升法是指网架结构在地面上就位拼装成整体后,用安装在柱顶横梁上的升扳机将网架垂直提升到标高以上,安装支撑托梁后,落位固定。其提升工作原理是升动提升机提升螺栓杆上升,通过吊杆与横梁带动网架上升。待提升机上升一节吊杆(2 m)后,停止提升[图 2-5-16(1)]。用 U 形卡板塞在下横梁上口和吊杆上端扩大头之间,使网架吊挂在下横梁上,卸去上节吊杆,提升机逆转,使提升螺栓杆下降与一节吊杆接好,继续提升[图2-5-16(2)]。

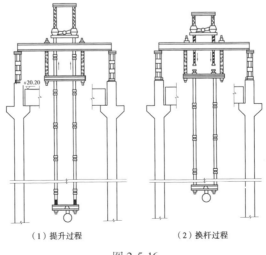

(1)提升过程　　　　　　　(2)换杆过程

图 2-5-16

升扳机系统工作原理与提升系统布置如图 2-5-17、图 2-5-18 所示。

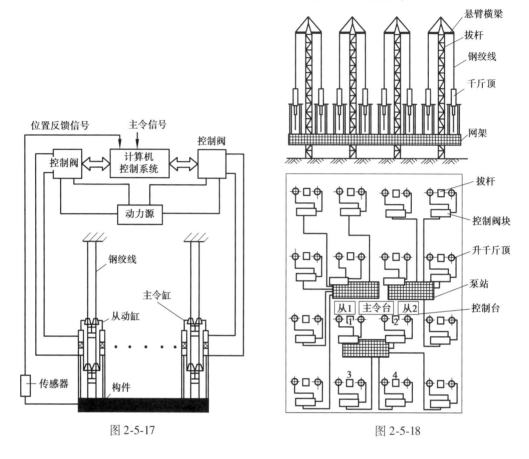

图 2-5-17   图 2-5-18

第五节　用龙门桅杆、钢绞线承重液压提升、履带吊抬吊的吊装技术

神华宁夏煤业集团 50 万 *t*/年甲醇制烯烃项目 C3 分离塔的吊装

神华宁夏煤业集团 50 万 *t*/年甲醇制烯烃项目是国家批准在宁东能源化工基地建设的对宁夏科技发展具有战略意义的重点项目之一,占地面积 55.65 hm²,投资 65 亿元人民币。超大型化工设备的设计、制造、运输、吊装工程是项目建设的重要环节之一,其中难度最大的 C3 分离塔设备总高 100.9 m、筒体内径 8 m、吊装质量 2300 t,其整体设计、制造、运输、吊装工程创造了中石化超大型设备设计、制造、运输和吊装的国内纪录,是当时我国石化行业中最高、最重的设备,也是亚洲石化行业中所吊装的最高、最重的设备。吊装工程用 4000 t 龙门桅杆与钢绞线承重液压提升装置和 1000 t 履带吊,成功地进行抬吊,创多项新技术(图 2-5-19)。

图 2-5-19

该项目通过集约化生产,提高了 C3 分离塔制作、安装与吊装工业化的水平,用一流的装备、一流的队伍、一流的技术、一流的管理水平、一流的材料建成了一流的工程。该项目使用了精细化管理手段:一是信息化管理,即用数控来控制;二是程序化管理,即沿着程序化、标准化、工厂化、专业化方向进行设计深化及详图表达、加工制作、安装施工的整合、集成及一体化的管理,注重了设计、生产、加工、安装等每一个环节。该项目所取得的创新成果,不仅推动了国家建筑安装与石油化工施工行业的技术进步,提高了企业的竞争优势能力,而且更新了起重吊装专业人才的知识结构,使之具备迎接科技创新、新世纪挑战的理论知识和技能。同时,这也是起重吊装技术发展史中的一次创新,影响深远、意义重大,有广泛的推广应用前景,是一笔巨大的无形资产。

第六节　起重机加辅助装置的吊装技术

吊装工艺的发展,促使起重机在提高起重能力方面采取了多种相应措施,以提高起重机的起重能力。

一、吊装方法

(一)活动臂杆加牵引绳的吊装方法

这种方法所用的附加装置最少。其有三种形式:第一种是牵引固定的臂杆。第二种是用牵引绳来改变起重机臂杆伸距,采用卷扬机牵引,通过平衡滑轮的牵引绳改变伸距。第三种是利用臂杆上的变幅卷扬机进行操作,臂杆可以回转。这种办法提高起重能力的关键在于减小臂杆受力而增大起重能力,增大起重能力 10% ~15% 。(图 2-5-20)

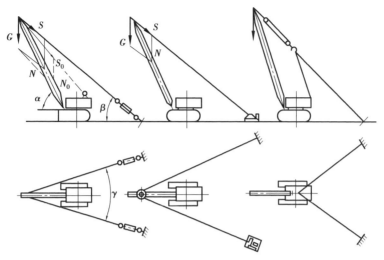

（a）固定臂杆 （b）能改变臂杆伸距 （c）臂杆伸距可变、臂杆可以回转

图 2-5-20

（二）用横梁连接两台起重机臂杆的吊装方法

使用横梁连接两台起重机臂杆时,臂杆变幅滑轮组处在放松状态,从而使两台起重机在吊装设备与构件时产生的水平分力在横梁内互相抵消,以减小倾覆力矩、增加其相应的起重能力。图 2-5-21 为用横梁连接的起重机臂杆位置可以自行变化的示意图。图 2-5-22 为用横梁连接两台起重机臂杆示意图。

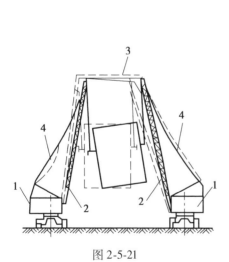

图 2-5-21

1—起重机;2—臂杆;3—横梁;4—变幅系统

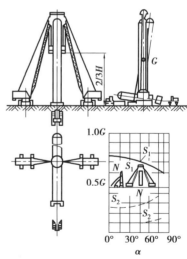

图 2-5-22

（三）臂杆上加支柱的吊装方法

臂杆加支柱可以在单台起重机或双台起重机上使用。单台起重机臂杆加支柱所组成人字形桅杆的高度,由臂杆和支柱的倾角大致相等这一条件来决定,如图2-5-23（1）、（2）所示,此时起重机臂杆上的载荷可减小一半,起重能力可提高30%～50%。

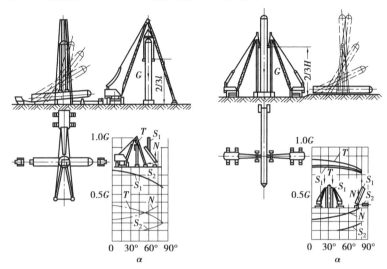

（1）单台起重机的臂杆加支柱（人字形桅杆）　　（2）双台起重机的臂杆加支柱（人字形桅杆）

图 2-5-23

二、加长并加宽履带式起重机的履带提高起重能力

履带式起重机的起重能力往往受起重机稳定性限制,因此通常采用加长或放宽履带这一最简便的方法。实践可知,如吊钩与倾翻轴线间的距离缩小,可提高起重能力。根据计算,起重能力可提高44%。

图2-5-24为加长并放宽履带示意图。图中括号内数字表明加长放宽履带以后的尺寸。

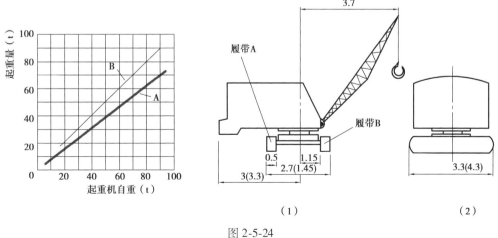

（1）　　　　　　　　　　（2）

图 2-5-24

采用标准履带时,起重机总重 $W_0 = 21.25$ t,在幅度为 3.7 m 时的起重量为 $Q_0 = 10$ t。加长放宽履带后,起重能力的提高可考虑以下几方面的因素(由于履带长度 L 总大于履带总宽 B,当吊臂垂直于履带纵向中心线时稳定性最差,以下分析均以此工况进行对比):

①由于倾翻轴外移 $1.45 - 1.15 = 0.3$ m,起重机自重产生的稳定力矩增大值为:

$$M_{稳增1} = W_0 \times 0.3 = 21.25 \times 0.3 = 6.38 (t \cdot m)$$

取静稳定系数 $K = 1.4$,由 $M_{稳增1}$ 增大的起重能力为:

$$Q_{增1} = \frac{M_{稳增1}}{K(3.7 - 1.45)} = \frac{6.38}{1.4(3.7 - 1.45)} = 2.02 (t)$$

②当起重机处于如图 2-5-24 所示位置时,履带 B 在空载时的压力为:

$$P_B = \frac{21.25(2.2 - 1.63)}{2.2} = 5.5 (t)$$

根据对移动式起重机结构标准的规定,履带 B 的压力大于起重机自重的 15% 时能保证后方稳定性为合格;现在 $P_B = 5.5$ t,约占起重机自重的 26%,后方稳定性是足够的。加长放宽履带以后,如保持原有的后方稳定性,则可增加 1.4 t 配重,相应的起重能力提高量为:

$$Q_{增2} = \frac{W_{配增}(3 + 1.45)}{K(3.7 - 1.45)} = \frac{1.4 \times 4.45}{1.4 \times 2.25} = 1.98 (t)$$

加长放宽履带后,吊钩与倾翻轴线间的距离缩短 0.3 m,可提高的起重能力为:

$$Q_{增3} = \frac{Q_0 \times 0.3}{3.7 - 1.45} = \frac{10 \times 0.3}{2.25} = 1.33 (t)$$

综合以上因素,起重能力共可增大:

$$Q_{增} = Q_{增1} + Q_{增2} + Q_{增3} = 2.02 + 1.98 + 1.33 = 5.33 (t)$$

即此时的起重量可达 15.33 t,起重机自重增加到 22.65 t,单位自重的起重能力约提高 44%。

在加长放宽履带时要考虑两个限制条件:

①从铁路和公路拖车运输的条件出发,履带放宽 B 不宜超过 3.3 m,否则要解体运输,会引起很大的困难。

②履带加长并放宽以后的履带长宽比(L/B)不宜过大,否则在转弯时履带对地面的驱动力矩不足以克服履带和地面之间的转弯阻力矩。从现有统计资料来看,加长放宽后的 L/B 比值应在 1.3 左右,最大不超过 1.5。

第七节　用推举法的整体吊装技术

推举法的工作原理是当设备与构件从水平位置安装成直立位置时,起重桅杆使设备或构件环绕其支撑铰链回转,而桅杆则沿设备与构件的轴线向基础平移过去,桅杆将设备与构件推举起来的同时桅杆上的横梁环绕其上部铰链回转。它的优点是:创造性地利用桅杆式起重机,特别是将大吨位的起重滑轮组从高空应用转移到地面,不仅减轻工人劳动强度,而且取得较好的经济效益;起重机具占用的场地,其长度不超过设备和桅杆的一半,其宽度为设备与构件宽度的两倍;安装时不用锚桩;所用起重机具质量较小,为设备质量的15%~20%;高度也较小,为设备与构件的50%~60%;起重滑轮组安装在下部,因而装拆比较容易;起重滑轮部件的最大载荷发生在起吊开始时,可及时检测所有机具与部件受力情况。此方法可用在构筑物密集的作业区及狭窄地段使用(图2-5-25、图2-5-26)。

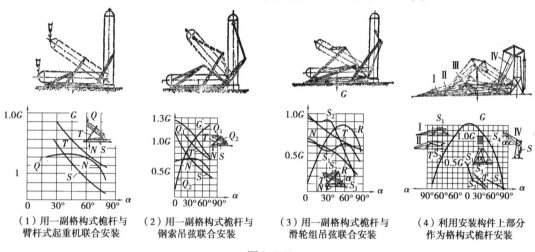

（1）用一副格构式桅杆与　　　（2）用一副格构式桅杆与　　　（3）用一副格构式桅杆与　　　（4）利用安装构件上部分
　　　臂杆式起重机联合安装　　　　　钢索吊弦联合安装　　　　　　滑轮组吊弦联合安装　　　　　　作为格构式桅杆安装

图 2-5-25

推举法吊装立式设备与构件示意图见图2-5-28。用推举法吊装立式静置设备的工艺图见图2-5-26。

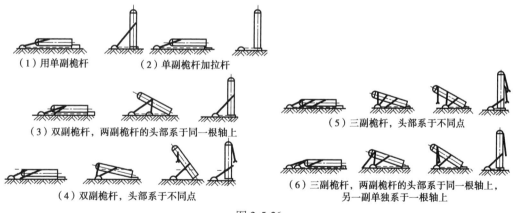

（1）用单副桅杆　　　　　（2）单副桅杆加拉杆

（3）双副桅杆,两副桅杆的头部系于同一根轴上　　　　　　　　（5）三副桅杆,头部系于不同点

（4）双副桅杆,头部系于不同点　　　　　　　　（6）三副桅杆,两副桅杆的头部系于同一根轴上,
　　　　　　　　　　　　　　　　　　　　　　　　　　　　　另一副单独系于一根轴上

图 2-5-26

第八节 用跨步式液压提升装置的吊装技术

这种技术下的起重设备环绕回转铰链转动，是通过两个跨步式液压提升机构来实现的。这两个机构分别安装在两副支承的桅杆上，由两个横梁连接起来。被起吊的设备与构件用回转铰链安装在横梁上。这两副桅杆为金属焊接结构，截面上制成凹形槽，凹槽在提升机构的卡爪下面（卡爪只能上，不能下）。两副桅杆立于被起吊设备与构件两侧，下面由铰链柱基支承。两桅杆的柱基用钢丝绳与被起吊设备回转铰链的固定底盘连接起来。这样，被起吊的设备与构件—承重桅杆—钢丝拉绳—回转铰链这样一个系统构成封闭的三角连环结构（图 2-5-27）。

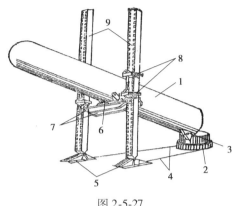

图 2-5-27

1—塔体；2—设备基础；3—回转铰链；

4—钢丝绳；5—支承柱基；6—支承铰链；

7—横梁；8—液压提升装置；9—桅杆

跨步式液压提升机构由两个托架组成，托架间由 4 个液压动力筒连接。托架用 4 个弹簧卡爪固定于桅杆凹槽里。卡爪两个一对地连接起来，成为一个平衡组。液压动力筒的工作液体由两个完全一样的油泵站供给（图 2-5-28）。图 2-5-29 为用液压提升装置起吊设备时的示意图。

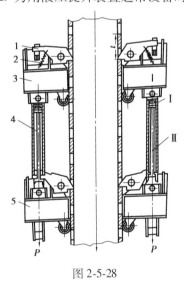

图 2-5-28

1—支承卡爪；2—弹簧；3—上托架；

4—液压筒管；5—下托架

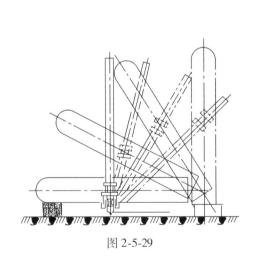

图 2-5-29

该机构的优点：

①装配比较简单,维护方便。

②不需起重量大的滑轮组。

③装置的体积小,质量轻,可产生很大的推力,便于用在施工场地狭小的地方。

④随着被吊设备或构件的升高,桅杆受力也越来越小。

该机构的缺点：

①起重器本身结构比较复杂,对密封性要求高,成本较昂贵。

②操作技术要求高。

第九节　气压顶升法吊装技术

气顶升倒装法施工工艺,是先将罐顶和最上一圈壁板在罐底上组装焊好,外面围以第二圈壁板。然后,用鼓风机通过风道向缶内送入空气。当缶内空气顶升力大于限位装置控制后,控制风量,稳定压力,保证缶体稳定。这时,沿缶壁检查壁板的高度、垂直度和椭圆度。同时,在第一圈壁板下端,每隔 2 ~ 3 m 焊一个三角铁,使之卡在第二圈壁板上。防止缶体下坠。接着进行壁板间搭口外部腰缝的点焊。点焊牢固后停止鼓风,开始进行罐内外腰缝和立缝的焊接。以下各圈壁板都按照上述步骤重复进行,直到最后一圈壁板顶升完毕。湿式气柜示意图见图2-5-30、气顶升法鼓风装置示意图见图2-5-31。

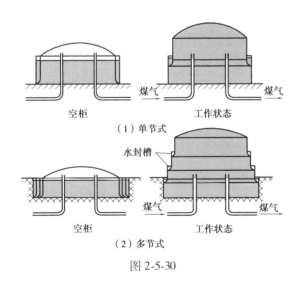

（1）单节式

水封槽

（2）多节式

图 2-5-30

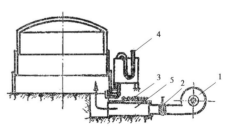

图 2-5-31

1—风机;2—风门闸板;

3—进入孔循板;4—压差计;5—风道

这种工艺推广应用于 1 万 m^3 拱顶和 5000 m^3 无力矩金属油罐的安装施工(图 2-5-32)。

图 2-5-32

第十节　飞行器吊装技术

一、用系留气球吊装

系留气球指系留于地面物体上,并可控制其在大气中漂浮高度的气球。

系留气球的气囊材质可由聚氟乙烯、胶黏剂、聚酯薄膜、涤纶等制成。可用于吊装的系留气球容积为 1400 ~ 10000 m^3,直径为 11 ~ 18 m,长度为 35 ~ 54 m,工作高度为 900 ~ 4500 m,气囊内充氢气,纯度为 99%。系留绳为特制的尼龙绳,直径为 19.7 ~ 25.4 mm,吊重可达 16 kN。1980 年,林业部林业研究院集运所用充氢系留气球成功在山区进行木材吊装集运,但吊装质量只有 3000 N。(图 2-5-33)

根据综合国内外有关资料及通用模拟试验的结果,利用系留气球吊装构件与设备时具有以下特点:结构简单、制造容易;发放容易,操作简便;投资少;提升力可大可小。

系留气球适用于构件、设备的吊装,以及货物的搬运等,被港口、码头、工厂、火箭基地等选用。

图 2-5-33

二、用飞艇吊装

　　飞艇是一种质量轻于空气的航空器,具有推进和控制飞行状态的装置。飞艇由巨大的流线型艇体、位于艇体下面的吊舱、起稳定控制作用的尾面和推进装置组成。艇体的气囊内充以密度比空气小的浮升气体(氦气),借以产生浮力使飞艇升空。吊舱供乘载,尾面用来控制和保持航向及俯仰的稳定(图 2-5-34)。飞艇和系留气球一样,均属于浮空器,它们的主要区别是前者比后者多了自带的动力系统,可以自行飞行。

图 2-5-34

　　目前,世界最大的飞艇是"天空登陆者"号飞艇,其整体身长达 93 m,高达 26 m,载重量 10 t。同时,它也是世界上最大的飞行器,可用于高空巡航和运载货物。

　　(一)飞艇在输电线路架设中的应用

　　在送电线路张力架线安装施工中,可使用遥控飞艇展放引绳技术。它是利用遥控飞艇有效载荷、全程飞行可控的特点完成线路引绳的空中展放,最终完成导线的张力架设工作。通过设计制造大功率、高荷重能力的特殊遥控氦气飞艇,在飞艇遥控飞行时展放或牵放质轻破断强度大的引绳,从空中跨越人力无法或较难跨越的障碍物,从而解决了以往在架线施工中展放引绳通过特殊障碍物的难题。图 2-5-35 为技术工人正准备放飞飞艇,图 2-5-36 为飞艇已飞向 4 号塔前准备"穿针引线"。

图 2-5-35

图 2-5-36

（二）飞艇应用于大桥修建吊装

2008 年 8 月 30 日，飞艇在主跨 1088 m 的贵州坝陵河大桥成功地进行了先导索架设吊装作业（图 2-5-37）。该桥全长 2237 m，东岸引桥长 940.4 m，西岸引桥长 200 m，2005 年 4 月 18 日开工，2009 年 5 月合龙。

图 2-5-37

三、用直升飞机吊装

用直升飞机进行吊运并配合安装可在起重运输机械到达不了的边远地区或险要地带进行施工。

图 2-5-38 为直升飞机吊装钢构件。

图 2-5-38

第十一节　机器人吊装技术

机器人是自动执行工作的机器装置,它既可以接受人类指挥,又可以运行预先编排的程序,也可以根据以人工智能技术制定的原则纲领行动。它的任务是协助或取代人类工作的工作,如生产业、建筑业的工作或是危险的工作。

机器人吊装技术的应用案例参见第三篇第四章国家体育馆安装与吊装工程机器人的应用。

第六章
我国 BIM 技术已步入世界先进行列

BIM 技术的核心是通过建立虚拟的建筑工程三维模型,利用数字化技术,为这个模型提供完整的、与实际情况一致的建筑工程信息库。

BIM 能够在建筑全生命周期中应用,模型的信息能够提供建筑物不同阶段其需要的信息,贯穿程序设计、概念设计、详细设计、建筑物分析、施工图产生、材料生产与制作、营造排程与成本、建筑物建造、建筑物营运与维护,直到整修、翻新甚至拆除。

BIM 技术具有可视化、协调性、模拟性、优化性及可出图性 5 个重要的特点。BIM 技术的学习也跟工程实际操作性有着不可分割的联系。现举几个实例加以说明。

第一节　青岛东方影都展示中心安装与吊装工程中
BIM 技术应用

一、工程简介

青岛东方影都是万达集团在青岛投资 500 亿元建设的全球投资规模最大的影视产业综合项目。项目占地 376 万 m^2、总建筑面积 540 万 m^2,包括影视产业园、电影博物馆、影视会展中心等多个项目。展示中心工程是东方影都群体项目中的第一个项目,主体建筑设计以鹦鹉螺为原型,总建筑面积 4500 m^2,建筑整体主要由钢框架、9 片网壳、穹顶及空间弯曲大梁组成,结构高 23 m,直径跨度 60 m 以上,所有杆件均由矩形管制作而成。项目共加工复杂异型钢构件2400 t,制作杆件 7100 件、节点 3200 个、柱子树杈 146 根,整体网壳结构如图 2-6-1 所示。

图 2-6-1

二、工程重点、难点及安装与吊装相应的技术措施

该工程网壳为单层曲面结构,为有效控制运输及吊装过程中的变形,对构件吊装综合分析,设计阶段将1—9号单元网壳分区、分块加工,穹顶单元网壳单独成块加工。网壳结构必须经过预拼装等工序后再分解成的较小安装单元运往工地,在现场将单元分块直接进行吊装到位后焊接安装。由于体量较大、工期紧,结合现场情况,采用汽车吊及塔吊同时吊装。对网壳进行单元划分,以便于运输与现场安装,共划分为174个吊装单元,分段如图2-6-2所示。

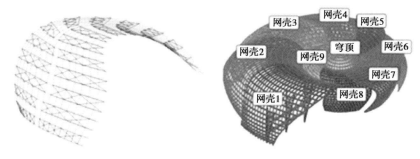

图 2-6-2

网壳安装分为5个阶段:阶段1为竖向网壳结构施工;阶段2为钢柱支撑区域网壳结构施工;阶段3为大梁结构施工;阶段4为大梁支撑区域网壳结构施工;阶段5为悬挑网壳结构施工。网壳结构安装与吊装的施工如图2-6-3所示。

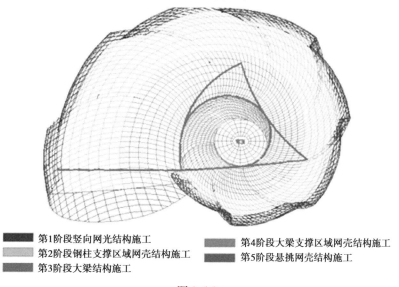

图 2-6-3

三、技能型、技术型、研究型人员整合

该项目管理中充分发挥了专家、技术人员的作用，专家、工程技术人员深入现场，跟踪指导服务，不断发现、解决问题。现场拼装胎架的设计和布置方案经过多次论证和实践改进，做到了最合理、最利于提高安装效率。通过一系列技术攻关和创新，保证了施工顺利进行，提高了拼装、焊接质量。焊缝检验探伤一次合格率达到98%以上，全部焊缝100%合格。

该项目调配了12名工程测量技术人员、8台全站仪，对网壳进行空间测量定位，并采用徕卡三维激光扫描仪监测网壳的拼装，保证了9片网格结构之间、9片网格结构与弯曲大梁之间、穹顶与弯曲大梁之间的顺利合龙。

四、BIM技术运用

展示中心"鹦鹉螺"的设计及施工工期（内装完成）只有短短的3个月，从开始设计到主体完成也只用了55天。项目采用BIM技术，解决了异形建筑设计与施工中多项难题。利用3D可视施工技术交底，保证了建筑施工图平立剖面一致，并且改善了各参与方间的沟通交流，保证了施工品质，提高了整体施工效率。"鹦鹉螺"经过BIM技术的大力协助，创造了一个业内的建造奇迹。该项目的设计"万达—青岛东方影都展示中心BIM应用"参加2014年"创新杯"建筑信息模型（BIM）设计大赛，荣获"最佳BIM普及应用奖"（图2-6-4）。

图 2-6-4

第二节　国内应用 BIM 技术的重点工程项目

近年来，随着BIM技术的普及与成熟，BIM技术广泛应用于全国各地的大型建筑项目，现将其中几个极具特色的代表简单介绍如下。

一、北京中信大厦

北京中信大厦又名"中国尊"，总建筑面积约43.7万 m^2，地上108层、地下7层，建成后中国国际贸易中心第三期成为当时北京第一高楼（图2-6-5）。该项目位于北京CBD核心区内编号为Z15地块正中，西侧与国贸三期对望，建筑总高528 m，规划为中信集团总部大楼。项目于2011年9月12日左右动工，2016年底封顶，预计总投资达240亿元。

北京中信大厦

图 2-6-5

上海中心大厦

图 2-6-6

二、上海中心大厦

　　上海中心大厦位于陆家嘴金融贸易区,2008 年 11 月底主楼桩基开工,2016 年 3 月建筑总体完工,建成后以 632 m 的总高度,刷新上海市浦东新区的城市天际线(图 2-6-6)。时值中国第一次建造 600 m 以上的建筑,项目巨大的体量、庞杂的系统分支、严苛的施工条件,给上海中心大厦的建设管理者们带来了全新的挑战,而数字化技术与 BIM 技术在当时的建筑工程界还比较陌生,上海中心大厦团队在项目初期就决定将数字化技术与 BIM 技术引入项目的建设中。事实证明,这些先进技术在上海中心大厦的设计建造与项目管理中发挥了重要的作用。

三、上海迪士尼奇幻童话城堡

　　上海迪士尼奇幻童话城堡项目(图 2-6-7)成功应用 BIM 技术,获得了美国建筑师协会授予的"建筑实践技术大奖"。该项目 2013 年 5 月启动施工。

上海迪士尼奇幻童话城堡

图 2-6-7

四、国家会展中心（上海）

国家会展中心（上海）是由中华人民共和国商务部和上海市人民政府于2011年共同决定合作共建的大型会展综合体项目，总投资160亿元。会展综合体室内展览面积40万 m²，室外展览面积10万 m²，总建筑面积达到147万 m²，是世界上最大综合体项目，首次实现大面积展厅"无柱化"办展效果（图2-6-8）。2012年7月，会展综合体主题工程桩基施工，2013年10月，国家会展项目二标段C1区屋面钢结构桁架吊装工程进行总承包项目部引入BIM技术，为工程主体结构进行建模，然后把各专业建好的模型与总承包建好的主体结构模型进行合模，有效地修正模型，解决施工矛盾，消除隐患，避免了返工、修整。

国家会展中心（上海）

图 2-6-8

五、广州周大福金融中心

广州周大福金融中心（东塔）位于广州天河区珠江新城CBD中心地段，占地面积2.6万 m²，建筑总面积50.77万 m²，建筑总高度530 m，共116层。项目2009年开工，设计与施工通过MagiCAD、GBIMS施工管理系统等BIM产品的应用，取得良好成效，实现技术创新和管理提升。建成后的广州东塔和广州西塔构成广州新中轴线（图2-6-9）。

周大福金融中心

图 2-6-9

六、天津高银金融 117 大厦

　　天津高银金融 117 大厦位于天津滨海高新区,结构高度达 596.5 m,因 117 层而得名。项目 2008 年 9 月开工,通过 GBIMS 施工管理系统应用(广联达针对特殊的大型项目定制开发的 BIM 项目管理系统),打造项目 BIM 数据中心与协同应用平台,实现全专业模型信息及业务信息集成,多部门多岗位协同应用,为项目精细化管理提供支撑。2015 年 9 月,据报道,117 大厦完成立体结构封顶,建成后大厦结构高度达 596.5 m,成为仅次于迪拜哈利法塔的世界结构第二高楼、中国在建结构第一高楼(图 2-6-10)。该项目创造了 11 项中国之最,并运用 BIM 技术实现了成本节约、管理提升、标准建设。

天津117大厦

图 2-6-10

七、苏州中南中心

　　苏州中南中心建筑高度为 729 m(图 2-6-11)。该项目应用 BIM 技术解决项目要求高、设计施工技术难度大、协作方众多、工期长、管理复杂等诸多挑战。项目的业主谈道:"这个项目建成后将成为苏州城市的新名片,为保证项目的顺利进行,我们不得不从设计、施工到竣工全方面应用 BIM 技术。"为保障跨组织、跨专业的超高层建筑协同作业顺利进行,业主方选择了与广联云合作,共同搭建"在专业顾问指导下的多参与方的 BIM 组织管理"协同平台。

苏州中南中心

图 2-6-11

八、珠海大剧院

珠海大剧院是世界上为数不多的三面环海的大剧院,也是中国唯一建设在海岛上的大剧院,名为"日月贝"(图3-6-12)。在剧场的设计过程中,技术人员运用欧特克 BIM 软件帮助实现参数化的座位排布及视线分析。借助这一系统,技术人员可以切实了解剧场内每个座位的视线效果,并做出合理、迅速的调整。在施工中,日月贝外形的薄壁大曲面施工主要采取了三维建模 BIM 技术。BIM 技术会助力解决该项目全生命周期中的难题。

珠海大剧院

图 2-6-12

九、上海白玉兰广场

上海白玉兰广场位于北外滩。广场占地 5.6 万 m^2,总建筑面积 42 万 m^2,包括一座办公塔楼和酒店塔楼,办公塔楼高 320 m(图 2-6-13)。项目建设过程中上海建工运用了曾在上海

上海白玉兰广场

图 2-6-13

中心大厦建造时成功应用的 BIM 技术,不仅提高了施工效率,还节约了钢材,实现装备的重复利用。在工程前期,通过 BIM 建筑信息模型等信息化技术进行设计、制造,使整体钢平台实现了标准化、模块化,一改以往平台的支撑钢柱必须建在墙体中,从而造成钢材浪费的情况。

第三节　广州第四资源热力电厂项目钢结构安装与吊装工程中 BIM 技术应用

在广州第四资源热力电厂项目中,湖南省工业设备安装有限公司利用 BIM 技术对钢结构安装与吊装进行了施工模拟,取得显著效果。现以锅炉汽包吊装为例,简要说明如何应用 BIM 技术进行吊装模拟。

一、项目概况

广州第四资源热力电厂项目为省、市重点建设项目,施工工期短、施工难度大。其中一期项目占地面积 9.4 万 m^2,总建筑面积 48 385 m^2,配置 3 台炉排焚烧炉(750 t/d),3 台余热锅炉(蒸发量 63.29 t/h),2 台 25 MW 凝汽式汽轮发电机,烟气净化系统以及废水处理系统及灰渣处理系统等,可日均处理生活垃圾 2000 t(图 2-6-14)。

图 2-6-14

二、吊装设备参数概况

吊装采用抚挖重工 QUY250 起重机,配置 69.2 m 主臂和 18.0 m 副臂,最大起重量为 56.4 t。

三、采用 BIM 技术的必要性

汽包是锅炉的核心部件,其重要性不言而喻。该工程中锅炉汽包为悬挂式安装,本体质量 27.82 t,汽包内件 2.95 t,总质量为 30.77 t,已经接近吊车满负荷工况,加上场地狭小,吊装难度很大。借助 BIM 技术,对吊装工况进行模拟,综合分析吊车站位区域、吊车臂杆旋转角度、被吊构件位置等因素,可不断优化吊装方案,确保吊装一次到位。

四、吊装模拟过程

(一)模拟前的准备

吊装模拟之前,须建立相关模型,模型的精细等级根据需求而定。

汽包吊装涉及以下 4 部分模型。

①锅炉钢结构模型:建立钢结构柱、梁、框架的模型,包括加强板、连接板等。

②汽包模型:依据图纸建立模型后,结合实际汽包尺寸进行核对调整。

③吊车模型:依据实际吊车(250T 履带式)外形尺寸进行 1∶1 建模,精确控制臂杆尺寸和长度,吊臂角度及旋转角度可调以便于使用(图 2-6-15)。

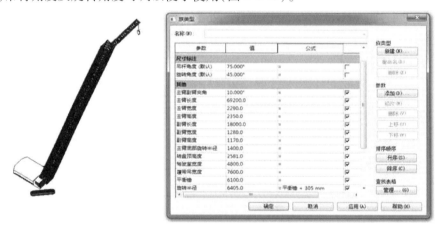

图 2-6-15

④场地模型:根据现场场地创建模型,采用 Revit 子面域功能标记吊车可活动的区域(图中灰色部分)。

所有的模型完成后,在 Revit 中进行整合,实现如图 2-6-16 所示的效果。

(二)吊装的模拟

吊装的模拟即通过移动吊车、调整吊车臂杆角度及被吊物件位置,观察整个吊装过程中的可能遇到的碰撞情况。

根据吊装情况,确定最远吊装位置,对此位置进行重点模拟测试。

①确定吊车站位区域:根据汽包最远吊装位置,以吊车臂长、最大吊装重量查吊车性能表,确定最大作业半径。吊车活动区域和作业半径重合部分即为吊车站位区域(图 2-6-17)。

②找出吊车站位点:多次移动吊车站位和臂杆角度,利用三维视图、剖面等功能观察吊车与钢结构、吊车与汽包碰撞的情况。找出多个吊车最佳站位,并记录数据。

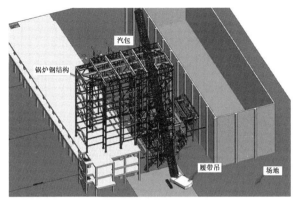
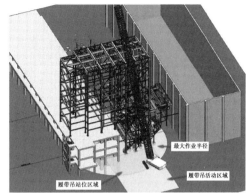

图 2-6-16　　　　　　　　　　　　　　图 2-6-17

③检查吊装过程的碰撞:选取吊车站位,调整臂杆角度,调整旋转角度模拟吊车臂杆运动过程,观测吊装过程中臂杆与钢结构梁柱的碰撞情况。若有碰撞,则调整臂杆运动轨迹,避免碰撞发生;若仍无法避免碰撞,则调整吊车站位重复模拟,直至碰撞消失,并记录数据(图 2-6-18)。

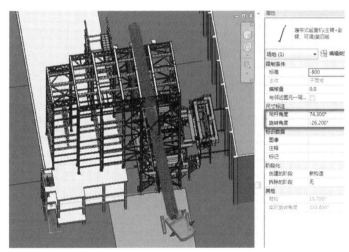

图 2-6-18

通过以上步骤确定吊车的最终站位和吊装运动轨迹,整理记录数据用于指导吊装工作,并对现场工作人员进行技术交底。

(三)模拟与实际吊装过程的对比

模拟与实际吊装过程的比对见图 2-6-19。左图为汽包吊装模拟的位置,臂杆和大板梁预留的缝隙为 6.4 cm;右图为实际吊装过程的照片,在最远吊装位置下,臂杆和大板梁实际距离为 3 cm。模拟结果与实际吊装的结果误差约为 3 cm,满足吊装施工要求。由此可知,BIM 技术对吊装的模拟可以很好地辅助现场施工。

图 2-6-19

五、经验及总结

利用 BIM 技术对吊装过程的模拟应提早完成。该项目在汽包吊装的模拟中发现有两根次梁阻碍了汽包就位,而实际工作中次梁已安装就位,只能先拆除后恢复。若在安装前对汽包吊装进行模拟,就能避免返工情况,降低施工成本。

在整个项目施工中,吊装是很重要的环节,在吊装前就对吊装进行模拟可以提前解决吊装中可能遇到的问题,安全、顺利地完成整个吊装工作。

第七章
钢绞线承重液压提升技术

第一节　钢绞线承重液压提升技术的特点

钢绞线承重液压提升是一种近 30 年国内外所使用的一种新型起重技术。钢绞线承重液压提升技术在长距离、大吨位提升应用方面和优势,是传统的起重技术不能比拟的。因此,这种提升技术在国内外得到越来越多的重视和推广应用。如在石油化工静置塔类设备、大型汽轮发电机定子、锅炉大板梁、核反应堆压力壳的吊装,大型输电钢塔的架设,大坝水闸提升,电视塔天线、飞机库与剧场等大型建筑屋盖的整体提升吊装,钢烟囱和大型桥梁的安装中都已得到成功的应用。

钢绞线承重液压提升技术的特点如下:

①用钢绞线做承重件突破了长距离无接头连续提升的重大起重技术难题,从理论上讲,连续提升距离只受钢绞线生产制作长度的限制。

②采用悬挂承重的方式,充分发挥钢绞线高强度的优点,受拉承重构件经济实用。

③以液压作提升动力,动作平稳、速度可调、噪声小。

④提升时载荷运行平稳,冲击振动小;液压提升器夹紧机构具有单向自锁性,一旦遇意外停电等故障,夹紧机构能及时将承载钢绞线锁紧,载荷随即悬停,安全可靠性高。既能提升载荷又能带载下降,下降工作时,提升器夹紧机构采用液压自动开启,并有卡爪板失灵报警保护功能,保证其动作可靠,一旦发生异常能自动保护及报警,便于及时处理。

⑤当起重量特别大时,受单台或双台提升器能力限制时,可用多台提升器通过群控联合作用,集群使用时组合方式灵活安全、可靠。如 2007 年 9 月份北京首都机场 A380 机库屋盖 10500 t 整体提升施工,设置了 45 个提升点,共布置 138 台提升器。

⑥适用范围广,运用方式多样,既适用于单点集中载荷的提升;也适用于多吊点分散载荷的提升。既可使用提升法,也可使用爬升法,还可用来水平牵引重物。

⑦采用计算机控制技术后,液压提升器集群作业时的控制精度大大提高。根据提升要求的不同,可控制被提升设备与组合构件的垂直度、水平度,各个吊点的荷载、高差等。既可实现单一参数控制,也可实现多参数联合控制,并可有所侧重地对各个控制参数进行不同程度的加权处理。实现计算机动态实时控制,响应速度快、控制精度高,使提升过程中各吊点的载荷变化小。

⑧所用的提升设备安装简便,体积小、质量轻,运输方便,特别适用于空间有限的安装场地。

第二节 整体提升系统的构成及功能

整体提升系统由承重系统、提升动力系统、电气控制系统及检测控制系统组成。

一、承重系统

承重系统由提升支座、专用钢平台、液压提升器、钢绞线、锚具、导向板、脚手架等组成。承重系统立面图如图 2-7-1 所示。

安装施工现场的提升支座可利用已有的混凝土柱或电梯井筒顶设置固定专用钢平台,支承液压提升器,钢绞线下端用锚具固定在被提升构件如钢屋架主桁架的上弦,随着液压提升器提升,钢绞线从提升器导向板上端引出,带动钢屋架上升。

1. 以北京首都机场 A380 机库钢屋盖吊装为例

根据该结构特点共设置了 45 个提升点,布置液压提升器 138 台,其中 40 t 80 台、100 t 28 台、200 t 22 台、350 t 8 台。

提升器总起重量为 T = 132000 kN。

提升系统起重量平均安全储备系数为 132000/105000 = 1.26。

2. 以上海大剧院钢结构吊装为例

提升系统起重量平均安全储备系数为 88000/60750 = 1.45。

350 t 提升器每台穿 31 根钢绞线,8 台共计 248 根;

200 t 提升器每台穿 18 根钢绞线,22 台共计 396 根;

100 t 提升器每台穿 9 根钢绞线,28 台共计 252 根;

40 t 提升器每台穿 6 根钢绞线,80 台共计 480 根。

总计 1376 根钢结构。

钢绞线破断拉力为 260 kN。

钢绞线安全系数 K = 260/(105000/1376) = 3.4。

钢绞线安全系数 K = 260/(60750/792) = 3.39。

3. 液压提升器。

以国产 LSD40 液压提升器为例(图 2-7-2),提升器主

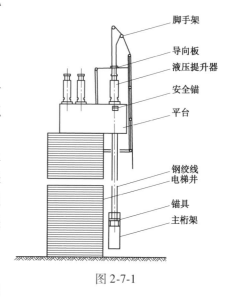

图 2-7-1

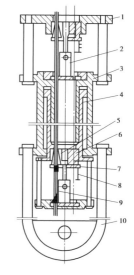

图 2-7-2

1—支承板;2—夹紧机构油缸;
3—千斤顶缸体;4—千斤顶活塞杆;
5—夹片;6—夹片锚座;7—夹片锚板;
8—弹簧;9—钢绞线;10—吊重环

要由中间的穿心式液压千斤顶和两端的夹紧机构组成。夹紧机构分别固定在千斤顶活塞杆的上端和千斤顶缸体上。当活塞杆上的夹紧机构夹住钢绞线,缸体上的夹紧机构释放时,钢绞线随活塞杆的伸缩而运动;当缸体上的夹紧机构夹住钢绞线,活塞杆释放时,虽然活塞杆做伸缩动作,但这时钢绞线相对于提升器不动。提升系统(上升)工作流程示意图见图2-7-3,提升系统(下降)工作流程示意图见图2-7-4。

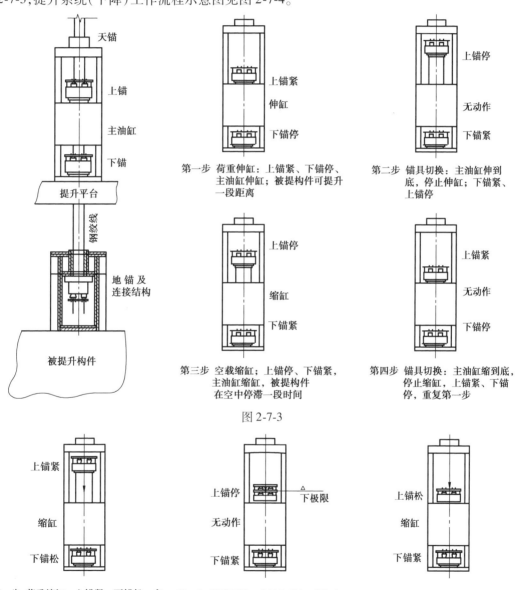

图 2-7-3

（1）

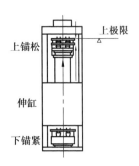
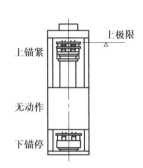
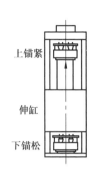

第四步 空载伸缸：上锚松、下锚紧、主油缸伸缸至距上极限还有一小段距离，停止伸缸

第五步 锚具切换：上锚紧、下锚停、主油缸无动作

第六步 荷重伸缸，拔下锚：上锚紧、主油缸再伸缸小段距离，松下锚。重复第一步

（2）

图 2-7-4

国产液压提升器规格见表 2-7-1。

表 2-7-1

主要技术参数	参数	型 号							
		GYT-5	GY5-10	GYT-20	GYT-50	GYT-100	GYT-200	LSD40	LSD200
额定提升能力	kN	49	98	196	490	980	1960	400	2000
承重索数量 1×7−Φ15.24	根	1	3	4	6	12	2×12	6	19
千斤顶活塞工作行程	mm	200	200	200	200	200	200	300	300
额定工作油压	MPa	20	20	20	20	20	20	21	25
外形尺寸	cm	14×24×120	18×30×120	20×34×120	27.5×37.5×120	40×46×120	118×61×148.5	25×30×110	55×139
自重	kg	60	90	120	185	450	1650	350	950
钢索破断拉力总和（额定提升能力）	kN	53	79.6	53	31.8	31.8	31.8	39	24.7

二、提升动力系统

提升动力系统的主要作用是提供高、低压油，满足液压提升器的工作需要。泵站除了有电动机、液压泵，还安装有各类液压控制元器件，如安全阀调定系统压力，单向阀、电磁换向阀决定油液流向，截止阀控制油路的通断，电磁比例阀调节流量来控制液压千斤顶活塞杆伸缩速度，此外，还有滤清器、压力表、油压传感器、位移传感器、油温传感器等。（图 2-7-5）

提升油缸

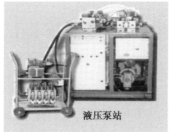
液压泵站

图 2-7-5

三、电气控制系统

提升系统在使用多个提升器时,必须在计算机控制下协调动作,实现同步提升。每个吊点分别设置可编程控制器一台,以控制油缸协调动作,并分别设置单片微机一台,以控制同步提升。在单机状态下,各吊点可以独立完成各种方式的提升作业;在联机状态下,各吊点只能在主令吊点的指挥下协调动作。有如下 3 种操作方案。

①手动控制。用于系统安装和解体,并可作微动调节。

②顺序控制。即每按一次操作按钮,只能完成一个动作,用于系统调试和试运行。

③自动控制。是系统运行的主要方式,只要一启动,提升作业就可自动进行,直到按下停止按钮。

此外,为保证系统可靠运行,还设置了手动误操作闭锁、停电后复送误操作闭锁,并有计算机受干扰后误操作闭锁措施、系统状态监系统,设置了显示装置及重要参数的实时监测等检测系统等。

四、检测控制系统

检测控制系统主要由各类检测传感器、电气控制柜、计算机、操作台等组成。特别是在多吊点提升时,除了要检测提升器千斤顶活塞杆伸缩位置、夹紧器的开闭状态,还需检测提升物的垂直度、平面度(各吊点的高差)及各吊点的载荷。经判断、计算、分析、比较、决策,应用计算机进行处理,可大大提高控制精度。特别是应用有限元程序 SAP2000 等软件仿真施工模拟可事先计算出提升物的竖向位移云图和应力变化情况,与安装施工实际情况做比较,进行总结提高,指导下一工程的安装施工。

五、提升安装施工的工艺流程

提升安装施工的工艺流程:安装支撑架→安装液压提升器、钢绞线导向架→安装泵站、阀组→操纵台、控制柜固定→液压配管连接、电气控制连接→空载联动调试→穿放钢绞线→钢绞线用锚具和重物连接→各组钢绞线张力调整→检测传感器安装、接线→安全和辅助检测设施安装→带载联动调试→被提升设备或构件状态的标定→提升通道检查→试提升→整体连续提升→提升阶段监测→提升标高测量处理→支座安装→整体搁置到位→质量检测→质量复测与验收。

第三节　北京首都机场 A380 机库钢结构屋盖整体提升

一、工程概况

北京首都机场 A380 机库位于首都机场北侧,机库屋盖钢结构跨度 176.3 m+176.3 m,进深 114.5 m,屋盖顶标高 39.8 m。屋盖结构采用 3 层斜放四角锥钢网架,下弦支承,网格尺寸 6.0 m×6.0 m,高度 8.0 m,网架节点为焊接球空心球节点。机库大门处采用焊接箱形截面钢桁架。大门中间支座桁架节点采用铸钢节点,屋盖支座均采用万向抗震球铰支座,屋盖结构坐落在结构周边格构柱及中轴钢骨混凝土柱上(图 2-7-6—图 2-7-9)。

图 2-7-6

图 2-7-7

图 2-7-8　　　　　　　　　　　图 2-7-9

二、提升吊点及设备布置

（一）结合结构特点

在机库南、北和西侧将网架提升的上锚固点布置于格构钢柱柱顶,下锚点固定在边网架下弦提升梁的两端。东侧门头桁架则利用工装支撑架支撑上锚固点,下锚点固定在桁架上弦杆件上。共设置 45 个提升点,用液压提升器 138 台,其中:40 t 液压提升器 80 台,100 t 液压提升器 28 台,200 t 液压提升器 22 台,350 t 液压提升器 8 台。共用泵站 25 台。

提升器总起重量 T = 132000 kN。

提升系统起重量平均安全储备系数为 132000/105000 = 1.26。

350 t 提升器每台穿 31 根钢绞线,8 台共计 248 根;

200 t 提升器每台穿 18 根钢绞线,22 台共计 396 根;

100 t 提升器每台穿 9 根钢绞线,28 台共计 252 根;

40 t 提升器每台穿 6 根钢绞线,80 台共计 480 根;

总计 1376 根。

钢绞线破断拉力为 260 kN。

钢绞线安全系数 K = 260/（105000/1376）= 3.4,在安全范围内。

（二）支撑系统和提升设备承载力的确定

支撑系统和提升设备承载力的确定是整体提升主要关键技术之一,根据本工程特点以及以往工程经验,采用了逐点失效准则进行支撑系统和提升设备荷载工况计算。计算方法是假定任意一个支撑失效,要保证整个整体提升系统不发生破坏。按此准则设计提升支撑系统、选择设备并加强网架结构。

三、提升系统一体化建模模拟分析技术

根据该工程规模大的特点,采用钢屋盖结构、提升设备、提升支撑系统一体化建模进行提升工况分析。

①针对起提过程中网架自身、塔架、拉索将产生弹性变形的实际情况,通过一体化建模分析得到各提升点的起提量、索力大小、结构受力状态。

②针对结构提升全过程、不均匀提升及不同提升高度下风荷载的不同结构响应等进行分析。

③在风荷载作用下考察合拢过程中节点连接编号对整体结构受力性能的影响;并通过温差工况分析,考查了温度荷载对结构成形内力的影响。

④通过拉索升温法从而实现对落架的全过程模拟,并分步现实均匀卸载。

⑤针对在不同的提升阶段,提升塔架(柱)顶部的约束状况、荷载相应变化的情况,对不同工况、不同约束条件下塔架(柱)的稳定承载力进行全过程分析。

四、同步控制提升技术

①同步控制技术是整体提升关键技术,通过对各种可行的控制策略进行比较,最终采用了位置同步和载荷分配相结合的控制方案进行多组、多点同步控制提升。

②位置同步和载荷分配相结合的控制方案设计根据本工程的实际情况,在同步提升过程中,需要实现的理想控制目标是位置同步及载荷控制。

a. 位置同步:45 个提升吊点,各点之间实现位置同步控制,相邻点同步误差小于 10 mm。

b. 载荷控制:在提升过程中,各点的实际载荷分配与理论计算载荷差小于 10%。

五、提升全过程应力动态监测

(1)为保证提升过程中的结构的安全,设置了提升应力监测点进行实时监测。

中柱附近是重要监测区域,对该部位的网架结构布置了检测点,共检测杆件 42 根,布置传感器 84 个。每个监测点布置 BGK-4000 振弦式应变计一个,用于监测结构应力;布置两台 DT615 数据采集器,在结构提升时进行实时监控。提升过程中,数据系统的采集时间间隔为 1 分钟,夜间不操作时,采样时间间隔调为 10 分钟或 30 分钟。

(2)整个监测过程中杆件受力数据表明结构杆件受力均在合理范围之内,即提升过程没有对结构造成不良影响。

该次监测是国内首次大规模对网架提升进行的全过程实时监测。无论是监测的规模上,还是监测的完整性上均是国内领先,提供了宝贵的经验和丰富的数据资料,为今后此类监测工作起到了借鉴作用。

综上所述,特大型(4 万余 m² 以上)机库屋盖采用整体提升施工技术是可行的,具有较好技术经济效益。

①采用逐点失效准则进行支撑系统和提升设备荷载工况计算是高效可靠的。

②采用钢屋盖结构、提升设备、提升支撑系统一体化建模进行提升工况分析对于大跨度超重钢屋盖提升分析是必要的。

③大跨度超重钢屋盖提升宜采用位置同步和载荷分配相结合的控制方案进行多组、多点同步控制提升。钢结构整体提升实时监测技术对结构安全是必要的。

④整体提升施工技术在首都机场 A380 机库屋盖钢结构施工实践中的成功应用,为我国钢结构的施工总结了新的施工经验,为类似工程施工提供了新的工法,也为我国大跨度超重钢屋盖结构工程施工技术及施工工艺的提高起到了重要的作用。

第四节　国家数字图书馆二期工程钢结构整体提升

国家数字图书馆二期工程工程规模大、钢结构工程面积大、设计先进、技术要求高、工期短,无论是焊接箱型杆件规格,还是上、下弦,腹杆品质均居国内之首,对拼装、焊接、吊装技术要求很高。工程从 2005 年 11 月 5 日开工到 2006 年 2 月 28 日完工,仅用了 93 天,圆满完成拼装任务(图 2-7-10),为整体提升创造关键性条件。拼装完成后进行整体提升。该工程采用整体提升,提升质量(含索吊具在内)达 10388 kN(图 2-7-11),提升质量当时居国内外之首,有较大影响。工程采用的钢绞线承重液压提升系统由承重系统、提升动力系统、电气控制系统和支撑系统组成。工程实践证明了主桁架的现场拼装技术与拼装品质和工期的控制是整体提升的关键。

图 2-7-10

图 2-7-11

第八章
起重滑轮组钢丝绳的穿绕方法

本章内容引自笔者 1975 年发表于《起重运输机械》的相关文章。

第一节　概　述

使用桅杆式起重机与各种自行式吊装重型设备与购件时,起重滑轮组的钢丝绳如何穿绕是一项很重要的工序。如钢丝绳穿法不当,将直接影响设备与构件安全、可靠地起吊与就位。特别是在传力不畅的情况下起吊设备与构件时,如果出现滑轮组钢丝绳穿绕不当、缠绕松弛等情况,容易引起突然的冲击荷载,造成钢丝拉断绳等事故。

为安全、可靠地吊装大型设备与构件,在吊装的实践中,我们和现场的工程技术人员、工人们一起创造了很多起重滑轮组钢丝绳的穿绕方法。例如,在上海体育馆整体吊装 600 t 网架、四川省工业设备安装公司卸重达 332 t 尿素合成塔时,采用了花穿法;在辽河化工厂整体吊装 309 t 氨合成塔、四川省泸州化工厂整体吊装 305 t 氨合成塔时,采用了双跑头顺穿法等,积累了较丰富的经验。现简要介绍如下。

第二节　起重滑轮组钢丝绳拉力的计算

为了对起重滑轮组钢丝绳穿绕方法进行分析和比较,首先简单介绍钢丝绳拉力的计算。

(1)如图 2-8-1 所示,设滑轮组的倍率为 i_n(即为速比或工作线数),吊重为 Q,T_1,T_2,T_3,T_4 为承载各钢丝绳的拉力。每一个滑轮都取一样的效率。由平衡条件得:

$$T_1 + T_2 + T_3 + T_4 = Q$$

(2)由于滑轮的阻力使 $T_1 \neq T_2 \neq T_3 \neq T_4$,而各分支间的拉力有下列关系:

$$T_2 = T_1 \eta, T_3 = T_2 \eta = T_1 \eta^2, T_4 = T_3 \eta = T_1 \eta^3$$

代入基本方程式中可得:

$$T_1 + T_1 \eta + T_1 \eta^2 + T_1 \eta^3 = Q$$

$$T_1 (1 + \eta + \eta^2 + \eta^3) = Q$$

$$T_1 = \frac{Q}{1 + \eta + \eta^2 + \eta^3}$$

写成一般公式:

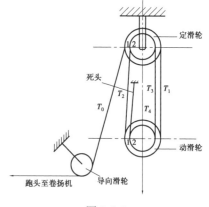

图 2-8-1

$$T_1 = \frac{Q}{1 + \eta + \eta^2 + \cdots + \eta i_{n-1}}$$

$$= \frac{(1 - \eta)Q}{1 - \eta i_n}$$

（3）钢丝绳的拉力 T_1，T_2，T_3，T_4 各值中以 T_1 为最大。如图 2-8-1 所示，$T_0 = T_{max}$，这时应考虑定滑轮 1 的阻力，故得：

$$T_{max} = T_0 - \frac{T_1}{\eta}$$

第三节　起重滑轮组钢丝绳的穿绕方法

起重滑轮组钢丝绳的穿绕方法可分为顺穿法与花穿法两种。

一、顺穿法

（一）单跑头顺穿法

单跑头顺穿法（图 2-8-2），是将绳索端头从边上第一个滑轮开始按顺序穿过定滑轮和动滑轮，而将死头固定在另一边定滑轮架上。这种方法常用于门数较少的起重滑轮中。

从对钢丝绳拉力的计算可知，在吊装设备时，T_0 的拉力最大，死头一端 T_8 受力最小，而且每根分支绳索的受力都不一样，T_0，T_1，T_2，T_3，T_4，T_5，T_6，T_7，T_8。这样就会出现滑轮架偏歪的现象，使滑轮组不能保持平稳工作。

（二）双跑头顺穿法

当起吊质量大的设备时，为增加速比而减少起重滑轮组的阻力，在安装工地中多采用双跑头的双联滑轮组，它可以避免在吊装时滑轮架产生歪扭的现象。定滑轮宜用奇数的复滑轮，其中间转轮为平衡轮。若两个跑头的卷扬机同步（即力是平衡的），它将保持平衡，不动（图 2-8-3）。这种方法较单跑头顺穿法多用一台卷扬机，但在吊装重型设备时更加安全、可靠。

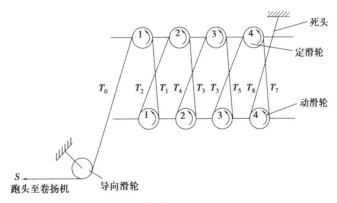

图 2-8-2

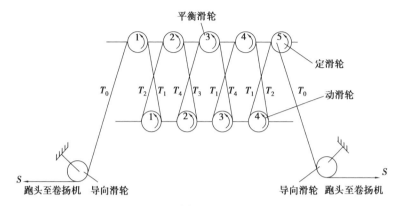

图 2-8-3

由图 2-8-3 可知:

$$T_2 = T_1\eta, T_2' = T_1'\eta$$

$$T_3 = T_2\eta = T_1\eta^2, T_3' = T_2'\eta = T_1'\eta^2$$

$$T_4 = T_3\eta = T_1\eta^3, T_4' = T_3'\eta = T_1'\eta^3$$

$$T_0 = \frac{T_1}{\eta}, T_0' = \frac{T_1'}{\eta}$$

因为每个滑轮的效率 η 是相同的,

所以:

$$T_2 = T_2', T_3 = T_3'$$

$$T_4 = T_4', T_0 = T_0'$$

二、花穿法

花穿法分小花穿法与大花穿法两种。当起重量大,需用门数较多的滑轮组时,采用花穿法能改善起重滑轮组的工作条件和降低跑头拉力,滑轮组受力较均匀、工作较平稳,每副起重滑轮组只需要一台卷扬机。

(一)小花穿法

该方法绳头是从中间的滑轮开始绕入的,在按小花穿法的顺序穿过定滑轮与动滑轮将后,死头固定在定滑轮架上。

图 2-8-4 为某安装公司在卸 332 kN 尿素合成塔时最初使用的小花穿法。这种方法从钢丝绳拉力的计算可看出,右边 5,6,7,8 滑轮钢丝绳的拉力 $T_1, T_2, T_3, T_4, T_5, T_6, T_7, T_8$ 大于左边 1,2,3,4 滑轮钢丝绳的拉力 $T_9, T_{10}, T_{11}, T_{12}, T_{13}, T_{14}, T_{15}, T_{16}$。因此,在最初卸 332 t 尿素合成塔时曾出现滑轮组偏歪的现象,后改用大花穿法。

图 2-8-5 为上海体育馆整体试吊 600 kN 网架时采用的小花穿法。因右边 4 门滑轮钢丝绳拉力大于左边 4 门滑轮钢丝绳拉力,在试吊过程中出现了网架下降困难的现象。在正式吊装时改用了大花穿法,效果很好。实践说明,小花穿法虽能改善一定的吊装工作条件,但

各分支绳索受力仍不够均匀,只适用于吊装小型设备。

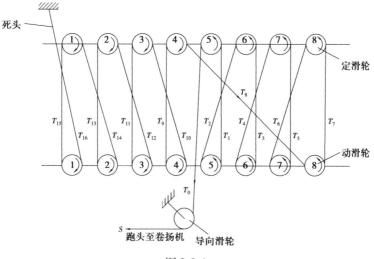

图 2-8-4

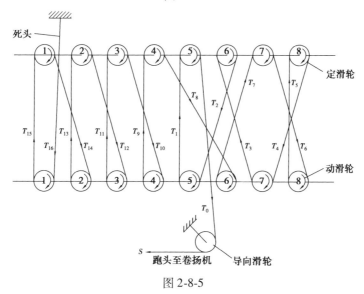

图 2-8-5

(二)大花穿法

采用大花穿法时绳头可从中间或边上第一个滑轮绕入,死头仍固定在定滑轮架上。这种穿法的特点是起重滑轮组受力比较均匀,工作较平稳,在吊装重型设备时常用此法。

图 2-8-6 为上海体育馆正式整体吊装 600 kN 网架时钢丝绳的穿绕法。从钢丝绳拉力的计算可知,T_1,T_2⋯T_{16} 各分支的拉力按大小均匀分布。并且,左边 4 门滑轮组钢丝绳的拉力之差(即 T_9 与 T_{10},T_{11} 与 T_{12},T_{13} 与 T_{14},T_1 与 T_2)与右边 4 门滑轮钢丝绳的拉力之差(即 T_3 与 T_4,T_5 与 T_6,T_7 与 T_8,T_{15} 与 T_{16})基本相等,仅差 30 N 的力。

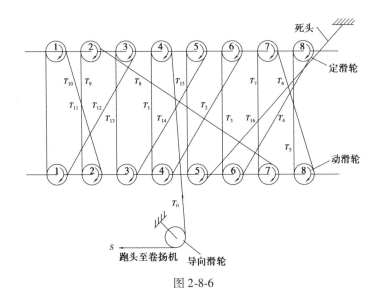

图 2-8-6

若 T_1 的拉力为:

$$T_1 = 7000 \text{ N}, \eta = 0.96$$

$T_2 = T_1 \cdot \eta = 7000 \times 0.96 = 6720 \text{ N}$ $\quad$ $T_3 = T_2 \cdot \eta = 6720 \times 0.96 = 6450 \text{ N}$

$T_4 = T_3 \cdot \eta = 6450 \times 0.96 = 6200 \text{ N}$ $\quad$ $T_5 = T_4 \cdot \eta = 6200 \times 0.96 = 5950 \text{ N}$

$T_6 = T_5 \cdot \eta = 5950 \times 0.96 = 5710 \text{ N}$ $\quad$ $T_7 = T_6 \cdot \eta = 5710 \times 0.96 = 5480 \text{ N}$

$T_8 = T_7 \cdot \eta = 5400 \times 0.96 = 5260 \text{ N}$ $\quad$ $T_9 = T_8 \cdot \eta = 5260 \times 0.96 = 5050 \text{ N}$

$T_{10} = T_9 \cdot \eta = 5050 \times 0.96 = 4850 \text{ N}$ $\quad$ $T_{11} = T_{10} \cdot \eta = 4850 \times 0.96 = 4650 \text{ N}$

$T_{12} = T_{11} \cdot \eta = 4650 \times 0.96 = 4460 \text{ N}$ $\quad$ $T_{13} = T_{12} \cdot \eta = 4460 \times 0.96 = 4290 \text{ N}$

$T_{14} = T_{13} \cdot \eta = 4290 \times 0.96 = 4120 \text{ N}$ $\quad$ $T_{15} = T_{14} \cdot \eta = 4120 \times 0.96 = 3940 \text{ N}$

$T_{16} = T_{15} \cdot \eta = 3940 \times 0.96 = 3780 \text{ N}$

左边 4 门滑轮 $\quad\quad$ 右边 4 门滑轮

$T_1 - T_2 = 280 \text{ N}$ $\quad\quad$ $T_3 - T_4 = 250 \text{ N}$

$T_9 - T_{10} = 200 \text{ N}$ $\quad\quad$ $T_5 - T_6 = 280 \text{ N}$

$T_{11} - T_{12} = 190 \text{ N}$ $\quad\quad$ $T_7 - T_8 = 220 \text{ N}$

$T_{13} - T_{14} = 170 \text{ N}$ $\quad\quad$ $T_{15} - T_{16} = 160 \text{ N}$

$\quad\quad\quad\quad$ (+ $\quad\quad\quad\quad\quad$ (+

$\overline{\quad\quad\quad\quad\quad}$ $\quad\quad$ $\overline{\quad\quad\quad\quad\quad}$

$\quad\quad$ 840 N $\quad\quad\quad\quad\quad$ 870 N

图 2-8-7 为某安装公司卸 332 kN 尿素合成塔时改进后采用的大花穿法。这种穿法特点是从边上第一个滑轮绕入的,滑轮 1,3,5,7 与滑轮 2,4,6,8 的旋转方向是相反的。

同样设 $T_1 = 7000 \text{ N}, \eta = 0.96$,钢丝绳各分支的拉力其计算值与图 2-8-6 相同。

左边 4 门滑轮	右边 4 门滑轮
$T_1 - T_2 = 280\ \text{N}$	$T_3 - T_4 = 250\ \text{N}$
$T_9 - T_{10} = 200\ \text{N}$	$T_5 - T_6 = 280\ \text{N}$
$T_{11} - T_{12} = 190\ \text{N}$	$T_7 - T_8 = 220\ \text{N}$
$T_{13} - T_{14} = 170\ \text{N}$	$T_{15} - T_{16} = 160\ \text{N}$
（ +	（ +
840 N	870 N

左边 1,2,3,4 滑轮钢丝绳的拉力之差与右边 5,6,7,8 滑轮钢丝绳的拉力之差基本相等,仅差 10 N 的力,且方向相同。因此,在卸 332 kN 尿素合成塔时,滑轮组受力均匀、工作平稳,效果良好。

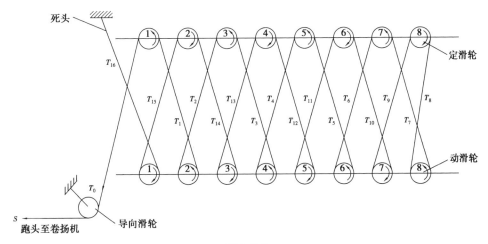

图 2-8-7

当起重量大、需用门数较多滑轮时,采用花穿法虽能改善工作条件、降低跑头拉力,给吊装工作带来很多好处,但花穿法绳索缠绕比较复杂。为了不使绳索相互摩擦,动滑轮与定滑轮之间的最小距离要比顺穿法大。为了使绳索自滑轮槽内内绕入时不致引起损坏,则钢丝绳偏角 α 一般需按图 2-8-8 进行计算。

$$\tan \alpha_{\text{max}} \leqslant \frac{2 \tan \beta}{\sqrt{1 + \dfrac{D}{0.7K}}}$$

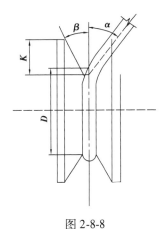

图 2-8-8

第四节　几点思考

（一）避免吊装时产生滑轮架偏歪的现象

为增加起重滑轮组的起重能力，减少滑轮组的阻力，保证吊装工作安全、可靠地进行，在吊装重型设备与构件时，一般最好采用双跑头的双联滑轮组，这样可避免吊装时出现滑轮架偏歪的现象。

（二）钢丝绳的安全系数应不小于5

当受起重设备条件限制时，如卷扬机台数不够等原因，起重滑轮组钢丝绳的穿绕最好采用大花穿的方法。但跑头最大拉力值应在卷扬机安全起重范围内。钢丝绳的安全系数应不小于5。

（三）以利空钩时能顺利下降

钢丝绳在起重滑轮中穿好后，要逐步地加力收紧绳索试吊，检查有无卡绳、磨绳和钢丝绳相互摩擦之处。如有不妥，应立即调整。并且，动滑轮与定滑轮应保持一定的距离，在规范允许范围内。动滑轮与吊钩应有一定的重量，以使空钩时能顺利下降。

（四）起重滑轮组的润滑

特别值得提出的是起重滑轮组的润滑问题是很重要的。抚顺挖掘机厂铸钢车间曾在6台大型吊车上采用二硫化铝代替机油做润滑剂，效果很好，扭转了"吊车—转动、机油往外流、维修困难大，谁见也发愁"的局面。

第九章
钢结构安装与吊装工程中焊接技术控制

针对钢结构安装与吊装工程焊接的重点和难点,本章按多年来的工程实践经验主要阐述几种常用于应对焊接变形的控制措施和方法,焊接裂纹的防治措施,焊缝质量检查,安装焊接工艺;钢结构变形的预防等。该内容部分引自笔者 2007 年 2 月发表于《安装》杂志上的相关文章。

第一节 概 述

钢结构焊接时,焊接热源对结构不均匀加热引起的结构形状和尺寸的变化,称为焊接变形。在变形的同时,结构内部还产生应力、应变。这是因为结构在并未承受外载时就存在这些应力,所以这些应力处于内应力范畴,称为焊接应力。

焊接变形及应力在焊接过程中往往是难以避免的,它们将影响到焊接结构尺寸精度和焊接接头的强度。轻者需耗费不少人力、物力去矫正、修理,严重者会使构件报废。此外,焊接变形和应力对焊接结构以后使用时的承载能力也会发生不可低估的影响。所以,从事钢结构设计、制作安装的技术人员必须了解和掌握焊接变形及应力产生的原因,以及其基本规律、影响因素,以便在制作安装过程能够控制焊接变形和应力,一旦产生过大的焊接变形和应力,要能及时设法减少或消除。

第二节 焊接应力与变形控制

一、焊接变形的控制

(1)施焊量以满足连接需要即可,尽可能地减少收缩力。

俗话说:“不过焊。”(对一般的角焊缝)是按照有效焊脚尺寸来决定其焊缝强度的,所以对于凸出很高的焊缝,多出的焊缝金属按规范并不能提高其许可强度,反而加大了收缩应力。对厚板,可采用 T 形或 U 形刨边,还可进一步减少焊缝金属量。

(2)施焊道数越少越好。

(3)要靠近中和轴施焊(由于收缩力引起钢板变形力臂小),以此减少变形。

(4)环绕中和轴的焊缝要平衡。

使一个收缩力对另一个收缩力互相平衡的办法,也同样可以在设计和焊接工序中有效地控制变形。

（5）采用逆向回焊法施焊。

此法具体操作如下：当焊接总进程从左到右时，每一焊道的施焊应从右到左。因为每道施焊沿焊缝板内侧处的热量将导致该处膨胀，从而使两快板暂时向外分开；但当热量在板内侧向外扩散后，沿板外缘的膨胀又会使板合拢。

（6）将收缩力引至有用的方向。

施焊前采用焊件有意偏置的办法有可能较好地利用收缩力。如某些组合件在焊接前预先装偏一些，使其预偏量恰好可使收缩后的板件回到所需对准位置上来。将焊接前的部件进行预弯或预拱，就是用机械方法产生反向力来抵消收缩力的简单例子。

（7）用反向力来平衡收缩力。

其反向力有如下类型：①其他的收缩力；②夹具等产生的约束力；③各构件装配成组合件时的约束力；④构件重力拱度向下所产生的反力。

平衡收缩力的一种通常做法，是将同等焊接件背靠背地紧夹在一起，然后将这两个组合件焊好，待其冷却后再将夹具松开。预弯法也可以和这种方法结合起来，既在夹紧前，在两个构件合适的地方打入楔块。

对小型组合或零部件，控制变形最常用的方法多为采用夹具和卡具等装置将部件固定在一定的位置上，直到全部焊好为止。如前所述，夹具引起的约束力将使焊件内应力加大，直到焊缝金属达到屈服为止。对低碳钢板典型焊缝来说，其屈服点很可能接近 311 N/mm²。人们通常认为当焊好的部件从夹具上取下后，内应力会引起显著的变形，但实际上并不会出现这种情况。这是因为，该应力引起的应变 ε（单位收缩量）与无约束焊接所产生的变形相比是轻微的。

（8）施焊顺序的合理安排。

一个安排良好的施焊顺序往往有助于收缩力的相互平衡。这种方法也就是事先有意安排对结构不同部位进行施焊，使某一处的收缩力和已焊的收缩力相抵消。如对焊缝中的中和轴对两侧交错施工焊就是其中的一个简单的实例。

（9）焊接时或焊接后收缩力的消除。

锤击法是一种消除收缩力的方法（这种方法存在争议）。这是一种在焊缝上施力外力的机械加工法，它使焊缝变薄从而变长，并消除残余应力。

焊道根部不得采用锤击法，因为有可能掩盖裂纹或者导致裂纹出孔的危险。一般来讲，锤击法不得用于最后一道焊缝，这种方法只能限制性采用。

在某些特殊情况下，就是将焊件有效地控制加温，然后再有控制地降温，来达到应力解除的目的。

二、缩短施焊时间

由于施焊是在冷热循环状态下综合进行的,同时热的传播需要有一定的时间,因此,时间因素也会影响变形。一般来说,最好是周围金属受热膨胀前就迅速结束焊接。使用的焊接工艺、焊条类型和焊条粗细、电流、施焊的速度都会影响到收缩和变量。使用铁粉面层的手工焊条或自动焊接设备均可减少焊接时间和热膨胀的影响范围,从而减少变形。

三、焊接残余应力的控制

(1)减少焊缝尺寸。

(2)减小焊缝拘束度。

(3)采用合理的焊接顺序。

四、焊接裂纹的防治措施

(1)控制焊缝的化学成分,降低母材及焊接材料中形成低熔点共晶物即易于偏析的元素,如 S、P 的含量。

(2)降低 C 的含量。

(3)提高 Mn 的含量,使 Mn/S 比值达到 $20 \sim 60$。

(4)控制焊接工艺参数,控制电流和焊缝速度。可使各焊道截面上部的宽度和深度比值(称为焊缝成形系数 B/H)达到 $1.1 \sim 1.2$。

(5)焊前预热和焊后缓冷,此举能改善焊接接头的组织,降低热影响区的硬度和脆性,起到减少焊接应力的作用。

五、焊缝外观品质检查

(一)表面形状检查

表面形状检查包括焊缝截面不规则的形状的情况、弧坑处理情况、焊缝的连接点、焊脚不规则的形状等的检查。

(二)焊缝尺寸检查

焊缝尺寸检查包括对接焊缝的余高、宽度、角焊缝的焊脚尺寸等的检查。

(三)焊缝表面缺陷检查

焊缝表面缺陷检查包括对咬边、裂纹、焊瘤和弧坑气孔等的检查。

我国《建筑钢结构焊接技术规程》对焊缝外观质量的要求为:不得有裂纹、未熔合、焊瘤等缺陷,焊接区应无焊接飞溅物。具体见表 2-9-1 焊缝外观检查质量标准(允许偏差)。

表 2-9-1

缺陷类别	焊缝质量等级		
	一 级	二 级	三 级
未焊满	不允许	≤0.2+0.02δ,且≤1 mm;每100 mm 焊缝内缺陷总长≤25 mm	≤0.2+0.04δ,且≤2 mm;每100 mm 焊缝内缺陷总长≤25 mm
根部收缩	不允许	≤0.2+0.02δ,且≤1 mm,长度不限	≤0.2+0.04δ,且≤2 mm;长度不限
咬 边	不允许	≤0.05δ,且≤0.5 mm;连续长度≤100 mm,且焊缝两侧咬边总长≤10%焊缝全长	≤0.1δ,且≤1 mm,长度不限
电弧擦伤	不允许		允许存在个别电弧擦伤
接头不良	不允许	缺口深度≤0.05δ,且≤0.5 mm;每1 m 焊缝不得超过1处	缺口深度≤0.1δ,且≤1 mm;每1 m 焊缝不得超过1处
表面气孔	不允许		每50 m 长度焊缝内允许直径<0.4δ,且≤3 mm 气孔2个;孔距≥6倍孔径
表面夹渣	不允许		深≤0.2δ,长≤0.5δ,且≤20 mm
弧坑裂纹	不允许		允许个别存在,长度≤0.5 mm

注:1. 咬边如经磨削修整并平滑过渡,则只按焊缝最小允许厚度值评定;

2. 表内 δ 为连接处较薄的板厚。

第三节 安装焊接工艺

钢结构制作安装时,埋弧自动焊广泛应用于翼缘和腹板的长度拼接,H 形、箱型柱和梁等长构件纵向组合焊缝焊接。有时,在要求全焊透的接头中,为了避免坡口底部因焊漏而破坏焊缝的形成,也还采用药皮焊条手工电弧焊或 CO_2 气体保护焊打底,然后用埋弧自动焊填充和盖面的焊法。

如国家图书馆工程立桁架,其腹杆,上、下弦杆均为箱型截面,内部设置有横隔板。在箱型截面组装焊接中,每块隔板外廓的三面可以用手工焊或 CO_2 气体保护半自动焊与上、下弦杆焊接;在截面封闭以后,隔板与上、下弦杆板面至少有一条焊缝必须用丝极或熔嘴电渣焊施焊,以这种方法取得了良好的效果。

一般根据结构平面图形的特点,以对称轴为界或以下同体形结构为分界区,配合吊装顺序进行安装焊接。其原则如下。

（1）吊装时,形成稳定框架

栓焊混合节点的高强螺栓,终拧完成若干节间以后开始焊接,以利于形成稳定框架。

（2）避免焊缝的收缩变形向一个方向积累

焊接时,应根据结构体形特点,选择若干基准柱或基准节间,开始焊接主梁与柱之间的焊缝,然后向四周扩展施焊,以避免焊缝的收缩变形向一个方向积累。

（3）保证框架稳固

一节柱中每层柱、梁节点拼装完成,依照先上后下的顺序焊接拼接接头,保证框架稳固。

（4）避免焊接收缩引起的孔间位移

栓焊混合节点中,应先栓焊（如腹板的连接）,避免焊接收缩引起的孔间位移。

（5）防止柱脚的偏斜

柱、梁节点两侧对称的两根梁,应同时与柱相焊,减小焊接拘束度,既可避免焊接裂纹产生,又可防止柱脚偏斜。

（6）保证高度方向的安装精度

柱—柱节点的焊接是由下层往上层按顺序焊接。由于焊缝的横向收缩和重力引起的沉降,可能使标高误差积累,在安装焊接若干节柱后,应视实际偏差情况及时要求构件制造厂调整柱长,以保证高度方向的安装精度。

（7）各种节点的焊接顺序

柱—柱拼接节点焊接顺序,主要考虑避免柱截面对称侧焊缝收缩不均衡而使柱发生偏斜,控制结构的外形尺寸,但同时尽量减小焊缝拘束度,防止产生焊接裂纹。

①H 形柱的焊接顺序见图 2-9-1。

方案 1：A、B 焊至 1/3 板厚→A、B 焊至 1/3 板厚 A、B 焊完→A、B 焊完。适用于翼板厚度小于腹板厚度。

方案 2：A、B 焊完→A、B 焊完。适用于腹板厚度小于翼板。

②箱型柱的焊接顺序见图 2-9-2。

A、C 焊至 1/3 板厚→割耳板→B、D 焊至 1/3 板厚→A、B、C、D 或 A+B、C+D。

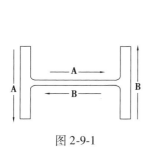

图 2-9-1

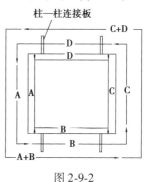

图 2-9-2

③十字形柱的焊接顺序见图 2-9-3。

十字形柱的截面实际是由两个 H 形截面组合而成的。A、B 焊至 1/3 板厚→A、B 焊至 1/3 板厚→C、D 焊至 1/3 板厚→C、D 焊至 1/3 板厚→A、B 焊完→C、D 焊完。

④圆管柱的焊接顺序见图 2-9-4。

⑤斜立圆管柱的焊接顺序见图 2-9-5。

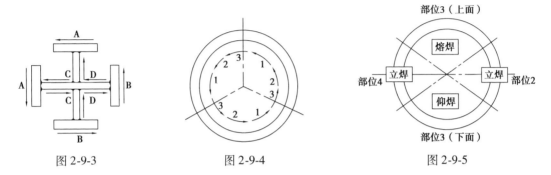

图 2-9-3　　　　　　　　　　图 2-9-4　　　　　　　　　　图 2-9-5

在钢结构安装施工现场的实践中,要谨慎考虑各种因素,如预热温度、坡口尺寸、安装误差等,以免矫正过正或矫正不正,才能达到控制变形的结果。

第四节　钢结构变形的预防

焊接中钢结构变形的预防措施有:

(1)尽量减少钢材品种,减少构件种类编号,以防止结构应力及变形。

(2)对称零部件尺寸或孔径尺寸统一,以便加工,并有利拼状时的互换性。

(3)合理地布置焊缝,避免焊缝之间的距离靠得太近。当材料的尺寸大于零件长度尺寸时,尽量减少或不做拼接焊缝;焊缝布置应对称于构件的重心或轴线对称两侧,以减少焊接应力的集中和焊接变形。

(4)零件和构件连接时应避免以不等截面和厚度相接。相接时应按缓坡形式来改变截面的形状和厚度,使对接连接处的截面或厚度相等,达到传力平顺均匀受力,可防止焊后产生过大应力及增加变形出现的可能性。

(5)构件焊接平面端头的选型不应出现锐角形状,以避免内焊接区热量集中,连接处产生较大应力和变形。

(6)钢结构各节点各杆件端头边缘之间距离不宜靠得太近,一般错开距离不得小于 20 mm,以保证焊接品质,避免焊接时热量集中增加应力,引起变形幅度的增加。

（7）电焊机的选用应保证焊接电流、电压稳定及负荷用量。

①交通焊机适用于焊接普通的钢结构。

②支流焊接机适用于焊接要求高的钢结构。

③埋弧自动焊适用于钢结构中的梁—柱较长的对角或角焊缝。

④CO_2 气体保护焊适用于要求较高的薄钢板结构焊缝焊接。

（8）钢结构制作平台、放样平台、组装平台应有标准的水平面,一般用拉线法或仪表测量平台支撑刚度,保证构件在自重作用下不失稳、不下沉,局部不平控制在 2 mm 以内。

第十章
导电紫铜排手工电弧焊

本章内容曾于 1997 年 5 月在《安装》杂志上发表。导电紫铜排的手工电弧焊,由于其焊接质量不稳定,焊缝含氢量高,容易出现气孔、裂纹等缺陷;同时,操作技术要求高、焊接条件差等,一般不太使用。某配电工程采用 200 mm×14 mm 的紫铜排(T2 铜)作为导电体,安装在距地 12 m 高空。由于焊接工作需在高空进行,根据实际情况决定采用手工电弧焊,为确保焊接品质,对焊接材料及焊接工艺进行了试验研究。

第一节　紫铜焊接性能分析

紫铜的焊接性能较差,具体表现在以下几方面。

一、焊缝成型能力差

紫铜的导热系数比钢大 7～11 倍,焊接时大量的热从基材散失,使基材与填充金属难以熔合。由于熔合深浅不一,表面成型差。

二、焊缝及热影响区热裂纹

紫铜中的杂质(如 O、Pb、Bi、S 等)能与铜生成多种低熔共晶,焊缝易形成粗大树枝状结晶,紫铜的热膨胀系数大,增加了接头的应力。热裂纹是紫铜焊接的突出问题。

三、气孔倾向严重

氢在紫铜液态和固态中溶解度相差悬殊,氧化—还原反应容易产生 H_2O、CO_2 等气体。紫铜冷却速度快,导致气体难于逸出。

四、接头性能下降

接头性能下降表现在塑性严重下降,导电性下降,耐蚀性下降等。接头导电率下降的主要原因是焊缝被杂质污染及焊缝合金化。

第二节　专用紫铜焊条

为了克服一般紫铜焊条热输入小、抗裂性差的缺点,研制了专用于导电紫铜排焊接用的焊条,经使用效果良好。该焊条焊芯采用纯度高的 T1 铜,目的是减少焊缝中杂质含量,减少热裂纹倾向,保证接头性能。焊芯直径为 8 mm,长度为 300 mm,比一般结构钢焊条短而粗。采用短而粗的焊芯,有利于使用大的焊接电流,以增大热输入从而改善焊缝成型,保证单面焊双面成型。焊条药皮为低氢型,成分参照国标 TCu(牌号为 T107)药皮配方进行了适当的调整,严格限制药皮中的杂质元素的含量,增加焊缝中的脱氧元素等,以减少热裂纹和气孔的生成。焊条焊前需进行 150～200 ℃烘干 2 h,80～100 ℃保温。经测定,焊后熔敷金属含量为 Si≤0.25%,Mn≤0.25%,Cu≥99.5%。

第三节　焊接工艺试验

一、焊接试件的制备

试件选用与导电紫铜排同规格、同材质的 T2 铜,尺寸为 400 mm×200 mm×14 mm,加工成 V 形坡口(图 2-10-1)。清理坡口两侧各 30 mm 范围内表面的油污、水分、杂质及金属氧化膜,直到露出金属光泽。对接坡口反面衬垫 Q235 碳钢板,垫板加工成槽形,其宽度为 40 mm,深为 10 mm,槽内填入 HJ431 焊剂,目的是防止铜液流失,以获得理想的反面成型,同时利于加强对焊缝的保护及保证装配质量。用螺栓和压板使紫铜试板与垫板贴合紧密、固定可靠,同时在压板至坡口边缘加压石棉,以防止热量散失和液铜飞溅在母材上,在焊缝两端加石墨块,以防止铜液流失。

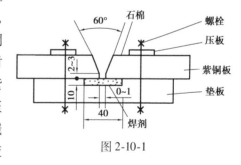

图 2-10-1

二、试件焊接及焊后处理

由于紫铜板较厚,试件焊接前用中性火焰预热,预热温度为 500～600 ℃以减少 Cu$_2$O 的产生。焊条要进行严格的烘干,焊接设备为 ZXG-630 焊机,直流反接。为了得到大的焊接热输入,保证焊缝成型,焊接时采用大的焊接电流。紫铜焊接规范见表 2-10-1。

各层焊完后,均应用榔头锤击焊缝及焊缝边缘,以降低焊接应力和细化接头晶粒。

表 2-10-1

焊接层次	焊条直径/mm	焊接电流/A	焊接电压/V	电源极性	电弧摆动
1	8	450±10	26±1	DCRP	不摆动
2	8	480±10	28±1	DCRP	稍微摆动
3	8	470±10	27±1	DCRP	稍微摆动

三、焊后检验

焊后试件经外观检查,无未焊透、裂纹、表面气孔、焊瘤等缺陷,焊缝成型良好。用 X 射线检查,射线底片参照《钢熔化焊对接接头射线照相和质量分级》(GB 3323—87)进行评定,除发现有技术条件允许的内部小气孔及夹渣外,未见任何表面气孔、裂纹等缺陷,焊缝质量为 D1 级。测试接头导电率为紫铜母材的 87.5%,满足实际产品的要求。

四、产品焊接

实际导电紫铜排施焊时,由持证焊工焊接,焊前用焊接试板对焊工进行操作技能培训。每条焊缝由两名焊工配合焊接,一人施焊,一人预热。焊接时严格执行工艺试验的焊前处理、焊接操作及焊后处理等工序。

第十一章
气垫与水垫搬运装置的应用

　　搬运是安装工程中关键工序,费用也较高,分为一次搬运和二次搬运。一次搬运为长途搬运,其特点运距长,分为海运、空运、陆运。二次搬运为短途搬运,其特点运距短,常用的有滚运、滑运等。

　　在设备与构件搬运中,特别在石化塔类设备搬运中,往往采用大型运输车和大吊机进行抬吊,或用其溜尾。若采用气垫装置,不仅能减少费用,也可大大提升其安装技术质量和安全性。

第一节　气垫搬运装置

一、气垫搬运装置简介

　　气垫搬运装置是一种结构简单、使用灵活方便的搬运装置。这种装置特别适用于不能承受震动、对平稳性要求很高的精密设备的搬运和位置调整,以及不能安装起吊设备场合下的搬运。它具有设备简单、工效高的特点,尤其适宜于搬运从几百千克到几十吨甚至上千吨的重件。

　　气垫搬运装置是以压缩空气为介质来减少承载件与支承面间的摩擦阻力以实现搬运设备的。严格来说,气垫只是这种搬运装置的托囊,用压缩空气做工作介质;如果用水取代压缩空气,则称为水垫。按气膜的厚薄程度,气垫可分为厚气垫和薄气垫两种。除了在军事车辆、气垫船只方面的应用外,该装置主要用于工厂车间内的物料搬运。

　　气垫利用气垫单元托起重物,并利用气垫单元与地面之间的流动空气层来降低摩擦阻力以便搬运。它主要用于短距离搬运重物,如搬运大型变压器、重型设备等,也可用于船体对接、飞机装配等要求定位准确的场合。还可利用气垫将固定有大型工件的移动式加工平台推至机床的加工位置,以提高机床的利用率。气垫还可用于大型雷达和活动舞台,使其运转灵活。

　　气垫本身(不包括气源)仅为 40～50 kg。但气垫因离地间隙很小,要求地面平整无缝,地面的宏观起伏和微观粗糙度都不允许超过规定值,否则会损坏气垫而导致漏气使能耗增大,甚至无法托起重物。临时使用气垫时可在地面加铺钢板或橡胶带。气垫托起重物后地面坡度稍大即会自滑。

二、气垫分类

（一）气垫与水垫

如果用水代替空气充入气垫单元，不需要改装即可成为水垫搬运装置，简称水垫。水垫搬运比气垫更为平稳，两者阻力系数相同，但水垫所需功率仅为气垫的十分之一或更低。水垫不能在会结冰的地方和不允许浸水的场合使用。

（二）薄气垫与厚气垫

浮升高度和离地间隙小的气垫，一般称为薄气垫。还有一种浮升高度和离地间隙大的厚气垫。它不使用气垫单元，而是在重物底部另装一整体的橡胶围裙形成气室，可通过海滩和沼泽地等高低不平的地面，大多用于交通运输和军事方面。使用气压仅为 $(0.7 \sim 3.5) \times 10^3$ Pa，但耗气量很大，能量消耗比薄气垫大得多。

（三）静压型气垫与动压型气垫

按气膜的厚薄，气垫可分为静压型气垫和动压型气垫两种。

（1）静压型气垫：静压型气垫应用空气润滑的原理，以空气屏障的弹性得到启发，制成一种挠性薄膜来取代静压轴承的刚性面，又称为薄气膜型，一般用于重型设备与构件的搬运作业。

（2）动压型气垫：动压型气垫应用空气屏障的原理，使动压型气垫单位面积上的承载能力比较小，浮升高度大，能越过障碍，很少受地面限制。由于这种气垫所用的鼓风机以及推进用的螺旋桨所引起的噪声很强烈，又因会激起水、泥沙及尘土等物，一般只能在野外荒地、江、河、湖、海等湿地中应用。

三、气垫搬运装置结构

气垫装置由控制器、支承块、气囊等组成。

当重物有足够的平坦底面时可不用承载平台。气垫单元一般为一气囊，用加帘布的橡胶制成。充气前重物由硬质木料或硬橡胶支撑。充气后压缩空气首先进入气囊，经通气孔进入气室。气囊膨胀贴住地面，将气室围封起来，阻挡空气外泄。气囊和气室内的气压一般可达 $0.1 \sim 0.35$ MPa。当产生的浮托力与重物质量相等时重物即被托起。不断补充足够的压缩空气可使气垫单元保持 $0.025 \sim 0.25$ mm 的离地间隙，空气即由间隙逸出，使移动阻力系数降到 $0.001 \sim 0.005$。

由调节阀调节供气量，可控制承载平台的托起高度。供气量过多，会产生颤动；过少，则气囊只能部分离地，移动阻力增大。气源可以是工厂的压缩空气系统或移动式空气压缩机组。气垫的阻力系数小，转向比较灵活，高度低，对地面的比压远小于轮式车辆、自重轻、构造简单、维修方便。例如，500 t 的重物用气垫只需 $5 \sim 25$ kN 的力即可搬运或原地转动。为形成流动空气层托起重物所需的功率，每吨重物为 $0.25 \sim 0.4$ kW。气垫单元工作过程如图 2-11-1 所示。

四、气垫搬运的结构特点

（1）结构简单：自重系数小，维修方便，气囊拆装容易，不必卸下载荷。

（2）运行平衡：无噪声、无火花、操作方便，可进退、横移及原地回转。

（3）阻力系数小：一般牵引力仅为载荷的千分之一到千分之五。

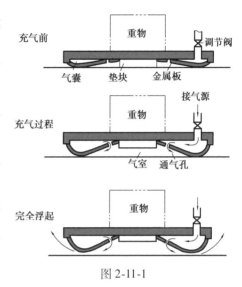

图 2-11-1

（4）缺点：气垫搬运技术对地面要求高，需平整面光滑。必须指出，虽然在利用气垫代替车轮、滚道、起重机和人工动搬方面要考虑技术和经济上的一些因素，但在气垫技术的应用上是不受限制的。在研制与应用上，气垫搬运技术日趋完善，从而扩大其搬运装置的使用范围。例如，通过进一步对气垫的适当设计，使其能够适应在地形多变的地面上进行搬运作业。

第二节　薄气垫工作原理

薄气垫是利用空气静压力产生一个升力，将压缩空气从气垫进气口送入载荷下面气垫盘的挠性气囊及气室内，这时气囊逐渐膨胀与地面形成密封，以建立气室和气囊内的静压力。当作用在气垫有效面积上的升力等于荷重时，气囊将荷重浮起来，此时压缩空气从气囊与地面间的缝隙排出。由于空气具有黏性，因此在气囊与地面之间形成气膜。

当荷重被浮起后，泄气流量与进气流量近乎相等，就会达到相对的平衡状态。这时，作用于有效面积（F_0）上的单位压力（P_0）的总和等于荷重（G）：

$$G = F_0 P_0$$

第三节　气垫搬运时牵引力的计算

薄气垫气膜的厚度一般在 $0.025 \sim 0.25$ mm。由于荷重被静压力托起飘浮在具有黏性的空气膜上，故摩擦因素（m）很小，m 值一段为 $0.001 \sim 0.0015$。其牵引力计算为：

$$S_0 = mG$$

式中，m——摩擦因素（$0.001 \sim 0.0015$）；

G——荷重，kN；

S_0——牵引力，N。

【例】 有一台荷重为100000 N的变压器，现用气垫装置进行搬运，需要多大牵引力来拉动？

【解】$S_0 = mG = 0.0015 \times 100000 = 150$（N）

故只需150 N，即可牵引该设备。

第四节 气垫悬浮运输系统的应用

气垫悬浮运输系统技术是利用气体薄膜技术托起并移动载荷的特种运输技术，具有承载力强、与地面摩擦力小、对地面无磨损、行动灵活、无污染等诸多优点，因此已得到广泛的应用。气垫运输系统产品也应用于风电、加工制造、船舶、旋转舞台等多个领域（图 2-11-2—图 2-11-5）。

图 2-11-2

图 2-11-3　　　　　　　　　　　　　图 2-11-4

图 2-11-5

1.气垫悬浮运输系统的优点

①可以用于搬运数百千克至上千吨的负载,承载能力强。

②与地面摩擦力小,移动时所需驱动力很小。

③可以绕任意点旋转,比常规轮式搬运工具的回转半径小很多。

④搬运过程中对地面基本无磨损。

⑤模块化设计,维修简单,稳定性高。

⑥可组合使用,适应特殊负载的移动。

⑦无污染,无噪声,适合用于对环境要求较高的(如药厂、生化厂)场合。

⑧搬运过程平稳,无震动。

2.技术参数

型号:SKT-×-×××-C 额定载荷:0~1500 t;遥控距离:100 m;工作温度:0~50 ℃;湿度条件:大于等于80%;外形尺寸:依据负载尺寸及质量而定;车体质量:依据负载尺寸及质量而定;工装质量:依据负载尺寸及质量而定;气垫模块数量:一般为 4~6 个;工作气压:6~8 bar。

第十二章
高层、超高层钢结构详图设计、加工制作、安装与吊装的重点、难点及对策

高层超高层钢结构工程的详图设计、加工制作、安装施工控制是一项艰巨而复杂的技术。本章内容部分引自笔者 2012 年发表于《2012 中国钢结构行业大会论文集》的相关文章。本章从学习国内外高层建筑如哈利法塔 828 m，广州塔（610 m）；台北 101 大楼（508 m），上海中心（632 m），上海环球金融中心（492 m），东方明珠广播电视塔（468 m），吉隆坡石油双塔（452 m），广州双子塔（530 m），上海金茂大厦（421 m），广州中信广场（391 m），深圳地王大厦（384 m），台湾高雄 85 大楼（378 m），深圳赛格广场（356 m），安徽国际金融中心（242 m）案例，结合相关事件经验，进行了总结、提升。

第一节　国内外超高层钢结构建筑发展

一、高层建筑与超高层建筑

1972 年 8 月在美国宾夕法尼亚洲的伯利恒市召开的国际高层建筑会议上，专门讨论并提出高层建筑的分类和定义如下。

①第一类高层建筑：9~16 层（高度到 50 m）。

②第二类高层建筑：17~25 层（高度到 75 m）。

③第三类高层建筑：26~40 层（最高到 100 m）。

④超高层建筑：40 层以上（高度 100 m 以上，含 100 m）。

二、世界第一高楼 828 m 高的哈利法塔

哈利法塔原名迪拜塔，又称迪拜大厦或比斯迪拜塔，是位于阿拉伯联合酋长国迪拜的一栋已经建成的摩天大楼，有 160 多层，总高 828 m。迪拜塔由韩国三星公司负责营造，2004 年 9 月 21 日开始动工，2010 年 1 月 4 日竣工启用，同时正式更名哈利法塔（图 2-12-1）。

三、超高层建筑的发展代表着城市地标和天际线的风采

超高层建筑在一定程度上表明该国家、地区城市化进程中的综合竞争实力。我国改革开放的窗口广东深圳 1990 年建设竣工的第一栋超过 100 m 的超高层建筑——深圳发展中心大厦，地上 43 层，高度 146 m。该建筑完全是国外设计，采用进口钢材，为满足抗震设计要

求,采用钢板厚度达 130 mm。当时,该项目在国际上也是首次面临一些巨大技术挑战和难以想象的困难,受到参加该工程的国内外专家和钢结构业界的高度重视。安装施工中的重点、难点是塔吊的选择、布置及装拆、吊装、测量控制、焊接技术、安全施工等。

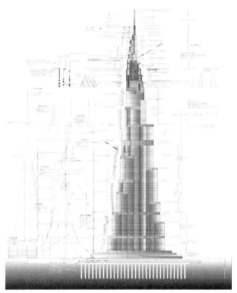

图 2-12-1

我国自主开发的高层建筑用钢材,楼承板,墙板,防腐、防火技术等产品及有关规范、标准,经过 20 多年的不断完善提高。我们已做到了完全有能力独立自主设计建设高层、超高层建筑。如北京中信大厦(528 m、地上 108 层)、上海中心大厦(632 m、地上 121 层)、深圳平安金融中心(660 m、地上 115 层)等,从方案设计到工程总承包、钢材的生产供应、钢结构的制造、安装施工总承包、检测等方面均完全实现国产化,而且整体达到国际先进水平。

经有关方面统计,近 30 年我国已经竣工和在建的高度超过 100 m 的高层建筑达 1500 栋。截至 2013 年,高度 150 m 以上的有约 1000 栋,均已竣工,还有 400 多栋正在建设中(其中高度超过 300 m 的有 70 多栋)。据世界高层建筑学会统计,中国高层建筑世界排名第一。在高度 150 m 以上的高层建筑中,采用钢结构,钢—混凝土组合结构的约占 39%。我国现存和未来的地标性高层建筑还将不断被突破(图 2-12-2)。

高层与超高层钢结构工程的出现是人类美好愿望、社会需求、经济发展和科技进步的结合。截至 2010 年的数据,我国已有高层建筑 162000 多栋,其中超过 100 m 的超高层建筑就有 1500 余栋,多数为钢结构。如上海超高层建筑达 400 多栋,建筑数量已经超过中国香港,成为全球高层建筑数量第一的城市。又如广州 18 层以上建筑有 7000 多座,重庆高层建筑有 10000 多座。对于“寸土寸金”的上海中心地区来说,超高层建筑的建造是迎合当时发展需要的,但是,在发展超高层建筑的过程中,要在经济效益与城市环境、当前需求与可持续发展之间找到平衡点。

（1）深圳平安金融中心

（2）平安金融中心施工建造 　　　　（3）南京紫封大厦（图片来源网络）

（4）上海中心大厦 　　　　　　　　（5）北京国贸大厦

图 2-12-2

　　高层与超高层钢结构一般都具备结构新颖独特，技术要求高，详图设计、加工制作技术要求高，安装施工工期紧，吊装、焊接与连接工程量大，施工难度大，危险性大、安全防护困难等特点。

第二节　设计深化及详图设计的主要内容

设计深化及详图设计有：安装施工全过程仿真分析，结构设计优化，节点深化，构件安装图绘制；构件加工图（构件大样图、加工工艺图）绘制，工程量分析。使用的软件有 SAP2000，MIDAS GEN，PKPM，MST。此外，还有 ANSYS、STAAD、3D3S，Tekla Structures 等软件。

一、施工全过程仿真分析

施工全过程仿真分析在大型的桥梁、水电建筑物建设中较早就有应用。随着大型的民用项目日益增多，施工仿真逐渐成为大型复杂项目不可缺少的内容。施工全过程仿真一般包括如下内容：施工各状态下的结构稳定性分析，特殊施工荷载作用下的结构安全性仿真分析，整体吊装模拟验算，大跨结构的预起拱验算，大跨结构的卸载方案仿真研究，焊接结构施工合拢状态仿真，超高层结构的压缩预调分析，特殊结构的安装施工精度控制分析等。

二、结构设计优化

在仿真建模分析时，原结构设计的计算模型与考虑施工全过程的计算模型最终状态相同。但在施工过程中因为施工支撑或施工温度等原因产生了应力畸变。这些在施工过程构件和节点中产生的应力，并不会随着结构的几何尺寸恢复到设计状态而消失，通常会部分地保留下来，从而影响到结构在使用期的安全。如果不能通过改变施工顺序或施工方案解决这些问题，则需要对原有设计进行优化调整，保证结构的安全。

三、节点深化

普通钢结构连接节点主要有柱脚节点、支座节点、梁柱连接、梁梁连接、桁架的弦杆腹杆连接、钢管空间相贯节点等，以及张力钢结构中包括的拉索连接节点、拉索张拉节点、拉索贯穿节点等，还有空间结构的螺栓球节点、焊接球节点和多构件汇交铸钢节点等。上述各类节点的设计均属施工图的范畴。节点深化的主要内容是指根据施工图的设计原则，对图纸中未指定的节点进行焊缝强度验算、螺栓群验算、现场拼接节点连接计算、节点设计的安装施工可行性复核和复杂节点空间放样等。

从实践中，我们总结了钢结构节点的 10 项构造要点：

①受力明确传力直接。

②构造简洁。

③所有聚于节点的杆件受力轴线没有特殊原因必须交于节点中心。

④尽可能减少偏心。

⑤尽可能减小次应力。

⑥避免应力集中。

⑦方便制作与安装。

⑧便于运输。

⑨容易维修。

⑩用材经济,并应做到该刚的节点刚,该铰的节点铰。

四、构件安装图

安装图用于指导现场安装定位和连接。当构件加工图完成后,将每个构件安装到正确的位置,并采用正确的方式进行连接,是安装图的主要任务。一套完整的安装图纸,通常包括构件平面布置图、立面图、剖面图、节点大样图、各层构件节点的编号图等内容,同时还要提供详细的构件信息表,直观表达构件编号、材质、外形尺寸和质量等信息。

五、构件加工图

构件加工图为工厂的制作图,是工厂加工的依据,也是构件出厂验收的依据。构件加工图可细分为构件大样图、零件图等。

(一)构件大样图

构件大样图主要表达构件的出厂状态,主要内容为在工厂内进行零件组装和拼装的要求,包括拼接尺寸、附属构件定位、制孔要求、坡口形式和工厂内节点连接方式等。除此之外,通常还应包括表面、防腐处理甚至包装等要求。构件大样图所代表的构件状态即为构件运输至现场的成品状态,具有方便现场核对检查的功能。

(二)零件图

零件图有时也称加工工艺图。零件图的图纸表达的是在加工厂不可拆分的构件最小单元,如板件、型钢、管材、节点铸件、机加工件和球节点等。图纸直接由技工阅读并据此下料放样。随着数控机床和相关控制软件的发展,零件图逐渐被计算机自动放样所替代。相贯线切割已基本实现了无纸化生产。国内先进的加工企业已经逐步走向采用计算机自动套材、下料和加工的方向。

六、工程量分析

在构件加工图中,材料表容易被忽视,但却是深化详图的重要部分。它包含构件、零件、螺栓编号,以及与之相应的规格、数量、尺寸、质量和材质的信息,这些信息对正确理解图纸大有帮助,从中还可以很容易精确得到采购所需信息。通过对这些材料表格进行归纳分类统计,我们可以迅速制订材料采购计划、安装计划,这为项目管理提供了很大的便利。

第三节　扎实做好钢结构构件加工质量的监控

一、钢结构的安装施工质量必须从钢结构的加工制作开始

采取严格的质量控制措施,从材料进厂到检验,按规范或设计技术条件的要求把关检验,坚决杜绝有夹层、夹渣、夹砂、发裂、缩孔、白点、氧化铁皮、钢材内部破裂、斑疤、划痕、切痕、过热、过烧、薄板黏结、脱碳、机械性能不合格、化学成分不合格或偏析严重的材料进厂使用。

二、工序的控制

对号料、切割、除渣修边、矫正成型、焊接、预拼、涂装等工序进行合理有序的控制。

三、标准的控制

严格控制焊接结构工艺标准,铆接工艺标准,高强螺栓连接工艺标准。

四、热处理

正确进行钢结构的热处理,包括退火、正火、淬火、回火。

五、变形的控制

正确进行焊接结构的变形控制与校正,包括夹固法、弹性反变形法、焊接程序和工艺的控制方法。

六、应力的消除

正确进行内应力的消除,包括加热回火法、振动法。

钢结构的加工工艺对保证整个结构的品质、安全、工期、投资等,以及对钢结构损伤破坏的防范有举足轻重的作用。实践证明,若钢结构的加工制作没有使用合适的加工工艺,会造成钢结构先天性缺陷,在日后运用过程中会带来灾难性的后果。

第四节　严、准、细控制钢结构安装与吊装施工技术

一、钢结构工程的安装施工必须遵循的准则

钢结构工程的安装施工必须遵循以下标准:安装施工按规范,操作按规程,检验按标准,办事按程序;严格遵循设计文件,严格遵循招标文件,严格遵循合同文件。做到严(严格的要

求,严肃的态度,严密的措施)、准(数据要准,计算要准,指挥要准)、细(准备工作要细,考虑问题要细,方案措施要细)。

二、钢结构的吊装与临时支撑

应经计算确定准确的数值,保证吊装过程中结构的强度、刚度和稳定性。当天安装的钢构件应形成稳定的空间体系。吊装机械、临时支撑点对混凝土结构的反作用力要以书面形式供设计方确认。

三、钢结构安装

钢结构安装前应对建筑物的定位轴线、平面封闭角,底层柱位置轴线,混凝土强度及进场的构件进行品质检查,合格后才能进行安装作业。安装时,钢结构的定位轴线必须从地面控制线引上来,避免产生累积误差。

四、钢结构柱与梁的连接

梁与梁的连接采用先栓后焊的安装施工工艺。钢结构一个单元的安装、校正、栓接、焊接全部完成并检验合格后,才能进行下一单元的安装。

五、在高空安装钢柱、钢梁、钢桁架

在高空安装钢柱、钢梁、钢桁架,都需根据具体的构件截面形式和就位需求来进行安装标识和测量。在钢柱梁形成整体稳定结构前,钢结构的安装位置需进行多次调整,一般采取提前预计偏移趋势,加强临时固定措施和跟踪测量等方法进行测量定位和调控。必须做好跟踪测量和整体校正,这指在每个构件安装的同时要进行钢柱、梁的垂直和水平度的校正,随时调整构件位置。当若干个构件形成框架体系后,应对此进行复测。当水平层面安装完成后,再对整体结构进行测量,始终使构件处在确定的位置。

六、认真做好焊接精度的控制技术

认真做好焊接精度的控制技术,钢结构工程的成败,以及损伤与破坏的预防,关键在于焊接精度控制技术。

在加工制作与安装施工阶段已强调必须明确制作工艺及安装工艺的程序,并采取相应的工艺措施,包括应用成熟的经验公式,事先计算预测各种制作安装工艺过程中的各种变形,然后对相应的工艺手段和装置设备加以控制。常用的防止变形、控制焊接精度工艺的措施有:焊接收缩补偿预防反变形措施;施放余量阶段性消除变形工艺措施;刚性固定控制变形措施;采用设计专用工装、模具;采用小变形的焊接工艺方法,如分段退焊法;采用高精度的零部件的加工方法;使用的计量器具必须检定校准合适等。

第五节　塔吊的选择

塔吊是超高层钢结构工程安装施工的核心设备,其选择与布置要根据钢结构体系的特点、外形尺寸、场地的布置、现场条件、安装施工队伍的技术力量及钢结构的质量等因素综合考虑,并保证塔吊装拆的安全、方便、可靠。此外,还应有专项装拆方案。

塔吊有内爬塔和附着式自升外爬塔两种,按照塔吊使用安全、经济、方便、可靠的原则,建议优选用内爬塔。内爬塔有如下优点。

一、有效安装,施工能力大

内爬式塔式起重机安装在建筑物内部(电梯井道或楼梯间等特设开间)。施工面为整圆形,有效作业能力在80%以上。附着式塔式起重机安装在建筑物一侧,施工面为半圆形。因此,可以运用小型号的内爬式塔式起重机代替大型号的附着式塔式起重机使用,减少塔机的数量和台数。

二、制作成本低

塔身标准节长度在32 m以下,不需要随楼层升高而增加塔身标准节。因此,整台塔吊所耗钢材少,总的制作成本(售价)低,比同样施工能力的附着式塔式起重机低20%～30%。

三、使用费用低

附着式塔机需构筑塔机基础和附墙预埋件,有效施工能力小,相应吊装量也小。内爬式塔吊安装在建筑物内部的特设开间结构上,不需要另构筑塔机基础和架设水平支撑构件;且有效施工能力大,每小时的吊次比附着式塔机多20%～30%,相应的作业台班吊装量比同样施工高度的附着式塔机高30%以上。因此,其总的使用费用比同样施工能力的附着式塔式起重机的使用费用低。

四、安全性好

如前所述,在狭窄工地起伏式起重臂作业的安全性比水平式起重臂作业的安全性好。而内爬式自升塔式起重机采用起伏式起重臂。另外,由于内爬式自升塔式起重机塔身不高,塔式起重机底座和部分塔节位于建筑的内部空间,因此整座塔式起重机的受风面积小,抗风(特别是强风和台风)能力强,能抗55 m/s风速的强风,抗震能力也强。对多台风或地震的地区,该优点十分突出。

五、占地面积小

由于塔节少并且无水平支撑杆等附件,因此塔机组件材料库占地面积较小。又由于塔身在建筑物内部不占地,因此能适应狭窄工地的安装施工。

但是,内爬式塔式起重机基座位于钢结构躯体上,此处钢结构的躯体需补强。为了适应不同级别建筑物的安装施工需要,国内外开发了内爬式塔式起重机系列产品,主要机型有80 t·m级、150 t·m级、400 t·m级、450 t·m级、500 t·m级、600 t·m级、900 t·m级、1500 t·m级,最大力矩为3200 t·m,最大吊重可达100 t,可满足超高层钢结构最重件的吊装。另外,还开发了利用钢结构大楼钢立柱为塔身的钢柱塔身内爬式塔式起重机,可在钢结构大楼安装施工时使用,使塔式起重机结构更为简化,也增加了内爬式塔式起重机的新机种。

第六节　吊　装

吊装是钢结构工程安装施工的龙头工序,吊装的速度、品质、安全性,对整个工程举足轻重。吊装必须采取如下对策。

一、吊装前准备

吊装前做好构件的进场、验收与堆放。一般来说,场地狭小、施工条件差是当前高层钢结构安装施工工程普遍存在的困难,着重抓好构件堆场布置、构件的堆放顺序等工作,除根据吊装需要周密地考虑进场的构件外,还根据吊装顺序和堆场规划特点将进场构件进行有序排列编号。此举既保证了验收工作的正常进行,也为吊装创造了良好的外部条件。

二、钢柱吊装

吊装前对柱基的定位轴线间距、柱基面标高和地脚螺栓预埋位置进行检查,复测合格并将螺纹清理干净,在柱底设置临时标高支承块后方可进行钢柱吊装;吊装钢柱根部要垫实,起吊时钢柱必须垂直,吊点设在柱顶,利用临时固定连接板上的螺孔进行。起吊回转过程中应注意避免同其他已吊好的构件相碰撞。钢柱安装前应将登高爬梯固定在钢柱预定位置,起吊就位后临时固定地脚螺栓,用缆风绳、经纬仪校正垂直度,同时利用柱底垫板对底层钢柱标高进行调整。上节柱安装时钢柱两侧装有临时固定用的连接板、上节钢柱对准下节钢柱柱顶中心线后,即用螺栓固定连接板做临时固定,并用风缆绳成三点对钢柱上端进行稳固;垂直起吊钢柱至安装位置与下节柱对接就位用临时连接板、大六角高强螺栓进行临时固定,先调标高,再对正上下柱头错位、扭转,再校正柱子垂直度,高度偏差到规范允许范围内,初拧高强螺栓达到220 N·m时摘吊钩。钢柱吊装完毕后,即进行测量、校正、连接板螺栓初拧等工序,待测量、校正后,再进行终拧。终拧结束后,再进行焊接及测量。

三、钢梁吊装

所有钢梁吊装前应核查型号和选择吊点,以起吊后不变形为准,同时满足平衡要求并便于解绳。吊索与水平面角度控制在 60°以内,构件吊点处采用麻布或橡胶皮进行保护。钢梁水平吊至安装部位,用两端控制缆绳旋转对准安装轴线,随之缓慢落钩。钢梁吊到位时,要注意梁的方向和连接板靠向。为防止梁因自重下垂而发生错孔现象,梁两端临时安装螺栓(不得少于该节点螺栓数的 1/3,且不少于 2 颗)拧紧。钢梁找正就位后用高强螺栓固定,固定稳妥后方可脱钩。安装梁时预留好经试验确定好的焊缝收缩量。梁头挂吊篮,吊装到位后进行校正,检查,初拧、终拧高强螺栓,焊接。钢梁的吊装可采用两吊点或 4 吊点布置。注意 4 吊点用两根绳布置双平衡滑轮。吊点捆绑处吊点与相邻的吊点的穿绕方向要一正一反。要确保大梁始终处于平衡状态。做好棱角切绳的防止保护工作,如可将管子一分为二,垫于棱角处。

在吊装过程中值得注意的是在核心筒尚未形成的情况下,为保证整体结构稳定及柱网的校正而合理地划分安装施工流水作业区,这是确定安装施工方案的难题。一般将塔楼主体与裙楼分开,以塔楼为控制的重点,以每排核心筒加密柱及与之对应的主楼大柱构成一个施工作业区。这样在建筑平面上将全部构件吊装分成了若干个作业区,使构件吊装、构件校正、高强螺栓拧固及焊接 4 个主要工序组织成相互联系的立体交叉流水施工程序。一般规律是在裙楼安装施工阶段完成后,再连续向上进行塔楼安装施工。一般优先采用内爬式塔吊,内爬式塔吊在钢结构框架上爬升,满足钢结构内筒的吊装施工程序。随着楼层不断升高,为缩短楼层梁等较轻构件吊升时间,提高塔吊利用率,可以在梁两端腹板设置吊装孔的方法布置吊点。此举加快了构件搬倒运、翻身捆扎的速度,并且实现了一机多钩吊装。这样,一般塔楼可以平均以 3~5 天一层的速度向上修建推进。

第七节 测量控制

在超高层钢结构安装施工中,垂直度、轴线和标高的偏差是衡量工程质量的重要指标,测量作为工程质量的控制阶段,必须为安装施工检验提供依据。

钢结构安装前,应对建筑物的定位轴线、平面封闭角,底层柱位置轴线,混凝土强度及进场的构件进行质量检查,检查合格后才能进行安装作业。安装时,钢结构的定位轴线,必须从地面控制线引上来,避免产生累积误差。

通常根据工程的几何形状,建立矩形网,每个控制网的基准点距离 25~50 m,以确保测量精度及分区吊装的要求。在每个基准点的垂直上方接板处相对应位置预留 260 mm×260 mm的洞口,作为轴线竖向传递的激光通道;基准网的边长精度及平面封闭角精度必须满足边长精度1/15000,封闭角精度应满足±10°;结合平面特点,建立竖向高程基准点,组成闭合水准网。基准点的布置按吊装区域划分,高程基准点与平面基准点相同,同点布设;每层高程点传递完成之后,应相互校核无误后,作为每层高层的基准点,各层基准点及轴线必须以基准层为准向上传递,以防止误差积累。测量控制网的布设、投递技术也可采用直角坐标法,设置两套控制网;裙房为一个矩形网,塔楼为一个双向相交矩形控制网,解决钢柱密集数量多、裙房和塔楼界面尺寸及位置相差大、塔楼自身平面形状复杂的难点。

控制网网点的竖向传递采用内控法、选择最适合于高层钢结构安装的仪器 WILD-ZL 激光天顶仪。为了保证平面轴线控制网的投测精度,将投点全部放在凌晨5—8时进行。同时,投测时塔吊、电梯必须停止运转,风速超过 10 m/s 时停止投测,避免相关施工和日照等环境因素对投点造成不利影响,在操作上采用"一点四投,连接取中"的方式降低操作误差。通过以上措施,我们基本消除了外界因素对测量精度的影响。考虑到设备精度,仪器置中、点位标定等因素,如对某超高层控制网点接力传递误差累积进行了计算,+0.000 控制网的单个控制点经过 4 次接力传递,最终到达 291.6 m 柱顶的点位,其中误差值为+3.79 mm,因而最终测量的整体垂直度误差修正值仅为 7+4 mm。

为有效解决超高层钢结构以下 3 个带有普遍性安装施工难点,即塔楼安装施工现场狭小、交叉作业多、实现立体流水交叉作业困难,建议对塔楼按柱段和平面划分吊装、校正、焊接、报验四大流水作业区域,并将核心筒作为安装施工调整的第 5 个区域。同时,针对工程梁柱分布较多、空间整体性强的结构特点,采用"中心单元"校正技术。所谓"中心单元校正",就是在由两排钢柱构成的流水区段内由中间向两侧进行组合校正。校正的顺序是从各区中心向两侧进行。对组成的核心筒框架进行校正,并将高强螺栓终拧,形成一个固定的刚性小框架,然后依次进行两侧钢柱的校正。校正工艺实施"三校",即"一校柱口、梁口,二校柱顶位移、垂直度,三校高强螺栓终拧后框架尺寸并确定特殊焊接顺序"。为避免同一方向旋转施工造成应力分布不均和偏差累积,建议在安装施工过程中每安装施工 20 层,将钢结构安装的流水作业方向逆向旋转一次。

从钢结构安装施工流程可以看出,各工序间既相互联系又相互制约,选择何种测量控制方法直接影响到工程的进度与质量。在钢结构安装施工初期,建议采用"跟踪校正",即在柱梁框架形成前将柱子初步校正并及时纠偏。这大大减轻了校正难度,每节校正时间由原来10 天左右缩短为 2~3 天,且此后,即可交给下道工序作业。这样,实现了区域施工各工序间良性循环的目标。

钢结构柱与梁的连接、梁与梁的连接采用先栓后焊的安装施工工艺。钢结构一个单元的安装、校正、栓接、焊接全部完成并检验合格后,才能进行下一单元的安装。

在高空安装钢柱、钢梁、钢桁架都需根据具体的构件截面形式和就位需求来进行安装标识与测量。在钢柱梁形成整体稳定结构前,钢结构的安装位置需进行多次调整,一般采取提前预计偏移趋势,加强临时固定措施和跟踪测量等方法来进行测量定位和调控。特别强调必须做好跟踪测量和整体校正;在每个构件安装的同时要进行钢柱、梁的垂直和水平度的校正,随时调整构件位置。当若干个构件形成框架体系后对此进行复测,当水平层面安装完成后,再对整体结构进行测量,使构件始终处于准确的位置。

第八节　焊接技术

现场钢结构安装一般采用两种焊接方式:手工电弧焊,二氧化碳气体保护焊。焊前应用气焊或特制烤枪对坡口及其两侧各 100 mm 范围内的母材均匀加热,并用表面测温计量温度,防止不符合要求或表面局部氧化。第一层的焊道应封住坡口内母材与垫板之连接处,然后逐层累积至填满坡口。每道焊缝焊完后,都必须清除焊渣及飞溅物,出现焊接缺陷应及时磨去并修补。每道焊接层间温度应控制为 120 ~ 150 ℃,温度太低时应重新预热,太高时应暂停焊接。焊接时不得在坡口外的母材上打火引弧。板厚超过 80 mm 时,应进行后热处理。后热温度 200 ~ 300 ℃,后热时间为 1 h 每 25 mm 板厚。后热处理应于焊后立即进行。设计要求全焊透的一、二级焊缝采用超声波进行内部缺陷的检验;超声波探伤不能对缺陷作出判断时,应采用射线探伤。其内部缺陷分级及探伤方法应符合现行国家标准《钢焊缝手工超声波探伤方法和探伤结果分级法》(GB 11345)或《钢熔化焊对接接头射线照相和质量分级》(GB 3323)的规定。

焊缝的数量多,是超高层钢结构重要特点。一般每个标准层上平均达到了 200 多个接头,焊接收缩变形和残余应力很大。因此,除了保证焊缝的质量外,我们将技术突破点放在焊接变形的控制上。合理安排焊接顺序,采取"间隔跳焊""刚性固定""预留收缩量""多层多道焊"工艺;同时,研究编制了"活口设置"和"焊接纠偏"新工艺。我们制订了"上层梁→中层梁→下层梁→柱口"的立面焊接顺序;平面上结合流水作业区域的划分及"中心单元校正"技术的预留,确定分区焊接、各区"中心→四周→活口"的焊接顺序;每个梁口先焊下翼缘,后焊上翼缘;对于核心筒,应先焊接板后焊接翼缘板。

由于各个区域的整体性较强,为了防止焊接变形和应力的累加,我们将部分焊缝设置成为能够自由收缩的"活口"。即在钢梁焊上下翼缘焊接钢板,限制钢梁的上下窜动,腹板不上连接板或穿装单侧螺栓,钢梁可以在长度方向上自由收缩。"活口"的设置使焊接过程中各区的焊接应力能够得到有效的释放。"活口"位置主要集中在核芯筒与外筒钢柱连接处,以及区与区连接处。核心筒"活口"待核心筒焊接完成且该楼层楼面混凝土浇筑完成,具有一定强度后焊接。其目的在于令核心筒焊接应力可以自由释放,加强了外筒框架刚性(抗收缩能力),避免钢柱向内漂移。区域间"活口"是在相邻两个区的焊接全部完成后填满。

尽管焊接构件的钢板厚度小,但焊缝的数量多,每个标准层上平均达到了 227 个接头。"焊接纠偏"是通过采取特殊的焊接顺序、利用焊接变形来纠正钢柱在某个方向上垂直度偏差。这也是一项具有创新意义的技术。其原理是在钢梁焊接之后对整体框架进行复测、对柱顶位移、垂直度超差或已经位于规范标准值边缘的钢柱,在单个或多个柱口焊接时编制特殊的焊接顺序并借助外力进行纠偏,称为单柱或多柱的"非对称焊接纠偏工艺"。

第九节　安全施工

　　安全施工是钢结构安装施工中的重要环节,超高层钢结构安装施工的特点是高空、悬空作业点多,要将观念从"要我安全为我要安全"转变为"我会安全"。"人的不安全行为和物的不安全状态在同一时间、同一空间相碰时,必然产生安全事故",这也称为"人机轨迹交叉理论"。因此首先要做好人的安全行为和物的安全状态。例如,在高层与超高层钢结构安装施工过程中,仅高强螺栓就有几十万颗。这些东西虽小,但如果从几百米高的地方掉下去,后果可想而知。为了杜绝安全事故,应要求项目部成立安全监督小组,严格管理,制订周密完善的安全生产条例,对职工进行定期的安全教育,树立"安全第一"的思想。在严格管理的基础上,项目部必须不惜花大量的人力、物力、财力,进行严密的防护,采取搭设双层安全网及压型钢板提前铺设等新工艺。在高层钢结构安装过程中,安全防护也是一个重要课题。建议设计、制作并使用多功能钢悬挂平台式防护架、双层安全网接操作平台、上下钢梯等常规防护体系,一同组成超高层钢结构安装安全防护体系。这样,可有效地控制周边高空坠落事故的发生。

第十三章
超级钢结构工程安装与吊装关键技术应用

第一节 超级钢结构工程

大跨度空间结构体系与高层及超高层结构体系是结构方面近几十年来活跃的研究领域。其结构形式经历了由传统的梁肋体系、拱结构体系、桁架体系、薄壳空间结构体系,到现代的网格(网架、网壳)、悬索、悬挂(斜拉)、充气结构、索膜结构、各种杂交结构、可伸展结构、可折叠结构、张拉集成结构体系等变化。国内外已有的大跨度空间结构体系可分为:刚性体系(折板、薄壳、网架、网壳、空间桁架等),柔性体系(索结构、膜结构、索膜结构、张拉集成体系等),杂交体系(拉索—网架、拉索—网壳、拱—索、索—桁架等)。

高层和超高层结构体系从传统的框架结构体系、框架支撑体系(框架—抗剪桁架、框架—剪力墙、框架—核心筒等)发展到框筒结构体系(内框筒、外框筒、筒中筒、束筒等),巨型结构体系(巨型桁架、巨型框架等),蒙皮结构体系等,对深化设计、加工制作、安装施工等提出了更高的要求。

塔桅结构体系变化较少,但其高度却越来越高,如波兰华沙的长波无线电桅杆高度达642.5 m,广州新电视塔的高度达610 m。桅杆的风振控制技术已成为被广泛关注的关键技术问题,亟待研究和解决。

(一)建筑钢结构[广州电视塔(图 2-13-1),上海博览会中国馆(图 2-13-2)]

图 2-13-1

图 2-13-2

（二）石油化工业塔、罐、火炬塔架等钢结构（图 2-13-3）

图 2-13-3（图片来源网络）

（三）核电站钢结构（图 2-13-4）

图 2-13-4（图片来源网络）

（四）桥梁钢结构（图 2-13-5）

图 2-13-5

（五）电力、电信塔架与塔桅钢结构（图2-13-6）

图 2-13-6

（六）海洋平台钢结构（图2-13-7）

图 2-13-7

（七）航空航天塔架钢结构（图2-13-8）

图 2-13-8（图片来源网络）

（八）铁路与高铁火车站钢结构［泉州火车站（图2-13-9）、南京火车站（图2-13-10）］

图 2-13-10 为笔者在南京火车站现场指导工作。

8

图 2-13-9   图 2-13-10

（九）起重机械与金属结构（图 2-13-11）

图 2-13-11 为世界最大桥式起重机——大连重工 20000 t 多吊点桥式起重机,工程总投资 3.5 亿元。

图 2-13-11

图 2-13-12 为按钢结构用钢向减量化、高强化发展的要求,用宝钢生产的 BWELDY960QL2、BWELDY960QL4 钢材制造 5200 环形起重机。

图 2-13-12

（十）风电钢结构（图2-13-13）

图 2-13-13

第二节　国家体育场（鸟巢）的技术亮点

一、设计理念

国家体育场坐落在奥林匹克公园中央区平缓的坡地上，场馆设计如同一个容器，高地起伏变化的外观缓和了建筑的体量感，并赋予了戏剧性和具有震撼力的形体。国家体育场的形象完美纯净，外观即为建筑的结构，立面与结构达到了完美的统一。

结构的组件相互支撑，形成了网络状的构架，它就像用树枝编织成的鸟巢。体育场的空间效果既具有前所未有的独创性，又简洁、典雅。它是为2008年奥运会建造的一座独特的历史性的标志性建筑。它完全符合国家体育场在功能和技术上的需求，又不同于一般体育场建筑中大跨度结构和数码屏幕为主体的设计手法。从这里，人们可以浏览包括通往看台的楼梯在内的整个区域动线。体育场大厅是一个室内的城市空间，设有餐厅和商店，其作用就如同商业街廊或广场，吸引着人们。

国家体育场是2008年北京奥运会主体育场，由2001年普利茨克奖获得者赫尔佐格、德梅隆与中国建筑师李兴刚等合作完成。其形态如同孕育生命的"巢"，更像一个摇篮，寄托着人类对未来的希望。设计者们对这个国家体育场没有做任何多余的处理，只是坦率地把结构暴露在外，因而自然形成了建筑的外观。国家体育场于2003年12月24日开工建设，2004年7月30日因设计调整而暂时停工，同年12月27日恢复施工，2008年3月完工，工程总造价22.67亿元。

"鸟巢"外形结构主要由巨大的门式钢架组成，共有24根桁架柱。其顶面呈鞍形，长轴为332.3 m，短轴为297.3 m，最高点高度为69.9 m，最低点高度为40.1 m。体育场外壳采用可作为填充物的气垫膜，使屋顶达到完全防水的要求，阳光可以穿过透明的屋顶满足室内草坪的生长需要。比赛时，看台可以通过多种方式进行变化，以满足不同时期不同观众量的要求。奥运期间的 20000 个临时座席分布在体育场的最上端,且能保证每个人都能清楚地看到整个赛场。入口、出口及人群流动通过流线区域的合理划分和设计得到了完美解决。设计中充分体现了人文关怀,碗状座席环抱着赛场的收拢结构,上下层之间错落有致,无论观众坐在哪个位置,和赛场中心点之间的视线距离都在 140 m 左右。"鸟巢"的下层膜采用的吸声膜材料,钢结构构件上设置的吸声材料,以及场内使用的电声扩音系统,这 3 种"特殊装置"使"巢"内的语音清晰度指标指数达到 0.6,这个数字保证了坐在任何位置的观众都能清晰地收听到广播。"鸟巢"的相关设计师们还运用流体力学设计,模拟出 91000 个人同时观赛的自然通风状况,让所有观众都能尽量享有同样的自然光和自然通风。"鸟巢"的观众席里,还为残障人士设置了 200 多个轮椅座席。这些轮椅座席比普通座席稍高,保证残障人士拥有和普通观众一样的视野。比赛时,场内还提供助听器并设置无线广播系统,为有听力和视力障碍的人提供个性化的服务。

国家体育场的钢结构实际总量约 5.287 万 t(图 2-13-14)。

图 2-13-14

国家体育场空间钢结构由 24 榀门式钢桁架围绕着体育场内部碗状看台区旋转而成,钢结构屋盖呈双曲面马鞍形,南北向结构高度为 40.746 m,东西向结构高度为 67.122 m。屋顶主结构均为箱型截面,上弦杆截面基本为 1000 mm×1000 mm,下弦杆截面基本为 800 mm×800 mm,腹杆截面基本为 600 mm×600 mm,腹杆与上下弦杆相贯,屋顶矢高为 12.000 m。竖向由 24 根组合钢柱形成支撑,每根组合钢柱由两根 1200 mm×1200 mm 的弯扭箱型钢柱和一根菱形钢柱组成,荷载通过它们传递至基础。立面次结构截面基本为 1200 mm×1000 mm、顶面次结构截面基本为 1000 mm×1000 mm(图 2-13-15、图 2-13-16)。

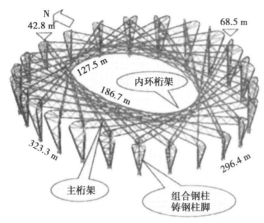

图 2-13-15

图 2-13-16

二、技术亮点之一：无模成型工艺技术

（一）无模多点成型的原理

无模多点成型是将多点成形技术和计算机技术结合为一体的先进制造技术，实际上是一种数控模具成型。多点成型是金属板材三维曲面成型的新技术，其原理是将传统的整体模具离散成一系列规则排列、高度可调的冲头。在整体模具成型中，板材由模具曲面来成型，而多点成型则通过对各基本体运动的实时控制，自由地构造出成型面，实现板材的三维曲面成型。它是对三维曲面类板件传统生产方式的重大创新。无模多点成型设备如图2-13-17所示。

（二）无模多点成型与模具整体成型的比较

无模多点成型各冲头的行程可分别调节，改变各冲头的位置就改变各成型曲面，也就是相当于重新构造了成型模具，体现了多点成型的柔性特点；而整体模具的造型单一，需一种产品一种模具。（图2-13-18）

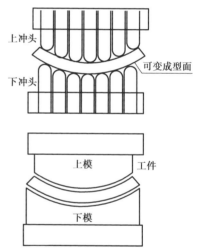

图 2-13-17

图 2-13-18

（三）无模多点成型的基本构成

调节上、下冲头行程有一套专门的调整机构，而板材成型又需要一套加载机构，以上、下冲头及这两种机构为核心就构成了多点成型压力机。该套多点成型设备由三大部分组成，即 CAD 软件系统、控制系统及多点成型主机，如图 2-13-19 所示。CAD 软件系统根据要求的成型件的目标形状进行几何造型、成型工艺计算；将数据文件传给控制系统，控制系统根据这些数据控制冲头的调整机构，从而构造出成型面，然后控制加载机构成型出所需的零件产品（图 2-13-20）。

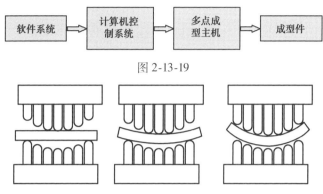

图 2-13-19

图 2-13-20

（四）无模成型的计算机曲面造型

①打开多点成型 CAD-CAM 软件，输入工件名称、曲面造型方法、板厚及回弹系数。

②根据加工图确定坐标总点数。

③将弯扭板件的三维空间坐标复制至多点成型 CAD-CAM 软件（图 2-13-21）。

④弯扭板件三维造型。

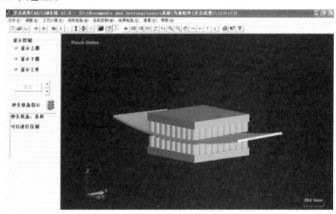

图 2-13-21

⑤弯扭板件的装配，见图 2-13-22。

图 2-13-22

三、技术亮点之二:超级钢结构工程中十大焊接技术的应用

本工程钢结构工程总用钢量约5.287万t,共涉及6种钢材:Q345C、Q345D、Q345GJC、Q345GJD、Q460E、GS-20Mn5V,采用的钢板规格为12 mm～110 mm,厚度大于42 mm的占总用钢量的24%,达10800 t,其中100 mm、110 mm厚钢板为国内建筑用钢中首次采用的Q460E。钢结构安装工程采用的焊接技术有SMAW、GSMAW、FCAW-G(H、F、V);部分采用了GMAW-A(实芯CO_2气体全自动焊)、FCAW-GA(药芯CO_2气体全自动焊)。桁架柱、主桁架、次结构现场安装焊缝大多为受力焊缝,根据设计要求均为一级全熔透焊缝,施工难度大、质量要求高。

鉴于焊接残余应力的不利影响,必须采取措施控制其产生和进行部分消除,常用的焊接残余焊接应力控制方法有以下几种。

(一)控制应力应变焊接技术

(1)主桁架安装焊接变形及应力控制技术。控制两点,确定方向,单杆双焊,双杆单焊,逐渐向合拢点逼近。主要是控制起点和固定口,起点作为结构安全和稳定的必须控制点;固定口不能设置在构件重心或靠近重心和应力集中的地段。

(2)次桁架安装焊接变形及应力控制技术。从下向上(立面次结构),以桁架柱(主结构)为中心对称施焊;自由变形控制合拢。柱脚拼装的原则是组装服从于焊接。桁架柱柱脚零部件多、焊缝交错、焊缝质量等级高,焊接位置困难,需通过焊接顺序确定组装顺序,以实现焊接变形和焊接残余应力控制。

(二)厚板、高强钢(Q460)焊接技术

第一次由施工单位牵头进行了大规模高强钢Q460E-Z35的焊接性试验,积累了焊接性试验的经验,开发了焊接性试验的方法,所有试验为Q460E-Z35钢的焊接规范提供了技术支持,使焊接工程获得了成功,也为今后我国选用高强钢的钢结构工程提供了有益的借鉴经验。

焊接工艺评定涉及4种钢材,分别是Q345D、Q345GJD、Q460E、GS20Mn5V;涉及焊接方法有埋弧自动焊、手工电弧焊、CO_2实芯焊丝气体保护、CO_2药芯焊丝气体保护焊;焊接位置有H、F、V、O;试板的厚度涉及12 mm、20 mm、42 mm、50 mm、70 mm、80 mm、110 mm;试验项目共计184项(其中Q460E-Z35焊接工艺评定23项),涵盖了国家体育场钢结构从加工制作、拼装到安装,涉及全部焊接内容。

Q460E焊接性试验研究流程图如图2-13-23所示。

(三)CO_2气体高能密度保护焊接技术

高能密度焊接技术能获得较高的熔敷效率,提高工效,保证工程质量和施工进度。在工程中,我们采用了FCAW-G、GMAW技术,特别是FCAW-G(渣气联合保护)技术,在"合拢战役"中获得成功,不仅工效高而且品质好(图2-13-24)。

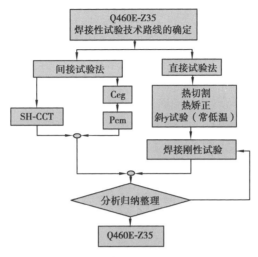

图 2-13-23

图 2-13-24

在采用 GMAW 技术中,为了适应抗风要求进行了大流量防风试验,根据试验结果制订合理的 CO_2 流量,使抗风能力大大提高,由此提高了焊缝品质,保证了工程进度。

连续冷却转变曲线图(CCT 图)可以比较方便地预测焊接热影响区的组织性能和硬度,从而可以预测钢材在一定焊接条件下的淬硬倾向和产生冷裂纹的可能性,同时也可以作为调节焊接线能量、改进焊接工艺的依据。

在选用药芯焊丝气保焊的保护气时需要考虑焊接成本、焊工偏好和焊缝质量等因素。药芯焊丝气保焊是一种应用非常广泛的焊接工艺,广泛应用于重型制造、建筑、造船、海上设施等行业中低碳钢、低合金钢和其他各种合金材料的焊接工艺中。

(四)大规模采用仰焊技术

仰焊技术在焊接技术领域历来存有争议,由于对仰焊技术认识不深,过分地强调了仰焊的难度,在钢结构领域内一度避免仰焊。然而在国家体育场钢结构工程中无法避免仰焊,特别是在主结构应力应变的控制中,若不用仰焊将改变整体结构的初始应力状态,使其达不到设计要求,一旦有风载、雪载在应力集中点叠加,可能会破坏结构,带来灾难性的事故。为此,我们决定大规模推广仰焊技术,保证结构的初始应力状态,同时也降低工程成本。

采用仰焊技术的优点是能有效控制焊接结构的初始应力(特别是箱形构件),可减少焊接工作量,有效控制构件的形变。仰焊技术的缺点是焊工的劳动强度相对较大,对操作技术要求较高(图2-13-25)。

图 2-13-25

（五）低温焊接技术

冬季施工中,大量钢结构焊接失效事故表明,低温是导致脆断的主要原因,特别是若结构中存在着缺陷(缺口效应)则脆断效应更严重。当温度低于材料的临界转变温度时,在远小于σ_s的作用下,钢材的σ_s提高并接近于σ_b,出现完全无屈服的断裂。

在国家体育场的冬季施工中,我们通过大量的低温焊接试验,总结出了一套完整的低温焊接试验技术,保证冬季施工的工程质量。其应用原则:根据结构特点,合理编排焊接顺序,减少焊接残余应力;钢材本身应实现正温(即采用各种不同的预热方式提高焊缝周围小环境温度);正确选择预热方式;采取焊后紧急保温缓冷措施;在异种钢焊接时应特别注意预热和后热;在低温施工中,SMAW 焊接采用 AV 值控制线能量容易成功。

（六）抗层状撕裂焊接技术

从处理的原则上看,抗层状撕裂成功的诀窍在于:一是尽量减少焊接应力;二是尽量释放应力。焊接性试验中 Z 向窗口试验方法,即是对层状撕裂进行检验。

（七）异种钢焊接技术

根据目前焊接技术应用理论的观点,常见的异种钢材焊接分为两大类:

①α 类钢指能发生相变的钢,包括铁素体为基础的钢,C 钢,低合金钢,Cr-M_0 耐热钢,高合金铁素体钢及马氏体钢等。

②γ 类钢指不能发生相变的奥氏体钢,包括 18-8 型、18-12M_0 型;25-20 型钢等。

异种钢焊接分为 3 种情况:$\alpha+\gamma$,$\alpha_1+\alpha_2$,$\gamma_1+\gamma_2$。真正意义上的异种钢焊接是 $\alpha+\gamma$。异种钢焊接成功的关键是焊材的选择,同时还要选择合适的焊接方法、适当的选择预热温度和预热规范,以获得焊接接头的良好性能。

该工程中使用的是 Q460E+Q345GJD、Q460E+GS-20Mn5V,其实质为 $\alpha_1+\alpha_2(\alpha_1+\alpha_3)$ 型

异种钢焊接,经过多次实验比较,选择了 CHE507RH、JM58、JM56,采用 SMAW、GMAW、FCAW-G 的焊接方法。在预热温度和预热规范的选择上,应执行抗冷裂性较差的材料的预热规范,因此执行 Q460E 钢的预热温度和预热规范,即大于等于 150 ℃。

(八)远红外预热焊接技术

焊接工程中大规模采用远红外预热焊接技术,对 $\delta \geq 36$ m 的焊缝和重要焊接点全部采用电加热,由此保证了焊缝预热(后热)温度的均匀和准确。对防止焊接裂纹的产生和控制应力应变起到了积极的作用。特别是在冬季施工中,电加热起到了不可替代的作用(图2-13-26)。

图 2-13-26

(九)自动焊接技术

国家体育场工程钢结构焊接加工中引入了国内具有自主知识产权的 GDC-1 型焊接机器人(图2-13-27),可实现大厚板、长焊缝、多种焊位(平、横、立、仰)钢结构现场安装的自动焊接。与手工焊相比,其具有焊接参数恒定、焊缝均一,降低焊工劳动强度,提高劳动生产率等优点。

图 2-13-27

(十)宽间隙焊接处理技术

国家体育场钢结构安装由于结构异常复杂,容易出现间隙超过 20 mm 的现象。为了保证工程质量和进度,在进行大量的科学实验之后,制订了一整套宽间隙的处理技术,即应用合适的焊接线能量保证熔合线的低温冲击韧性;应用微合金化元素的焊接材料,使焊缝金属出现针状铁素体而获得理想的强韧性指标,并由此获得了成功。

四、技术亮点之三:支撑塔架拆撑卸载技术

钢结构、钢网架的安装、整体提升、整体吊装或累计滑移等必须搭设临时支撑和滑移架、脚手架。一般在钢结构主体结构安装完成,同时完成所有的焊接及连接工作后,需要对已经

形成支撑主结构的支撑塔架进行卸载。卸载时支撑力的释放会使主结构沿支座水平移动,并产生下挠和侧移,这时组合结构的刚度逐渐增大,使结构达到最终稳定状态。

国家体育场钢屋盖为大跨度空间巨型钢桁架结构,桁架截面高度高、节间距大;同时,钢结构安装时,其下方的混凝土看台结构已施工完毕,支撑塔架的布置受到一定程度的限制。为实施屋盖钢结构的安装,根据钢结构特点、吊装分段形式和下部混凝土看台结构的布置情况,结合多种工况计算分析结果,在主桁架下弦交叉节点的位置设置 78 个支撑点共 80 组 3 m×3 m 格构式支撑塔架。支撑塔架贯穿整个楼层和混凝土看台,直通 −1.00 m 地面;混凝土楼面和看台预留洞口,塔架底部设置预埋件和进行流动灌浆,并坐落于 6 m×6 m 的桩基承台上。支撑塔架的顶部设置桁架式水平支撑体系,并根据主桁架的总体安装顺序将整体支撑塔架分成四大区块,四个区块所有支撑塔架连成整体。(图 2-13-28)

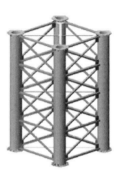

图 2-13-28

特别是大型钢结构卸载总吨位大,卸载点分布广而点数多,单点卸载受力大,复杂的结构使卸载计算分析工作量也很大。若支撑力释放不合理,会造成结构破坏或脚手架逐步失稳而倒塌,后果非常严重。因此,根据工程实践拟订了卸载的原则如下。

(一)卸载原则

钢结构的卸载原则如下:

①必须以体系转换方案为原则;

②以结构计算分析为依据；

③以结构安全为宗旨；

④以变形协调为核心；

⑤以实时监控为保障。

另外，必须做到统一指挥、统一行动、统一要求、对称释放。

(二)塔架卸载的特点、难点

(1)卸载总吨位大。

(2)卸载点分布广、点数多。

临时支撑的 78 个点需要整体同步等比卸载，且 78 个支撑分布于整个屋盖下部；并且对应主桁架的交叉节点分布规律性不强，卸载操作统一协调难度大，各点因为总位移不一致，同比卸载量变化大。

(3)单点卸载吨位大。

共 78 个卸载点中，单点最小支撑力约 100 t，最大支撑力约 300 t，其中 80% 点卸载吨位大于 200 t，因此单点卸载吨位大。

(4)结构复杂，卸载计算分析工作量大。

为确保整个结构经过卸载后平稳地从支撑状态向结构自身承力状态转变，必须对卸载全过程进行详细周密的分析，并对所取得的理论计算结果进行分析，以指导整个卸载过程的实施。

(三)卸载工程的难点

(1)大吨位卸载工具需求量大。根据总体的进度计划安排，明确大吨位千斤顶的使用时间，采用租赁和购买两种方式在 6 个月前将所需设备组织进场，并进行复验收。

(2)整体结构卸载结果和实际结构可能存在差异。在选择卸载千斤顶和设计支撑塔架时都必须保持足够的安全储备，并且在整个卸载过程中加强整个结构位移的监测工作，对个别关键位置需要根据设计意见进行构件应力的监测工作，确保构件在最终进入使用状态后的初始应力在预计范围内，实现结构设计的意图。

(3)卸载后安装的构件定位难度大。充分利用理论计算的结果，统计次结构在主结构上连接点的相对位置变化情况，确定肩部和顶面次结构的理论偏差值，利用弯扭构件在节点区域扭转过渡段的特性，在节点实际就位前根据现场实测位置进行地面调整后，散件安装就位。

(4)卸载工作高空操作安全措施难度大。为防止器具的坠落，将所有高空设置的器具均采用保险绳的方式将器具固定，在发生意外情况时，可以确保器具不坠落于地面产生安全隐患。同时所有的操作工人加强安全教育，提高安全意识，并保证所有的安全措施全部落实到位。

(四)卸载操作步骤说明

第一步：所有卸载千斤顶的地面试压和高空卸载点的布置。

第二步：卸载千斤顶对主结构下弦杆对应位置的顶紧，同时完成主结构整体外形的测量验收工作。

第三步：将原安装支撑点移去每次卸载量相应高度的垫块或将支撑点顶部割除相应高度。

第四步：同步将同一圈的千斤顶下落，使桁架下弦再次与支撑点接触。

第五步：调整千斤顶的水平位置，使其保持垂直状态和对应支撑点，消除水平位移影响。

第六步：再次顶紧千斤顶。

第七步：将原安装支撑点再次移去每次卸载量相应高度的垫块或将支撑点顶部割除相应高度。

重复以上操作，在每次卸载量完成后，对各监测点的数据进行读取，并同理论计算数据相比较，指导后续卸载过程，直至将整体主结构卸载到位。（图2-13-29）

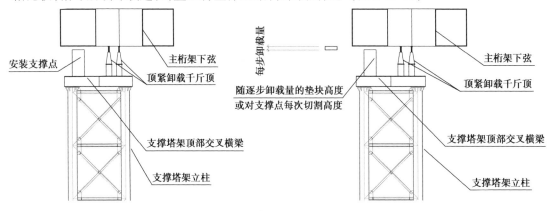

图 2-13-29

（五）出现个别点失效的补救措施

当在整个的卸载过程中的某一小步发生千斤顶失效的情况，应及时更换、卸载千斤顶，并在确认该小步内的其他各点全部卸载到规定位置后，加强对整个结构的变形监测，确认对整体结构未产生过大影响后，方可继续按规定顺序卸载。

当发现结构的整体变形出现异常变化时，将提请原设计在现有真实变形基础上进行计算效核，制订更新的卸载顺序，确保整体主结构最终达到设计规定的状态。

（六）卸载工程的对策

为确保整个卸载过程按既定方案实施，并且同理论计算分步卸载量相结合，组织素质高的有关测量人员、操作人员进行整体强化培训和实战演习，必须做到统一行动、统一要求、统一指挥，并对卸载工作设置共同熟悉的独立信号。

根据《国家体育场钢结构施工图》《国家体育场钢结构施工组织设计》和《国家体育场钢结构主结构安装》的规定，确定了主体钢结构采用78个临时支撑点分段高空散装的安装方法，同时明确了在主结构安装期间可以安装立面次结构及大楼梯，在主体钢结构安装完成，并完成所有的焊接工作后，需要对已经形成的主结构和立面次结构进行整体的卸载。卸载完成后，再将剩余的顶面次结构和其他吊挂设施的安装就位，完成整个国家体育场钢结构的安装工作。

①分内圈、中圈、外圈共 78 个卸载点,采取等比整体卸载,共卸载 14000 t。

②按 7 大步进行,每一大步分 5 小步,共计 35 小步。每一小步下降 10 mm。

③5 小步顺序为外圈、中圈与内圈。

④以结构变形为核心,以结构安全为宗旨,以结构监测为保障。计算卸载后下挠为 286 mm,实际下挠为 275 mm,相差 11 mm,结果很理想。

第三节　培训和指导国家体育场(鸟巢)钢结构第一吊

一、拟订培养目标

培养起在现场懂技术、会管理、善于刻苦学习的钢结构安装、吊装技术人员和操作工人。该项目需要的是基础要扎实,具有自学能力、创新精神和创新能力的技术人才。于是本人在总部和现场办班培训,起到很好的效果。

二、"鸟巢"钢结构第一个基础柱脚的吊装

把不可能变成可能,我们以第一个吃螃蟹的勇气,完成"鸟巢"钢结构 C13 柱脚的第一吊,开创"鸟巢"钢结构吊装的先河,并顺利完成整个钢结构吊装任务。

"鸟巢"第一个基础柱脚的吊装是 24 个柱脚中构件体积最大、吨位最重的一个(钢板最大体积达 12 m^3,构件重达 162 t),其结构复杂,组合节点既有 H 钢截面、T 形截面,又有多边形截面,而且箱体节点内部的横向、纵向劲板较多,制作难度在国内屈指可数。我们通过组织强有力的管理、制作、施工队伍反复试验,储备技术工艺;同时,邀请国内外著名钢结构专家对制作工艺、预拼装方案进行评估、论证,顺利通过出场验收和现场安装、为吊装奠定了基础。

图 2-13-30 为"鸟巢"钢结构 C13 柱脚验收出厂。

图 2-13-30

柱脚吊装前对项目部的全体人员和公司有关人员进行了培训,有针对性地介绍了20世纪70年代四川化工厂360 t氨合成塔的滚运、滑运与吊装,以及第二汽车制造厂12000 t模锻机两个立柱、上横梁、底座(其质量达320 t以上)的滚运、滑运与吊装方法。同时,在现场项目部指定《重型设备吊装工艺及计算》《设备起重工》《建筑安全工程》,以及20世纪70年代撰写的12000 t模锻机吊装《机械设备起重工作手册》作为必读的参考书。将《重型设备吊装工艺及计算》复印给现场有关技术人员,参考滑运、滚运的计算方法。

图2-13-31、图2-13-32是1974年我们用两副起重量200 t桅杆和起重量40 t塔吊改制成400 t塔桅起重机,吊装四川化工厂氨合成塔、CO_2吸收塔、CO_2再生塔、尿素合成塔、废热锅炉五大件,用滚杠滚运氨合成塔的现场。

图2-13-31　　　　　　　　　　　　　　　　　图2-13-32

受场地限制,为了避开土建单位的钢管脚手架和堆场,方案采用了斜向滑移,与定位径向轴线成20°斜角。现场用两个格构柱与两根梁组成龙门架。龙门架的格构柱用2组4肢3 m×3 m管桁架制作,肢管直径为609 mm×12 mm。梁采用焊接H形钢梁,规格为H1 500mm×400 mm×20 mm×25 mm。在钢梁上面放置两台200 t级的钢绞线承重液压提升器,组成龙门液压提升装置来提升C13柱脚。采用柱脚整体在轨道上水平滑移的方式,用聚四氟乙烯减小轨道上摩擦系数。用钢绞线承重液压提升柱脚后,再以下放的方式,用提升设备进行4次提升调整,每次转角5°,当柱脚位置调正后,拆除下部滑移梁柱,将柱脚吊至锚梁

图2-13-33

板设计位置,使这个庞然大物安全平稳就位,为其余23个柱脚搬运吊装积累经验。由此,顺利完成了整个钢结构吊装的任务。图2-13-33是龙门桅杆与滑道布置,图2-13-34是提升油缸与液压泵,图2-13-35为两台2000 kN钢绞线承重液压提升机安装在钢梁上。

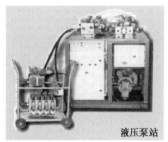

提升油缸　　　　　　　　　　　　　　　　　　　　液压泵站

图 2-13-34

图 2-13-35

计算荷载

$$Q_{计} = K_{不}$$
$$K_{动}1620 = 1.1 \times 1.1 \times 1620 = 1960.02(kN)$$

式中　$Q_{计}$——计算荷载；

　　　$K_{不}$——不均匀系数，取 1.1；

　　　$K_{动}$——动载系数，取 1.1。

选用 2000 kN 钢绞线承重液压提升机两台，每台钢绞线 18 根，2 台共 36 根。钢绞线破断拉力为 260 kN。

钢绞线安全系数 $K = 260/(1960/36) = 4.7$，偏安全。

提升系统起重量平均安全储备系数为 $4000/1960 = 2.04$。

因在滑道上放置聚氟乙烯板其摩擦系数为 0.01，牵引拉力 $P = \mu \times Q_{计} = 0.01 \times 1960 = 19.06$（kN）。

可选用 10 kN 的电动葫芦牵滑各两台或 5 kN 电动卷扬机配合 20 kN 起重滑轮组牵垃 C13 柱脚，见图 2-13-36。

图 2-13-36

第十四章
动臂桅杆式起重机设计计算

当前,桅杆式起重机已正式列入国家起重机设计使用、维护规范中,这是我国起重机设计的特色。桅杆式起重机最大特点是,经优化其自重 1 kN 可吊装 7 kN,自重与吊重比为 1：7,通常是 1：5左右。这是国内外任何起重机都达不到的,是适合我国国情的特色吊装工具。如国内已设计了 8000 ~ 10000 kN 龙门桅杆,成功用于 22000 kN 弧型龙门起重机安装(吊装)中,见图 2-14-1。我国起重技术的发展已走上"自力更生、桅机结合、以小吊大、讲求效益"("桅机结合"是指桅杆式起重机与自行式起重机、机、电、液、气与机器人结合的吊装方法)的通路,不断沿着"吊件更大、技术更新、效率更高、成本更低"的方向发展。图 2-14-2 是用动臂桅杆吊运 290 t 碳洗塔现场。本章特把已成功使用多次的动臂桅杆式起重机计算实例介绍给大家。

图 2-14-1

图 2-14-2

第一节　计算任务及原则

一、任务

根据国内安装电厂锅炉的需求,需设计改造一台 QW55×60-24-J 动臂桅杆式起重机,使其满足于 2300 kW/h 火电站锅炉的设备吊装任务的要求,并加长其原有高度,从 56.48 m 改为 64.5 m。改造后桅杆式起重机的动臂幅度在 30 m 时的起重量为 550 kN,起重钩最大提升高度为 45 m,最大水平回转角度±180°,缆风绳与地面夹角为 30°。同时,提出动臂桅杆式起重机基础设计为永久性基础,卷扬机、缆风绳地锚设计也为永久性的,材质选用 Q235-B 钢。

1. 主臂用原有桅杆主臂

原则上主臂的主体结构不变,总体高度从目前的 56.48 m 加高至 64.5 m,验算结构稳定性,必要时对重要部位进行加强。

2. 动臂根据技术要求进行重新设计

其结构形式按对称方形截面,主体采用格构式桁架结构,节间联接形式采用四小法兰式螺栓联接。

3. 校核动臂变幅角

动臂轴线与水平线夹角在 57°及 75°时,起重机的主、动臂整体稳定性及强度。

4. 主臂及动臂设计一个回转中心

主、动臂底部联接采用铰链式,以保证主、动臂装拆时能直接扳起和放下,底座采用轴插式回转结构。

5. 配合桅杆的改造

设计出相应的零部件,包括基础箱、新设计部件加工详图,为基础设计提供必要的动、静荷载参数或其他特殊要求。

6. 材料的选取

(1)主肢:Q235-B(或 A3)镇静钢;

(2)缀条:Q235-B(或 A3)镇静钢;

(3)螺栓:40Cr,$d>24$ mm 的螺栓采用 35 VB 高强度大六角螺栓;

(4)轴类:45#钢;

(5)轴瓦:铸钢;

(6)护板:Q235-B 镇静钢或 Q345 钢;

(7)其他:Q235-B 镇静钢或 Q345 钢。

二、技术条件及计算工况

（1）主钩额定吊重 550 kN，回转半径 30 m；

（2）副钩额定吊重 100 kN，起升速度为高速；

（3）最大回转半径 30 m 时，最大起升高度能满足汽包 37 m 就位要求，最大起吊重量为 550 kN；最小回转半径 16 m 时，最大起吊重量为 1000 kN；

（4）动臂水平回转范围±180°；

（5）主臂高度 64 m，动臂长度应能满足回转半径要求时，动臂不碰到缆风绳，在保证此条件下动臂长度应选择最大；

（6）动载系数 1.1，轴类安全系数 1.6，设计强度按《起重机设计规范》和《钢结构设计规范》执行；

（7）设计温度高于-20 ℃时：

①设计工况按 $\beta=57°$ 和 $\beta=75°$ 两工位的最大起重能力计算；

②动臂转动时应为机械转动；

③设计标准参照《起重机设计规范》和《钢结构设计规范》。

三、型号说明

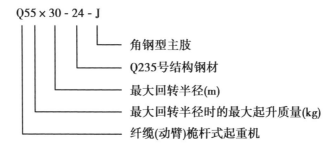

Q55 × 30 - 24 - J

- 角钢型主肢
- Q235号结构钢材
- 最大回转半径(m)
- 最大回转半径时的最大起升质量(kg)
- 纤缆(动臂)桅杆式起重机

第二节　计算工况

由甲方提供的技术要求，桅杆主臂垂直地面，动臂底部与主臂底部中心距离为 1000 mm；主、动臂夹角 β 按甲方提供的最大回转半径 30 m，及动臂的高度（长度）55 m 的要求，取 57°~75°；Q50×30-24-J 总装配图见图 2-14-3。

一、荷载的确定

基本额定荷载的确定及分析根据甲方所提出的设计要求，即：

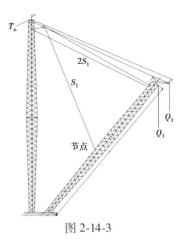

图 2-14-3

（1）最大回转半径 $R_{max}=30$ m；

（2）最大回转半径处最大起吊能力为 550 kN；

（3）最大回转半径处最大起升高度为 37 m。

鉴于以上要求，即最大起升荷载力矩为 16500 kN·m，为满足动臂在变幅过程中起重能力维持在 16500 kN·m，动臂在 $\beta=75°$ 时稳定最差，故选此工况为主要设计工况，同时提交 $\beta=57°$ 时的计算数据，作为比较。

QW55×30-24-J 桅杆性能参数见表 2-14-1。

动臂计算荷载：

$$Q_j=K_d(1.2\times G_k+1.4\times Q_k)$$

式中　K_d——动载系数，取值为 1.1；

　　　G_k——永久荷载，通常为定滑车等自重，取值为 30 kN；

　　　Q_k——可变荷载，通常为吊重、压重及动滑车等外载，取值为 50 kN。

表 2-14-1

其他 ＼ β	Q 额定吊重 /kN	R 最大回转半径 /m	H_{max} 最大起升高度 /m	S_1 起升跑绳拉力 /kN	S_2 变幅跑绳拉力 /kN	T_1 变幅滑车受力 /kN	Q_j 动臂计算荷载 /kN	N_d 动臂中部轴力 /kN	N_z 主臂中部轴力 /kN	T_h 缆风绳合力 /kN	Y 变幅滑车水平夹角 /(°)
57°	550	30	42	8.1	57.6	399.3	968.6	899.5	961.6	601.0	30.308
75°	1000	14.2	48	142.85	32.0	219.7	1656.6	1409.1	1038.3	472.0	37.386

二、索吊具的选用

1. 主滑轮组

主滑车以双抽头顺穿方式穿绕（图 2-14-4），选用 9 门滑车组，也可以选用定滑车 9 门（特制），动滑车 8 门，吨位为 1000 kNH 系列滑车，滑轮的尺寸要求一致，轮槽底径为 $d=320$ mm。

跑绳拉力：Q_j 此时不按 1409 kN 计算，而按 $Q_j=1.1$ $(Q+0.05Q)=1155$ kN（仅限于选型）

$$S_1=\frac{f-1}{f^n-1}f^m f^k\frac{Q_j}{2}=100(\text{kN})$$

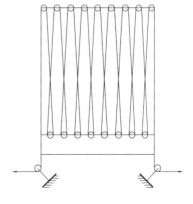

图 2-14-4

式中　f——阻力系数，$f=1.04$；

　　　n——工作绳数（对称取半），$n=10$；

　　　m——定动滑轮数，$m=8$；

k——导向滑轮数,$k=4$。

2.主卷扬机

选1000 kN 卷扬机两台。

3.主跑绳

主绳经动臂到导轮引至主臂中部导轮,再下到基座导轮,去卷扬机。

6W（35）（1+6+6/6+16）-29-1700-特-乙镀-左交

标记说明：

绳结构型式	瓦林吞式
钢丝绳外径	$d=29$ mm
公称抗拉强度	$\sigma_b=1700$ N/mm^2
钢丝韧性	特号
乙镀	适于一般腐蚀条件
编绕方式	左交互捻双重绕
绳芯	金属绳芯浸油
破断拉力换算系数	$\varphi=0.94$

其他参数：

安全系数	$K=5$
经四个导向轮出口拉力	$S=10$
该型钢丝绳的破断拉力	0.94×566500 N=532.510 kN
许用拉力	$[S]=108.68$ kN
参考质量	3083 N/100 m
钢丝总断面积	$\sum A=333.2$ mm^2
钢丝与钢丝接触型式	线接触

推荐选用新型防旋转多层股钢丝绳作起升跑绳:18×19（1+6+12）型

$d=30.5$mm

$$\sum A=357.6 \text{ mm}^2$$

$$\sigma_b=1700 \text{ N/mm}^2$$

38660 N/100 m

4.主滑车捆绑绳

主滑车捆绑绳采用5圈10股连接定滑车及吊耳轴。

Q_j 分到每根绳的载荷为:

$$S_{捆}=1.1\times Q_j/10\approx127（kN）$$

6W（61）（1+6+12+18+24） -41.5-1700-特-光-左交

标记说明：

绳结构型式	瓦林吞式
钢丝绳外径	$d=41.5$ mm
公称抗拉强度	$\sigma_b=1700$ N$/$mm^2
钢丝韧性	特号
光	用光面钢丝制成
编绕方式	左交互捻双重绕
绳芯	有机物绳芯浸油（建议）

其他参数：

安全系数	$K_1=8$
不均匀系数	$K_2=1.1$
单股受力	$S=127$ kN
该型钢丝绳的破断拉力	0.94×566500 N$=532.510$ kN
钢丝总断面积	$\sum A=333.2$ mm^2
钢丝与钢丝接触型式	线接触

5. 缆风绳的布置与选用

受力分析：载荷处理按起重机设计规范进行，即：

① $\beta=75°$ 时

$$Q_j=K_动\times(Q+q)=1.1\times(1000+50)=1155(kN)$$

$$S_1=0.173\times115.5/2=100(kN)（实际动臂主滑车跑绳最大工作拉力）$$

因为

$$(2S_1+T_1)\times55\times\cos22.386°=Q_j\cos15°E_1+Q_j\sin15°\times55+G_自\times27.5\cos75°-S_2\sin25.76°\times27.5$$

所以

$$T_1=3663-2020=1643(kN)$$

$$S_2=0.1442\times T1=24(kN)$$

因为

$$T_h\cos30°\times64.73$$

$$=(T_1+2S_1)\cos37.39°\times63.6+(T_1\sin37.39°+S_2\sin79.2°)0.985+S_2\cos79.24°\times63.6$$

所以 $T_h=337.44(kN)$

② $\beta=57°$ 时

$$Q_j=1.1\times(Q+q)=1.1\times(550+50)=660(kN)$$

$$S_1=0.173\times660/2=57(kN)$$

因为

$$(2S_1+T_1)\times55\times\cos2.18°=Q_j\cos33°E_1+Q_j\sin33°\times55+G_自\times27.5\cos57°-S_2\sin53°\times27.5$$

所以

$T_1 = 297.6 \text{(kN)}$

$S_2 = 0.1442 \times T_1 = 43 \text{(kN)}$（实际变幅滑车跑绳最大工作拉力）

因为

$T_h \cos 30° \times 64.73 = (T_1 + 2S_1) \cos 30.82° \times 63.6 + (T_1 \sin 30.82° + S_2 \sin 70°) \times 0.985 + S_2 \cos 70° \times 63.6$

所以

$T_h = 421.3 \text{(kN)}$

$\max\{T_h\} = 421.3 \text{(kN)}$

故 12 孔均布（最危险时，实际工作绳数为 5），
如图 2-14-5 所示。

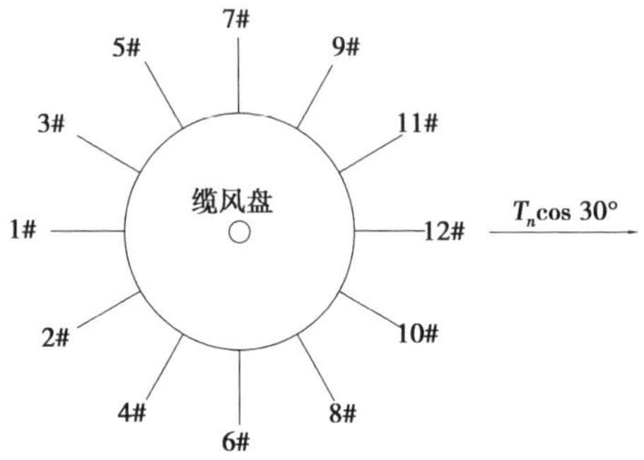

图 2-14-5

$$T_{max} = \frac{(E_i F_i / L_i) \cos \alpha_i \cdot \cos \beta_i}{\sum\limits_{i=1} (E_i F_i / L_i) \cos^2 \alpha_i \cdot \cos^2 \beta_i} \times T_h \cos 30°$$

$$= \frac{\cos 30° \cos 0°}{\sum\limits_{i=1} \cos^2 \alpha_i \times \cos^2 \beta_i} \times 42.13 \times \cos 30°$$

$$= \{0.866 \times 1 / (0.75 + 2 \times 0.5625 + 2 \times 0.1875)\} \times 42.12 \times 0.866$$

$$= 140.4 \text{(kN)}$$

缆风绳选用:6W（19）（1+6+6/6）　-30-170-Ⅱ-乙镀-左同

标记说明：

绳结构型式	瓦林吞式
钢丝绳外径	$d = 30$ mm
公称抗拉强度	$\sigma_b = 1700$ N/mm^2
钢丝韧性一般	Ⅱ号
乙镀	适用于一般腐蚀条件
编绕方式	左同向捻双重绕
绳芯	有机物绳芯浸油（建议）

其他参数：

安全系数	$K = 3.5$
五根中实际受力最大的工作缆风绳	$T_{max} = 140.4$ kN
该型钢丝绳的破断拉力	613.500 kN
许用拉力	$[S] = 0.85 \times 626 / 3.5 = 152$ kN
参考质量	3359 N/100 m
钢丝总断面积	$\sum A = 361.14$ mm^2
钢丝与钢丝接触型式	线接触

6. 变幅滑车的选用

由"5. 缆风绳的布置与选用"可知，$T_{1max} = 30$ kN，故选 H50×5D 即可满足，原滑车留用。

7. 变幅滑车钢丝跑绳的选用

变幅绳经引至主臂中部边导轮，再下到基座边导轮，去卷扬机。

由第五点可知，$S_{2max} = 42$ kN，故选：

6W（35）（1+6+6/6+16）　-21.5-1700-特-乙镀-左交

标记说明：

绳结构型式	瓦林吞式
钢丝绳外径	$d = 21.5$ mm
公称抗拉强度	$\sigma_b = 1700$ N/mm^2
钢丝韧性	特号
乙镀	适用于一般腐蚀条件
编绕方式	左交互捻双重绕
绳芯	金属绳芯浸油（建议）
破断拉力换算系数	$\varphi = 0.94$

其他参数：

安全系数	$K = 5$
经二个导向轮出口拉力	$S = 42$ kN
该型钢丝绳的破断拉力	0.94×306500 N = 288.11 kN
许用拉力	$[S] = 588$ kN
参考质量	1668 N/100 m
钢丝总断面积	$\sum A = 180.32$ mm^2
钢丝与钢丝接触型式	线接触

8. 副钩滑车及跑绳

选 H10×2D 的 H 系列滑车，轮槽底径 185 mm，适用于 17～20 mm 的跑绳：

6W（35）（1+6+6/6+16）　-19.5-1700-特-乙镀-左交

标记说明：

绳结构型式	瓦林吞式
钢丝绳外径	$d = 19.5$ mm
公称抗拉强度	$\sigma_b = 1700$ N/mm^2
钢丝韧性	特号
乙镀	适用于一般腐蚀条件
编绕方式	左交互捻双重绕
绳芯	金属绳芯浸油

破断拉力换算系数 $\varphi = 0.94$

其他参数：

    安全系数 $K = 5$

    经四个导向轮出口拉力 $S_3 = 32.28\ \text{kN}$

    该型钢丝绳的破断拉力 $0.94 \times 254500\ \text{N} = 239.230\ \text{kN}$

    许用拉力 $[S] = 48.8\ \text{kN}$

    参考质量 $1385\ \text{N}/100\ \text{m}$

    钢丝总断面积 $\sum A = 149.73\ \text{mm}^2$

    钢丝与钢丝接触型式   线接触

第三节　桅杆金属结构的受力分析

一、力学模型

符号说明：

$H_0(\text{m})$ 基本高度

$H_1 = H_0 + 0.26$ 考虑底座

$H_2 = H_1 + 0.50$ 考虑偏距 E_3

$H_3 = H_2 + 0.40$ 考虑虚铰

T_h 缆风绳总反力

T_1 变幅滑车受力

$\sum S_1$ 主跑绳拉力总合

S_2 变幅滑车跑绳拉力

S_3 副钩滑车跑绳拉力

Q_j 计算荷载

E_1 右侧吊耳偏心距

E_2 风盘偏心

E_3 高度偏距

力学模型简图如图 2-14-6 所示。

桅杆金属结构各部受力及变化见表 2-14-2。

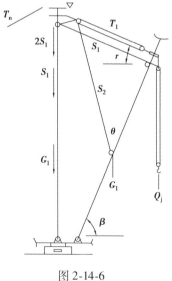

图 2-14-6

表 2-14-2

其他 β	Q 额定吊重 /kN	R 最大回转半径 /m	H_{max} 最大起升高度 /m	S_1 起升跑绳拉力 /kN	S_2 变幅跑绳拉力 /kN	T_1 变幅滑车受力 /kN	Q_j 动臂计算荷载 /kN	N_d 动臂中部轴力 /kN	N_z 主臂中部轴力 /kN	T_h 缆风绳合力 /kN	Y 变幅滑车水平夹角 /(°)	备注
57°	550	30	42	8.1	57.6	399.3	968.6	899.5	961.6	601.0	30.308	结构计算按新规范算
75°	1000	14.2	48	142.85	32.0	219.7	1656.6	1409.1	1038.3	472.0	37.386	

二、动臂弯矩的计算(分解、合成处理)

（一）工况一（$\beta=75°$时）

1. 由 $Q_j\cos 15°$ 引起的弯矩

$E_1=0.72$ m，$Q_j=1656.6$ kN

集中力偶：

$$M_{1max}=(Q_j\cos 15°)E_1=1152.1(kN\cdot m)$$

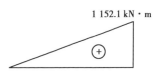

2. 由 $S_2\sin\theta$ 引起的弯矩

式中 $\theta=25.76°$，$S_2=31.7$ kN

$$M_{2max}=0.25S_2\sin\theta\times55=189.4(kN\cdot m)$$

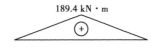

3. 由自重分量引起的弯矩

$$q=118\ (kN\cdot m)$$

$$M_{3max}=-ql^2/8=-118\times55^2/8=-446(kN\cdot m)$$

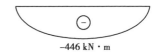

4. 弯矩的合成

$$M_j=1152.1(kN\cdot m)$$

（二）工况一（$\beta=57°$时）

1. 由 $Q_j\cos 33°$ 合力引起的弯矩 $Q_j=963.6$ kN

集中力偶：

$$M_{1max}=Q_j\cos 33°=377.8(kN\cdot m)$$

2. 由 $S_2\sin\theta$ 引起的弯矩

式中 $\theta=53°$，$S_2=4326$ kN

$$M_{2max}=0.25S_2\sin\theta\cdot55=475(kN\cdot m)$$

3. 由自重分量引起的弯矩

$$q=2.5\ kN/M$$

$$M_{3max}=-ql^2/8=-2.5\times55^2/8=-945.3(kN\cdot m)$$

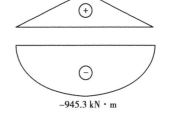

4. 弯矩的合成

$$M_j = 377.80(\text{kN} \cdot \text{m})$$

三、动臂剪力的计算

1. 引起剪力的不同状态

①工作状态下,即动臂主体轴线与地面夹角呈57°时;

②非工作状态下,即主体水平组对整体搬立桅杆时;

③按规范的经验公式计算其剪力。

2. 分析

工作状态引起剪力的横向荷载为 Q_j 及自重部分分量,较非工作状态都小,故不作考虑。

3. 非工作状态下,立放桅杆

$$Q_{2max} = 1.2(G_自/2) = 150(\text{kN})$$

4. 新规范剪力推荐公式

$$Q = V = Af/85 = 248.052 \times 2194/85 = 64027(\text{N})$$

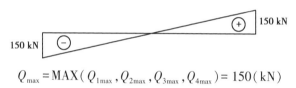

$$Q_{max} = \text{MAX}(Q_{1max}, Q_{2max}, Q_{3max}, Q_{4max}) = 150(\text{kN})$$

四、主臂剪力的计算

1. 引起剪力的不同状态

①工作状态下,即主臂主体轴线垂直于地面时;

②非工作状态下,即主体水平组对整体搬立桅杆时;

③按规范的经验公式计算其剪力。

2. 分析

工作状态引起剪力的横向荷载为 Q_j 及自重部分分量,较非工作状态都小,故不作考虑。

3. 非工作状态下,立放桅杆

$$Q_{2max} = 1.2(G_自/2) = 1.2 \times 200/2 = 120(\text{kN})$$

4. 新规范剪力推荐公式

$$Q_4 = V = Af/85 = 150.268 \times 2194/85 = 3878.6822 \text{ N} = 3879(\text{N})$$

$$Q_{max} = \text{MAX}(Q_{1max}, Q_{2max}, Q_{3max}, Q_{4max}) = 120(\text{kN})$$

第四节　动臂、主臂主体、缀条稳定性验算

一、动臂主体稳定性验算

（一）工况一（$\beta=75°$时）

1. 对主体稳定性进行验算

主肢选用角钢 $\llcorner 200\times200\times16$，材质为：Q235-B（镇静钢）。

2. 主体稳定性验算

按照规范压弯构件稳定性计算：

$$\sigma=\frac{N_d}{\varphi A_o}+\frac{\beta_m M_j}{W_x(1-\varphi N_d/N_{ex})}\leqslant f$$

其中：$\lambda_{hx}=\sqrt{\lambda x^2+\dfrac{40A_o}{A_{1x}}}=100.6$

$\lambda_x=1.06\times5500/58.9=98.9$

$M_j=115210000$ N·cm

$W_x=13637.698$ cm^3

$A_o=4\times62.013=248.052$ cm^2

$N_d=1409.1$ kN$=1409100$ N

$N_{ex}=\pi^2\times E\times A_o/\lambda_x^2=5083$ kN$=5083000$ N

查手册：$\varphi=0.517$

将各参数代入公式计算得：

$\sigma_1=1409100/(0.517\times248.052)+1\times115210000/[13637.698\times(1-0.517\times1409100/5083000)]$

　　$=20849$（N/cm^2）

$f_{设计强度}=21940$（N/cm^2）$=196$（N/mm^2）

$\sigma_1<f_{设计强度}$

事实上 Q235-B 的设计强度还要高于 196 N/mm^2 设计值5%。

3. 结论

动臂主体在 $\beta=75°$时，额定吊重 1000 kN，稳定性可保证。

（二）工况二（$\beta=57°$时）

1. 对主体稳定性进行验算：

主肢选用角钢 $\llcorner 200\times200\times16$，材质为：Q235-B（镇静钢）。

2. 主体稳定性验算

按照新规范压弯构件稳定性计算:

$$\sigma = \frac{N_d}{\varphi A_o} + \frac{\beta m M_j}{W_x(1 - \varphi N_d / N_{ex})} \leqslant f$$

其中:$\lambda_{hx} = \sqrt{\lambda x^2 + 40 A_o / A_{1x}} = 100.6$

$\quad\quad M_j = 37780000 \text{ N} \cdot \text{cm}$

$\quad\quad W_x = 13637.698 \text{ cm}^3$

$\quad\quad A_o = 4 \times 62.013 = 248.052 \text{ cm}^2$

$\quad\quad N_d = 899.5 \text{ kN} = 899500 \text{ N}$

$\quad\quad N_{ex} = \pi^2 \times E \times A_o / \lambda_x^2 = 5083 \text{ kN} = 5083000 \text{ N}$

查手册:$\varphi = 0.517$

将各参数代入公式计算得:

$\sigma_1 = 899500/(0.517 \times 248.052) + 1 \times 37780000/[13637.698 \times (1 - 0.517 \times 899500/$

$\quad 5083000)]$

$\quad\quad = 10063(\text{N/cm}^2)$

$f_{设计强度} = 22950(\text{N/cm}^2)$

$\sigma_1 < f_{设计强度}$

3. 结论:动臂主体在 $\beta = 57°$ 时,额定吊重 550 kN,稳定性可保证。

二、主臂稳定性校核

(一)工况一($\beta = 57°$时):

1. 对主肢稳定性进行验算

主肢选用角钢 ∟140×140×14,材质为 A_3。

2. 主体稳定性验算

按照规范压弯构件稳定性计算:

$$\sigma = \frac{N_d}{\varphi A_o} + \frac{\beta m M_j}{W_x(1 - \varphi N_d / N_{ex})} \leqslant f$$

其中:$\lambda_{hx} = \sqrt{\lambda x^2 + 40 A_o / A_{1x}} = 118.7$

$M_j = 25179840 \text{ N} \cdot \text{cm}$

$W_x = 8045.4 \text{ cm}^3$(直侧受压最大)

$A_o = 4 \times 37.567 = 150.268 \text{ cm}^2$

$N_d = 961.6 \text{ kN} = 961600 \text{ N}$

$N_{ex} = \pi^2 \times E \times A_o / \lambda_x^2 = 2271 \text{ kN} = 2271000 \text{ N}$

查手册:$\varphi = 0.446$

将各参数代入公式计算得：

$\sigma_1 = 961600/(0.446 \times 150.268) + 1 \times 25179840/[8045.4 \times (1-0.446 \times 961600/2271000)]$

　　　$= 18206.4(\text{N/cm}^2)$

$f_{设计强度} = 22950(\text{N/cm}^2)$

$\sigma_1 < f_{设计强度}$

3.结论

主臂主体在动臂 $\beta = 57°$ 时,额定吊重 550 kN,稳定性可保证。

（二）工况二（$\beta = 75°$时）

1.对主肢稳定性进行验算

主肢选用角钢 $\llcorner 140 \times 140 \times 14$,材质为 Q235-B。

2.主体稳定性验算

按照规范压弯构件稳定性计算:

$$\sigma = \frac{N_d}{\varphi A_o} + \frac{\beta m M_j}{W_x(1-\varphi N_d/N_{ex})} < f$$

其中: $\lambda_{hx} = \sqrt{\lambda x^2 + 40A_o/A_{1x}} = 118.7$

$M_j = 16297000 \text{ N} \cdot \text{cm}$

$W_x = 8045.4 \text{ cm}^3$（直侧受压最大）

$A_o = 4 \times 37.567 = 150.268 \text{ cm}^2; A_{1x} = 2A_2$

$N_d = 1033.44 \text{ kN} = 1033440 \text{ N}$

$N_{ex} = \pi^2 \times E \times A_o/\lambda_x^2 = 2271 \text{ kN}$

查手册: $\varphi = 0.446$

将各参数代入公式计算得:

$\sigma_1 = 1033440/(0.446 \times 150.268) + 1 \times 16297000/[8045.4 \times (1-0.446 \times 1033440/$

　　　$2271000)]$

　　　$= 17961.4(\text{N/cm}^2)$

$f_{设计强度} = 22950(\text{N/cm}^2)$

$\sigma_1 < f_{设计强度}$

3.结论:主臂主体在动臂 $\beta = 75°$ 时,额定吊重 550 kN 稳定性可保证。

三、动臂斜缀条设计计算

（一）缀条的选用

选用角钢: $\llcorner 100 \times 100 \times 8$,材质为:Q235-B（$A_3F$）

1.缀条的几何参数: $A_2 = 15.639 \text{ cm}^2$;

回转半径: $R_{yo} = 1.98 \text{ cm}$;

计算长度：$L_2 = 157.61$ cm。

2. 缀条的最大长细比：$\lambda_2 = L_2/R_{yo} = 79.6$。

3. 缀条的稳定系数：$\varphi_2 = 0.668$。

（二）缀条的受力 N_2

$$N_2 = \frac{Q_{max}}{2 \times \cos 36.44°} = \frac{150000}{2 \times 0.804} = 93283 \, (\text{N})$$

（三）按轴心受压计算其稳定性

$$\sigma = \frac{N_2}{\eta \varphi_2 A_2} = \frac{93283}{\eta \times 0.668 \times 15.639} = 12489 \, (\text{N/cm}^2) < 21930 \, (\text{N/cm}^2)$$

式中：$\eta = 0.6 + 0.0015\lambda = 0.715$

结论：动臂斜缀条稳定性有保证。

四、主臂斜缀条稳定性验算

（一）缀条的选用

选用角钢：∟80×80×8，材质为：Q235-B。

1. 缀条的几何参数：$A_2 = 12.303$ cm^2；

回转半径：$R_{yo} = 1.57$ cm；

计算长度：$L_2 = 143.49$ cm。

2. 缀条的最大长细比：$\lambda_2 = L_2/R_{yo} = 96.5$。

3. 缀条的稳定系数：$\varphi_2 = 0.578$。

（二）缀条的受力 N_2

$$N_2 = \frac{Q_{max}}{2 \times \cos 36.308°} = \frac{120000}{2 \times 0.806} = 74442 \, (\text{N})$$

（三）按轴心受压计算其稳定性

$$\sigma = \frac{N_2}{\eta \varphi_2 A_2} = \frac{74442}{\eta \times 0.578 \times 15.126} = 11444 \, (\text{N/cm}^2) < 21930 \, (\text{N/cm}^2)$$

式中：$\eta = 0.6 + 0.0015\lambda_2 = 0.744$

结论：主臂斜缀条稳定安全。

第五节　零部件计算

一、缆风盘设计与计算

1. 风盘耳孔挤压应力

$$\sigma_{FK} = \frac{T_{imax}}{\delta d_{KF}} \times \left(\frac{D_{外}^2 + d_{内}^2}{D_{外}^2 - d_{内}^2} \right)$$

$$= \frac{140400}{4.0 \times 7} \times \left(\frac{17^2 + 7^2}{17^2 - 7^2} \right) = 9357.36 \, (\text{N/cm}^2)$$

2. 风盘Ⅱ形截面的强度计算

① Ⅱ形截面的几何参数：

$$Y_0 = \frac{13 \times 1.5 \times 8.5 \times 2 + 25 \times 2 \times 1}{13 \times 2 \times 1.5 + 25 \times 2} = 4.287 \, (\text{cm})$$

$$I_x = 2 \times 1.5 \times 13^3 / 12 + 25 \times 2^3 / 12 + 25 \times 2 \times 3.287^2 + 2 \times 1.5 \times 13 \times 4.21^2 = 1797.37 \, \text{cm}^4$$

$$W_{xmin} = 419.26 \, \text{cm}^3$$

$$A_{\text{Ⅱ}} = 89 \, \text{cm}^2$$

② 强度验算：

$$\sigma_{\text{Ⅱ}} = \frac{T_{imax}}{A_{\text{Ⅱ}}} + \frac{M_x}{W_x}$$

$$= \frac{140400}{89} + \frac{140400 \times 8}{419.26} = 4257 \, (\text{N/cm}^2)$$

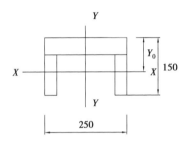

$\sigma_{\text{Ⅱ}} < [\sigma]$，故安全。

二、吊耳板验算

$\delta = 4 \, \text{cm}, h = 60 \, \text{cm}; A3$ 钢

1. 根部强度计算

Q235-B 钢 $[\sigma] = 15000 \, \text{N/cm}^2$

$$\sigma_{max} = \sqrt{\sigma_N^2 + \sigma_M^2 + 3\pi^2}$$

$$= \sqrt{(14947/4/60)^2 + (1530375/2400)^2 + 3 \times 311.3^2}$$

$$= 8373.8 \, (\text{N/cm}^2)$$

$\sigma_{max} < [\sigma]$，故安全。

2. 耳孔压应力计算

$$\sigma_{EK} = \frac{P_{EK}}{\delta d_{EK}} \times \left(\frac{D_{外}^2 + d_{内}^2}{D_{外}^2 - d_{内}^2} \right)$$

$$= \frac{702500}{7 \times 20} \times \left(\frac{45^2 + 20^2}{45^2 - 20^2} \right) = 7483.2 \, (\text{N/cm}^2)$$

现主臂的吊耳板留用。

三、动臂吊耳轴的计算

1. 力学模型

两端铰支承,按规范处理载荷 $L_j = 8d$,绳 $= 30$ cm,$d = 18$ cm。

2. 材料

$45^\#$ 钢调质 $\sigma_s = 3600$,$[\sigma] = 22500$ N/cm^2。

3. 最大弯矩

$\beta = 75°$,$Q_j = 1150$ kN 时,$M_{max} = 101.063$ kN·m。

4. 强度计算

$$\sigma_{max} = M_{max}/(\pi d_{\text{轴}}^3/32) = 17330 \, (\text{N/cm}^2)$$

$\sigma_{max} < [\sigma]$,故安全。

现主臂吊耳轴留用。

四、动臂节间联结螺栓校核

12-M39 高强度螺栓联结,螺纹处有效截面积 $A_e = 975.8$ mm^2。

材料 35VB($45^\#$ 钢 $d > 24$ mm 后,淬透性差,易产生延迟裂纹,故不能选用)。

推荐厂家:上海高强度螺栓厂(原先锋螺丝厂,国家机械电子工业部定点生产高强度螺栓厂)。

1. 工作状态下螺栓的受力(上节与中节连接处)

$$N_L = N_2/4 - M_J/(2 \times 1.46)$$

其中:$N_2 = 1450$ kN;

$\quad\quad M_J = 900.0$ kN·m;

$\quad\quad N_L = 1500/4 - 308.22 = 66.78$ kN。

$\quad\quad \sigma_L = N_L/A_L/4 = 2711.31$ N/cm^2。

安全。

2. 立放桅杆时中部节间联结螺栓受力最大

主、动臂均严格采用水平组对双吊点搬立法来立放桅杆。

材料:35VB

$f_y = 95000$ N/cm^2(条件屈服强度);

$[\sigma] = f_y/1.6 = 59300$ N/cm^2;

$M_{max} = ql^2/8 = (25/55) \times 55^2/8 = 172 \, (\text{T·m}) = 1.72 \times 10^9 \, (\text{N·mm})$;

$N_{Lmax} = 1.72 \times 10^9 \times Y_1 / \sum Y_i^2 = 282709 \, (\text{N})$。

其中:Y_1 为受最大拉力的螺栓离回转中心的距离,832 mm。

$\quad\quad \sum Y_i^2 = 4 \times (472^2 + 592^2 + 832^2)$;

预拉力 $P = 0.675 f_y A e = 0.675 \times 95 \times 975.8 = 625732$ N。

单个螺栓抗拉承载能力 $N_t^b = 0.8P = 500580$ N。

$N_t^b > N_{Lmax}$，故安全。

五、主臂、动臂变幅铰轴、孔的计算

1. 材料 45# 钢调质两对铰尺寸、材质一样。

$d = 150$ mm，4 个剪切面；

$\sigma_s = 3600$ kg/cm²，$[\sigma] = 22500$ N/cm²，$[\tau] = 13000$ N/cm²。

2. 销轴的剪切强度计算。

动臂 $\tau = 140910/(0.75\pi \times 7.5^2)/4 = 2657.9$ N/cm²，安全。

主臂 $\tau = 103030/(0.75\pi \times 7.5^2)/4 = 1943.4$ N/cm²，安全。

3. 铰孔的挤压问题。

板材为 Q235-B，$\sigma_s = 21500$ N/cm²，$[\sigma] = 15000$ N/cm²。

下节孔板：

$$\sigma_{EK} = \frac{P_{EK}}{\delta d_{EK}} \times \left(\frac{D_{外}^2 + d_{内}^2}{D_{外}^2 - d_{内}^2} \right)$$

$$= \frac{77500}{10 \times 15} \times \left(\frac{40^2 + 15^2}{40^2 - 15^2} \right) = 6860 \, (\text{N/cm}^2)$$

4. 耳孔根部的强度计算。

根部焊缝不间断施焊，焊透。

$$\sigma = \frac{N_g}{A} + \frac{M_g}{W_g}$$

$$= \frac{1550000}{10 \times 40} + \frac{11750000}{2666.6666} = 8281.26 \, (\text{N/cm}^2)$$

$\sigma < [\sigma]$，主、动臂孔板安全。

六、动臂水平回转铰用轴承的计算

1. 径向荷载

$\beta = 57°$ 时径向荷载达到最大。

$R_{径max} = (94 + 9.526) \cos 60° = 51.8$ t = 518 kN；

$R_{轴} = 896.56$ kN。

2. 轴向荷载

$\beta = 75°$ 时轴向荷载达到最大。

$R_{轴max} = (165 + 10.625) \cos 15° = 169.64$ t = 1696.4 kN；

$R_{径} = 454.55$ kN。

3. 最大当量静荷载

$\beta = 60°$ 时的当量静荷载：

$R_{径max}/R_{轴} = 51.8/89.656 = 0.58$；

$P_o = R_{轴} + 2.7R_{径} = 896.56 + 2.7 \times 518 = 2295(kN)$。

$\beta = 75°$ 时的当量静荷载：

$R_{径max}/R_{轴} = 45.455/169.64 = 0.268 < 0.55$。

$P_o = R_{轴} + 2.7R_{径} = 1696.4 + 2.7 \times 454.55 = 2923.7\ kN$；

$P_{omax} = \max\{2295, 2923.7\} = 2923.7\ N$。

考虑到径向力与轴向力之比超过 0.55 规定值 5% 左右，选轴承时其额定静荷载略加放大处理。

4. 轴承的选择

选择 9039464 型作止推轴承，额定静荷载 $C_o = 3420000\ N$，$d = 320\ mm$，外径 $D = 580\ mm$。

选择 3482192 型作径向轴承，$d = 460\ mm$，外径 $D = 680\ mm$。

七、动臂鹤头附钩部件设计及配套机具选用

1. 力学模型

1-1 断面根部几何性质及参数

$I_1 = 3 \times 40^3/12 = 16000\ cm^4$；

$I_2 = 44 \times 2^3/12 = 29.3333\ cm^4$；

$I_x = 2I_1 + 2I_2 + 2A_2(20-1)^2 = 32000 + 58.67 + 2 \times 2 \times 44 \times (19)^2 = 95594.67(cm^4)$。

$W_x = 4779.7\ cm^3$。

$A_o = 416\ cm^2$。

载荷处理：

$Q_{2j} = Kd(10+1) = 121$；

$S_{绳} = [(1.04-1)/(1.04^2-1)]1.04^5 \times 1.04^3 \times 12.1 = 31\ kN$。

索吊具的选用：

卷扬机：额定吨位 50 kN；

跑绳直径：$d = 19.5\ mm$，$\sigma = 1700$，$K = 5$，$[S_o] = 48.8\ kN$；

定动滑轮：H 系列两门，吨位 100 kN 轮槽直径选 195 mm（保证跑绳的工况）；

导向轮三个：轮槽直径选 195 mm，吨位 50 kN。

2. 受力分析

该部件主要手拉弯合成应力作用，危险断面为其根部 A 处。

当 $\beta = 60°$ 时，$P_1 = 104.8\ kN$，$P_2 = 60.5\ kN$；

根部 A 的弯矩 $M_A = P_1 \times 2.5 - S_3 \times 1.5 + P_2 \times 0.76 = 261.74\ kN \cdot m$。

当 $\beta=75°$ 时,

$P_1=116.9$ kN, $P_2=31.3$ kN;

根部 A 的弯矩 $M_A=P_1\times2.5-S_3\times1.5+P_2\times0.76=269.55$ kN·m。

3. 强度校核

$\sigma_s=23000$ N/cm²;

材质:Q235-B,$[\sigma]=14370$ N/cm²。

当 $\beta=60°$ 时,$\sigma_A=P_2/A+M_A/W_A=6050/416+2617400/4779.7=5621.5$ N/cm²;

当 $\beta=75°$ 时,$\sigma_A=P_2/A+M_A/W_A=5714.8$ N/cm²。

结论:安全。

4. 鹤头顶部两插销的计算

①计算长度 $L=0.5$ m;

②计算荷载 $P=121$ kN;

③最大弯矩 $M_{max}=0.25PL=15.125$ kN·m。

④材料为 45# 钢调质。

$\sigma_s=36000$ N/cm²,$[\sigma]=22500$ N/cm²。

5. 与顶轴连接定位卡板

选用六个 M28 的螺钉,与相应的座体配合加工。

6. 与顶座结合面处的定位螺栓的布置

利用缆风盘的结合面定位螺栓通孔 $\varphi30$ 的布置,在鹤头底座结合面相应处攻 M28 内螺纹。

第六节 机具汇总

机具选用汇总如表 2-14-3 所示。

表 2-14-3

序 号	名 称	规 格	数 量	备注说明
1	主卷扬机	100 kN	2	仅吊 550 kN,配 80 kN 型
2	变幅卷扬机	50 kN	1	
3	副钩卷扬机	50 kN	1	
4	缆风钢钢丝绳	d=30 mm	>1600 m	6W(19)-1700
5	变幅滑车钢丝绳	d=21.5 mm	>1100 m	6W(35)-1700
6	主起升跑线	d=29 mm	>1200 m	6W(35)-1700
7	动臂节间联结螺栓	M39	144	35VB 上海产

续表

序　号	名　称	规　格	数　量	备注说明
8	主起重滑车	H1000×8D	1(套)	导轮10只
9	变幅滑车	H500×5D	1(套)	
10	卸扣绳卡	15以上	12	
11	捆绑绳	d=41.5 mm	12M	6X61+1
12	副钩跑绳	d=19.5 mm	400 m	6W(35)-1700
13	止推轴承	9039464	1	标准件
14	径向轴承	3482192	1	标准件
15	副钩滑车	H100×2D	1(套)	标准件

第十五章
吊装工程中特殊吊具的设计计算

在安装工程起重吊装作业中,常使用卸扣等吊具,并自行设计吊耳,对耳孔板设计计算常采用材料力学拉曼公式。经查证,该公式是根据厚圆筒内流体平均壁压时的计算公式演化而来。但实际上圆孔耳板的荷载是非均布的,径向的壁压是单向的。分布于部分接触面上的荷载,其外力作用的方向和分布状况与拉曼公式的条件相差很远,因此用拉曼公式来计算圆孔耳板是不适宜的。

经我们近十几年的实践与现场应力测式,介绍如下设计计算方法。

$$\sigma = p\frac{D^2+d^2}{D^2-d^2} \leq [\sigma]（拉曼公式）$$

$$p = \frac{P_计}{2bd} = \frac{N}{bd}, D = 2d$$

式中　D——耳孔板外径;

　　　d——耳孔板内径;

　　　$P_计$——计算荷载;

　　　N——轴向压力。

第一节　卸扣系列设计计算

一、设计原则($160 \sim 2500$ kN)

1. 动载系数

$K_动 = 1.05$。

2. 材料

卸体:Q235 钢,$\sigma_s = 25$ kN/cm² $= 250$ MPa;

横轴:45#钢,调质处理 $R_c = 25 \sim 32$。

$\sigma_s = 50 \sim 52$ kN/cm² $= 500 \sim 520$ MPa。

3. 安全系数

卸体:≤ 500 kN,$K_安 = 2.5$;

　　　>500 kN,$K_安 = 2$。

横轴:$K_安 = 1.7$。

4. 卸体

按全塑性计算,全塑性设计系数 L_b;

对长圆形断面,$L_b = 1.663$;

圆形断面,$L_b = 1.7$。

一般可以允许卸体有一定的塑形变形,不会影响卸机的安全使用。

材料强化系数,$K_强 = 1.6$(按起重滑车系列设计原则中吊环取值)。

5. 横轴

可按塑性设计进行计算,但考虑到横轴的安全适用取断面屈服深度为 1/4,塑形设计系数取为 $L_b = 1.25$,不考虑强化系数。

二、卸扣计算

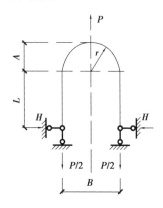

图 2-15-1　对等截面曲梁

结构分析:把卸体作为一半圆拱形钢架;为便于装配,耳孔间隙较大,且要大于横轴受最大荷载时所产生的变形,故其支承桌按铰接考虑。卸体沿对称轴受 P 力作用后,支承部分将相应产生水平力 H,以作水平位移。但对等截面曲梁 $H = K_1 \cdot P$。(图 2-15-1)

其中,K_1 与 e/r 有关的几何特性系数如表 2-15-1 所示。

表 2-15-1

e/r	1.2	1.4	1.6	1.8	2.0	2.2	2.4	2.6	2.8	3.0
K_1	0.0984	0.0857	0.0754	0.0669	0.0598	0.0537	0.0486	0.0442	0.0403	0.0307

选取横轴与耳孔间摩擦系数 $\mu = 0.12$(有润滑情况)

水平摩擦阻力:$F_f = \frac{1}{2}\mu p = 0.06p$

对 160 kN ～ 2500 kN 系列如表 2-15-2 所示。

表 2-15-2

系列(kN)	160	250	500	750	1000	1250	1500	1750	2500
e(cm)	20.75	24	32	38.5	43.25	48	52.8	60.75	67.25
r(cm)	6.5	7.5	10	12	13.5	15	16.5	19	21
e/r	3.2	3.2	3.2	3.2	3.2	3.2	3.2	3.2	3.2

注:e 的选取以横轴与耳孔的下接触点为起点。

所以 $F_f = 0.06p > H = 0.035p$。

即：水平力 H 不能克服 F_f 而存在于支座，卸体于铰点受着水平约束。

综上所述，卸体为一次超静定半圆形拱钢架，其支承和受力情况如图 2-15-1 所示。

三、卸体内力分析

卸体为一次超静定半圆形拱钢架，钢架上横杆（即弯头）为变截面曲梁。为简化运算，曲梁各界面惯性矩按 1-1 计算。

截面的 J_{1-1} 值计算（见图 2-15-2）。

按似柱法：

（1）拆去铰点横向约束 H_A、H_E，使钢架成为静定结构（图 2-15-3）。

（2）绘出 P 作用下的静定弯矩图 m_s（图 2-15-4 与图 2-15-5）。

$$m_s = -\frac{P}{2}r(1-\cos\theta) = -\frac{PB}{4}(1-\cos\theta)$$

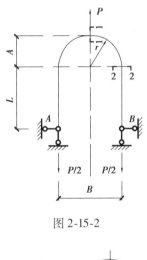

图 2-15-2

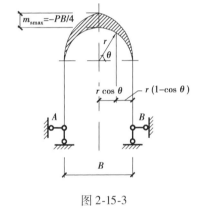

图 2-15-3

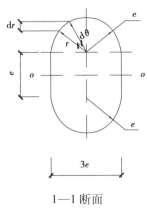

1—1 断面

图 2-15-4

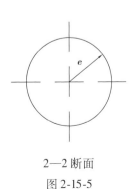

2—2 断面

图 2-15-5

（3）几何截面特性。

①J_{1-1}，W_{1-1}。

断面 1-1 惯性矩：

$$J_{1-1} = 2.2 \int_0^{\frac{\pi}{2}} \int_0^e r \mathrm{d}\theta \mathrm{d}r \left(r \sin \theta + \frac{e}{2} \right)^2 + \frac{1}{12} \cdot 2e \cdot e^3$$

$$= 4 \int_0^{\frac{\pi}{2}} \int_0^e r^3 \mathrm{d}r \sin^2 \theta \mathrm{d}\theta + 4e \int_0^{\frac{\pi}{2}} \int_0^e r^2 \mathrm{d}r \sin \theta \mathrm{d}\theta + R^2 \int_0^{\frac{\pi}{2}} \int_0^e r \mathrm{d}r \mathrm{d}\theta + \frac{1}{6} \cdot e^4$$

$$= 4 \int_0^{\frac{\pi}{2}} \frac{e^4}{4} \sin^2 \theta \mathrm{d}\theta + 4e \int_0^{\frac{\pi}{2}} \frac{e^3}{3} \sin \theta \mathrm{d}\theta + e^2 \int_0^{\frac{\pi}{2}} \frac{e^2}{2} \mathrm{d}\theta + \frac{e^4}{6}$$

$$= e^4 \cdot \frac{\pi}{4} + \frac{4e^3}{3} + e^4 \cdot \frac{\pi}{4} + \frac{e^4}{6}$$

$$= 3.0708e^4$$

断面 1-1 截面模量：

$$W_{1-1} = \frac{J_{1-1}}{R} = \frac{3.0708e^4}{1.5e} = 2.047e^3$$

②J_{2-2}，W_{2-2}。

断面 2-2 惯性矩：$J_{2-2} = \frac{\pi}{4} e^4 = 0.7854e^4$；

断面 2-2 截面模量：$W_{2-2} = \frac{\pi}{4} e^3 = 0.7854e^4$。

③$\frac{J_{1-1}}{J_{2-2}}$，$\frac{W_{1-1}}{W_{2-2}}$。

$$\frac{J_{1-1}}{J_{2-2}} = \frac{3.0708e^4}{0.7854e^4} = 3.91$$

$$\frac{W_{1-1}}{W_{2-2}} = \frac{2.047e^3}{0.7854e^3} = 2.606$$

（4）绘似柱图（图 2-15-6 与图 2-15-7）。

令 $\frac{1}{EJ_{1-1}} = 1$，则 $\frac{1}{EJ_{2-2}} = 3.91$。

钢架铰支座：$J = 0$，则 $\frac{1}{EJ} = \infty$。

故似柱截面特征为：

①面积 $F = \infty$，重心在 x、y 轴原点 O 上。

②惯性矩 Jx：

$$Jx = 2 \times \frac{1}{3} \times 3.91 \times L^3 + 2\int_0^{\frac{\pi}{2}} \frac{B}{2} d\theta \left(\frac{B}{2} \sin \theta + L \right)^2$$

$$= 2.6067L^3 + B\int_0^{\frac{\pi}{2}} \left(\frac{B}{4} \sin^2 \theta + BL \sin \theta + L^2 \right) d\theta$$

$$= 2.6067L^3 + B\left(\frac{B^2}{4} \cdot \frac{\pi}{4} + BL + \frac{\pi}{2}L^2 \right)$$

$$= 2.6067L^3 + \frac{\pi B^3}{16}\left(1 + \frac{16}{\pi} \cdot \frac{L}{B} + \frac{8L^2}{B^2} \right)$$

$$= 2.6067L^3 + 0.19635B^3\left[1 + 5.09\frac{L}{B} + 8\left(\frac{L}{B} \right)^2 \right]$$

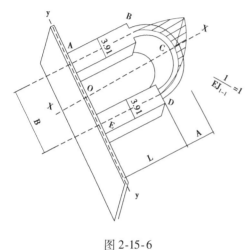

图 2-15-6

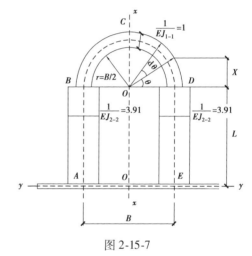

图 2-15-7

③$N \cdot Mx$。

以 m_s 为似柱的分布载荷,得:

$$N = \int \widehat{BC} m_s \mathrm{d}s$$

$$N = -2\int \widehat{BC} m_s \mathrm{d}s$$

$$= -2\int_0^{\frac{\pi}{2}} \frac{PB}{4}(1 - \cos \theta)\frac{B}{2}\mathrm{d}\theta = -\frac{PB^2}{4}\left(\frac{\pi}{2} - 1 \right)$$

$$= -0.1427B^2P$$

$$M_x = \int \widehat{BCD} m_s x \mathrm{d}s$$

$$= -2\int_0^{\frac{\pi}{2}} \frac{PB}{4}(1 - \cos \theta)\left(L + \frac{B}{2}\sin \theta \right) \cdot \frac{B}{2}\mathrm{d}\theta$$

$$= -\frac{PB^2}{4}\left(\int_0^{\frac{\pi}{2}} l\mathrm{d}\theta - \int_0^{\frac{\pi}{2}} l\cos\theta\mathrm{d}\theta + \int_0^{\frac{\pi}{2}} \frac{B}{2}\sin\theta\mathrm{d}\theta - \int_0^{\frac{\pi}{2}} \frac{B}{2}\sin\theta\cos\theta\mathrm{d}\theta\right)$$

$$= -\frac{PB^2}{4}\left(\frac{\pi l}{2} - l + \frac{B}{2} - \frac{B}{4}\right)$$

$$= -0.1427PB^2(L + 0.438B)$$

$$= -0.1427PB^3\left(\frac{L}{B} + 0.438\right)$$

④求似柱应力：

$$f = -mi = \frac{N}{F} + \frac{M_x x}{J_x}$$

因为 $F = \infty$，

所以 $f = -m_i = \frac{M_x \cdot x}{J_x}$

$$= -\frac{0.1427PB^3\left(\dfrac{L}{B}+0.438\right)x}{2.6067L^3 + 0.19635B^3\left[1 + 5.09\dfrac{L}{B} + 8\left(\dfrac{L}{B}\right)^2\right]}$$

$$= -\frac{p\left(\dfrac{L}{B}+0.438\right)x}{1.376 + 7\left(\dfrac{L}{B}\right) + 11\left(\dfrac{L}{B}\right)^2 + 18.267\left(\dfrac{L}{B}\right)^3}$$

B、D 点：

$$m_{iB} = \frac{P\left(\dfrac{L}{B}+0.438\right)L}{1.376 + 7\left(\dfrac{L}{B}\right) + 11\left(\dfrac{L}{B}\right)^2 + 18.267\left(\dfrac{L}{B}\right)^3}$$

在 C 点：

$$m_{iC} = \frac{P\left(\dfrac{L}{B}+0.438\right) \cdot \left(L+\dfrac{B}{2}\right)}{1.38 + 7\left(\dfrac{L}{B}\right) + 11\left(\dfrac{L}{B}\right)^2 + 18.267\left(\dfrac{L}{B}\right)^3}$$

⑤求 $M = m_s + m_i$。

B、D 点：

$$M_B = M_D = m_{sB} + m_{iB} = 0 + m_{iB} = m_{iB}$$

$$= \frac{P\left(\dfrac{L}{B}+0.438\right)L}{1.38 + 7\left(\dfrac{L}{B}\right) + 11\left(\dfrac{L}{B}\right)^2 + 18.267\left(\dfrac{L}{B}\right)^3}$$

C 点：

$$M_C = m_{sC} + m_{iC}$$

$$= -\left[\frac{PB}{4} - \frac{PB\left(\frac{L}{B}+0.438\right)\left(\frac{L}{B}+0.5\right)}{1.38+7\left(\frac{L}{B}\right)+11\left(\frac{L}{B}\right)^2+18.267\left(\frac{L}{B}\right)^3}\right]$$

四、卸体断面选择

1. 弯矩：M_B、M_C 的计算见表 2-15-3。

表 2-15-3

系列 （kN）	$K_{动}$	$P_{计}$	L	B	L/B	$\dfrac{\left(\frac{L}{B}+0.438\right)}{1.38+7\left(\frac{L}{B}\right)+11\left(\frac{L}{B}\right)^2+18.267\left(\frac{L}{B}\right)^3}$	M	
							$M_B=$ 0.01764PL	$M_B=$ $-0.2129P$
160	1.05	168	20.75	13	1.6	0.01764	+6.15	−46.6
250	1.05	262.5	24	15	1.6	0.01764	+11.13	−81.7
500	1.05	525	32	20	1.6	0.01764	+29.7	−224
750	1.05	782.5	38.5	24	1.6	0.01764	+55.7	−421
1000	1.05	1050	43.25	27	1.6	0.01764	+82.7	−628
1250	1.05	1312.5	48	30	1.6	0.01764	+115.5	−872
1500	1.05	1575	52.8	33	1.6	0.01764	+150.5	−1143
2000	1.05	2100	60.75	38	1.6	0.01764	+231	−1755
2500	1.05	2625	67.25	42	1.6	0.01764	+327	−2440

2. 1-1 断面选择和 2-2 断面的换算如表 2-15-4 所示。

表 2-15-4

系列/kN	160	250	500	750	1000	1250	1500	2000	2500
	1-1 断面								
$K_{强}$	1.6								
L_b	1.663								
$M_{1-1}=Mc$	−46.6	−81.7	−224	−421	−628	−872	−1143	−1755	−2440
$[\sigma]$	112 MPa			140 MPa					
$e=\sqrt[3]{\dfrac{M_{1-1}}{2.04L_b K_{强}[\sigma]}}$	1.95	2.36	3.29	3.77	4.30	4.8	5.26	6.06	6.77
选取 e	2.0	2.5	3.5	4.0	5.0	5.5	6.0	7.0	7.5

续表

系列/kN	160	250	500	750	1000	1250	1500	2000	2500
	2-2 断面								
$K_强$	1.6								
L_b	1.7								
$F = \pi e^2$	12.57	19.64	38.5	50.27	78.54	95.03	113.1	154	176.7
$N = \dfrac{p_计}{2}$	8.4	13.13	26.25	39.40	52.5	65.75	78.75	105	131.2
$W_{2-2} = \dfrac{\pi}{4} e^3$	6.28	12.25	33.7	50.3	98	131	170	270	332
$M_{2-2} = M_B$	6.15	11.13	29.7	55.7	82.7	115.5	150.5	231	327
$\sigma_{2-2} = \dfrac{M_{2-2}}{K_强 L_b W_{2-2}} + \dfrac{N}{F}$	0.359 +0.668 102.7 MPa	0.334 +0.668 100.2 MPa	0.282 +0.682 96.4 MPa	0.407 +0.785 110.2 MPa	0.31 +0.668 97.8 MPa	0.325 +0.692 101.7 MPa	0.326 +0.698 102.4 MPa	0.315 +0.682 99.7 MPa	0.253 +0.74 99.5 MPa

计算结果从 160 kN 至 2500 kN 校核结果 σ_{2-2} 应力均小于许用应力 $[\sigma]$。说明使用是安全可靠的。

五、吊耳计算

（1）考虑到耳孔与横轴间存有间隙，按受一集中荷载的细圆环计算。

受力情况如图 2-15-8 所示。

① 弯矩 M，轴向拉力 N。

B—B 截面：

弯矩 $M_{B-B} = \dfrac{Nr}{\pi} \left[\dfrac{\pi}{2} - \sin \alpha_1 - \left(\dfrac{\pi}{2} - \alpha_1 \right) \cos \alpha_1 \right]$，

取 $\alpha_1 = 70°$，则：

$M_{B-B} = \dfrac{Nr}{\pi} \left[\dfrac{\pi}{2} - 0.9397 - \left(\dfrac{\pi}{2} - \dfrac{70}{180} \pi \right) 0.342 \right]$

$= \dfrac{Nr}{\pi} \left(\dfrac{\pi}{2} - 0.9397 - \dfrac{\pi}{9} 0.342 \right)$

$= 0.164 Nr$

轴向拉力：$N_{B-B} = \dfrac{N}{2} = 0.5$ N。

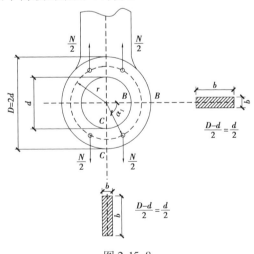

图 2-15-8

C—C 截面：

$$M_{C-C} = -\frac{Nr}{2}(1-\cos \alpha_1) + M_{B-B}$$

$$= -\frac{Nr}{2}\left(\frac{\pi}{2} - 0.9397 - \frac{\pi}{9}0.342\right)$$

$$= 0.165Nr$$

$$N_{C-C} = 0$$

②各截面应力：

强化系数：$K_{强} = 1.6$

塑形系数：$L_b = 1.5$（对矩形断面）

B—B 截面：

$$\sigma_{B-B} = \frac{M_{B-B}}{K_{强} \cdot L_b \cdot W_{B-B}} + \frac{N_{B-B}}{F_{B-B}}$$

$$= \frac{0.164Nr}{1.6 \times 1.5 \times \dfrac{b\left(\dfrac{D-d}{2}\right)^2}{6}} + \frac{\dfrac{N}{2}}{b\left(\dfrac{D-d}{2}\right)}$$

$$= \frac{24 \times 0.164 \times \dfrac{1.5}{2}Nd}{1.6 \times 1.5bd^2} + \frac{N}{bd}$$

$$= 1.23\frac{N}{bd} + \frac{N}{bd}$$

（其中 $D = 2d$）

即 $\sigma_{B-B} = 2.23\dfrac{N}{bd}$。

C-C 截面：

$$\sigma_{B-B} = \frac{M_{C-C}}{K_{强}L_bW_{C-C}} = \frac{24 \times 0.164 \times \dfrac{1.5}{2}Nd}{1.6 \times 1.5bd^2}$$

即 $\sigma_{C-C} = -1.24\dfrac{N}{bd}$（表2-15-5）。

表2-15-5

系列/kN	160	250	500	750	1000	1250	1500	2000	2500
$P_{计}$/kN	168	262.5	525	782.5	1050	1312.5	1575	2100	2625
$N = P_{计}/2/\text{kN}^{-1}$	84	131.25	262.5	391.25	525	656.25	787.5	1050	1312.5
d	6.0	7.0	9.0	11.0	12.0	13.5	15.0	17.5	19.5

系列/kN	160	250	500	750	1000	1250	1500	2000	2500
b	4.0	5.0	7.0	8.0	10.0	11.0	12.0	14.0	15.0
N/bd	0.35	0.375	0.417	0.445	0.437	0.438	0.429	0.428	0.448
$\sigma_{B-B}=2.23\dfrac{N}{bd}$	0.78	0.836	0.928	0.982	0.971	0.975	0.957	0.956	1.000
$\sigma_{C-C}=-1.24\dfrac{N}{bd}$	-0.433	-0.465	-0.515	-0.552	-0.54	-0.543	-0.532	0.531	-0.556
$[\sigma]$	112 MPa			140 MPa					

（2）按拉曼公式：

$$\sigma=p\frac{D^2+d^2}{D^2-d^2}\leqslant[\sigma]$$

其中：$p=\dfrac{P_{计}}{2bd}=\dfrac{N}{bd}$，$D=2d$。

即：$\sigma_{拉曼}=-\dfrac{N}{bd}\cdot\dfrac{4d^2+d^2}{4d^2-4d^2}=\dfrac{5}{3}\cdot\dfrac{N}{bd}$（表 2-15-6）。

表 2-15-6

系列/kN	160	250	500	750	1000	1250	1500	2000	2500
$\sigma=\dfrac{5}{3}\cdot\dfrac{N}{bd}$/MPa	58.3	62.5	69.5	74.2	73	73.2	71.5	71.5	74.8

$\sigma_{拉曼}<\sigma_{曲梁}\leqslant[\sigma]$，计算结果安全、可靠。

六、横轴计算原则

（1）选取材料：

45#钢，调质处理 $R_c=25\sim35$。

$$\sigma_s=50\sim52\ \text{kN/cm}^2=500\sim520(\text{MPa})$$

（2）允许轴有 1/4 断面深度的屈服变形 $L_b=1.25$，不考虑强化系数。

（3）安全系数：

$$n=1.7$$

$$[\sigma]=29.40\sim30.60\ \text{kN/cm}^2=294\sim306(\text{MPa})$$

七、横轴的计算

由于在卸扣结构中，横轴具有如下的特点：

$B/d = 2.15 \sim 2.25$，

$2b/d = 1.33 \sim 1.67$。

即轴粗、跨距短、支承部分长，因而在载荷作用点附近将产生较大的局部应力。所以对横轴的计算采取矩形高粱的公式进行。

其外力及支撑情况如图 2-15-9 所示。

由 P 所产生底部的应力（图 2-15-10）。

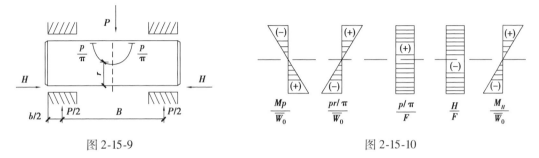

图 2-15-9　　　　　　　　　　　　　　　　图 2-15-10

$$\sigma_p = \frac{Mp}{\overline{W}_0} + \frac{\dfrac{P}{\pi}}{F} - \frac{\dfrac{P}{\pi r}}{\overline{W}_0}$$

其中：$M_P = \dfrac{1}{4}PB$。

$$F = \pi r^2$$

$$\overline{W}_0 = L_b \overline{W} = 125 \times \frac{1}{4}\pi r^3$$

由 H 所产生底部的应力：

$$\sigma_H = -\left(\frac{H}{F} + \frac{M_H}{\overline{W}_0}\right)$$

其中：$M_H = Hr$，

$\qquad H = 0.01764P$，

$\qquad \sigma_底 = \sigma_p + \sigma_H$。

底部：

$$\sigma_底 = \frac{\dfrac{1}{4}PB}{1.25 \times \dfrac{1}{4}\pi r^3} + \frac{\dfrac{p}{\pi}}{\pi r^2} - \frac{\dfrac{p}{\pi}r}{1.25 \times \dfrac{1}{4}\pi r^3} - 0.01764p\left(\frac{1}{\pi r^2} + \frac{r}{1.25 \times \dfrac{1}{4}\pi r^3}\right)$$

$$= \frac{PB}{1.25 \times \pi r^3} + \frac{P}{\pi^2 r^2} - \frac{4P}{1.25\pi^2 r^2} - 0.01764p\left(\frac{1}{\pi r^2} + \frac{4}{1.25 \times \pi r^2}\right)$$

即 $\sigma_底 = \dfrac{PB}{1.25\pi r^3}\left(1 - \dfrac{2.75r}{\pi B} - \dfrac{5.25 \times 0.01764r}{B}\right)$。

即 $\sigma = \dfrac{PB}{1.25\pi r^3}\left(1-0.970\,\dfrac{r}{B}\right)$ 。

由 P 所产生的顶部压力为：$\sigma'_p = -\dfrac{Mp}{W_0} + \dfrac{\dfrac{P}{\pi}}{F} + \dfrac{\dfrac{P}{\pi r}}{W_0}$ 。

由 H 所产生的顶部压力为：$\sigma'_H = \dfrac{M_H}{W_0} - \dfrac{H}{F}$ 。

顶部：

$$\sigma'_{顶} = \sigma'_p + \sigma'_H = -\dfrac{\dfrac{1}{4}PB}{1.25\times\dfrac{1}{4}\pi r^3} + \dfrac{\dfrac{p}{\pi}}{\pi r^2} + \dfrac{\dfrac{p}{\pi}r}{1.25\times\dfrac{1}{4}\pi r^3} + 0.1764p\left(\dfrac{r}{1.25\times\dfrac{1}{4}\pi r^3} - \dfrac{1}{\pi r^2}\right)$$

$$= -\dfrac{PB}{1.25\pi r^3} + \dfrac{p}{\pi^2 r^2} + \dfrac{4p}{1.25\pi^2 r^2} + 0.01764\left(\dfrac{4}{1.25\pi r^2} - \dfrac{1}{\pi r^2}\right)$$

$$= -\dfrac{PB}{1.25\pi r^3}\left(1 - \dfrac{5.25r}{\pi B} - \dfrac{2.75\times0.01764r}{B}\right)$$

即 $\sigma_{顶} = -\dfrac{PB}{1.25\pi r^3}\left(1 - 1.701\,\dfrac{r}{B}\right)$ 。

即 $|\sigma_{底}| > |\sigma'_{顶}|$ 。

若按表 2-15-7 计算结果从 160 kN ~ 2500 kN 横轴应力均小于 $[\sigma]$，使用安全可靠。

表 2-15-7

系列/kN	160	250	500	750	1000	1250	1500	2000	2500
$P_{计}$/kN	168	265	525	782.5	1050	1312.5	1575	2100	2625
B	15	15	20	24	27	30	33	38	42
给定 r	3	3.5	4.5	5.5	6.0	6.75	7.5	8.75	9.75
r/B	0.23	0.234	0.225	0.229	0.222	0.225	0.227	0.23	0.232
πr^3	84.8	134.5	286	522.5	678.6	96.5	132.5	2100	2910
$\dfrac{PB}{1.25\pi r^3}$	2.06	2.36	2.94	2.89	3.34	3.25	3.15	3.04	3.04
$0.970r/B$	0.224	0.228	0.219	0.224	0.216	0.219	0.222	0.224	0.226
$1-0.970r/B$	0.776	0.772	0.781	0.776	0.784	0.781	0.778	0.776	0.774
$\sigma = \dfrac{PB}{1.25\pi r^3}\left(1-0.970\,\dfrac{r}{B}\right)$ /MPa	158	179	229	224	262	254	245	236	235
$[\sigma]$	294 MPa								

八、支承部位内横轴的挠曲变形

由于支承部位考虑为铰接,卸体为一次超静定的半圆拱钢架,横轴在支承部分的变形应小于孔、轴间的间隙,所以挠曲变形的计算目的是便于考虑间隙(图 2-15-11、图 2-15-12)。

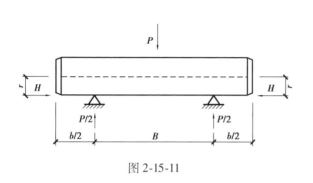

图 2-15-11

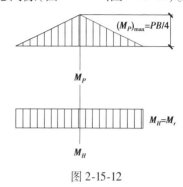

图 2-15-12

$$0<x<\frac{B}{2}$$

$$M=\frac{P}{2}x-Hr$$

$$V''_{左}=\frac{1}{EJ}\left(\frac{P}{2}x-Hr\right)$$

$$V'_{左}=\frac{1}{EJ}\left(\frac{P}{4}x^2-Hrx+C_1\right)$$

$$V_{左}=\frac{1}{EJ}\left(\frac{P}{12}x^3-\frac{Hr}{2}x^2+C_1x+C_2\right)$$

$$\frac{B}{2}<x<B$$

$$M=\frac{P}{2}x-P\left(x-\frac{B}{2}\right)-Hr$$

$$V''_{右}=\frac{1}{EJ}\left[\frac{P}{2}x-P\left(x-\frac{B}{2}\right)-Hr\right]$$

$$V'_{右}=\frac{1}{EJ}\left(\frac{P}{4}x^2-\frac{P}{2}\left(x-\frac{B}{2}\right)^2-Hrx+C'_1\right)$$

$$V_{右}=\frac{1}{EJ}\left(\frac{P}{12}x^3-\frac{P}{6}\left(x-\frac{B}{2}\right)^3-\frac{Hr}{2}x^2+C'_1x+C'_2\right)$$

当 $x=0$ 时,$V_{左}=0$,$C_2=0$;

当 $x=\frac{B}{2}$ 时,$V'_{左}=V'_{右}$,$C_1=C'_1$;

当 $x=\dfrac{B}{2}$ 时，$V_{左}=V_{右}$，$C_2=C_2'=0$；

当 $x=B$ 时，$V_{右}=0$，$C_1'=C_1=\dfrac{HrB}{2}-\dfrac{PB^2}{16}$。

$$V'_{左}=\dfrac{1}{EJ}\left(\dfrac{Px^2}{4}-Hrx+\dfrac{HrB}{2}-\dfrac{PB^3}{16}\right)，V'_{右}=\dfrac{1}{EJ}\left(\dfrac{Px^2}{4}-\dfrac{P}{2}\left(x-\dfrac{B}{2}\right)^2-Hrx+\dfrac{HrB}{2}-\dfrac{PB^2}{16}\right)$$

$$V_{左}=\dfrac{1}{EJ}\left(\dfrac{Px^3}{12}-\dfrac{Hrx^2}{2}+\dfrac{HrBx}{2}-\dfrac{PB^3x}{16}\right)，V_{右}=\dfrac{1}{EJ}\left(\dfrac{Px^3}{12}-\dfrac{P}{6}\left(x-\dfrac{B}{2}\right)^3-\dfrac{Hrx^2}{2}+\dfrac{HrBx}{2}-\dfrac{PB^2x}{16}\right)$$

从 160 kN~2500 kN 挠曲变形的计算结果如表 2-15-8 所示。

表 2-15-8

系列/kN	160	250	500	750	1000	1250	1500	2000	2500
$P_{计}$/kN	168	265	525	782.5	1050	1312.5	1575	2100	2625
E	\multicolumn{9}{c}{2.1×10^6}								
$J=\dfrac{\pi}{4}r^4$	63.6	118	322	720	1017.9	1630	2487.5	4700	7100
b	4	5	7	8	10	11	12	14	15
b^2	16	25	49	64	100	121	144	196	225
B	13	15	20	24	27	30	33	38	42
B^2	169	225	400	576	729	900	1089	1444	1764
Hr	0.891	1.64	4.17	7.64	11.15	15.7	20.9	32.5	45
$Hr\left(B-\dfrac{b}{2}\right)$	9.8	20.5	66.8	152.8	245	385	565	1010	1640
$\dfrac{P}{8}\left(B^2-\dfrac{b^2}{3}\right)$	344	718	2520	5460	9150	14150	20500	36200	56500
$\dfrac{b}{2EJ}$	1.5×10^{-8}	1.0×10^{-8}	5.18×10^{-9}	2.65×10^{-9}	2.34×10^{-9}	1.61×10^{-9}	1.15×10^{-9}	0.71×10^{-9}	5.03×10^{-9}
$V=$ $\dfrac{b}{2EJ}\dfrac{P}{8}\left(B^2-\dfrac{b^2}{3}\right)-$ $\dfrac{b}{2EJ}Hr\left(B-\dfrac{b}{2}\right)$	5×10^{-6}	7.05×10^{-6}	12.7×10^{-6}	12.3×10^{-6}	2.08×10^{-5}	2.22×10^{-5}	2.3×10^{-5}	2.5×10^{-5}	2.71×10^{-5}

由以上的计算可得以下的结论：

①在支承部分内横轴的挠度远小于轴、孔间的间隙。

②轴与吊耳孔接触面的摩擦阻力 F_f 大于变截面的曲梁受对称轴上 P 力作用所产生的水平力 H，更大于变截面的曲梁受对称轴上 P 力作用所产生的水平力 H'。即 $F_f>H>H'$。

③因此受对称轴上 P 力作用的变截面半圆拱形钢架为一次起静定钢架(图 2-15-13)。

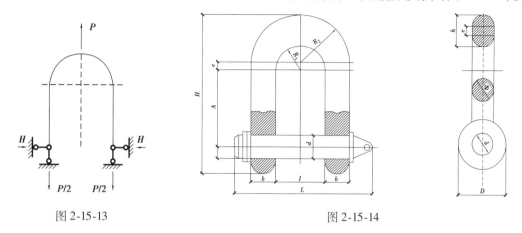

图 2-15-13 图 2-15-14

九、卸扣外形尺寸见图 2-15-14,其尺寸见表 2-15-9

表 2-15-9

代号	系列/kN								
	160	250	500	750	1000	1250	1500	2000	2500
e	2.0	2.5	3.5	4.0	5.0	5.5	6.0	7.0	7.5
ϕ	4.0	5.0	7.0	8.0	10.0	11.0	12.0	14.0	15.0
h	6.0	7.5	10.5	12.0	15.0	16.5	18.0	21.0	22.5
d	6.0	7.0	9.0	11.0	12.0	13.5	15.0	17.5	19.5
D	12.0	14.0	18.0	22.0	24.0	27.0	30.0	35.0	39.5
l	9.0	10.0	13.0	16.0	17.0	19.0	21.0	24.0	27.0
b	4.0	5.0	7.0	8.0	10.0	11.0	12.0	14.0	15.0
A	17.75	20.5	27.5	33.0	37.25	41.25	45.3	52.0	57.5
H	34.25	40.0	53.5	64.0	72.75	80.75	88.8	102.5	113.0
R_1	4.5	5.0	6.5	8.0	8.5	9.5	10.5	12.0	13.5
R_2	8.5	10.0	13.5	16.0	18.5	20.5	22.5	26.0	28.5
L	24.5	27.5	35.8	41.8	47.5	52.5	57.6	65.1	72.0

第二节　用柱比法解超静定结构

柱比法为德国克劳斯(H. Cross)教授所首创,其原理是利用数学上算式的相似,将求解超静定弯矩的问题转化为材料力学中短柱在偏心荷载下各纤维所产生的应力。我们也是首次将这种方法用于吊梁计算中。

这种方法具有形式简明,计算简便,方法简单的特点。

一、掌握柱比法的要领

第一步:求静定基(将超静定结构转化为静定结构);

第二步:求静定弯矩 m_s;

第三步:建立以 $\dfrac{1}{EJ}$ 为宽度的相似柱;

第四步:求该柱截面之 A、J_x、J_y、M_x、M_y,并令分布荷载 $P = M_s$;

第五步:求似柱的应力 f:

①对称柱截面: $f = \dfrac{P}{A} + \dfrac{M_x}{J_x} y + \dfrac{M_y}{J_y} x$;

②非对称柱截面: $f = \dfrac{P}{A} + \dfrac{M'_x}{J'_x} y + \dfrac{M'_y}{J'_y} x$;

第六步:真正的总弯矩: $M = m_s - f$。

二、具体解法

设有一闭合圆环,如图 2-15-15,承受平衡外力系 P 和 P' 的作用。在 A 处作一截面使之简化为静定(即第一步)并令 m_s 为此静定结构各截面之弯矩。

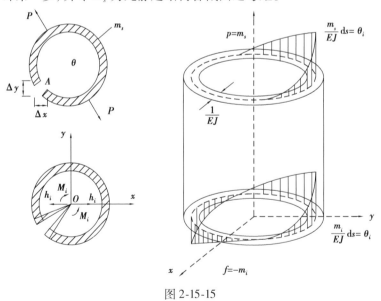

图 2-15-15

截面 A 上的三个超静定分力 h_i、v_i 和 M_i 使环上各点所产生超静定弯矩 m_i,各点实在弯矩 M: $M = m_s + m_i$

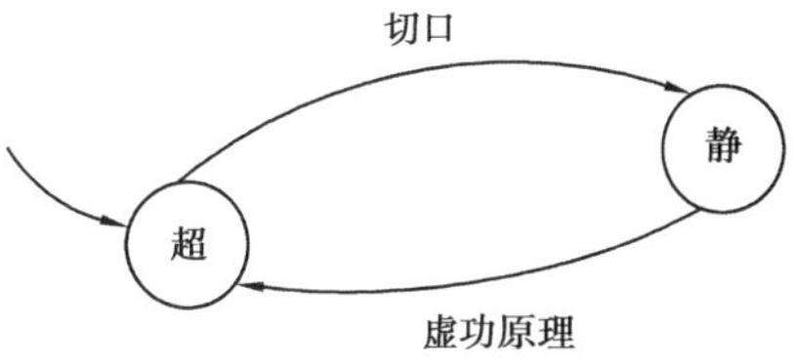

因为 $m_i = h_i y + v_i x + M_i$

故 m_i 必为 x、y 的一次函数。

该圆环为闭合，截面 A 应无相对位移和旋转，故由虚功原理求变位法得（图 2-15-16，这时将切口原点简化到 O 点）：

图 2-15-16

$$A\begin{cases} (1)\ \theta = \int \frac{(m_s + m_i)\ \mathrm{d}s}{EJ} = 0,\ \text{即} \int m_s \frac{\mathrm{d}s}{EJ} = -\int m_i \frac{\mathrm{d}s}{EJ} \\[2mm] (2)\ \Delta x = \int \frac{y(m_s + m_i)\ \mathrm{d}s}{EJ} = 0,\ \text{即} \int y m_s \frac{\mathrm{d}s}{EJ} = -\int y m_i \frac{\mathrm{d}s}{EJ} \\[2mm] (3)\ \Delta y = \int \frac{x(m_s + m_i)\ \mathrm{d}s}{EJ} = 0,\ \text{即} \int x m_s \frac{\mathrm{d}s}{EJ} = -\int x m_i \frac{\mathrm{d}s}{EJ} \\[2mm] (4)\ m_i\ \text{为}\ x\text{、}y\ \text{的一次函数，即}\ m_i = M_i + h_i y + v_i x \end{cases}$$

上列四式中，m_s 和 $\dfrac{\mathrm{d}s}{EJ}$ 均为已知。

m_i 的数值及分布须满足上述四式，根据上列四式可决定 m_i 的值，从而可得闭合环各截面弯矩 $M = m_i + m_s$。

但如何由上列四式计算 m_i 数值及分布的函数问题，在材料力学中研究短柱的应力时碰到过。

该短柱在分布荷载 ρ 的作用下（注意将 P 与 ρ 区分开），柱底截面各纤维压应力 f（似柱应力）必须符合下列四条件：

$$B\begin{cases} (1)\ \int f\mathrm{d}A = +\int \rho \mathrm{d}A = P \\[2mm] (2)\ \int yf\mathrm{d}A = +\int y\rho \mathrm{d}A = Mx \\[2mm] (3)\ \int xf\mathrm{d}A = +\int x\rho \mathrm{d}A = My \\[2mm] (4)\ f\ \text{为}\ x\text{、}y\ \text{的一次函数} \end{cases}$$

由此推算而得的结果为：

对称柱截面：

$$f = \frac{P}{A} + \frac{M_x}{J_x}y + \frac{M_y}{J_y}x$$

非对称柱截面：

$$f = \frac{P}{A} + \frac{M'_x}{J'_x}y + \frac{M'_y}{J'_y}x$$

式中：$P = \int \rho \mathrm{d}A$（柱上总压力荷重）；

$$M_x = \int x\rho \mathrm{d}A(\text{荷载绕重心轴 } y \text{ 的力矩});$$

$$M_y = \int y\rho \mathrm{d}A(\text{荷载绕重心轴 } x \text{ 的力矩})。$$

$$M_x' = M_x - \frac{J_{xy}}{J_y}M_y$$

$$M_y' = M_y - \frac{J_{xy}}{J_x}M_x$$

$$J_y = \int x^2 \mathrm{d}A(\text{绕重心轴 } y \text{ 的惯性矩});$$

$$J_x = \int y^2 \mathrm{d}A(\text{绕重心轴 } x \text{ 的惯性矩});$$

$$J_{xy} = \int xy\mathrm{d}A(\text{重心轴的惯性积矩})。$$

$$J_x' = J_x - \frac{J_{xy}}{J_y}J_{xy}$$

$$J_y' = J_y - \frac{J_{xy}}{J_x}J_{xy}$$

其中:A 为柱的全截面。

三、比较 A 与 B 两式

通过比较 A 与 B 两式,发现 A 为比较复杂的超静定解,B 为常规材料力学解。

令(1)$\rho = m_s$,(2)$f = -m_i$,(3)$\mathrm{d}A = \dfrac{\mathrm{d}s}{EJ}$,比较 A 与 B 式,它们在数值上相等。

而且短柱的形状与环相同,柱各点宽度等于环上相当各点的 $\dfrac{1}{EJ}$。

结论,此种假想的短柱称为圆环的似柱。

四、柱比法计算原则

(1)求解小于三次超静定的环状结构时,可在该环内任一截面,使化为静定。

(2)求出静定弯矩 m_s,并视 m_s 作为分布载荷作用于似柱上。

(3)似柱截面各纤维的应力等于超静定是弯矩的负值,即 $f = -m_i$。

(4)环的真正弯矩:$M = m_i + m_s = m_s - f$。

五、例题

求图中固定梁 AB 的弯矩图。

【解】(1)切梁于 B,使之为静定。

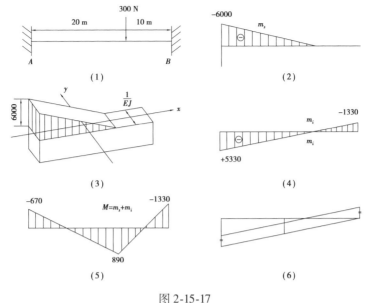

图 2-15-17

（2）求静定弯矩 m_s，如图 2-15-17（2）所示。

（3）以 $\dfrac{1}{EJ}$ 为宽度，得似柱图，如图 2-15-17（3）所示。

该柱截面的计算结果为：

$$A=30\,\frac{1}{EJ}=\frac{30}{EJ}$$

$$Jy=\frac{\dfrac{1}{EJ}\times 30^3}{12}=\frac{2250}{EJ}$$

（4）以 m_s 视作该柱的分布荷载，得：

$$P=\frac{-6000\times 20}{2}\times\frac{1}{EJ}=-\frac{60000}{EJ}$$

$$My=-P\left(15-\frac{20}{3}\right)=\frac{500000}{EJ}$$

注意：因为荷载 $M_x=0$，故 J_x 可不计算。

（5）求似柱的应力。

在 A 点：

$$f=-m_i=\frac{P}{A}+\frac{M_y x}{J_y}$$

$$-m_i=-\frac{6000}{30}+\frac{500000\times(-15)}{2250}$$

$$=-5330\ \text{N}\cdot\text{m}$$

在 B 点:

$$-m_i = -\frac{6000}{30} + \frac{500000 \times (+15)}{2250}$$

$$= 1330 \text{ N} \cdot \text{m}$$

m_i 的分布为 x 的一次函数,故得 m_i 图,如图 2-15-16(4)所示。

求(b)及(d)的和得固定端梁 AB 的弯矩图,$M = m_s + m_i$,如图 2-15-16(5)所示。

第三节 差分方程法在多门滑轮组中轴设计中的运用

一、差分方程的运用

(1)差分方程是一种并不普遍的数学方法。它在处理某些离散系统的问题时,有着明了、简捷,计算方便等特殊的作用。我们将这种方法引入到起重机具的设计中来,有它的独到之处。

在起重作业中,广泛使用滑轮组和卷扬机相配合进行设备与构件的吊装和搬运工作。在起重机械中,滑轮组是组成起升机构的主要部件之一,用它来达到省力或变速的目的。

(2)随着科学技术的发展,国内外高、重、大设备与构件的吊装任务日益增多,对多门滑轮组的设计及计算也相应提出了结构合理、计算精确、质量要轻、使用安全可靠的要求。尤其当起重增加时,需要倍率相应增大,滑轮组的门数增多。但是由于滑轮在旋转工作时,除需克服滑轮与轴承间摩擦阻力外,还要克服钢丝绳的僵性阻力。滑轮组的滑轮门数越多,这些阻力对滑轮组的工作和受力的影响就越大。因此,设计滑轮组就要综合这些因素来考虑。

多门滑轮的结构如图 2-15-17 所示。

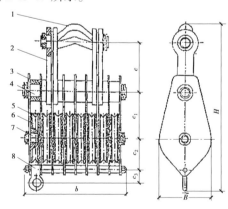

图 2-15-17

1—吊梁;2—拉板;3—轴套;4—吊轴;5—板;6—滑轮;7—中轴;8—尾环

（3）这里对多门滑轮组的中轴所承受的载荷及支承情况简化成如下的力学模型,见图 2-15-20。这是典型的连续梁。通常以各支座断面的弯矩 M_i 为设计计算的基本力参数。然后根据三弯矩方程,用力矩分配法或直接解联立方程组,求得 $n+1$ 个支座处的未知力矩,最后用求得的连续梁中最大弯矩 M_{max} 进行设计计算。

分析结果显示,这种方法有两个较大的弱点。

①在简化力学模型时,把载荷作用视为均匀载荷 q,这忽略了起重跑绳与滑轮,滑轮与中轴轴承间的摩擦和钢丝绳僵性引起的载荷变化规律。如对钢丝绳顺绕的滑轮组而言,各分支绳受力 $S_i = S_0 f^i$。该式证明,计算载荷 q_i 是关于阻力系数 f 成指数增长的。其中:

$$q_i = (2/L) S_{2i-1} \qquad （L \text{ 为连续梁之跨距}）$$

当连续梁的跨数 n 越大,q_i 变化的梯度就越大。那么,无论是引用最小载荷 $q_{min} = (2/L) S_0$,还是引用最大载荷 $q_{max} = (2/L) S_{2n+1}$ 来作为力学模型中的计算载荷,都具有相当的误差。以九门滑轮组为例,其最大载荷与最小载荷的比值 $q_{max}/q_{min} = f^{18}$,通常取 $f = 1.04$,那么 $f^{18} = 1.04^{18} = 2.026$。由此可见误差之大。而且这种简化也是不太合理的。

②即使在上述简化的模型中,多跨梁的计算工作量仍然很大。对于 n 跨梁,有 $n+1$ 个支座,如用三弯矩方程求解时,就意味着有 $n+1$ 个线性方程。换言之,要解 $n+2$ 个 $n+1$ 阶行列式,按常规方法计算是较困难的。即使采用近似计算方法—弯矩分配法,由于前后分配次数繁多,逐次逼近,计算也是麻烦的。

上述弱点的根本原因是忽略了这种特殊连续梁的内在规律,只是把要讨论的问题简单化,然而并未起到简化的作用。将差分方程这一数学手段引入到力学问题中,即是针对滑轮组载荷变化规律,用三弯矩方程将各跨梁中内力与外载加以联系,并用差分方程原理导出普遍式,并首次对类似问题提出一种新的方法。

这里,我们针对常用的多门定动滑轮组而钢丝绳为顺绕时作如下的推导和分析（图 2-15-18）。

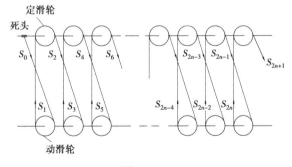

图 2-15-18

设每门滑轮宽为 L,并且跨度均相同,则 n 门滑轮的中轴承载长度为 nL。根据载荷分布特点,简化成如下的模型,如图 2-15-19 所示。

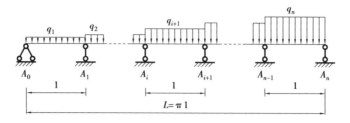

图 2-15-19

其力学模型中，$q_i=(2/L)S_{2i-1}=(2/L)S_0 f^{2i-1}$。

（4）根据三弯矩方程有：

$$M_{i+1}+4M_i+M_{i-1}=6\left[\left(\omega_i a_i/L^2\right)+\left(\omega_{i+1}b_{i+1}/L^2\right)\right]$$

式中：M_i 为第 i 支座截面的弯矩，i 为自然数。ω_i 为第 i 跨静定基弯矩图面积。其中，

$$\omega_i=(1/6)S_0 L^2\cdot f^{2i-1},$$
$$\omega_{i+1}=(1/6)S_0 L^2\cdot f^{2i-1}\qquad(f\text{ 为常数})$$

a_i,b_{i+1} 分别为 ω_i,ω_{i+1} 的形心到支座的距离，其值为 $a_i=b_{i+1}=L/2$。

将上面各参数代入三弯矩方程，有：

$$M_{i-1}+4M_i+M_{i+1}=(S_0 L/2)\cdot[f+(1/f)]f^{2i} \tag{1}$$

令 $a=(S_0 L/2)[f+(1/f)]$，上式可简写为：

$$M_{i-1}+4M_i+M_{i+1}=af^{2i} \tag{2}$$

引入线性差分算子 L，可得：

$$L\{M_i\}=af^{2i}$$

即 $[1+4S+S^2]M_{i-1}=af^{2i}$，

或 $[(1/S)+4+S]M_i=af^{2i}$。

式中：S 为差分算子。

再引入零化算子 L_A，可得：

$$L_A\{L[M_i]\}=0$$

即：

$$[(1/S_0+4+S][S-f^2]M_i=0 \tag{3}$$

解方程（3），得：

$$M_i=C_1(-2+\sqrt{3})^i+C_2(-2-\sqrt{3})^i+C_3 f^{2i} \tag{4}$$

将该结果代入前方程，可得：$L\{M_i\}=af^{2i}$。

解出常数 C_3，即：

$$C_3=af^4/(f^4+4f^2+1) \tag{5}$$

将（5）式代入（4）式，并计入边界条件：

当 $i=0$ 时 $M_0=0$；当 $i=n$ 时 $M_n=0$。

解出常数 C_1、C_2,如下:

$$C_1 = C_3[f^{2n}-(-2-\sqrt{3})^n]/[(-2-\sqrt{3})^n-(-2+\sqrt{3})^n]$$

$$C_2 = -C_3[f^{2n}-(-2+\sqrt{3})^n]/[(-2-\sqrt{3})^n-(-2+\sqrt{3})^n]$$

将 C_1,C_2 和 C_3 代入公式(4),可得:

$$M_i = \frac{LS_0(f^5+f^3)}{2(f^4+4f^2+1)} \times \left[\frac{f^{2n}-(-2-\sqrt{3})^n}{(-2-\sqrt{3})^n-(-2-\sqrt{3})^n\times(-2+\sqrt{3})^i} - \right. \tag{6}$$

$$\left. \frac{f^{2n}-(-2+\sqrt{3})^n}{(-2-\sqrt{3})^n-(-2+\sqrt{3})^n\times(-2-\sqrt{3})^i}+f^{2i} \right]$$

该公式便是计算各支座截面弯矩的精确表达式。实际计算中,可将系数 f,$(-2-\sqrt{3})$ 的各次幂数列成表格形式,而 $(-2+\sqrt{3})=1/(-2-\sqrt{3})$,查用起来及其方便。

由于工程计算往往不需要很高的精度,因而可进一步将公式(6)简化,以方便使用。

因为 $|-2+\sqrt{3}|=0.2679<1$,而当 $n\geq3$ 时,$|-2+\sqrt{3}|\leq0.02$,比起其他诸项来就很小了,可略去不计。

$$M_i = \frac{LS_0(f^5+f^3)}{2(f^4+4f^2+1)} \times \left\{ [f^{2n}-(-2-\sqrt{3})^n](-2+\sqrt{3})^{i+n}-f^{2n}(-2-\sqrt{3})^{i-n}+f^{2n} \right\} \tag{7}$$

通常,滑轮轴承用青铜衬套时,阻力系数 f=1.06,而

$$\left| f^{2n}/(-2-\sqrt{3})^n \right| = \left| f^{2n}(-2+\sqrt{3})^n \right| = (1.1236/3.7321)^n < 0.3^n$$

故当 $n\geq3$ 时,(7)式括号中第一项

$$[f^{2n}-(-2-\sqrt{3})^n](-2+\sqrt{3})^{n+i} = -(-2+\sqrt{3})^i$$

因此:

$$M_i = \frac{LS_0(f^5+f^3)}{2(f^4+4f^2+1)} \times [f^{2i}-(-2+\sqrt{3})^i-f^{2n}(-2-\sqrt{3})^{i-n}] \tag{8}$$

公式(8)可作为普通多门滑轮中轴设计的弯矩计算式。

当然,在所有弯矩的计算中,我们最感兴趣的是最大弯矩的计算,因为 M_{max} 是设计计算的重要依据之一。

分析公式(8)可以得知,最大的支座截面弯矩 M_{max} 是在 $i=n-1$ 支座处。

而当 $i=n-1$ 时,其 $[-2+\sqrt{3}]^{n-1}$ 的值因 n 较大可忽略不计。

$$M_{max} = \frac{LS_0(f^5+f^3)}{2(f^4+4f^2+1)} \cdot f^{2n}\left(\frac{1}{f^2}+\frac{1}{2+\sqrt{3}}\right) \tag{9}$$

以上公式就是用差分方程方法推导而得的公式,只需带入数据计算一次即可得到结果,故极其方便。

二、综述整个计算过程

差分方程用于多门滑轮中轴的设计计算,不但可以建立较为合理的力学模型,而且可得到一个更精确而计算简单的普遍公式,有益于工程的设计计算;同时,能够首次将差分方程运用于力学中来,将对相关问题的解决提供捷径。

另外,对于双跑头的多门滑轮组,我们可利用上述结论及这种连续梁的对称性,很容易得到结果。关于搬运重型设备用的钢排,某些桥梁的分析和计算,都可以采用差分方程求解。总之,差分方程解特殊连续梁,无论是手算还是编制程序输入电子计算机计算,在工程上是一种较为简便的计算方法。

第十六章
桅杆式起重机设计计算

　　在中石油、中石化塔类设备吊装与大型钢结构拆撑卸载中广泛使用桅杆式起重机与桅杆(角钢、圆管与方管焊接成的格构柱)。本章特介绍桅杆式起重机设计计算,列举起重量200 tW200×56-35-YG 型桅杆式起重机(YG——主肢为圆管型)设计计算。

第一节　W200×56-35-YG 型桅杆式起重机总体设计计算

一、荷载的确定

$$Q_j = \gamma_0(\gamma_{Q1}Q_{1k} + \gamma_G G_k)1.1(1.4 \times 200 + 1.2 \times 200 \times 5\%) = 321.2T = 3212 \text{ kN};$$

$$Q'_j = 1.1(200 + 200 \times 5\%) = 231T = 2310 \text{ kN}。$$

γ_0 为结构重要性系数;γ_G 为永久载荷分项系数;γ_{Q1} 为可变荷载分项系数。

二、索吊具类、轴类、卷扬机、卸扣及有关零件的确定

　　索吊具类、轴类、卷扬机、卸扣及有关零件按《起重机设计规范》确定。

三、跑绳拉力计算

$$S = \frac{f-1}{f^n-1} f^m f^k \frac{Q_j}{2}$$

　　式中　f——阻力系数;
　　　　　m——定动滑轮个数;
　　　　　n——工作绳数(倍率或省力的倍数);
　　　　　k——导向滑轮个数。
　　其中:$f = 1.04, m = 8, n = 8, k = 1$;

$$S = 18.5 \text{ t} = 185 \text{ kN}。$$

　　所以,卷扬机选用20 t 的两台。
　　跑绳选用6×37+1, $k = 5, d = 39.0$ mm。

四、主体、缀条稳定性

主体、缀条稳定性按钢结构规范确定。

五、设计工况

桅杆式以垂直状况作为计算依据,滑轮组与主体间的极限夹取 15°。本体 7 个标准节,每节 8 m,共 56 m。底部采用球铰。

六、主体金属结构设计

断面宽度 B_{max} 的确定。

设主体长细比 80,截面变化系数 1.005。

(1)近似估算 B_{max}:

$$B_{max} = \frac{l}{(0.43 \sim 0.46) \times 80}$$

$$B_{max} = \frac{L}{(0.43 \sim 0.46)\lambda} = \frac{56}{(0.43 \sim 0.46)\lambda} = 1.51(m)$$

取 $B_{max} = 1.6$ m。

(2)最小断面 B_{min}:

$$B_{min} = (0.6 \sim 0.8)B_{max} = 1.15(m)$$

取 $B_{min} = 1.15$ m。

七、计算吊耳轴偏心 E_1

1. 吊耳轴计算

捆绑绳用 5 圈 10 股连接滑轮及吊耳轴(图 2-16-1)。$\sum S$ 及 Q_j 的合力分到每根绳的载荷为:

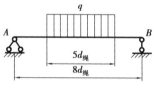

图 2-16-1

$$S_{捆} = \sqrt{\left(\sum S\right)^2 + Q_j^2 + 2Q_j \sum S\cos 15°}/10 = 267(kN)$$

所以,捆绑绳选用 $k=8,6\times6,1+1,d=61.00$ mm,许用拉力为 269.37 N。

2. 吊耳轴确定

$$q = 267/(5\times0.061) = 8754.1(kN)$$

$$R_A = R_B = 1335(kN)$$

$$M_{max} = R_A \cdot l/2 - (q \cdot 2.5d_{绳} \cdot 1.25d_{绳}) = 224(kN)$$

选吊耳轴 40Cr 调质,则:

$$\sigma = \frac{M_{\max}}{\frac{\pi d^3}{32}} \leqslant [\,\sigma\,]$$

$d = 19.5$ mm，取 $d = 20$ cm，

$$E_1 = \frac{1}{2} B_{\min} + \frac{1}{2} h \ \text{tg} \ \theta + \frac{1}{2} d + \delta$$

取 $h = 80$ cm，tg $\theta = 0.077$，

$$E_1 = \frac{1}{2} \times 115 + \frac{1}{2} \times 80 \times 0.077 + \frac{1}{2} \times 20 + 9.15 = 79.73 \,(\text{cm})$$

取 $E_1 = 80$ cm。

八、缆风盘偏心 E_2 的确定

$$E_2 = \frac{\sqrt{2}}{2} B_{\min} = 81.3 \ \text{cm}$$

取 $E_2 = 82$ cm。

九、高度偏心 E_3 的确定

$$E_3 = 0.015H = 84 \ \text{cm}$$

十、缀条及横隔布置

1. 缀条的布置

缀条的布置，如图 2-16-2 所示。

缀条按其水平夹角为 38.73°布置，每节两端留 150 mm 净距。

2. 横隔布置

沿标准轴线，每格标准节上每 4 m 间隔设一中隔。

3. 主肢缀条选型

（1）主肢选型：

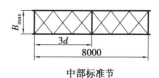

中部标准节

图 2-16-2

$$A_1 = K \frac{q}{2} \times \frac{H}{50}$$

16Mn 取 $K = 0.67$，A_3 取 $K = 1$，

$$A_1 = 0.67 \times \frac{200}{2} \times \frac{56}{50} = 75.04 \,(\text{cm}^2)$$

所以选 $\phi 219 \times 12$ 的圆管为主肢。

相关参数：$A = 78.04$；$G = 61.26$ kg/m；$I = 4193.81$ cm^4；$W = 383.00$ cm^3；$i = 7.33$ cm。

（2）缀条类型：

根据最大剪力有 $V_{max} = 165$ kN，

所以缀条轴力为：

$$N_{缀} = \frac{V_{缀}}{2\cos 38.73°} = \frac{165}{2\cos 38.73°} = 105.755(kN) = 10575.5(kg)$$

设缀条长细比 $\lambda = 95$，查表有 $\varphi = 0.527$：

$$A_{缀} \geq \frac{N_{缀}}{\varphi f} = \frac{10575.5}{0.527 \times 315 \times 9.8} = 6.5(cm^2)$$

选 $\varphi 70 \times 5$ 管为缀条，其相关参数如下：

$$A = 10.21 \ cm^2; G = 10.21 \ kg/m; I = 54.24 \ cm^4; W = 15.50 \ cm^3; i = 2.3$$

第二节　桅杆受力分析

一、力学模型

桅杆受力的力学模型见图 2-16-3。

$H_0 = 56$ m，

$H_1 = 56.41$ m，

$H_2 = 57.25$ m，

$H_3 = 58.08$ m。

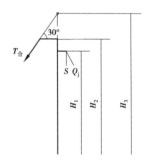

图 2-16-3

二、缆风绳总反力 $T_{合}$

按照 Q_j 计算，$\sum M_o = 0$

$$H_3 T_{合} \cos 30° = \sum S \times E_1 + Q_j \times \cos 15° \times E_1 + Q_j \times \sin 15° \times H_1$$

$$T_{合} \times 58.08 \times \cos 30° = 2 \times 18.5 \times 0.8 + 321.2 \times \cos 15° \times 0.8 + 321.2 \times \sin 15° \times 56.4$$

$$T_{合} = 983 \ kN$$

按 Q_j 计算，$T_{合} = 708$ kN。

三、轴力计算

轴力计算见图 2-16-4。

顶部轴力 N_1：

$$N_1 = T_{合} \cos 60° + t_{初}$$

$$N_1 = 98.3 \times \cos 60° + 98.3 \times 5\% = 541(kN)$$

中部轴力 N_3：

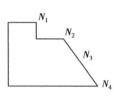

图 2-16-4

$$N_3 = N_1 + \sum S + Q_j \cos 15° + \frac{1}{2}G_{自}$$

$$G_{自} = 33(\text{t}) = 330(\text{kN})$$

$$N_3 = 54.1 + 2 \times 18.5 + 321.2 \times \cos 15° + 0.5 \times 33 = 417.9(\text{t}) = 4179(\text{kN})$$

吊耳处 N_2：

$$N_2 = N_3 - \frac{1}{4}G_{自}$$

$$N_2 = 417.9 - 0.25 \times 33 = 409.7(\text{t}) = 4097(\text{kN})$$

底部 N_4：

$$N_4 = N_3 + \frac{1}{2}G_{自}$$

$$N_4 = 417.9 + 0.5 \times 33 = 434.4(\text{t}) = 4344(\text{kN})$$

四、弯矩的计算

弯矩的计算模型见图 2-16-5。

设底座横向力为 R_{ox}，则：

$$T_{合}\sin 60° + R_{ox} = Q_j \sin 15°$$

$$R_{ox} = 2(\text{t}) = 20(\text{kN})$$

吊耳处最大弯矩 $M_{\max}$：

$$M_{\max} = R_{ox} \times H_1$$

$$M_{\max} = 1128(\text{kN} \cdot \text{m})$$

五、工作状态下剪力

$$V_{1\max} = T_{合}\cos 30° - Q_j \sin 15°$$

$$V_{1\max} = 20(\text{kN})$$

组对平放地面时：

$$V_{2\max} = \frac{1}{2}G_{自}$$

$$V_{2\max} = 165(\text{kN})$$

利用公式计算有：

$$V_{3\max} = \frac{Af}{85}\sqrt{\frac{f_y}{235}}$$

$$V_{3\max} = \frac{78.04 \times 4 \times 315}{85}\sqrt{\frac{315}{235}} = 1339(\text{kN})$$

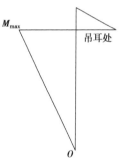

图 2-16-5

六、主肢缀条稳定性验算

（1）主肢稳定性：

$I = 4193.81$；

$$I_{max} = 4\left[I + A\left(\frac{B_{max}}{2} - i\right)^2\right]$$

$$I_{max} = 4 \times \left[4193.81 + 78.04 \times \left(\frac{160}{2} - 7.33\right)^2\right] = 1.67 \times 10^6 (\text{cm}^4)$$

$$f = \frac{4179000}{0.569 \times 4 \times 78.04 \times 100} + \frac{0.85 \times 1.128 \times 10^8 \times 10}{20875\left(1 - 0.569 \times \frac{4179000}{8.96 \times 10^6}\right) \times 1000} = 235.28 + 62.52$$

$$= 297.8 < 315 (\text{N/mm}^2)$$

故主肢满足要求，安全。

（2）缀条稳定性：

$$\lambda_{缀} = \frac{L}{i} = \frac{205.1}{2.3} = 89.2$$

$$\varphi = 0.581$$

所以 $f = 1057.55/(0.581 \times 10.21) = 178.3 \text{ N/mm}^2 < 315 \text{ N/mm}^2$。

故缀条满足要求，安全。

第三节　零部件设计计算

一、缆风盘的设计与计算

缆风盘的设计与计算见图 2-16-6。

（一）风盘耳孔挤压应力

$$\sigma_{FK} = \frac{T_{i max}}{\delta d_{KF}} \times \left(\frac{D_{外}^2 + d_{内}^2}{D_{外}^2 - d_{内}^2}\right)$$

缆风绳按 10 孔布置：

$$T_{i max} = \frac{(E_i F_i / L_i) \cos \alpha_i \cos \beta_i}{\sum\limits_{i=1}^{5}(E_i F_i / L_i) \cos^2 \alpha_i \cos^2 \beta_i} \times T_{合} \cos 30°$$

$$= 0.462 \times 708 \times \cos 30° = 283.2 (\text{kN})$$

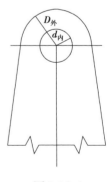

图 2-16-6

所以，$\sigma_{FK} = \frac{2832000}{64 \times 100} \times \left(\frac{20^2 + 10^2}{20^2 - 10^2}\right) = 73.75 (\text{N/mm}^2)$

$$[\sigma] = 170(\text{N/mm}^2)$$

$\sigma_{FK} < [\sigma]_\circ$

$$\tau = \frac{q}{A} = \frac{1300700}{800 \times 60} = 27.1(\text{N/mm}^2)$$

$$\sigma_{\max} = \sqrt{(\sigma_N + \sigma_M)^2 + \tau^2} = 171(\text{N/mm}^2)$$

$$A_3 \text{ 钢} f_v = 235(\text{N/mm}^2)$$

故,满足要求。

(二)吊耳孔应力计算

取 $r = 100$ mm,$R = 300$ mm,$\delta = 60$ mm,$[\sigma] = 170$ N/mm^2。

$$P = \frac{S_{捆} \times 10}{2} = \frac{267 \times 10}{2} = 1335(\text{kN})$$

$$\sigma = \frac{P}{2r\delta}\left(\frac{R^2 + r^2}{R^2 - r^2}\right) = 139.06(\text{N/mm}^2) < [\sigma]$$

$\sigma < [\sigma]_\circ$

故,满足要求。

(三)顶轴

顶轴见图 2-16-7。

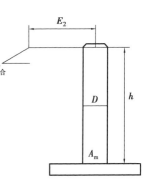

图 2-16-7

顶轴材料选用 40Cr 调质,$[\sigma] = 315$ N/mm^2 直径 $D = 240$ mm。

$T_合 = 708$ kN 计算,$E_2 = 820$ mm,所以缆风盘对顶轴根部弯矩为 M_A:

$$M_A = T_合(E_2 \sin 30° + 800 \cos 30°)$$
$$= 780796788.7 \text{ N} \cdot \text{mm}$$

$$\sigma = \frac{M_A}{\omega} = \frac{780796788.7}{\frac{3.14 \times 240^3}{16}} = 287.6 \text{ N/mm}^2$$

$\sigma < [\sigma]_\circ$

故,满足要求。

(四)吊耳板验算

吊耳板验算见图 2-16-8。

吊耳板取值高 800 mm,厚 60 mm。

$$N = (Q_j \sin 15°)/2 = 29.9 \text{ t} = 299(\text{kN})$$

$$M = (\sum S + Q_j \cos 15°)/2 \times 80 = 104052(\text{kN} \cdot \text{cm})$$

$$Q = 130.07 \text{ t} = 1300.7(\text{kN})$$

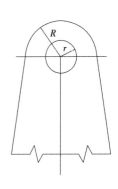

图 2-16-8

$$\sigma_N = \frac{N}{A} = \frac{299000}{800 \times 60} = 6.32 \, (\text{N/mm}^2)$$

$$\sigma_M = \frac{N}{\omega} = \frac{104052000}{\dfrac{800^2 \times 60}{6}} = 162.5 \, (\text{N/mm}^2)$$

$$\tau = \frac{q}{A} = \frac{1300700}{800 \times 60} = 27.1 \, (\text{N/mm}^2)$$

$$\sigma_{max} = \sqrt{(\sigma_N + \sigma_M)^2 + \tau^2} = 171 \, (\text{N/mm}^2)$$

$$A_3 \text{ 钢} \, f_v = 235 \, (\text{N/mm}^2)$$

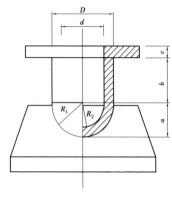

图 2-16-9

故,满足要求。

（五）球铰验算

球铰验算见图 2-16-9。

球铰选用 ZG400 铸钢 $[\sigma] = 1000$ N/mm^2,$f_v = 90$ N/mm^2。

$f = 155$ N/mm^2,$R_1 = 200$ mm,$d = 200$ mm,$R_2 = 205$ mm,$D = 330$ mm,$C = 75$ mm。

1. 球头与球面的接触应力

$$\sigma_{max} = 0.39 \sqrt[3]{NE^2 \left(\frac{1}{R_1} - \frac{1}{R_2} \right)^2}$$

$N = 4344000$ N;$E = 2.1 \times 10^5$ N/mm^2。

$$\sigma_{max} = 0.39 \sqrt[3]{4344000 \times (2.1 \times 10^5)^2 \times \left(\frac{1}{200} - \frac{1}{205} \right)^2} = 552.9 \, (\text{N/mm}^2) < [\sigma]$$

2. 支撑板的剪切应力

$$\tau = \frac{N}{\pi DC} = \frac{4344000}{3.14 \times 330 \times 75} = 55.9 \, (\text{N/mm}^2) < f_v$$

3. 球头颈部拉压强度

$$\sigma_{压} = \frac{4N}{\pi (D^2 - d^2)} = \frac{4 \times 4344000}{3.14 \times (330^2 - 200^2)} = 80.32 \, (\text{N/mm}^2) < f$$

二、质量统计

①主肢质量:61.26×56×4 = 13722.24 kg;

②斜缀条质量:8.01×2.051×6×4×7 = 2759.99 kg;

③横缀条质量:8.01×1.6×3×4×7 = 1076.54 kg;

④横隔斜缀条质量:8.01×1.6×1.414×3×4×7 = 1522.23 kg;

⑤钢结构总质量:19.08/0.7 = 27.25 t。

第十七章
缆风绳受力计算

缆风绳主要用于各种类型的桅杆式起重机、安装吊装施工现场临时支撑塔架等。它的主要作用是使桅杆和支撑塔架保持相对固定的空间位置,它是桅杆式起重机和支撑塔架重要的稳定系统。缆风绳受力计算对桅杆及地锚的安全使用和缆风盘与桅杆截面尺寸的确定,以及地锚和埋设构件的几何尺寸的确定起着重要的作用。

第一节　按经验数据确定

国内使用桅杆式起重机吊装设备与构件时,缆风绳初拉力按以下经验数据确定,其方法如下:初拉力取主缆风绳工作拉力的 15% ~ 20% 。

按钢丝绳直径确定:

当钢丝绳直径 $d \leqslant 22$ mm 时,$T_初 = 1$ t$=10$ kN;

当钢丝绳直径 22 mm$<$d$\leqslant 37$ mm 时,$T_初 = 3$ t$=30$ kN;

当钢丝绳直径 $d>37$ mm 时,$T_初 = 5$ t$=50$ kN。

取缆风绳自重的 50% ~ 100% 。

以上 3 种数据皆为经验所得,未经严格的理论推导。下面介绍一种以经典力学为依据的缆风绳内力与变形的关系式,从而从理论上解决缆风绳初拉力与工作拉力的计算问题,并论证经验确定数据的正确性和安全性。

第二节　建立缆风绳挠度(垂度)方程

一、单跨等截面柔索承受本身质量且支座位于同一水平面上

单跨等截面柔索承受本身质量支座位于同一水平面上,在自重作用下,柔索成一曲线 ACB,如图 2-17-1 所示。

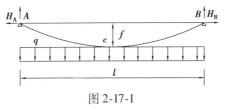

图 2-17-1

曲线 ACB 与弦 AB 长度相差不大（差 10%）可认为柔索的质量是沿水平线均匀分布。曲线形状和受力情况见图 2-17-2。

柔索 A 点的反力为 A、H_A，B 点的反力为 B，H_B。显然由于柔索 ACB 的平衡不能将 4 个未知反力全部求出，但由平衡方程式：

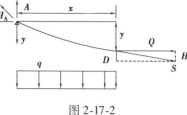

图 2-17-2

$$\sum M_A = 0 \quad 与 \quad \sum M_B = 0$$

可得：

$$A = B = \frac{ql}{2}$$

可见柔索的垂直反力求法与简支梁反力求法一样。反力 A、B 大小与柔索形式无关。

水平反力 $\sum X = 0$。

$H_B = H_A$，互为反力。H_A，H_B 的大小与柔索形状有关。

取柔索上任意一点 D，并考虑柔索 AD 段的平衡，由于柔索不能承受弯矩，在 D 点截面柔索的内力只有沿曲线方向的拉力 S。它的水平分力为 H。

由 $\sum X = 0$，

$$H = H_A = H_B$$

这说明在垂直荷载作用下，柔索任一截面的水平拉力是一个常数。

由 $\sum M_D = 0$，

$$y = \frac{1}{H}\left(\frac{1}{2}qlx - \frac{1}{2}qx^2\right) \tag{1}$$

如果已知柔索上的一点的坐标，便可计算 H，设中点 f 垂度为已知。

$x = \frac{l}{2}$，$y = f$，代入（1）式：

$$f = \frac{ql^2}{8H} \quad 或 \quad H = \frac{ql^2}{8f} \tag{2}$$

将 H 代入（1）式：

$$y = \frac{4fx(l-x)}{l^2} \tag{3}$$

这是曲线方程，在水平均布荷载下柔索呈一抛物线形。

由曲线在 D 点的倾角正切为：

$$tg\,\theta = \frac{dy}{dx} = \frac{4f}{l} - \frac{8fx}{l^2} \tag{4}$$

因此柔索在 D 点的拉力为：

$$S=\frac{H}{\cos\theta}=H\sqrt{1+\text{tg}^2\theta}=H\sqrt{1+\frac{16f^2}{l^2}\left(1-\frac{2x}{l}\right)^2} \tag{5}$$

在小垂度柔索中,柔索拉力与水平拉力的差别是很小的,如 $f=0.1l$。最大拉力 $S_{\max}=1.078H$,最大拉力与水平拉力只差 7.8%。

如果 $f=\dfrac{l}{40}$,则差值仅为 0.5%,在小垂度计算时可认为 $S_{\max}=H$。

显然最大拉力产生在 $x=0$ 和 $x=l$ 处,即在 A、B 点的拉力为最大,其中:

$$S_{\max}=\frac{ql^2}{8f}\sqrt{1+16\frac{f^2}{l^2}}=H\sqrt{1+16\frac{f^2}{l^2}} \tag{6}$$

二、缆风绳两端支座不在同一水平面上

缆风绳两端支座不在同一水平面上的情况如图 2-17-3、图 2-17-4 所示。

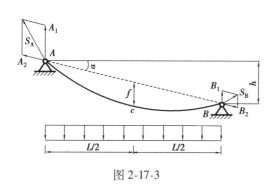

图 2-17-3

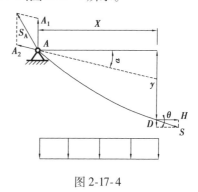

图 2-17-4

右支座比左支座低 h,f 为挠度,A、B 两支座的反力为 S_A 与 S_B。

由 $\sum M_A=0$ 与 $\sum M_B=0$ 得:

$$A_1=B_1=\frac{ql}{2}$$

可见这个分力的求解与简支梁的反力也是一样的。

任取缆风绳上一点 D 并考虑 AD 段平衡,则有:

$$\sum x=0$$

$$H=A_2\cos\alpha$$

这说明在垂直荷载作用下,缆风绳任一截面上的水平拉力 H 是一个常数。

对 D 点列平衡方程。

$\sum M_D=0$ 得:

$$A_1x-\frac{1}{2}qx^2-A_2\cos\alpha y+A_2\sin\alpha x=0$$

$$y = x\ \mathrm{tg}\ \alpha + \frac{A_1 x - \frac{1}{2}qx}{A_2 \cos \alpha} = \frac{h}{l}x + \frac{1}{H}\left(\frac{1}{2}qlx - \frac{1}{2}qlx^2\right) \qquad (7)$$

将 $x = \dfrac{l}{2}, y = f + \dfrac{1}{2}h$ 代入式(7)得:

$$f = \frac{ql^2}{8H} \quad \text{或} \quad H = \frac{ql^2}{8f}$$

与前面两支座在同一水平面上相同,不过荷载 q 是沿水平的均匀分布荷载,如缆风绳只受其本身质量作用,沿单位长度的质量为 q_1,则在小垂度下:

$$q = \frac{q_1}{\cos \alpha}$$

将 H 代入(1)式得缆风绳的曲线方程为:

$$y = \frac{h}{l}x + \frac{4fx(l-x)}{l^2}$$

这是一抛物线方程。

由上式可得,在 D 点的倾角 θ 正切为:

$$\mathrm{tg}\ \theta = \frac{\mathrm{d}y}{\mathrm{d}x} = \frac{h}{y} + \frac{4f}{l} - 8f\frac{x}{l^2}$$

将 $x = 0$ 和 $x = l$ 代入上式:

$$\mathrm{tg}\ \theta_A = \frac{h}{l} + \frac{4f}{l}$$

$$\mathrm{tg}\ \theta_B = \frac{h}{l} - \frac{4f}{l} \qquad (8)$$

倾角正切 $\mathrm{tg}\ \theta_B$ 可能有 3 种情况。

①当 $4f > h$ 时,正切为负值,切线倾斜情况如图 2-17-5 所示。

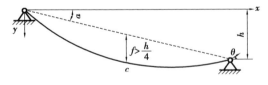

图 2-17-5

②当 $4f = h$ 时,正切为零,切线水平,如图 2-17-6 所示。

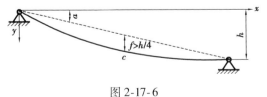

图 2-17-6

③当 $4f<h$ 时,正切为正值。

缆风绳在 D 点处的拉力为:

$$S = \frac{H}{\cos\theta} = H\sqrt{1+\mathrm{tg}^2\theta} = H\sqrt{1+\left(\frac{h}{l}+\frac{4f}{l}-8f\frac{x}{l^2}\right)^2}$$

将 $x=0$ 与 $x=l$ 分别代入上式,得缆风绳两端的拉力为:

$$S_A = H\sqrt{1+\left(\frac{h}{l}+\frac{4f}{l}\right)^2}$$

$$S_B = H\sqrt{1+\left(\frac{h}{l}-\frac{4f}{l}\right)^2} \tag{9}$$

上式表明,左支座 A 处的拉力是缆风绳内最大拉力 $S_{\max}$。

根据计算和使用表明在小垂度中高度差 h 对最大拉力的影响是很小的。

例如:当 $f=\dfrac{l}{20}$ 和 $h=0$ 时, $S_{\max}=1.020H$;当 $f=\dfrac{l}{20}$ 和 $h=0.1$ 时, $S_{\max}=1.045H$。差值仅为 2.5%。

【例】　在用桅杆式起重机吊装丙烯精馏塔时。选用 $d=32.5$ mm 的钢丝绳做缆风绳,每米重为 3.68 kg, $l=100$ m, $\alpha=45°$,求缆风绳最大的拉力 $S_{\max}$, $\left(f=\dfrac{l}{20}=\dfrac{100}{20}=5\ \text{m}\right)$。

【解】
$$q = \frac{q_1}{\cos\alpha} = \frac{3.68}{\cos 45°} = \frac{3.68}{0.766} = 4.8(\text{kg/m})$$

$$H = \frac{ql^2}{8f} = \frac{4.8\times100^2}{8\times5} = 1200(\text{kg}) = 1.2(\text{t}) = 12(\text{kN})$$

$$S_A = H\sqrt{1+\left(\frac{100}{100}-\frac{4\times5}{100}\right)^2} = 1.2\sqrt{1+(1-0.2)^2} = 1.536\ (\text{t}) = 15.36(\text{kN})$$

三、精确计算

在前面的计算中,缆风绳的自重都设为沿水平方向均匀分布。对小垂度所引起的误差不大,但对大垂度就不适用了。

研究自重沿其长度不均匀分布的精确计算,如图 2-17-7。

截取小段缆风绳为 ds,沿单位长度质量为 q,这一小段 ds 质量为 $q$ds,由平衡方程式 $\sum x=0$,可见水平拉力总是相等的,用 H 表示:

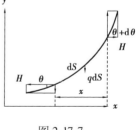

图 2-17-7

$$\sum y = 0$$

$$H\,\mathrm{tg}(\theta+\mathrm{d}\theta) - q\mathrm{d}s - H\,\mathrm{tg}\,\theta = 0$$

倾角正切 $\mathrm{tg}\,\theta$ 和 $\mathrm{tg}(\theta+\mathrm{d}\theta)$ 可用导数 y^1 和 $y^1+\mathrm{d}y^1$ 来代替,得:

$$H(y^1+dy^1)-qds-Hy^1=0$$

$$Hdy^1=qds$$

因为 $ds=\sqrt{dx^2+dy^2}=\sqrt{1+y'^2}\,dx$

$$Hdy^1=q\sqrt{1+y'^2}\,dx$$

分离变数后,得到:

$$\frac{dy'}{\sqrt{1+y'^2}}=\frac{q}{H}dx$$

积分后得:

$$sh^{-1}y'=\frac{q}{H}(x+c_1)\ 或\frac{dy}{dx}=sh\frac{q}{H}(x+c_1) \tag{10}$$

再积分得:

$$y=\frac{H}{q}ch\frac{q}{H}(x+c_1)+c_2 \tag{11}$$

求积分常数 c_1 和 c_2 时,可将坐标原点放在缆风绳最低点,并使 x 轴与曲线相切(图 2-17-8)。

由条件 $x=0,\dfrac{dy}{dx}=0$ 得:

$$sh\frac{q}{H}(0+c_1)=0$$

由此可得:$c_1=0$。

由条件 $x=0,y=0$ 得:

$$c_2=\frac{H}{q}$$

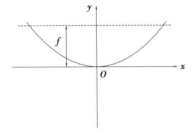

图 2-17-8

将求得的 c_1,c_2 代入(1),(2)式得:

$$\frac{dy}{dx}=sh\frac{q}{H}x$$

$$y=\frac{H}{q}\left(ch\frac{q}{H}x-1\right)$$

这时悬链线:

$$y=ach\frac{x}{a}=\frac{a}{2}\left(e^{\frac{x}{a}}+e^{-\frac{x}{a}}\right)$$

当 $x=\dfrac{l}{2},y=f$ 时:

$$f=\frac{H}{q}\left(ch\frac{ql}{2H}-1\right)$$

在近似计算中近似公式为：

$$f=\frac{ql^2}{8H}\tag{12}$$

取 $l=50\ \text{m}, q=0.8\ \text{kg/m}$。

将 f 与 H 的关系绘制成曲线 1 与 2（图 2-17-9），曲线 1 为精确公式，曲线 2 为近似公式。

在 8 m 内，两根曲线很接近，H 的误差值最多为 3% ~ 4%。一般取 $f=\frac{L}{10}$ 为分界。

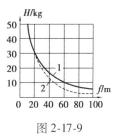

图 2-17-9

四、缆风绳的计算荷载

在选用缆风绳的直径时，一般根据计算荷载来确定。但对计算荷载的确定，可以有以下 3 种确定方法。

①直接以缆风绳承受载荷时，按主缆风绳承受的最大拉力即作为计算荷载。这种计算方法是偏安全的，因为是把几根受力的缆风绳假设成只有一根缆风绳受力按简化后的平面力系计算的。由此，往往缆风绳钢丝绳直径选得偏大，保守而不经济。

②以 $T_{\max}$（桅杆承载时的最大张力）作为缆风绳计算载荷，不计初拉力 $T_{初}$，理由是初拉力不大（当桅杆受力后，其相应的辅助缆风绳处于松弛状态）。对于初拉力不大的桅杆，该方法比较适合。

③叠加法：将 $T_{初}$ 与 $T_{\max}$ 叠加，作为缆风绳计算载荷来选用钢丝绳的直径。这种方法偏安全，采用较普遍。

五、缆风绳工作拉力的计算与分配系数的确定

缆风绳工作拉力的计算与它的布置方式与数目有关。但要计算每根缆风绳的受力较复杂，一般缆风绳中因水平分力的作用而引起的拉力可按下式进行计算：

$$T=k(M/H+P\sin\alpha)1/\cos\beta\tag{13}$$

式中　T——缆风缆工作拉力，t；

　　　　M——桅杆顶部承受的弯矩，t·m；

　　　　H——桅杆高度，m；

　　　　P——起重滑轮组受力，t；

　　　　α——起重滑轮组与桅杆轴线的夹角，(°)；

　　　　β——缆风绳与地面的夹角，(°)；

　　　　k——分配系数（按表 2-17-1 选取）。

表 2-17-1

缆风绳根数	k	k^1
4	1.000	1.414
6	0.667	1.333
8	0.500	1.307
10	0.400	1.294
12	0.333	1.288

由各缆风绳工作时的拉力加到桅杆上的轴向压力 $P_1 = T \cdot k^1 \cdot \sin \beta$。

其中 k^1 为分配系数(按表 2-17-1 选取)。

由上式看出,缆风绳与地面夹角越小,其工作拉力也越小,一般取 $30° \sim 45°$。

六、缆风绳的弛垂度

在安装施工场地狭窄、建筑物密集的吊装条件下,为防止缆风绳的弛垂度过大触及建筑物、设备与管线而影响安全时,必须准确地计算出缆风绳的弛垂度,缆风绳与已有建筑物、设备、管线的净距。

先计算缆风绳上的计算应力值 σ:

$$\sigma = S/F \ \text{kg/cm}^2 \tag{14}$$

式中 S——缆风绳所受拉力,kg;

  F——缆风绳的截面积,cm^2。

然后根据图 2-17-10 缆风绳弛垂度计算用曲线上桅杆高度 $h(\text{m})$ 计算 A 值:

$$A = f \cdot \sin^2 \alpha \tag{15}$$

式中 f——缆风绳在跨中的弛垂度,m;

  α——缆风绳与水平面的夹角,(°)。

【例】 已知某安装施工现场用组合式桅杆起重机整体提升网架结构,主缆风的直径为 28 mm,其截面积 $F = 3 \ \text{cm}^2$,桅杆高度 $h = 60$ m,缆风绳与水平面的夹角 $\alpha = 20°$,缆风绳拉力 $S = 2000$ kg。试确定缆风绳的弛垂度 f。

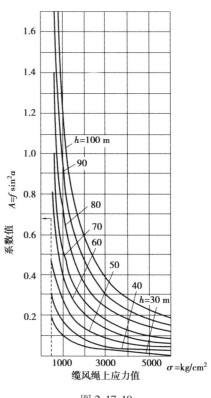

图 2-17-10

【解】 代入 $\sigma = S/F = 2000/3 = 666.6 \ \text{kg/cm}^2$。

按图 2-18-10 上的曲线,当 $h = 60$ m,$\sigma = 666.6 \ \text{kg/cm}^2$ 时,

$A = f \cdot \sin^2 \alpha = 0.64$

可得:

$$f = A/\sin^2 \alpha = 0.64/0.118 = 5.4(\text{m})$$

答:弛垂度为 5.4 m。

七、结论

根据理论推导和计算,用抛物线计算方法完全可以达到起重吊装工程中对缆风绳计算的精度,而且证实经验数据采用可满足起重吊装工程安全、可靠的需求。这也经过了多次安

装施工现场的验证。我们还在北京西郊机场用 ϕ630×14×32000 mm 管式桅杆 6 副、2ϕ426×16×36000 mm 管式桅杆 4 副,水平缆风绳 12 根、对角缆风绳 8 根、斜缆风绳 26 根(缆风绳共计 46 根),牵引拉力为 5 t 的电动卷扬机 11 台(其中一台为备用),组合桅杆式起重机,整体提升 460 t 重的屋盖网架,并首次用缆风绳测力计准确测试主缆风绳和卷扬机起重跑绳的受力。这在技术上保证了 460 t 屋盖网架安全、可靠、完整无损整体提升,并验证了理论计算准确性,为起重吊装技术发展提供可靠依据。

第十八章
钢结构工程事故的类型、原因分析及预防、处理

第一节 钢结构损伤调查与分析

钢结构引起损伤的原因,可以归纳为以下3个方面。

①力作用引起的损伤或破坏,如断裂、裂缝、失稳、弯曲和局部挠曲、连接破坏、磨损等。

②温度作用引起的损伤和破坏,如高温作用引起的构件翘曲、变形,负温作用引起的脆性破坏等。

③化学作用引起的损伤和破坏,如金属腐蚀以及防护层的损伤和破坏等。

一、力作用引起的损伤和破坏

力作用引起的损伤和破坏的原因是多种多样的,经统计调查分析,主要有如下5个方面:

①结构实际工作条件与设计依据条件不符,主要是荷载确定不准或严重超差,导致内力分析、截面选择、构造处理、节点设计错误。

②整体结构、结构构件或节点,实际作用的计算图形,不可避免地简化和理想化,而结构实际作用的条件和特征又研究得不够,从而造成实际工作应力状态与理论分析应力状态的差异,致使设计计算控制出现较大差异。

③母材和焊接连接中,熔融金属中有导致应力集中并加速疲劳缺陷或疲劳破坏的因素,从而降低了结构材料强度的特征值,设计中忽略了这一特征。

④安装和使用过程中造成结构构件的相对位置变化,如檩条挪位、使用中构件截面以外变形,或者在杆件上随意加焊和切割,吊车轨道接头的偏心和落差影响等,导致结构损伤,而设计中又没有考虑这种附加荷载作用和动力作用的影响。

⑤使用中,结构使用荷载超重或者违反使用规定,如管线安装时,任意在结构上焊接、悬挂,对构件冲孔、切槽或者去掉某些构件等,从而造成结构的损伤和破坏。

钢结构因力作用产生的损伤和破坏,与结构方案、节点连接和构造设计及处理有直接关系。如单层工业厂房排架结构,计算简图中,屋架与柱的连接为铰接,安装施工中将屋架与柱的连接刚度加大,将导致柱支座处产生附加弯矩以及屋架端下弦节间杆的内力由拉力变

为压力。因设计时没有考虑这一作用,将使屋架端节间下弦压曲失稳。有时还可能使柱子上端弯曲。又如工字形主梁在腹板处用双垫板支承两侧的两个简支梁的腹板支座,用以支承次梁,产生有部分嵌固作用,但由此产生附加力的作用可导致螺栓破坏或梁的腹板出现裂缝。这种力的重分配产生的附加应力,在设计中是没有考虑的。应力集中作用,焊接应力的影响,连接焊接区金属组织的变化及其他各种因素使结构实际工作状态复杂化,故这些结构的工作应力强度计算控制,特别是结构的疲劳强度的现有计算方法总是不能控制和防止疲劳裂缝的出现。一般来说,疲劳破坏是以母料、焊缝、焊缝附近金属区域产生裂缝,或螺栓及铆钉连接处的破坏形式出现。因此,这些都与结构的设计方案、结构连接和构造方案相关。再有,就是违反建筑物和构筑物技术维护和使用规定所造成的损伤和破坏。

二、温度作用引起的损伤和破坏

安装在热源附近的结构构件,会因温度作用受到损伤,严重时将会引起破坏。钢结构构件受到150 ℃以上的温度作用或受骤冷冲击时,为保证使用要求的可靠性,应采用取样试验模拟环境条件确定结构材料的物理力学性能指标,因为这时结构材料的强度会降低,物理性能会发生变化。

在常规设计中规定,当物件表面温度超过150 ℃时,在结构防护工艺处理中就要采用隔热措施。当构件表面温度等于或大于200 ℃时,就要按实际材料确定的物理力学性能进行设计,同时还要采取相应的隔热措施。

钢结构构件受高温影响钢材力学性能发生变化,容许应力降低,见表2-18-1。

表2-18-1

温度/℃	20	150	200	250	300	350	400	450	500
容许能力/%	100	100	85.8	81	76.2	62	52.4	33.0	0

一般钢结构构件表面温度达到200～250 ℃时,油漆层破坏;达到300～400 ℃时,构件会因温度作用,发生扭曲变形;超过400 ℃时,钢材的强度特征和结构的承载能力急剧下降。

在热车间温度变化大时,会出现相当大的温度膨胀变形形成的温度位移,将使结构实际位置与设计位置出现偏差。当有阻碍自由变形的约束作用,如支撑、嵌固等时,在结构构件内产生有周期特征的附加应力。在一定条件下,这些应力的作用会导致构件的扭曲或出现裂缝。

在负温作用下,特别是有严重应力集中现象的钢结构构件中,可产生冷脆裂缝,而且实际工程事故证明,这种冷脆裂缝可以在工作应力不变的条件下发生和发展,导致破坏。

"冷脆"是指金属材料,随着温度的下降,材质逐渐变脆,以致在正常工作应力作用下都可能产生脆裂或脆断。一般以冲击韧性来衡量,常温时,钢材的冲击韧性指标(冲击值)a_K=98.1 N·m/cm² 以上。对于沸腾钢,温度在0 ℃左右时,a_K 值急剧下降至19.6～29.43 N·m/cm²,

这时的温度称为冷脆转变温度。值得注意的是也有根据设备条件以 $a_K = 34.34$ N·m/cm² 的点作为冷脆转变温度。

钢材的韧性是指钢材在塑性变形和断裂过程中吸收能量的能力,也就是抵抗冲击或振动荷载的能力。它与钢材的塑性有关,但又不同于塑性,而是强度和塑性的综合反映。

钢材的强度和塑性指标是通过静力拉伸试验获得。但是对于承受动力荷载或冲击荷载的结构和构件,单有静力拉伸的强度和塑性指标显然是不够的。必须采用瞬时加荷的冲击试验去获取相应的冲击能量的吸收能力指标——冲击韧性,以此作为判断钢结构在冲击荷载下会不会出现脆性破坏的依据。

钢材的冲击试验,一般采用截面为 10 mm×10 mm、长度为 50 mm、中间有一缺口的试件,安放在摆锤式冲击试验机上进行试验。当试件被冲断后,可在试验机的刻度盘上读出冲击功 A_K 值。

我国钢结构设计规范采用的是梅式(Mesnager)冲击值,试件采用"U"形缺口。它是将 A_K 值除以试件缺口处的截面面积 A 而得到的,用 a_K 表示:

$$a_K = \frac{A_K}{a}$$

值得注意的是钢结构的脆性断裂常在应力集中处发生,而钢材在冶炼和轧制过程中存在的缺陷,特别是构件上存在的缺口和裂纹常是引发脆性断裂的主要根源。因此,在冲击试件上人为地开出缺口,是针对性模拟,常用的有以下 3 种模拟试样:

①恰贝(Charpy)"V";

②恰贝锁孔形;

③梅式"U"。

国外多用恰贝"V"形试样,因为它的灵敏度比梅式"U"试件高,其冷脆转折温度范围也比梅式的狭窄,即数值的精确性强。

我国采用的梅式试样,虽然它的性能比恰贝"V"形差,但加工方便,不必用精密光学磨床进行"V"形缺口加工。冲击试样要求缺口光洁度高,刻槽的圆弧半径也有严格要求。否则会导致测试数据偏差严重而不能应用。如恰贝"V"形槽口的 $R = 0.25$ mm,而梅式"U"形槽口的 $R = 1.0$ mm,其加工难易,显然不同。

三、化学作用引起的损伤和破坏

钢结构及其他金属结构在使用过程中经受环境的作用,而能保持其使用性能的能力称为耐久性。所以讨论耐久性时,应以腐蚀机理及其防护方法为重点。

钢结构及其金属构件的腐蚀,将使建筑物或构筑物的使用期限缩短,也可因此导致其功能失败而引起工程事故。

金属的腐蚀主要是电化学作用的结果,在某些条件下,化学及机械、微生物等因素也能促进腐蚀发生和发展。

电化学腐蚀:在电化学反应中,电介质液中的阳极处于较低电位,发生氧化反应,金属离子进入电介质液中,产生腐蚀。电子则由导线或导体流向阴极,阴极处于较高电位,发生还原反应。

以铁为例,其阳极反应为:

$$Fe \rightarrow Fe^{2+} + 2e$$

阴极反应为:

$$\frac{1}{2}O_2 + H_2O + 2e \rightarrow 2(OH)^-$$

综合反应为:

$$Fe + \frac{1}{2}O_2 + H_2O \rightarrow Fe(OH)_2 \downarrow$$

$Fe(OH)_2$ 继续与 O_2 反应,将生成 $Fe(OH)_3$,脱水后便生成 Fe_2O_3,这一反应的产物即为铁锈。

金属的电位决定于金属的本性和所处介质的状况。因此,不同的金属在相同的介质中具有不同的电位,而同一金属,也会由于各部分的化学成分、所处的工作应力大小和状态等的差异,会具有不同电位。就是同一金属由于各部分所接触的介质的组成和浓度的差异,也会使各部分的金属具有不同的电位。所以钢结构其金属的腐蚀,在宏观和微观范围内,普遍存在电化学的腐蚀。

建筑上金属腐蚀的主要形态有如下几种。

①均匀腐蚀:金属表面的腐蚀使截面均匀变薄。因此,将常年平均的厚度减损值作为腐蚀性能的指标。钢材在大气中,一般呈均匀腐蚀。

②孔蚀:金属腐蚀呈点状并形成深坑。孔蚀的产生与金属的本性及其所处介质的状况有关。在含有氯盐的介质中容易发生孔蚀。孔蚀常用最大孔深作为评定指标。在管道工程中的金属管道,应充分考虑孔蚀的产生和防护问题。

③电偶腐蚀:不同金属的接触处,因所具有的不同电位而产生的腐蚀。

④缝隙腐蚀:金属表面在缝隙或其他隐蔽区域,常发生由于不同部位间介质的组成和浓度的差异所引起的局部腐蚀。

⑤应力腐蚀:在腐蚀介质和较高拉应力共同作用或反复应力作用下,金属表面产生腐蚀并向内扩展成微裂状,常导致突发性断裂。

四、建筑用金属在不同环境中的腐蚀

建筑工程中,金属结构的应用已越来越广泛,如钢结构厂房,海洋结构工程中的石油钻井平台、电视塔、输变电塔及各种管道等。由于所处环境不同、工作条件不同而具不同的腐蚀和防护特点。

钢和铸铁制作的结构或构件,大多数是在大气环境中使用,水汽和雨水会在金属表面形成液膜,同时溶 O_2 和 CO_2 而成为电介质液,导致电化学腐蚀。工业大气中,含有各种气体,特别是 SO_2 的浓度含量较高,还有微粒等,都会加剧电化学腐蚀的作用。在近海地区,海盐微粒可在金属表面形成氯盐液膜,而这种液膜也具有很强的腐蚀作用。

混凝土结构中的高碱度环境环境有助于强化钢筋的抗腐蚀能力,此时其混凝土的 pH 值大于等于 11.5。如果,此时混凝土存在高渗透性、裂缝、保护层过薄等缺陷,则 CO_2 的侵入可使钢筋周围介质的碱度降低,当 pH 值降至 10 以下时,则混凝土的保护作用将失败。

当混凝土中渗有氯盐时,如近海地区用海砂、海水拌制混凝土,或冬季施工中为防止冰冻作用,降低冻点温度,掺加氯盐等会使氯离子增多,即使在高碱度的介质中,也能导致钢筋的腐蚀。

铝合金是优良的建筑用材,铝在初期受到腐蚀时,会形成致密而牢固附着的膜层,从而有效地阻止腐蚀的发展。

五、重要构件缺陷和损坏分析

钢结构的缺陷和损坏,不同的结构构件有具体不同的特征,并且引起的原因也不完全相同。下面对钢结构常用的几个重要构件进行分析。

(一)屋盖结构

屋盖结构按屋盖自重及雪荷载计算,其计算简图较精细,理论值和实测内力值较接近。但由于采用了薄壁柔性杆件,复杂的断面外形,致使节点有较高的应力集中,从而使屋架结构对荷载变化或局部超载,温度和腐蚀作用很敏感。因此,屋盖结构是工业厂房中最易受损伤和破坏的构件之一,主要表现在压杆失稳和节点板板裂缝或破坏。

制造和安装的缺陷往往使屋架的可靠性和耐久性降低。屋架构件初弯曲、焊接缺陷(如焊缝不足、咬边、焊口不良等),节点偏心,檩条错位等均产生附加内力,使节点板工作条件恶化,形成过大的应力集中,造成板件脆裂。

莫斯科建工学院调查了 20 个冶金厂房的 66 个车间,926 榀屋架,发现 770 榀有损坏,其损坏的百分率如下:构件弯曲:81.8%;局部扭曲:7.7%;屋架垂直偏差:4.2%;螺栓连接破坏:5.8%;节点板弯曲:0.3%;节点板开裂:0.2%。

(二)柱子

工业厂房柱子比其他结构处于较有利的工作条件。钢结构设计规范规定,柱子一般是按多种荷载量不利组合作用进行设计计算,特别是有吊车时,柱子的计算内力较大,其选择的截面也较大,故正常使用条件下柱子的内力小于计算值,因为多种荷载同时作用的概率是很小的。这样,柱子在工作应力不大,截面有较大的安全储备、较好的力学性能和较高的防腐性能条件下,一般在静力和动力荷载作用下,造成静力或疲劳破坏的概率极小。

通过调查,柱子典型损坏表现如下。

①重级工作制吊车的厂房,在柱子与吊车梁和制动梁的连接处,由于采用刚性连接,故

在循环应力作用下,极易形成疲劳裂缝。造成疲劳破坏。

②生产工艺上违反操作规程常引起运输货物时磁盘及吊斗的撞击,致使柱肢受扭曲和局部损伤,特别是柔性覆杆更易损坏。此外,还有工艺管线安装中对柱子所造成的损害等。

③柱子在刚架平面内或平面外,由于设计和施工安装等造成的偏差虽不会降低结构承载力造成危险,但可导致维护构件的损坏和相邻连接节点的损坏。吊车轨道偏离则可导致厂房难以正常使用。

④由于地基原因沿厂房长度或宽度有不均匀沉降而带来结构附加内力,也会造成厂房难以正常使用。

⑤长期性潮湿或腐蚀介质作用等,常使柱基和连接遭受腐蚀损坏。

(三)吊车梁

吊车梁结构包括吊车梁、制动梁或制动桁架以及它们与柱子间的连接节点。

吊车梁结构工作条件复杂,根据使用经验和现场调查指出:吊车梁结构工作 3 ~ 4 年后即出现第一批损坏。主要的表现为吊车梁和制动梁与柱子连接节点受到损坏;吊车梁上翼缘焊缝以及附近腹板出现疲劳裂纹;铆接吊车梁上翼缘铆钉产生松动和角钢呈现裂纹。

吊车梁结构损坏程度又根据其工作制的轻重级而不同。重级和特重级工作制吊车梁结构破坏最突出,尤其是有带硬钩吊车;中级和轻级工作制吊车梁结构损坏一般较轻微。

吊车梁结构损坏的主要原因为:

①由于吊车轮压是移动集中荷载,具有动力特征,因此动荷载作用十分复杂。

②由于钢结构在复杂的动荷载作用下,长期处于不稳定的重复和变化状态下工作,易引起钢材疲劳。

③吊车梁与柱子连接节点实际工作与采用的计算图式不适应。

④荷载偏心,吊车轮压不均匀,轨道与翼缘表面接触不良,焊接缺陷以及制造和安装不完善等均会加速吊车梁结构工作状态的恶化,并且梁端是最易受损部分。

(四)其他结构构件

除了主要承重结构外,还有与其用途和工艺过程有关的其他结构,如工作平台悬挂式运输轨道、围护结构及其他附助构件等。

冶金厂的平炉、电炉、转炉等炼钢车间的工作平台,其钢结构的损坏积累很快。由于工作平台直接承受移动荷载动力作用和高温作用,因此其损坏主要是疲劳破坏。突出表现为梁上翼缘与腹板的焊缝产生纵向开裂;梁的支座截面由于部分约束,加上连接上的缺陷,腹板也会产生裂缝,支座连接螺栓松动等。但应指出,由于使用密铺工作平台板水平刚度大,故工作平台主梁疲劳破坏远比吊车梁缓慢。

此外其他结构的损坏主要是违反技术使用规定,造成超载、撞击、污染等。厂房辅助结构构件(如平台、楼梯、围护板、门等)的主要破坏形式是机械损坏、机械磨损和腐蚀损坏等。

第二节 钢结构的检查

钢结构由于所用的结构材料强度高,用其所制成的结构构件薄、细、长、柔,且设计所用应力高,连接构造及其传递的应力大,另外结构对局部应力,残余应力、几何偏差、裂缝、腐蚀、振动、撞击效应敏感。因此,对强度、稳定、疲劳、连接都有着不可忽视的影响,结构检查是十分重要的,要精心分析和判断结构构件上的有关反应。

一、檩条

钢结构屋盖系统的檩条数量大又在高空,逐一检查比较困难,而檩条除起着承受屋面自重及活载作用外,还在一定程度引起屋架上弦的平面外支撑的作用。检查中应注意檩条的支座连接、变形、腐蚀、缺口效应等情况,还应特别注意施工超载、积灰、事故造成的檩条损伤等。

二、支撑系统

有重级吊车的厂房覆盖的钢屋架支撑系统中特别是靠屋架下弦节点的支撑系杆是易损坏的,尽管一般厂房屋架是按平面受力设计的,而实际上是靠空间约束受力的,这样支撑系统将起着十分重要的作用。因此应特别注意检查支撑杆中又特别是单肢杆中有否初弯曲、断裂、节点撕裂,连接铆钉或螺栓松动、剪断,焊缝是否正常、有否开裂等。

工程上屋架和托架的失效往往发生在设计、制作、安装、连接、使用的错误和腐蚀、断裂、失稳上,因此应检查杆件及杆件连接的断面、焊接长度、焊缝厚度是否有误,另外,是焊接质量及制作质量是否符合要求,实际构造与计算图形是否相符。再者是安装和使用问题检查和核实等。

屋架和托架超出施工验收规范的倾斜、杆件弯曲等还应进行测量,对扭曲、裂缝和构造缺陷还应有测绘记录。实腹梁应注意检查翼缘的压弯、裂缝、腹板与上下翼缘的连接和变形情况。

三、钢吊车梁系统

钢吊车梁系统是工业厂房钢骨架中的重要组成部分。尤其在重级和特重级工作制的厂房内,吊车梁系统的构件及其连接,是长期使用过程中最易出现局部以至整体破坏的部分,也是生产中需要定期检查和维修的主要对象。由于计算简图和实际情况之间的差异,加之使用内非常频繁,局部应力状态复杂,重级工作制厂房吊车梁最易出现早期损坏。

吊车梁系统包括吊车梁、制动结构(包括辅助桁架)、吊车轨道以及连接构造等。

检查中首先注意吊车梁系统中各构件间的相互连接,因为这些连接直接影响吊车的正常行驶和吊车梁的工作状态。其次注意检查轨道与吊车梁的连接方式,连接不当会导致实腹梁上翼缘和腹板连接处开裂和破损、影响使用寿命,所以对轨道固定螺栓的松动、轨底与梁接触面的均匀程度、有无啃轨、车档是否齐全、轨道与吊车梁中心的偏心距,均须做必要的测绘和文字描述。

四、厂房柱

厂房柱的实际工作应力很低,强度储备较大,出现坍塌事故的可能性很小,但工业厂房柱仍不时有损坏发生,这主要是个别结构柱节点构造处理不合理,或柱肢在生产中被重物撞坏,或柱脚锈蚀,或高温作用使柱肢变形、扭曲,还有不均匀下沉等。所以,应检查柱截面在最大刚度平面内与平面外的弯曲偏斜;柱肢、缀材连接的破坏情况;柱基下沉引起的倾斜和弯曲变形;柱支撑杆件、连接及柱脚与基础连接有无损坏等。

五、荷载作用模拟、结构反应控制

(一)承载能力

钢结构构件应进行承载能力(强度、稳定性、连接、疲劳等)的验算。构件承载能力(包括构造和连接)子项应按表2-18-2评定等级。

表2-18-2

构件种类	承载能力评定等级 $R/(\gamma_0 \cdot S)$			
	a	b	c	d
屋架、托架、梁、柱	≥1.0	≥0.95	≥0.90	≥0.90
中、重级工作制吊车梁	≥1.0	≥0.95	≥0.90	≥0.90
一般构件及支撑	≥1.0	≥0.92	≥0.87	≥0.87
连接及构造	≥1.0	≥0.95	≥0.90	≥0.90

注:(1)所有构件或连接构造凡有裂缝或锐角切口者,应评为d级;

(2)对焊接吊车梁,凡出现上翼缘连接焊缝处的疲劳开裂,或受拉区腹板在加劲肋端部及受拉翼缘有横向焊缝的疲劳开裂,或受拉翼缘焊有其他钢件者,应评为c或d级。

在承载能力评定中钢结构材质检查是很重要的,构成钢结构的杆件、节点板、铆钉、螺栓、焊接材料等,一般从外观上很难分辨清楚,由于材质不同,其机械性能(强度、屈服强度、延伸率、冷弯性能、冲击韧性等)和化学成分(C、Si、Mn、P、S等)不同,对结构可靠性(安全性、耐久性),以及施工中的可焊性、低温工作条件下的冷脆性等的影响都很大,因此要求在结构验算时其材料的强度取值,当结构材料种类和性能符合原设计要求时,且原始资料充分可靠,应按原设计取值。不相符时,或材料已变质时,应采用实测试验数据,此时材料强度的标准值应按《建筑结构设计统一标准》确定。

钢结构设计规定,当构件表面温度超过150℃时,就要采用隔热措施,当构件温度大于等于200℃,就要按构件所处工作温度条件用试验方法确定材料的物理力学指标。

（二）变形

机构构件在设计荷载作用下的变形值的限制，主要是从为了满足使用功能的要求，包括：

①用户的安全和构件的美观；

②不损坏非结构构件；

③不超过结构能承受的变形；

④不使用途失效；

⑤不得有过度的震动和摇晃。

钢结构构件变形评定等级标准，见表2-18-3。

表2-18-3

构件类别		变形评定等级			
		a	b	c	d
檩条挠度	轻屋盖	≤l/150	>a级，功能无影响	>a级，功能有局部影响	>a级，功能有影响
	其他屋盖	≤l/200			
桁架、屋架及托架挠度		≤l/400	>a级，功能无影响	>a级，功能有局部影响	>a级，功能有影响
实腹梁挠度	主梁	≤l/400	>a级，功能无影响	>a级，功能有局部影响	>a级，功能有影响
	其他梁	≤l/250			
吊车梁挠度	轻级的 Q<50 t 中级桥式吊车	≤l/600	>a级，吊车运行无影响	>a级，吊车运行有局部影响，可补救	>a级，吊车运行有影响，不可补救
	重级和 Q>50 t 中级桥式吊车	≤l/750			
吊车柱变形	厂房柱横向变形	≤H_r/1250	>a级，吊车运行有局部影响	>a级，吊车运行有局部影响	>a级，吊车运行有影响，不可补救
	露天	≤H_T/2500			
	厂房和露天	≤H_T/4000			
墙架构件挠度	支承砌体的横梁（水平向）	≤l/300	>a级，功能无影响	>a级，功能有影响	>a级，功能有严重影响
	压型钢板、瓦楞铁等轻墙皮横梁（水平向）	≤l/200			
	支柱	≤l/400			

注：表中 l 为受弯构件的跨度；H_r 为柱脚地面到吊车梁或吊车桁架上顶面的高度。吊车柱变位是指最大一台吊车在水平荷载作用下的水平变位值。

鉴定采用《钢结构设计规范》对受弯构件的挠度限值作为评定 a 级的标准,并与国外的规范作了比较,在已建结构鉴定中,在不影响其使用功能与承载能力情况下,挠度限值可以适当放宽,所以在变形分级中,对 b 级以下分级不明确规定限值,由鉴定者按实际情况确定。

吊车梁因承受动荷载,可能产生很大的变形和应力,故对吊车梁最大的挠度限值要严格控制,不可和一般梁等同。

控制厂房柱在吊车梁顶面处的横向变位,是为了保证厂房刚度,吊车能正常使用以及提高厂房结构的寿命等。

(三)偏差

在安装和使用过程中引起的构件偏差子项宜按下列标准评定等级:

①天窗架、屋架、托架的不垂直度,即在跨中顶点对两端支座中心垂直面的偏差:

a 级:不大于天窗架、屋架、托架高度的 $l/250$,且不大于 15 mm;

b 级:构件的不垂直度略大于 a 级,且沿厂房纵向有足够的垂直支撑已保证这种偏差不再发展;

c 级或 d 级:构件的不垂直度大于 a 级,且有发展的可能。

②受压杆件对通过主受力平面的弯曲矢高:

a 级:不大于杆件自由长度的 $l/1000$,且不大于 10 mm;

b 级:不大于杆件自由长度的 $l/660$;

c 级或 d 级:大于杆件自由长度的 $l/660$。

③实腹梁的侧弯矢高:

a 级:不大于构件跨度的 $l/660$;

b 级:略大于构件跨度的 $l/660$;且不可能发展时;

c 级或 d 级:大于构件跨度的 $l/660$。

④吊车轨道中心对吊车轴线的偏差 e:

a 级:$e \leqslant 10$ mm;

b 级:$e \leqslant 20$ mm;

c 级或 d 级:$e > 20$ mm,吊车梁上翼缘与轨底接触面不平直,有啃轨现象。

注:评定构件偏差时,应注意到柱基下沉引起柱子的倾斜和弯曲变形影响。

构件在安装和使用过程中造成的偏差也是一种损坏。钢结构对尺寸偏差效应是非常敏感的,例如某一芬克式钢屋架上弦平面外支点检举为 2 m,当中点旁弯 $f=10$ mm 时,承载力 $N_0=500$ kN,当 $f=20$ mm 时,承载力降至 $N_1=330$ kN,$N_1/N_0=0.66$;当 $f=40$ mm 时,$N_2=170$ kN,$N_2/N_0=0.34$。这种偏差使承载力下降非常快,故针对不同构件提出了相应的限值规定。安装和使用中的偏差损坏主要指杆件弯曲、侧弯、截面翼缘局部压弯、节点板弯折、构件垂直等。在房屋结构中以厂房屋盖构件问题较多,危害性也大,本条主要针对屋盖、柱、重要大梁等构件的偏差损坏作出评定,且以《钢结构工程施工及验收规范》的规定值作为 a 级评定标准。

在现行验收规范中钢梁侧弯没有规定。具体限值规定引用了"欧洲共同体"CEC 规定偏差不大于 0.0015l(即 $l/666$)作为评定 a 级标准。

吊车轨道的偏心是难以避免的,另外吊车梁与轨道接触面是否平直对吊车梁的疲劳影响不可低估。

钢结构和构件的项目评定等级分为 A、B、C、D 四级,按承载能力(包括构造和连接)、变形、偏差 3 个子项评定等级,并以承载能力(包括构造和连接)为主确定该项目的评定等级:

①当变形、偏差比承载能力(包括构造和连接)相差不大于一级时,以承载能力(包括构造和连接)的等级作为该项目的评定等级。

②当变形、偏差比承载能力(包括构造和连接)低二级时,按承载能力(包括构造和连接)的等级降低一级作为该项目的评定等级。

③遇到其他情况时,可根据上述原则综合判断、评定等级。

第三节　钢结构事故类型及一般原因

钢结构具有受力可靠、强度大、截面小、质量轻等许多优点;钢结构由于截面小,构件强度一般不是控制因素,而结构的稳定却是重要控制因素。钢结构各构件间连接的破坏会导致构件甚至整个结构的破坏;钢结构的变形、锈蚀和损裂是常见侵害。

钢结构工程事故可以出现在铸造阶段、拼接安装阶段和使用阶段,其原因很复杂,而且往往是综合因素造成的;由于我国现阶段钢结构工程较少,加上钢结构一般在工厂制作,质量较可靠,因此相对而言钢结构工程事故发生较少。随着建设的发展,钢结构工程会越来越多,如何保证钢结构工程质量和避免事故发生,值得我们关注。

一、钢结构事故的类型

钢结构工程事故可分为两大类。

(一)整体事故
整体事故包括结构整体和局部倒塌。

(二)局部事故
局部事故包括出现不允许的变形和位移,构件偏离设计位置,构件腐蚀而丧失承载能力,构件或连接开裂、松动和分层。

二、钢结构事故的一般原因

钢结构工程事故可按 3 个阶段若干原因来划分(表 2-18-4)。
苏联学者曾对其国内一些钢结构工程事故进行分析统计,事故原因分类的百分比如表

2-18-5 所示。法国的一份统计资料见表 2-18-6。上述资料分类依据不尽一致,一些事故可能编入另一类事故中,故百分比出入较大,但可看出事故多数是设计中隐蔽错误和制造安装阶段的暴露错误所致。苏联学者对 1951—1977 年的一些钢结构工程事故分析,指出事故上的技术原因如表 2-18-7 所示。

我国钢结构工程过去采用不多,缺乏较完整的统计资料,但据调查,施工阶段屋盖事故最多,使用阶段吊车梁事故较多,屋架损坏事故也不少,这与国外资料反映的情况相符。

表 2-18-4

设计阶段	施工阶段		使用阶段
	制 作	安 装	
结构设计方案不合理; 计算简图不当,结构计算错误; 对结构荷载和实际受力情况估计不足; 材料选择不恰当(强度、韧性、疲劳、焊接性能等); 结构节点不完整; 未考虑施工和使用阶段工艺特点; 防腐、防高温、防冷脆措施不足; 没有按结构规程执行或没有相应结构规程规定	没有按图纸要求制作; 制作尺寸有偏差,质量低劣; 违反操作规程; 检验不严格; 设备工具不完善; 用材和防腐措施不适当; 缺乏熟练技术人员和工人	施工程序不正确,操作错误; 支撑和结构刚度不足; 安装偏差大引起变形; 安装连接不正确,质量差; 吊装、定位和矫正方法不正确; 设备工具不完善; 检验制度不严格; 缺乏熟练技术人员和工人	违反使用规定(超载、乱开洞消减构件截面等); 建筑物地基下沉; 使用条件恶劣,钢材材性改变("老化"、腐蚀、高温疲劳等); 生产条件改变,建物采用了不恰当方法进行改造和加固; 生产操作不当,对结构构件造成破坏(机械冲击、高温直接作用等),又不及时维修; 结构定期检查制度没有执行

表 2-18-5

事故原因	百分比/%		
设计原因	18	33	28
制造原因	38	23	31
安装原因	22	30	31
使用原因	22	14	10

表 2-18-6

事故原因	百分比/%	
	20 世纪 70 年代前	20 世纪 70 年代
设计原因	59.9	57.8
制造原因	1.4	4.9
安装检验原因	34.3	33.8
使用原因	4.4	2.8

表 2-18-7

事故原因	百分比/%	
	统计 1	统计 2
整体或局部失稳	22	41
构件破坏	49	25
连接破坏	19	27
其他	10	7

三、材料对事故的影响

钢结构具有塑性和韧性好、强度高、截面小、质量轻等许多优点,但由于管理和质量检验等方面的原因,已建钢结构也存在较多的问题,有些问题甚至反复出现。实践表明,这些问题的产生大多与材料的选择、检验、使用、维护有关。因此,本章将从材料方面分析这些问题的起因与防治措施。

(一)钢材性能与钢结构工程质量的联系

钢材性能主要有机械性能、工艺性能和耐久性能,它是保证钢结构质量的基础,分别说明如下。

1. 强度

钢材的强度指标主要有屈服强度 f_y 和抗拉强度 f_u。屈服强度是确定钢结构容许应力的主要依据,采用屈服强度高的钢材,可减轻结构自重、节约钢材和降低造价;抗拉强度虽比屈服强度高,但一般却很难利用,因为当应力超过屈服强度而尚未达到抗拉强度之前,结构已产生很大的塑性变形而失去使用性能。对钢材要求保证抗拉强度的原因有二:①作为一种附加的安全保障,使个别点或局部区域的应力超过屈服度时,也不致产生断裂,屈服比(f_y/f_u)越小,结构可靠性越高;②钢材在强化阶段的性能,还直接影响到某些构件在弹-塑性工作阶段的极限承载能力。

钢材强度达不到要求与工程中调剂代换、钢材在流通领域的多次周转、数据转抄有误、库存混放、厂家生产钢材材质差、使用时质检不严等有关。由于强度达不到要求引发的工程事故常有，如陕西汉中某影剧院三角形钢屋架倒塌，经检验，屋架采用的是某厂废品钢材，不符合承重结构钢材的标准，机械性能不足；河南新乡某厂轻钢屋架倒塌[1]，事故后，综合分析，可排除设计原因，而主要与该工程所用钢材无出厂合格证或无试验资料有关，经现场倒塌屋架钢材和库存钢材检测，发现机械性能达不到国家标准的有20%左右；又如某钢结构倒塌后，调查发现，主要与所用钢材为小钢厂废旧钢筋回炉混炼有关，检验结果表明(f_y/f_u)很高。

2. 塑性

具有良好塑性的钢材，在应用超过屈服强度后能产生显著的塑性（残余）变形而不立即断裂。主要指标有伸长率和断面收缩率。

3. 韧性

韧性是钢材在塑性变形和断裂过程中吸收能量的能力，亦即钢材抵抗冲击荷载的能力，韧性指标用冲击韧性值a_k表示。冲击韧性指标是保证动载结构和焊接结构质量的基本指标。因为经常承受动力荷载的结构发生脆端的可能性大，而对于焊接结构，由于刚性较大，焊接残余应力也较大，焊缝附近的材质容易变坏，所以更易在动力荷载作用下脆断。

4. 可焊性

良好的可焊性可保证钢材施焊后获得良好的焊接接头性能。施工可焊性好，则在一定的焊接工艺条件下，焊缝金属和近缝区均不会产生裂纹；焊接接头和焊缝的冲击韧性以及近缝区的塑性，均不会低于母材的力学性能。

5. 冷弯性能

冷弯性能指钢材在常温下加工产生塑性变形时，对产生裂缝的抵抗能力。它通过冷弯试验确定，良好的冷弯性能是保证钢材冷加工制作质量的先决条件。

6. 耐久性

耐久性通过"持久强度""疲劳强度""抗锈强度"等评价。钢材的耐久性是决定钢结构使用寿命的基本因素。

以上各项性能不可偏废，它们是保证钢结构质量的基本性能指标，选材时应根据使用要求全面权衡。

(二)影响钢材性能的因素分析

1. 化学成分

钢是含碳量小于2%的铁碳合金，碳含量大于2%时则为铸铁。制造建筑钢结构所用的材料主要是碳素结构钢和低合金结构钢。

碳素结构钢由纯铁、碳及杂质元素组成，其中纯铁约占99%，碳及杂质元素约占1%。

低合金结构钢中,除上述元素外,还加入其他合金元素,但其总量通常不超过5%。碳及其他主要元素对钢材性能影响如下:

①碳(C),是形成钢材的主要元素。钢中绝大部分的铁素体呈多种晶体的状态存在,铁素体的强度和硬度很低,但塑性和韧性很好。而碳和铁的化合物渗碳体(Fe_3C)则几乎没有什么延性,硬度和强度很大。在低碳钢中,渗碳体一般不单独存在,而是和铁素体形成一种混合物——珠光体,它的强度比铁素体高而延性不及渗碳体好。珠光体和少量渗碳体形成网络夹杂于铁素体的晶体之间,就好比混凝土中的砂浆包裹着粗骨料一样。钢的强度主要来自珠光体,含碳量的多少对钢材的性能影响很大。含碳量增加,钢材强度和硬度提高,但同时钢材的塑性、韧性、冷弯性能及抗锈能力下降,制作加工困难,尤其是钢材的焊接性能显著下降,增加冷脆倾向。所以建筑结构用钢的含碳量一般均控制在0.1%~0.25%,而对焊接结构则宜控制在0.12%~0.20%。

②硅(Si),是有益元素,通常作为脱氧剂加入碳素结构钢中。一般情况下硅使钢脱氧形成氧化硅,而多余的硅主要溶于铁素体中,使之成为含硅的合金铁素体。溶解于铁素体中的硅能使铁的晶格歪扭,从而较大地提高铁素体的硬度和强度。适量的硅(<0.8%)对钢的塑性、冲击韧性、冷弯性能及可焊性均无显著的不良影响。但若含硅量过高(>1%),将显著地降低钢材的塑性、冲击韧性、抗锈性和抗焊性,增加冷脆性和时效的敏感性;在冲压加工时,容易产生裂纹。

③锰(Mn),是有益元素,它能在钢材的塑性和冲击韧性略为降低的代价下,较显著地提高钢材的强度。但锰的含量过高(远远超过消除热脆性所必需的含量),冷裂纹形成倾向将成为主要的问题,使焊接性能变坏,抗锈性能下降。所以,含锰量应有所限制,我国碳素结构钢的锰含量为0.3%~0.8%,低合金结构钢为1.2%~1.6%。

④钒(V),是有益元素,是添加的合金成分,其含量一般在0.12%以内,钒能提高钢材的强度,淬硬性和耐磨性而不影响可焊性和冲击韧性,也不显著减低塑性。

⑤铜(Cu),是有益元素,能显著提高钢的抗锈蚀能力。当钢中的铜含量超过0.4%时易产生热脆现象,可焊性亦逐渐变坏,故焊接用碳素结构钢中的铜含量不宜大于0.3%。

⑥钛(Ti),能提高钢材的强度和耐磨性,防止时效老化,有时也可用作脱氧剂,以细化晶粒改善可焊性。

⑦铬(Cr),能改善钢材的强度、淬硬性、耐磨性和抗大气腐蚀的性能。

⑧硫(S),是有害元素,属于杂质,能生成易于熔化的硫化铁,当热加工或焊接的温度达到800~1200℃时,可能出现裂纹,称为热脆(或热裂)。造成热脆的原因是:硫化物共晶体(FeS+Fe)的熔点是985℃,比钢的熔点高很多,而它在800~985℃内又是很脆的,使钢的晶粒之间的相互结合变弱,因而在热加工时晶界部分较脆,易于断裂,从而引起钢材的断裂。而在985℃以上加热和热加工时,硫化物共晶体熔化破坏了晶粒之间的结合,使钢在985~1200℃热加工时晶粒界面产生破裂。另外,若钢中含硫较高,焊接时焊缝金属的硫将增浓,

在冷凝时亦将出现热裂纹,此时宜采用碱性焊条。在轧制过程中,硫化铁将沿轧制方向呈条状伸长,形成夹杂物,不仅促使钢材起层,而且在硫化物夹杂尖端处引起应力集中,降低钢材的冲击韧性(特别是横向的冲击韧性和塑性),同时亦降低疲劳强度和抗腐蚀能力。硫又是钢中偏析最严重的杂质之一,偏析程度越大,危害亦越大。硫含量一般不得超过 0.045% ~ 0.05%,对抗层状撕裂的钢,应控制在 0.01% 以下。

⑨磷(P),既是有害元素也是能利用的合金元素。在碳素结构钢中是杂质,能降低钢的塑性、韧性及可焊性,但可提高钢的强度,通常建筑钢中磷含量常限制在 0.05% 以内,优质钢中控制更严。

钢中主要化学元素对性能的影响见表 2-18-8。

表 2-18-8

性能 ＼ 化学元素	碳 C	硅 Si	锰 Mn	磷 P	硫 S	镍 Ni	铬 Cr	铜 Cu	钒 V	钼 Mo	钛 Ti	铝 Al
强度极限	＋＋	＋	＋	＋＋	－	＋	＋	＋	＋	＋	＋	0
屈服极限	＋	＋	＋	＋		＋	＋	＋	＋	＋	＋	0
延伸率	－－	－	0	－－	0	0	0	0	－	－	0	0
硬度	＋＋	＋	＋	＋	－	＋	＋	0	＋	＋	＋	0
冲击韧性	－		0	－		＋	＋	0	0	0	－	＋
疲劳强度	＋	0	0	0	0	0	0	0	＋＋	0	0	0
可焊性	－		0	－		0	－	0	0	＋	＋	0
腐蚀稳定性	0	－	＋	＋	0	＋	＋	＋＋	＋	＋	0	0
冷脆性	＋	＋	0	＋＋	0	－	0	－	0	＋	0	－
热脆性	＋	0	0	0	＋＋	0	0	0	0	0	0	0

注:＋表示提高,＋＋表示提高幅度越大。

　　－表示降低,－－表示降低幅度较大;0 表示影响不显著。

2. 钢的晶体组织

①奥氏体,是碳溶于 γ-Fe 晶体中的固溶体(以一种金属为溶剂,另一种金属或非金属为溶质,共溶后所形成的固态溶液),一般只在高温下存在,具有一定的强度和良好的塑性。

②铁素体,是碳溶于 α-Fe 晶体中的固溶体,强度低,塑性好。

③渗碳体,是铁与碳的化合物(Fe_3C),结构复杂,性质硬脆,对钢的性能影响大。

④珠光体,是由铁素体和渗碳体形成的层状机械混合物,性质介于铁素体和碳渗体之间。

3. 钢的冶炼与轧制

冶炼和浇注过程形成钢的化学成分、金相组织结构以及不可避免的冶金缺陷，从而确定了不同的钢种、钢号及其相应的力学性能。在钢结构选材、质检时有必要了解冶炼的影响，现说明如下。

建筑用钢现在主要由氧气转炉和平炉来冶炼。一般来说，氧气转炉钢的综合性能略优于平炉钢，氧气转炉钢的氮含量和氢含量比平炉钢低，塑性和冲击韧性稍好，时效敏感性亦较低，生产成本略低。

常见的冶金缺陷有化学成分的偏析、非金属夹杂、气孔及裂纹、分层等。偏析是指金属结晶后化学成分分布不均；非金属夹杂是指钢中含有如硫化物、氧化物和氮化物等杂质。这些缺陷都将影响钢材的力学能力。冶炼缺陷对力学性能的具体影响、冶金缺陷的检查、冶金缺陷的处理方法仍有待深化研究。

按照脱氧程度不同，建筑用钢可分为沸腾钢、半镇静钢和镇静钢。沸腾钢表面有一纯铁层而且含硅量极少，故沸腾钢比镇静钢塑性好而强度低；且由于沸腾钢中的氮以有害的固溶氮的形式存在，因此钢的时效敏感性和冷脆性差；另外沸腾钢中磷的区域偏析程度大，且含有较多的有害气体，故可焊性较差。镇静钢的组织致密度大，气泡少，偏析程度小，含有的非金属夹杂物亦较少；而且，氮多半是以氮化物的形式存在，故镇静钢除因含硅多而塑性略低外，其他性能均比沸腾钢优越，由于其成本较高，在工程中镇静钢主要用于承受动力荷载或在负温下使用的焊接结构以及其他重要结构中。半镇静钢钢性的成本介于沸腾钢和镇静钢之间。

轧制由于改变了钢的内部组织，细化了钢晶粒，并能消除显微组织缺陷，因此可改善钢材的力学性能。但轧制时过高的轧制温度和过长的高温停留时间，过大的成品厚度都将降低钢材的冲击韧性、塑性和强度。如果停轧温度过低则会增加钢材的冷脆性、产生分层现象等。为保证钢材质量，应控制轧制温度、压下量和冷却速度。

4. 钢材的冷加工时效

（1）冷加工时效

钢材的冷加工时效均降低钢材塑性和韧性。因此钢结构用钢一般不利用冷加工时效提高强度，某些特殊和重要结构还应消除或减轻硬化的不良影响。

（2）热处理

建筑钢结构中需要进行的热处理有：热轧钢材的正火、热轧钢材的调质（淬火加回火）处理、焊接件消除内应力的热处理（低温回火）。热处理的目的在于通过控制不同的工艺制度，以改变钢的晶体组织来改变钢的性质。

5. 钢材的焊接

焊接是钢结构最主要的选择方式。由于焊接时温度高，因而钢材的组织受到影响，从而引起材质的变化，现说明如下。

（1）焊接连接区的性能变化

焊接连接存在形成焊缝的熔融区和基本金属毗邻焊缝的热影响区。这两个区金属的组织和材质有显著差别。现分述如下：

①形成焊缝的熔融区。该区是由焊条和焊件的熔融金属相混合而形成的焊缝金属，凝固时形成铸造组织，其晶体组织（主要是垂直与熔和面的柱状晶体）和化学成分都不同于母材。焊缝金属的性质与母材材质、焊接材料以及焊接方法等有关。其中起主要作用的因素是焊接时对熔融金属的保护情况以及线能量的大小和冷却速度。若熔渣的保护作用不好，有害气体容易侵入，恶化熔融金属的成分，冷却速度过快，将加速焊缝中杂质的枝晶偏析，容易形成魏氏组织，珠光体数量增加，硬度和强度提高，塑性和韧性下降，发生淬硬作用。由于厚皮焊条，埋弧自动焊和气体保护焊等在焊接时的焊缝金属能在较厚的保护渣层内进行缓慢冷却，可以改善铸造组织，并通过焊接材料渗入合金元素。实践证明，当母材的含碳量较小（<0.2%）时，焊缝金属的力学性能相当好，可以满足焊缝与母材等强度的要求。而薄皮焊条则不行。电渣焊需要经过热处理后才能提高冲击韧性，满足设计要求。当多层焊接时，第一层焊道的柱状结晶受后焊层的热作用而转化为较细的晶粒，故多层焊缝金属，其力学性能较单层好。焊缝金属的缺陷一般有热裂纹、未焊透、气孔和夹渣等。

②热影响区，其加热温度在200 ℃和熔融温度1535 ℃之间，热影响区的总深度在手工焊时为3～6 mm，自动焊时为2～4 mm。该区的金属组织是很不均匀的，从理论上说可划分为6个区，对建筑钢材来说影响较大的主要是4个区。图2-18-1是建筑结构钢焊接热影响区按温度和组织的分区，对其他结构钢，温度范围有所变动，但组织的改变则类似。

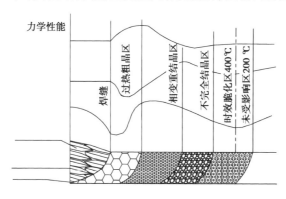

图 2-18-1

在热影响区，如果输入热能量下，冷却速度增大，将促成淬火组织的出现，其塑性和韧性下降很多，冷却时产生的拉应力经常拉断脆性金属，形成"冷裂纹"（往往与焊缝平行）。当母材含碳量较高（>0.2%），使用沸腾钢或焊件很厚时都能促使冷裂纹出现。施焊速度快和在低温下（此时母材的塑性及韧性降低）焊接也有这种作用。因此在低温下焊接，应采用硫、磷及碳含量（C<0.2%）小的镇静钢，并采用人工预热（50～150 ℃）的办法来降低冷却速度。

热影响区是焊接连接中最薄弱的环节，因为它不可避免地会发生组织变异。热影响区的大小,对焊接连接的质量有重大意义。一般来说,热影响区越小,虽可缩小脆性区,但焊接时产生的内用力越大,因此越容易产生裂纹;相反,热影响区增大,虽可减小内应力,但又促使焊件的变形,扩大脆性区。因此,只要在焊接时所产生的内应力还不足以促成裂纹的条件下,热影响区越小越好。

(2)焊接条件对焊接连接性能的影响

焊接条件的内容包括母材材性、焊接材料的焊接方法。有关这3个方面对焊接连接性能影响的试验研究结果如下。

不同焊接材料及焊接方法对焊接连接的影响见表2-18-9与表2-18-10。

表2-18-9

焊接条件	热影响区总宽度 /mm	各区宽度/mm		
		粗晶区	细晶区	粗细晶区
光焊条	2.5	1.2	0.6	0.7
厚上焊条	6.0	2.2	1.6	2.2
自动焊	2.5	0.8 ~ 1.7	0.8 ~ 1.7	0.7
电渣焊	25.0	18.0	5.0	2.0

表2-18-10

焊接条件	$f_u/(\text{N} \cdot \text{mm}^{-2})$	$\delta_5/\%$	冷弯/(°)	$a_{ku}/(\text{J} \cdot \text{cm}^{-2})$
薄皮焊条	295 ~ 345	4 ~ 10	33 ~ 35	4.5 ~ 13.5
厚上焊条	440 ~ 490	18 ~ 25	180	78 ~ 118
电渣焊	345 ~ 360	35.0 ~ 36.5	—	8 ~ 11.8
自动焊	440 ~ 490	25 ~ 30	180	98 ~ 137
CO_2 气体保护焊	330 ~ 425	21 ~ 25	180	104 ~ 112
基本金属(低碳钢)	390 ~ 490	20 ~ 30	180	78 ~ 118

(3)母材的不同化学成分对热影响区的力学性能的影响

试验表明,当钢中含碳量低于0.2% ~ 0.25%时,热影响区的硬度和强度提高不多,塑性亦降低较少。而当含碳量大于0.25%,特别是大于0.3%时,热影响区的塑性及韧性下降较多,裂纹的形成倾向也较大。总之,低碳钢的焊接性能良好,不仅表现在热裂及冷裂倾向小,而且表现在热影响区的性能变化及脆化的倾向较小。

第四节　钢结构构件裂缝事故预防与处理

钢结构常见事故之一构件裂缝和连接损坏,它们影响结构承载能力和安全使用。

一、构件裂缝伤事故一般原因

构件裂缝和连接损伤,在钢结构制作、安装和使用阶段都会出现,大致可归为下列原因:

①构件和连接材质差。

②荷载或安装、温度和不均匀沉降作用,产生的应力超过构件或连接承载能力。

③金属可焊性差,在焊接残余应力下开裂。

④连接质量低劣,如焊缝尺寸不足、漏缝、未焊透、夹渣、多孔、咬边、螺栓和铆钉头太小、紧固不好、松动、栓杆弯曲等。

⑤在动力荷载和反复荷载下疲劳损伤。

⑥连接节点构造不完善。

二、构件裂缝检查和处理

钢构件裂缝大多出现在承受动力荷载构件中,但一般承受静力荷载的钢构件,在严重超载、较大不均匀沉降等情况下,也会出现裂缝。

发现裂缝就应对该批同类构件作全面细致检查,裂缝检查可采用包有橡皮的木锤轻敲构件各部分,如声音不清脆、传音不匀,可肯定有裂缝损伤;也可用 10 倍以上放大镜观察构件表面,如发现油漆表面有直线黑褐色锈痕、油漆表面有细直开裂、油漆条形小块起鼓里面有锈末,就有可能构件开裂,应铲除油漆仔细检查;还可在有裂纹症状处用滴油剂方法检查,不存在裂纹油渍成圆弧状扩散,有裂缝时油渗入裂缝成线状伸展。

在全面细致地对同批同类构件进行检查后,还要对裂缝附近构件的制作金属和制作条件进行综合分析,只有在钢材和连接材料都符合要求,且裂缝又是少数情况下,才能对裂缝进行常规修复;如果裂缝产生原因属于材料本身或裂缝较大且相当普遍,则必须对构件作全面分析,找出事故原因,慎重对待——采用加固或更新构件处理,不能修补了事。

构件裂缝细小、长度较短时,可按下述方法处理:

①用电钻在裂缝两端各钻一直径 12 ~ 16 mm 的圆孔(直径大致与钢材厚度相等),裂缝尖端必须落入孔中,减少裂缝处应力集中。

②沿裂缝边缘用气割或风铲加工成 K 形(厚板为 X 形)坡口。

③裂缝端部及缝侧金属预热到 150 ~ 200 ℃,用焊条(3 号钢用 E_{4316}、16Mn 钢用 E_{5016})堵焊裂缝,堵焊后用砂轮打磨平整为佳。

除上述常规方法外,在铆接构件铆钉附近裂缝,可采用在其端部钻孔后,用高强螺栓封住。

三、焊缝缺陷检查和处理

焊缝缺陷包括焊缝尺寸不足,有裂纹、气孔、夹渣、焊瘤、未焊透、咬边、弧坑等。这些缺陷,除裂纹有可能在使用阶段产生扩展外,其他缺陷都是制作施焊时留下的。

焊缝检查重点是裂纹,检查焊缝可采用外观检查,即用目视焊缝及邻近漆膜状态,必要时可用 10 倍放大镜检查;也可用硝酸酒精侵蚀检查,将可疑处漆膜除净、打光用丙酮洗净,滴上浓度 5% ~10% 硝酸酒精(光洁度高、浓度宜低),有裂纹即会有褐色显示;对于重要裂缝可采用红色渗透液着色探伤,或 X、γ 射线探伤,或超声波检查;检查结果作上标记,分析性质,决定处理方法。

①焊缝实际尺寸不足的处理。经过计算,实际焊缝超应力,应在原有焊缝上堆焊辅助焊缝,具体处理步骤是:先仔细清除焊缝附近的焊药和杂质,在原焊缝上堆焊 2 ~4 mm 厚新焊缝。堆焊新焊要在完全清除掉焊渣杂质,并在原焊缝冷却后才能堆焊,对于未完全卸荷的连接焊缝应采用间断堆焊缝。

②焊缝裂纹处理。焊缝检查出有裂纹应作出标记,分析裂纹出现原因,属使用阶段出现的裂纹,要根据原因综合治理;对于焊缝裂纹,原则上要生产掉重焊(用碳弧气刨或风铲),并防腐处理,但对承受静荷载的实腹梁翼缘和腹板处的焊缝裂纹,可采用在裂纹两端钻止裂孔。后在两板之间加焊短斜板方法处理。斜板长度应大于裂纹长度(图 2-18-2)。

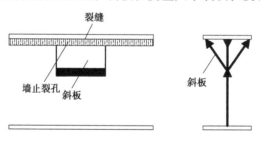

图 2-18-2

③焊缝气孔、焊瘤、灰渣及咬边处理。如结构系承受静载,又处在常温条件下使用,又无裂纹,使用中有无异常现象,一般可不作处理;但对承受动载结构这些缺陷必须处理。轻微的咬边可采用钢锉或砂轮打磨、将边缘加工为平缓过渡即行;较严重的咬边应打磨后补焊磨平;焊瘤采用铲、磨、锉等手工或机械方法,将多余金属堆积物去掉,磨平;气孔和夹渣采用碳弧气刨或风铲将缺陷焊缝铲掉,然后补焊;要注意补焊的焊缝至少长 40 mm。

四、铆钉、螺栓连接缺陷检查和处理

铆钉与螺栓连接检查着重于铆钉和螺栓是否在使用阶段切断、松动和掉头,同时也检查建造时留下的缺陷;铆钉检查采用目视或敲打方法,或二者结合处理,工具是手锤、塞尺、弦

线和 10 倍以上放大镜;对于螺栓连接检查尚要加扳手测试,对于高强度螺栓要用特殊显示扳手测试;要正确判断铆钉和螺栓是否松动或断裂,须有一定时间经验,故对重要结构检查,至少换人重复检查一二次,检查结果作出记录、分析原因及时处理。

①铆钉连接缺陷处理:发现铆钉松动、钉头开裂、应将这些铆钉更换或用高强螺栓更换(应计算后作等强代换)。发现铆钉剪断,漏铆应及时补铆;处理铆钉缺陷时应将钉孔清理干净、孔壁平整后在补铆;不得采用焊补、加热再铆方法处理有缺陷铆钉,当盖板和母材有破坏时必须加固或更换。如发现仅个别铆钉连接处贴合不紧,可用防腐蚀的合成树脂填充缝隙。

②高强螺栓连接缺陷处理:高强螺栓连接损坏主要是螺栓断裂、摩擦型螺栓连接滑移和连接处盖板及母材裂断 3 种型式;螺栓断裂可发生在施工拧紧过程,也可发生杂拧紧后一段时期内,拧紧过程中螺栓断裂往往是施加扭矩太大,使栓杆拉断,也有的是材质差造成的。如是个别断裂,一般仅作个别替换处理,并加强检查;如螺栓断裂发生在拧紧后一段时期后,则断裂与材质密切有关,称高强螺栓延迟(滞后)断裂,这类断裂是材质问题,应拆换同一批号全部螺栓,拆换螺栓要严格遵守单个拆换和对重要受力部位按先加固(卸荷)后拆换原则进行。

高强螺栓连接处一旦产生滑移,螺杆与孔壁抵触,是螺杆受剪,由于高强螺栓抗剪能力很大,连接在滑移后仍能承载,只要板材和螺栓本身无异常现象,整个连接并不危险,但从摩擦型高强度螺栓设计计算而言。连接已"破坏",应进行处理,对于承受静载结构,如连接滑移是因螺栓漏拧或扭紧不足造成,可采用补拧并在盖板周边加焊来处理。对于承受动载结构、应使连接卸荷状态下更换接头板和全部高强螺栓,原母材连接处表面重作接触面处理。

对于连接处盖板或构件母材断裂,必须在卸荷情况下进行加固或更换。

五、构件钢板夹层缺陷处理

钢板夹层是钢材最常见的缺陷之一,其在加工构件前不易发现,当气割、焊接等热加工以后才显露出来,故发现已往往为构件半成品了,处理较麻烦,下面分几类构件介绍钢板夹层处理方法。

1. 桁架节点板夹层处理

对于屋盖结构非直接承受动荷载和其他承受静荷载桁架,节点板不太严重的夹层,经过处理可以使用。屋架节点板有夹层,当夹层深度小于节点板 1/3 时,可将夹层表面铲成 V 形坡口,焊合处理,当容许在角钢和节点板上钻孔时,也可用高强螺栓拧合;当夹层深度等于或大于节点板高度 1/3 时,应将节点板拆换处理。

探明夹层深度方法可用超声波仪器测探,或在板上钻一小孔,用酸腐蚀后用放大镜观察。

2. 实腹式梁、柱翼缘板夹层处理

当承受静载实腹梁和实腹柱翼缘有夹层存在,可按下述方法处理:

①在一半长度内,板夹层总长度(连续或间断)不超过 200 mm,夹层深度不超过翼缘板断面高度 1/5 且不大于 100 mm 时,可不作处理仍可使用。

②当夹层总长度超过 200 mm,而夹层深度不超过翼缘断面高度 1/5 时,可将夹层表面铲成 V 形坡口予以焊合。

③当夹层深度未超过翼缘断面高度 1/2,可在夹层处钻栓,用高强螺孔拧合,此时应验算孔所削弱的截面。

④当夹层深度超过翼缘断面高度 1/2 时,应将夹层的一段翼缘板全部切除,另换新板。

第五节 钢结构工程安全事故的原因及预防

据国内外资料分析统计,按以上设计、加工制作、安装施工、使用 4 个阶段事故所占百分比为:设计占 33%;加工制作占 23%;安装施工占 30%;使用占 14%。

使用阶段建筑物地基下沉;钢材材性改变;对结构体系采用了不恰当的方法进行改造和加固,加固的传力不明确或不正确;超载使用结构、乱开洞削弱截面;对结构定期检查制度贯彻执行不力等。

一、安全意识不强

安全意识不强主要表现在以下方面。

①有制度不执行,有措施不落实,班组无考核,多是讲在嘴上、写在纸上、贴在墙上,行动上落实得少。

②安全生产讲起来重要,做起来次要,干起来不要,忙起来一忘。

③安全生产,你知、我知、他也知,碰到具体作业多忘记。

④安全工作摆不到位置上,抓不到点子上,落实不到行动上。

⑤安全检查,推一推动一动,查一查紧一紧,应付检查,装装门面。

⑥凭老经验干活,靠老习惯作业。

⑦安全教育不落实,安全操作规程没有扎根头脑。

⑧"要我安全"的被动意识。

为了彻底改变安全事故多发的不利局面,确保企业安全发展,在激烈的市场竞争中成为行业领跑者,强化安全意识,对公司有着重大的现实意义。

二、强化安全意识,要强化 4 个群体的安全意识

1. 要强化中高层管理人员的安全意识

强化中高层管理人员的安全意识,在领导、决策、指挥生产工作时,时时、事事想到落实安全工作,防范周全,并从人力、物力、财力上为安全生产提供有力支持,只有中高层管理人

员安全意识提高了,才能从根本上彻底改变安全工作"重视不起来,落实不下去"的艰难局面。安全工作搞得好不好,关键看领导。可见中高层管理人员的安全意识对安全工作的重要性。

2.要强化基层管理人员的安全意识

基层管理人员作为离一线作业人员最近的一个群体,是安全生产的直接管理者,其行为直接影响到作业人员的行为。其违章指挥行为不仅直接导致安全事故的发生,而且间接助长了作业人员的不良违章行为。同样,在直接面临着生产与安全的矛盾,如何妥善处理这个问题,如何落要好安全规章制度,如何圆满完成生产任务,保障生产安全,强化一线生产管理人员的安全意识显得尤为关键。

一个有着良好安全意识的基层管理人员,其班组员工在其影响下,也会日渐形成一种不成文的行为准则,使遵守安全规章制度成为共识和行为规范。

3.要强化安全管理人员安全意识

各级安全管理人员作为安全制度执行的监督者,同时也是作业人员的安全守护神,安全管理人员除了要具有较强的专业知识外,还必须要有强烈的安全意识和安全责任感。公司各级安全管理人员在项目施工现场和工厂车间能够履行好安全监管职责,为公司安全生产保驾护航起到了不可忽视的作用。然而我们仍然面临着安全管理人员责任心不强、安全知识水平下够、业务素质不高这样一个事实。

要想彻底铲除违章和隐患这颗毒瘤,必须将安全员这把剑磨光磨利,安全管理人员安全意识急需加强和提高。

4.要强化一线作业人员安全生产意识

一线员工既是安全规章制度的执行主体,也是事故的直接受害者。现在,大多数员工对安全生产有足够的重视,对不安全的危害有充分的认识,作业过程中都能够时刻把安全生产牢记在心,能够自觉地遵守规章制度,自觉落实完善安全措施。但也有部分员工,安全意识淡薄,自我保护意识不强,工作存在侥幸心理,往往认为工作中做这样那样的措施太麻烦,特别是有的工作,处理问题的时间不如布置安全措施的时间长,从而不履行必要的安全程序。有的员工"看惯了,干惯了,习惯了",对违章的危害虽有所认识,但总认为干过多次都没出现过问题,何必再去找那个麻烦,从思想上就放松了警惕,工作中明知道违章还要那样做。

三、强化安全意识,要树立 5 个安全观念

1.树立"安全第一、预防为主"的安全观念

"安全第一、预防为主"的观念就是要求企业所有员工,都要确立"安全就是生命"的思想,坚持把安全作为企业生存和发展的第一要务来抓,当生产和安全发生矛盾时,生产要让位于安全,不能因想尽快处理生产故障,提高产量或者是赶工期而忘了安全操作规程,不要因生产忙、工期紧,而忘了交代和布置安全。只要"安全第一、预防为主"的安全观念牢记在

心,思想上重视,预防措施得当,就完全可以将事故减少到最低。只有大家牢固树立"安全第一、预防为主"的观念,强化安全意识,社会才能和谐,企业才能稳定,家庭才能幸福。

2. 树立"管生产必须管安全,安全促进生产"的观念

"生产必须安全,安全为了生产"。生产和安全是密不可分的一个结合体。因此,我们的生产管理人员在生产工作中必须做到"五同时",即在计划、布置、检查、总结、评比。生产管理人员必须深知自己肩上的责任,在工作上要尽职尽责。常常听到生产管理人员抱怨生产太忙,顾不上安全工作,这种思想是极其错误的。一个安全的环境能够对生产起到积极的促进作用,安全与生产并不矛盾。

3. 树立"最大的责任、最大的效益、最大的福利"的观念

安全是最大的责任。生命至高无上,安全责任为天。生命只有一次,没有了生命就什么也没有了。安全是最大的责任体现了企业"以人为本"的企业理念。对安全必须肩负起相应的责任。安全工作作为最大的责任,来不得半点马虎。我们要始终把安全放在第一位,一丝一毫都不忽视,一时一刻都不能松懈。安全是最大的福利就是说,安全是家庭幸福的保证,为安全投资是最大的福利。要多为安全投资,套用一句话就是"功在当代,利在千秋"。安全是最大的效益。安全是一种生产力,安全投入是有产出的,它体现在:一方面是企业事故发生率降低,损失减少,从安全经济学的角度看,事故预防的投入产出比要高于事故整改的投入产出比;另一方面是安全方面的投入具有明显的增值作用,可以提高作业人员的工作效率,安全生产率的贡献率一般在2.5%个百分点。可见,不出事故、少出事故就是效益。盲目追求高效益往往欲速不达,一旦酿成事故更是追悔莫及。

4. 树立"安全是企业的铁饭碗"的观念

企业靠什么而生存?回答是市场、业务、实力。然而我们要说,安全是企业伸向市场装饭的那只碗!没有了这只碗,你有再大的市场、再多的业务、再强的实力,也无法吃得到。目前,国家和地方各级政府、行业主管部门越来越重视安全工作。一次事故,轻则被通报、停产整顿、清出当地市场,重则可能降级、吊销许可证、吊销营业执照。企业花了大量时间、金钱,甚至几代人辛辛苦苦打开的局面,仅仅因为一次事故就被清退出当地市场,一年甚至更长时间不允许在当地承接业务。这对任何企业是一个沉重的打击。

5. 树立安全道德观念

安全道德是企业和员工的一个重要素质因素,实行企业内部的安全道德管理,就是要使每一位员工的安全行为始终处于道德动机的驱动之下,有效地激发员工的安全意识和工作积极性,让员工不只是把工作当成是谋生的手段,也看成是精神的需求,看成是获得价值满足的主要手段。良好的安全道德观念是安全意识的最高境界,是安全文化培养的最高目标,也是当今安全管理方面的至高要求。据统计,在安全事故中,30%是由于他人违章导致的。对于那些工作粗心大意、纪律散漫、安全意识淡薄,无视他人安全,违章作业、冒险蛮干的员工,要像过街老鼠一样,人人喊打,要让他们曝光,要形成一种"违章可耻,违章者如同杀人

犯"和"遵章光荣,受人尊敬"的安全道德观。关键在奖惩制度制订得如何,如果奖惩制度能够切实地将安全与薪酬挂钩,安全与绩效挂钩,能与晋级挂钩,就能充分调动各级人员在工作中的积极性,从而确保安全生产。目前,许多企业薪酬体制中尚未能完全做到将安全同薪酬挂钩,尤其是一线计产员工,只计产量不考虑安全的薪酬制度值得商榷。这种制度变相刺激了一线员工片面追求产量而忽视安全的行为。虽然安全监管部门对违章情况给予罚款,但一则处罚力度有限,二则员工抱有较大的抵触情绪,甚至造成员工与安监人员的对立。因此,建立一个完善的安全激励机制显得尤为迫切。

第三篇　技术创新，经典案例

第一章
上海万人体育馆大型网架同步提升卷扬机功率的测定

相关论文于1974年4月发表于《施工技术》杂志上。大型网架的整体提升同步是最关键的技术。

在同济大学进修期间我(笔者)参加了上海万人体育馆650 t网架整体吊装全过程,当时现场只有10 t电动卷扬机二台,吊装650 t网架的网架需12台10 t的电动卷扬机。必须再设计与制作11台电动卷扬机(1台作为备用),当时我负责绘制10 t电动卷扬机的总图,并担任测试组组长。测试组成员有南京工学院的杨宗放、湖南大学的陈新。我们吃住都在现场。在现场和参与起重吊装的八级起重工姜火荣等同志建立起了深厚友谊。灵活地运用功率表来测试每副桅杆的受力,经计算,把每台卷扬机初拉力控制在3 t,解决了六副桅杆同步提升650 t网架同步提升的关键技术问题。在现场还有一个小故事:我问姜师傅如果用脚踩每台卷扬机跑绳,能判断出跑绳的初拉力是多少吗? 姜师傅用脚踩后立即回答,3 t左右。我们全部鼓起掌来。

第一节 概 述

上海体育馆比赛馆屋盖结构梁用三向网架结构。网架的平面为直径 $D = 124.6$ m的内接正六边形,复盖面积为12252 m²,质量为660 t(其中三向网架自重为600 t,附加风电管道等60 t)。安装在标高为24.10 m的柱顶上。柱子共36根,网架均匀分布在直径为110 m的圆周上。支承以外挑7.30 m,网架中部有气楼。(图3-1-1)

图 3-1-1

网架结构安装采用整体提升、高空旋转就位的施工方法。起重设备选用 6 根 50 m 高的格构式独脚钢桅杆、由 27 根缆风绳相互连接成整体。每根扒杆圆周的切线方法左右两边各挂一副起重滑轮组,每副滑轮组配一台 10 t 电动卷扬机,共配备 12 台卷扬机。每副滑轮组下设两个吊点,整个网架共设 24 个吊点。

一、吊装平面布置

图 3-1-2 为吊装总平面布置图。

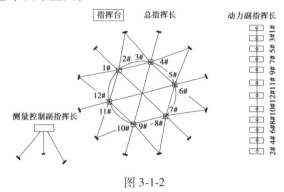

图 3-1-2

①六副 200 t 格构式桅杆,高 50 m。(标准节为 8 m,共 6 节,48 m,加上缆风盘球铰支座 2 m)

②对角缆风绳 3 根,水平缆风绳 6 根,斜缆风每副桅杆 3 根,共计 18 根,缆风绳总计为 27 根。

③每副桅杆布置有两台电动可逆式慢速卷扬机 2 台,共计 12 台,为便于指挥控制网架在空中旋转和同步,按单数和双数布置在同一轴线上。

④H140×8D,起重量为 140 t,8 门的起重滑轮组共 12 套(每副桅杆用两套)。

⑤起重滑轮组的钢丝绳弯绕方法采用了大花穿,示意图如图 3-1-3 所示。

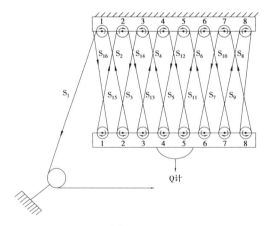

图 3-1-3

($S_0 \neq S_1 \neq S_2 \neq \cdots \neq S_{16}$ 各分支拉力 S_{16} 最小,S 卷扬机为最大牵引力。)

二、吊装步骤

(一)试吊以后整体提升

用 12 台电动卷扬机将网架整体提升超过柱顶高度为 24.60 m(柱顶标高为 24.10 m)。

(二)高空旋转

将 6 副桅杆一侧(按单号或双号)电动卷扬机刹住不动,另一侧的电动卷扬机(双号或单号)放松或提升,则这时每副桅杆两侧的起重滑轮组因受力不同而产生水平推力,此水平推力垂直于网架的径向半径,产生力偶矩,使网架产生旋转,旋转 2°06′时,网架的支座对准柱顶。

(三)落位固定

网架落位前卷扬机不能移动,把 36 根柱子的两层圈梁,安装完毕后才能正式落位。

第二节　卷扬机功率的测定

为了保证大型网架在整体吊装过程中达到同步安全施工的要求,并为今后大型网架的安装提供科学分析资料,采用功率表测量每台卷扬机的功率,并随时加以调整。这对协调 12 台卷扬机同步工作,保证网架均衡,安全地提升起到了很好的作用,收到良好的测定效果。通过测量数据的分析,可了解到每副桅杆及每副起重滑轮组受力不均衡的情况,为今后设计计算多台桅杆联合工作时受力的不均匀系数提供参考数据。

图 3-1-4 为起重滑轮组、导向滑轮、卷扬机布置、功率测量仪表布置图。

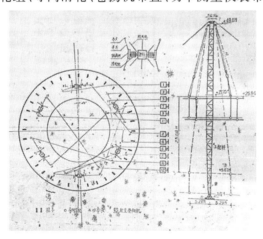

图 3-1-4

一、卷扬机的性能

这次吊装网架选用的卷扬机共 12 台,其中 10 台是上海工业设备安装公司制造的,2 台是上海重型机器厂制造的。其性能及相关参数见表3-1-1、表3-1-2。

表3-1-1

卷扬机型号		J10A	上海重型机器厂生产
牵引力/t		10	10
钢丝绳直径/mm		32	32.5
卷筒直径/mm		500	500
卷筒长度/mm		1040	1070
卷筒容绳量(6层)/m		414	400
总传动比		1∶120	1∶122.4
卷筒转速/(r·min⁻¹)		6	5.98
电动机	功率/kW	30	30
	转速/(r·min⁻¹)	720	721
	定子电流/A	71.5	72
	定子电压/V	380	380
	功率因素	—	0.762
	效　率	—	83.80%
	型　号	JZR52-8B	JZR52-8

表3-1-2

卷扬机型号	卷筒尺寸/mm			空转测试				厂名(型号)
	周长	直径	长度	转速/(r·min⁻¹)	电流/A	电压/V	功率/kW	
1	1572	500.4	1020	6.23	47	390	4.8	上海安装公司
2	1578	502.4	1020	6.23	45	390	3.6	上海安装公司
3	1575	501.3	1030	6.23	45	390	3	上海安装公司
4	1576	501.6	1020	6.23	47	390	3.6	上海安装公司
5	1573	500.7	1020	6.23	47	390	3.6	上海安装公司
6	1574	501	1010	6.23	45	390	4.2	上海安装公司
7	1575	501.3	1010	6.23	45	390	4.5	上海安装公司
8	1577	502	1010	6.23	47	390	3	上海安装公司

卷扬机型号	卷筒尺寸/mm			空转测试				厂名(型号)
	周长	直径	长度	转速 /(r·min⁻¹)	电流/A	电压/V	功率/kW	
9	1580	503	1020	6.1	47	390	3.6	上海重型机器厂
10	1582	503.5	1020	6.1	47	390	4	上海重型机器厂
11	1573	500.7	1020	6.23	45	390	3.6	上海安装公司
12	1579	502.6	1020	6.23	45	390	3.9	上海安装公司

二、卷扬机功率的测量方法

在功率的测量方法上,考虑到被测三相电路系三相对称电路,因此我们采用一个瓦特表法,即在每台卷扬机电源线路中接上一个瓦特表进行测量。为了扩大瓦特表的量程,将功率表电流线圈串接在电流互感器的二次回路中,其接法如图 3-1-5 所示。这样,将瓦特表指示读数乘以互感器变比常数后再乘以 3,即为三相电路的总功率。如瓦特表的量程为 5 A250 V,表面刻度为 125 格,在

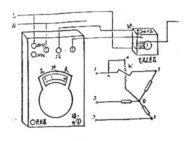

图 3-1-5

满量程时瓦特表指示数值为 5×250=1260 W,即每格代表 10 W。我们用的互感器变化为 100/5,则瓦特表的量程扩大为每格代表 $10 \times \frac{100}{5} = 200$ W。

例如:瓦特表读数为 28 格,则单相功率为 28×200=5.6 kW 三相功率为:

$$3 \times 5.6 \text{ kW} = 16.8 \text{ kW}$$

当电压超过 380 V 时,则上述瓦特表应接在 500 V 上。此时瓦特表的量程为 5×500=2500 W,即每格代表 20 W。

功率测量时,每台卷扬机配备一人观察网架提升过程中功率变化情况并做记录,如发现某台卷扬机功率过大过小时,及时向指挥人报告,以便指挥卷扬机司机进行调整,收到较好的效果。

三、卷扬机功率的测量数据分析

这次网架的提升共进行 19 次,功率的测量也进行了 19 次,今将测量结果及计算数据汇总于表 3-1-3,并分析如下。

表 3-1-3

序号	12台卷扬机提升钢丝绳绕卷筒层数	提升高度/cm	提升时间	Ⅰ号扒杆		Ⅱ号扒杆						Ⅲ号扒杆				Ⅳ号扒杆				Ⅴ号扒杆				Ⅵ号扒杆				平均功率/kW	平均牵引力/t
				1号卷扬机 功率N/kW	牵引力P/t	2号卷扬机 N/kW	P/t	3号卷扬机 N/kW	P/t	4号卷扬机 N/kW	P/t	5号卷扬机 N/kW	P/t	6号卷扬机 N/kW	P/t	7号卷扬机 N/kW	P/t	8号卷扬机 N/kW	P/t	9号卷扬机 N/kW	P/t	10号卷扬机 N/kW	P/t	11号卷扬机 N/kW	P/t	12号卷扬机 N/kW	P/t		
1	1-12号卷扬机提升(钢丝绳绕卷筒第一层)	12	15 s	18		16.8		16.8		16.8		14.4		18		18		13.2		18.6		16.8		15		16.2		16.55	7
2	1-12号卷扬机提升(钢丝绳绕卷筒第一层)	163	2 min 25.7 s	16.2	6.8	15.6	6.6	16.8	7.1	16.8	7.1	15.6	6.6	18	7.6	18	7.6	15	6.4	18	7.6	16.8	7.1	16.8	7.1	16.8	7.1	16.6	7.05
3	1-12号卷扬机提升(钢丝绳绕卷筒第二层)	185	21.5 s	16.2		15.6		15.6		16.8		16.2		19.2		17.4		15		19.2		16.8		18		16.8		16.9	7.07
4	1-12号卷扬机提升(钢丝绳绕卷筒第二层)	338	2 min 6 s	17.4		16.8		16.8		18		17.4		19.2		18.6		16.2		19.8		16.8		19.2		18.6		17.9	7.1
5	1-12号卷扬机提升(钢丝绳绕卷筒第二层)	604	3 min 58.6 s	18	7.1	18		16.2	6.4	19.2	7.6	19.2	7.6	19.8	7.9	21	8.3	17.4	6.9	18.6	7.4	15.6	6.2	21	8.3	19.2	7.6	18.6	7.4
6	1-12号卷扬机提升(钢丝绳绕卷筒第二层)	613	7 s	18		18		15		18		18.6		19.8		21		17.4		18		15		22.2		18.7		18.26	7.26
7	1-12号卷扬机提升(钢丝绳绕卷筒第二层)	620	6.2 s	16.8		18		15.6		19.2		18		19.8		21		16.2		18		17.4		22.8		18.6		18.5	7.3

序号	项目	次数	时间	各卷扬机测量数据
8	1-12号卷扬机提升（钢丝绳绕卷筒第三层）	637	15 s	15　20.4　18.6　18　18　18　21　21　16.2　18　15.6　23.4　19.2　18.75　7.4
9	9号卷扬机单独提升	637	2.3 s	18　18　18　7.1
10	1-12号卷扬机提升	657	16 s	12.6　20.4　19.2　18　17.4　18　21　19.2　16.2　20.4　15.6　23.4　19.2　18.55　6.85
11	1号、3号、5号、7号、9号、11号卷扬机提升	658	3.2 s	15.6　21　15　20.4　19.2　22.2　18.9　7.1
12	1-12号卷扬机提升	794	1 min 53.6 s	18　18.6　18　17.4　18　21.6　21.6　16.8　21　15　22.8　19.2　19.1　7.1
13	1-12号卷扬机提升	919	1 min 44.3 s	18　19.2　18　18　19.2　21　21.6　16.8　19.8　15　23.4　19.2　19.1　7.1
14	1-12号卷扬机提升（钢丝绳绕卷筒第四层）	1549	8 min 23 s	17.4　6　21.6　7.4　18.6　6.4　19.2　6.6　21　21.6　7.4　25.2　8.7　22.8　7.8　19.2　6.6　15　5.2　26.4　9.1　21.6　7.4　20.8　7.17
15	9-10号卷扬机提升	1551	15.7 s	18　20.4　18　19.2　6.6
16	1-12号卷扬机提升	1570	13.3 s	21　7.2　21.6　7.4　18.6　6.4　19.2　6.6　21　21.6　7.2　25.2　8.6　22.8　7.4　19.2　6.6　16.8　5.8　24　8.2　19.2　6.6　20.65　7
17	1-12号卷扬机提升	1586	12.6 s	18　20.4　21　19.2　21　24　24　18　24　16.8　24.6　18.6　20.75　7.1
18	1-12号卷扬机提升（钢丝绳绕卷筒第五层）	1601	11.8 s	15　4.9　24　7.8　21　21　6.8　19.2　6.8　21　22.8　7.4　22.8　7.4　22.8　7.4　18　5.9　25.2　8.2　8　5.9　20.55　6.8
19	1-12号卷扬机提升（钢丝绳绕卷筒第六层）	2222	7 min 28.2 s	21　6.4　24　7.3　21　22.6　6.9　20.4　6.2　22.6　22.8　6.9　24　7.5　28.2　6.9　18.6　5.7　29.4　8.9　22.6　6.8　23　7

239

（一）卷扬机牵引力计算

为了及时了解网架提升过程中各扒杆处起重滑轮组钢丝绳受力情况,可用下式将测得功率及时换算为钢丝绳的牵引力 P。

$$P = \frac{1950 \times N}{\eta_卷 \times D_i} \times \eta_停 \times \eta_电$$

式中　$\eta_卷$——卷扬机转速, $\eta_卷 = 6$ r/min;

$\quad\quad P$——卷扬机钢丝绳牵引力;

$\quad\quad \eta_停$——机械传动总效率;

$\quad\quad \eta_电$——电机效率,查电机型号中 $\eta_电 = 0.838$;

$\quad\quad D_i$——卷扬机卷筒直径(按钢丝绳中心计算);

$\quad\quad N$——功率。

$$\eta_停 = \eta_{变速箱} \times \eta_{触齿} \times \eta_{卷筒} = (0.96 \times 0.96) \times 0.93 \times 0.96 = 0.823$$

当 D_i 不同时,可求得功率和牵引力的换算系数。

例如:2 号卷扬机第一次提升时功率为 16.8 kW。则牵引力 $P = 424N = 424 \times 16.8 = 7120$ kg = 7.12 t。

从测量计算出各次提升时卷扬机平均牵引力都在 7 t 左右,说明网架在提升过程中牵引力基本不变。

（二）增加钢丝绳在卷筒上层数

每台卷扬机功率,随着卷扬机卷筒上的钢丝绳每增加一层就较明显地增大(见表3-1-4)。这一现象是符合客观规律的。

表 3-1-4

钢丝绳在卷筒上绕的层数	1	2	3	4	5	6
D_i/mm	528	570	611	653	694	736
$P = \dfrac{1950 \times N}{n_卷 \times D_i} \times \eta_停 \times \eta_电$	424 N	397 N	370 N	345 N	324 N	304 N

因公式 $P = \frac{1950 \times N}{\eta_卷 \times D_i} \times \eta_停 \times \eta_电$ 中,当牵引力不变时,功率 N 随着卷筒直径 D_i 加大而增大。随着提升高度的增加(此时卷筒进绳量也增加),功率也随之增大。

（三）关于网架每次提升过程中,各台卷扬机功率不一样的分析

取 11 号卷扬机与 12 号卷扬机功率与提升高度绘制曲线变化图见图3-1-6与图3-1-7看出,功率变化的大小不仅与提升高度有关,而且与卷扬机启动。停车的快慢、卷扬机的转速不相同、起重钢丝绳包角的增大、沿途阻力、风载等都有一定的影响,其曲线的变化不是平滑的。以上原因可导致在同一次网架提升过程中功率的变化忽高忽低。

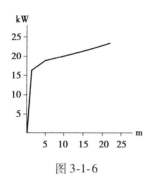

图 3-1-6

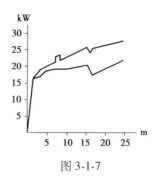

图 3-1-7

取第 19 次网架提升时各台卷扬机功率进行分析:将每付桅杆两侧卷扬机平均功率算出,用实际画在图 3-1-8 上。再将用自整角机在 6 根扒杆处测量的网架的各点高差用虚线画在图 3-1-8 上。

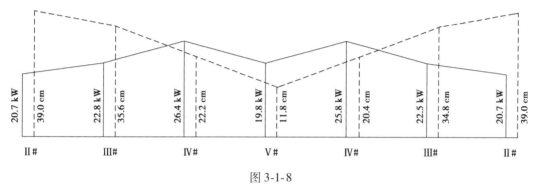

图 3-1-8

从图 3-1-8 可看出,网架各点提升的高差不一样必然引起各台卷扬机功率测量不相同。V 号扒杆处网架提升高度最低,功率也最小,为 19.8 kW。而相邻的 Ⅳ 号与 Ⅵ 号扒杆功率则最大,为 24.4 kW 和 26.4 kW。起重滑轮组钢丝绳受力也较大。说明网架刚度和拼装质量好。

从表 3-1-5 可以明显看出,正式吊装网架时功率比试吊时低。原因是第一次试吊时起重钢丝绳等沿途阻力大(碰石子和导木等)。

表 3-1-5

吊装次别	第一次试吊	第二次试吊	正式吊装
12 台卷扬机平均功率/kW	13.7	17.15	16.6

经现场清理后第二次试吊时功率比第一次减小,但在第二次试吊时又发现起重滑轮组钢丝绳穿法不妥,网架下降时有困难,经改穿后(仍为花穿,慢门快门错开),在正式吊装网架时功率又进一步下降。使网架能均衡安全地提升。

241

四、关于起重滑轮组受力不均匀系数取值的确定

为了确定起重滑轮组受力不均匀系数的取值,我们用网架正式提升中 3 次操作时间较长的功率进行分析(表 3-1-6)。并选用第二次试吊时将 I 号扒杆处 1 号、2 号,卷扬机单独提升 7.5 cm 和 12.5 cm 所测量的功率也进行分析,见表 3-1-7。

综合表 3-1-6 与表 3-1-7 进行分析考虑,我们认为网架重量布置基本均匀,各点提升高差控制在 10 cm 以下时,在提升阶段中起重滑轮组受力不均匀系数取值为:$K = 1.3$ 较为合适。

表 3-1-6

网架提升顺序	网架提升高差/cm		单台卷扬机功率不均匀系数			扒杆处两台卷扬机平均功率不均匀系数		
	相邻扒杆	最大高差	最大功率/kW	平均功率/kW	效率/%	最大功率/kW	平均功率/kW	效率/%
5	3.5(V 号与Ⅵ号)	7.7	21	18.6	13	40.2	37.2	8
14	7(V 号与Ⅳ号)	17.8	26.4	20.8	27	48	41.6	15
19	10.4(V 号与Ⅳ号)	28	29.4	23	28	52.8	46	15

表 3-1-7

卷扬机型号	单独提升前的功率/kW	单独提升 7.5 cm		单独提升 12.5 cm	
		功率/kW	增加/%	功率/kW	增加/%
1 号	18.6	21	13	24.6	33
2 号	16.8	19.2	14	20.4	21

第三节　几点看法

(1)通过上海体育馆网架吊装功率测量的实践,我们认为在卷扬机上装上一只功率表,用来及时了解卷扬机在提升大型网架与设备中每副起重滑轮组受力情况,是一种准确、方便、安全、可靠行之有效的好方法。而且在测量过程中还能帮助我们发现问题(如沿途阻力过大、钢丝绳的穿法不当、起重设备有故障等)为今后吊装大型网架与设备提供一些科学测

试数据。

（2）在大型网架与设备的吊装前,用功率表测试,将每副起重滑轮组的钢丝绳收得松紧一些,这样能保证大型网架与设备同步上升。此次我们采用功率读数为 7 kW（即 3 t 预拉力）对钢丝绳进行收紧,收到较好的效果,基本上做到了网架同时起步（网架开始提升时各点高差最大相差没有超过 3 cm）。

（3）用组合桅杆,多台卷扬机吊装大型网架和设备时,卷扬机的启动和停车尽可能做到一致。最好对卷扬机司机进行练兵或采用自动装置。

（4）当大型网架或设备在高空下降就位时,功率不易测出,需进一步探讨。

第二章
广州新白云国际机场设备及钢结构安装与吊装

　　广州新白云国际机场是广州市 2002 年重点建设工程,也是我国第一个按中枢理念设计和建造的航空港,它是我国民航业的重要里程碑。它荟萃了我国的建筑精英,在机电安装、钢结构的深化设计、制作、安装施工方面创造了建筑领域的诸多领先范例。如主航站楼的钢架屋盖采用曲面钢结构桁架体系,主体结构,长跨倒三角形立体钢桁架,桁架跨度 76.9 m,主桁架间距为 18 m,主桁架对称分布于南北两侧,每侧 18 榀,共计 36 榀。主航站搂钢结构吊装采用地面分段拼装,高空分组,组对桁架、胎架时,整体滑移的安装施工技术。亚州最大飞机维修库大厅跨度 100 m+150 m+100 m,重 4500 多 t,钢架屋盖整体提升到 26.5 m 的标高。货运中心当时是我国民航建设史上规模最大的工程,工艺先进,技术含量高,内设有室内外显示屏、辊道输送机、升降式装卸站台、交接输送机和安检机等设备,年吞吐量 80 万 t,达到了国际大型货运站的水平。

　　广州新白云国际机场航站楼设计体现了强烈的高科技时代特色,轻盈的、流畅的、通透,在夜色中变成一座轻灵飘逸的水晶之城(图 3-2-1)。

图 3-2-1

第一节　广州新白云国际机场南航基地建设

广州新白云国际机场南航基地建设总用地为 2114 亩,建筑面积为 41 万 m^2,工程总投资为 37.6 亿元。其中机务区钢网架面积为 30012 m^2,货运站钢网架面积为 72960 m^2,飞机维修库钢屋架总面积为 96253 m^2,均属大面积、大质量(总用钢量达 8000 t)、大跨度(其跨度为 100 m+150 m+100 m)、大厚度(厚度达 77 mm)。项目全部用英国进口钢材,技术含量高,工程质量要求高,安装施工难度大,是国内外关注的国家重点工程。南航基地迁建工程指挥部聘任笔者为高级技术顾问,主要承担钢结构工程与通用设备安装工程技术把关,在钢结构工程中任技术第一责任人(图 3-2-2)。图 3-2-3 为机场货运中心效果图。图 3-2-4 为当时亚洲最大的飞机维修库。图 3-2-5 为 4500 t 钢屋盖进行整体提升,图 3-2-6 为整体提升成功。

图 3-2-2

图 3-2-3

图 3-2-4

图 3-2-5

图 3-2-6

第二节　技术支持与技术把关

一、编写标书

编写货运站、机务区、2 号汽车维修库、3 号航材库、5 号飞机发动机中转库、配餐楼动力设备五本招标文件,修改货运站工艺设备、消防工程等招标文件共 11 本。

二、进行安装与吊装技术交底,方案审查,方案实施

对机务区的钢结构网架工程、货运站的钢结构网架工程、1 号机务办公楼的钢桁架连廊工程,亲自进行技术交底、方案审查、方案实施;对选材、加工、制作,现场拼装、吊装方案的实施等都作了严格、详细的关键技术指导,保证项目的工期和工程质量。

三、出任飞机维修库钢架屋盖整体提升方案专家审查组组长

主持了提升方案的严格审查,提出了增加自检、联合检查、专家检查,并做好预提升作业指导书和落位卸载技术措施等,使钢架屋盖,整体提升方案安全、可靠实施。该项目获 2004 年广州市优良工程,并荣获"中国钢结构金奖"。

四、针对不同时期对工程质量与工程进度提出不同的要求

主编指挥部《机械设备安装工程施工管理程序及要点》《关于做好工程验收、设备试运转的准备及工程资料分类与归档工作的通知》《总工程师职责》《总工办工作职责》《关于加强广州新白云机场南航基地迁建工程中对机电设备、设施成品保护的通知》等。并提出在工程建设中设计的龙头作用,监理的核心作用,安装施工单位的主体作用,业主的中心作用。做到设计、安装施工必须按规范;操作必须按规程;检验必须按标准;办事必须按程序。为保

证工程质量、工程进度提供了强有力的技术保障与支撑。

五、高度的责任感

2003 年广州遭遇 30 年一遇的台风杜娟。当天,高度的责任感让我们十分警惕。毛勇副总工程师主动提出要检查有无精密设备放在库区外,并立即派车前往配餐楼、货运站、机务区进行仔细检查,发现机务三号航材库的堆垛机放在库区外凹地中,如不及时送到库内,必遭水淹,造成严重后果。于是即时通知王绍熙副指挥长,又通知设备处连夜将设备转运到库区内,避免了堆垛机遭水淹的重大损失。

六、对通风空调工程系统与工业锅炉安装工程进行关键性的技术指导和技术把关

对货运站冷库、制冷系统,配餐楼、机务区、货运站、南办公楼、南航服务楼的通风空调工程系统与工业锅炉安装工程进行关键性的技术指导和技术把关,使联动调试顺利进行。

七、以专家身份参加了广州白云国际机场航站楼等国家初步验收会议

笔者以专家身份参加了航站楼、南航飞机维修库综合配套项目国家初步验收会议,充分发挥了专家技术把关的作用,提出了对新机场保驾护航,对工程技术上要精益求精的整改措施,保证了工程质量达到优良。

第三节　责任担当与技术钻研——钢网架下做人的学问

南航基地工程是广州白云国际机场迁建工程的重要组成部分。南航迁建工程指挥部指挥长韩马章接受采访时,推荐了被南航聘用为高级顾问、钢网架专家的我(笔者)。

在一个秋高气爽的下午,记者采访了我。我热情地接待了记者。记者说我身体健壮、精神饱满,丝毫看不出已是年近七十之人。说我是"先做人,后做事"。我开门见山对他们说:"我长期当大学教师,带研究生搞科研,多年潜心研究钢网架结构制作与安装、桅杆吊装技术,最深体会是要先做人,后做事,换个说法就是要有天地良心,这比有知识有技术更重要。"

采访后,新闻记者撰写了《钢网架下做人的学问——访白云国际机场南航基地迁建工程指挥部高级顾问杨文柱教授》一文发表在广洲新白云机场建设实录《云起南国》。

一、亲力亲为抓好"五个一"

我说自己 2001 年南航聘到指挥部"总工办"担任南航钢结构工程技术第一责任人,为了搞好工程,确保实现南航提出的工程工期、质量、投资和廉政建设目标,从一开始就向指挥长提出建议,必须做到"五个一",充分发挥"四个作用",坚护"四按三严格"。

"五个一"即以一流的队伍、一流的技术、一流的装备、一流的管理水平、一流的材料才能建一流的工程。

"四个作用",即设计的龙头作用,监理的核心作用,安装施工单位的主体作用,业主的中心和协调作用。

"四按三严格",即安装施工按规范,操作按规程,检验按标准,办事按程序;严格遵循设计文件,严格遵循招标文件,严格遵循合同文件。这些都是笔者多年来从事工程建设积累的宝贵经验。

韩指挥长告诉记者,南航基地工程的航运站、机务区、2 号汽车维修库、3 号航材库、5 号飞机中转库等 11 本招标文件,都是我编写的;同时,说我还协助指挥部抓好安全生产,确保安装吊装施工三年没有发生一例安全事故。

二、一丝不苟落实"严、准、细"

我告诉记者,在南航货运站,安装有 $7.6×10^4 m^2$ 的钢网架,钢网架面积亚洲第二,飞机维修库有"四大":面积大(2 万 m^2),跨度大(100~150 m),质量大(7120 t),厚度大(77 mm)。其中钢结构屋面盖的单层面积居全国钢结构之最、亚洲之冠。这个工程屋面钢结构,采用了计算机控制液压同步整体提升技术,首次解决了特大型桁架组装施工少用管式脚手架和不用管式脚手架庞大支持体系的课题;首次试验并成功解决了支点不均匀的排列,同支点两侧提升力强弱悬殊、支点侧向受力的同步竖向运行的课题;解决了主次桁架组装过程中非垂直状态下的接驳调效。

为了确保这一项目整体提升一成功,在试提升前,我向所有参与单位人员提出了"严、准、细"的要求。"严"即要有严格要求、严密措施、严肃态度;"准"即数据要准、计算要准、指挥要准;"细"即准备工作要细、方案措施要细、考虑问题要细。实践证明这些要求对保证安装吊装施工质量都起到了积极作用。

在飞机维修库安装施工中,焊接工程量很大,开始时,安装施工单位光顾赶进度,忽视了焊接质量。我发现这一问题后,要求安装施工单位全部返工。重新组织选配有资质技术的焊工进场,这一举动,在工地反响很大,安装施工单位纷纷主动进行自我检查,不敢再对质量有丝毫的松懈。在新机场工作三年多里,我基本没有过过星期日,全部精力投入到工程建设中。

三、不折不扣打造"亮点"

我说,设备新、技术先进、效能高,是新机场的"亮点"。航空配餐楼,日生产量 3 万份,配置了国内外最先进的中西式炉 75 台,还配有蔬菜加工、面包生产、冷冻、检验设备;立体仓库年入库量可达 5475 t;率先使用了真空垃圾处理系统,每天可以处理垃圾 30 t,解决了配餐楼高效卫生的要求。此外,综合楼、航材库、货运站等建设项目也都采用了国内外最新的建设技术,配置了最现代化的设备。

货运站内安装了国内最大的货运站冷库系统。建有冷库 13 间,设有 9 个集装式辊道输送机,实现了中央控制,自动化控制很高。但就在这些冷库门安装时,却发现供应商并没有严格履行合同。我对此非常生气,严厉批评了供应商和安装施工单位,他们虚心接受了批评,并承诺严格按合同办事,从而避免了国家的财产损失。

我说:之所以这样做也是为了教育他们。今后,无论何时都要牢牢记住,"先做人,后做事"。

我在指挥部任高级顾问,以严谨务实、团结拼搏的精神在南航基地指挥部划上了圆满的句号。同时,我的工作也得行了南航指挥部的高度评价(见附录 3)。随后我又赴广东科学中心任钢结构高级顾问,继续实践我一生中"钢网架下做人的学问"(图 3-2-7)。

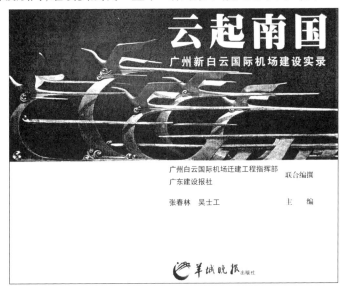

图 3-2-7

第四节 结合现场工程实践编撰《建筑安全工程》 《网架结构制作与施工》

结合现场工程实践,充分利用业余时间,笔者主编了国内第一部《建筑安全工程》与《网架结构制作与施工》,由机械工业出版社分别于 2004、2005 年出版,期向、还向国务院提出建议"普及安全教育,将公共安全作为基本国策,改变"要我安全"为"我要安全"。国务院领导作了批示,由安全生产委员会采纳,取得很好的社会效果。

其中《网架结构制作与施工》由指挥长韩马章为其作序,后由台湾高等教育出版社再版发行(图 3-2-8)。

图 3-2-8

第三章
北京首都国际机场 T3B 航站楼屋面网架钢结构安装与吊装工程技术

第一节　工程概况及安装与吊装施工

首都国际机场扩建工程是 2008 年奥运重要配套项目,是经国务院批准建设的国家重点工程。

首都国际机场航站楼南北方向长约 958 m,东西方向宽约 775 m,大跨度双曲面抽空三角锥混合节点网架结构,网架施工面积 14.1 万 m²,焊接球节点 6843 个,螺栓球节点 5616 个,网架用钢量 8571 t。为配合屋顶边缘的曲线造型以及和内部屋顶的连接过渡,沿整体网架周边设置了边桁架。网壳和边桁架杆件均采用空心圆管,边桁架采用焊接球节点或相贯节点。在航站楼的指廊和主体连接处,设置了一道温度缝(伸缩缝),将整个航站楼屋顶钢网架分为 3 部分,即指廊、主体和翼部。

该屋面为双曲面外形,平面呈"人"字形,整个结构新颖、独特。钢网架由两翼至核心部位以红、橙、橘红向黄色过渡,采用 12 种起伏渐变的色彩,如同彩色云霞托起腾飞的巨龙(图 3-3-1、图 3-3-2)。

图 3-3-1

图 3-3-2

一、结构特点

钢屋盖为大面积、大跨度双曲面抽空三角锥钢网壳结构,按布局划分为指廊、主体和两翼三大部分。在指廊和主体之间设有一道伸缩缝。屋面网架分布简图如图 3-3-3 所示。

①网壳结构形式大部分为标准抽空 I 型三角锥网壳,局部为三角锥网壳。

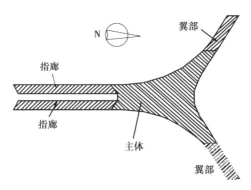

图 3-3-3

②网壳杆件采用空心圆管,节点优先采用螺栓球节点(图 3-3-4),直径超过 350 mm,选用焊接球节点连接(图 3-3-5)。焊接球规格为 $\phi400\times12$—$\phi800\times40$,杆件截面为 $\phi89\times4$—$\phi457\times24$。

③网壳四周设置边桁架,桁架杆件为空心圆管,节点全部为焊接球节点。

图 3-3-4

图 3-3-5

④整体网架由 124 根梭形钢管柱做为支撑,钢管柱网 36 m×41.569 m,柱顶标高 18.480~37.795 m,支座形式根据网架受力的不同及钢柱的分布情况共分 5 种:a. 内柱柱顶;b. 斜边柱柱顶;c. 直边柱柱顶;d. 带滑动支座的内柱;e. 带滑动支座的边柱。

网壳与钢柱连接采用板销节点支座。翼部沿屋顶切向设置滑动支座。

采用该安装施工技术在确保施工质量的前提下,网架总施工工期 108 天,大大缩短了网架施工工期。

二、现场安装与吊装施工的重点及难点

①工程量及工作面大、制作及安装工期紧。

②屋面为三维曲面造型,网架测量及定位难度大,安装精度要求高。

③网架结构传力复杂,必须制订合理的施工顺序和流程,以减少施工应力和累积误差。

④焊接杆件众多,杆件规格大,其高空焊接量大,焊接要求高。

⑤内部结构复杂,高空作业量大,安装人员众多,安装过程中的结构与人身安全保证是重中之重。

⑥各专业施工单位多,施工进度与场地、设备的使用等协调难度大。

⑦支撑钢柱 74 根,向外倾斜 14.5°,安装施工精度控制难度大。

⑧大面积使用钢管脚手架(约 13 万 m²,平均高度在 30 m 以上),脚手架工程是本工程的一个重要组成部分,该临时支撑体系的合理设计和使用是主要重难点之一(图 3-3-6、图 3-3-7)。

图 3-3-6 图 3-3-7

三、安装与吊装特点

将航站楼分为核心区、两翼及指廊三大区域,包括 65 个网架单元和 96 榀边桁架(图 3-3-8)。

1. 三大区域

两翼由两端向主体核心区方向进行,每一单元先安装边桁架,再安装内网架;指廊由主体伸缩缝向端部方向进行,安装方法与两翼类似;主体从中部向外部进行,先完成核心单元和两侧网架,再向四周延伸与边桁架连接,完成整个核心区的网架安装。

2. 边桁架安装与吊装

边桁架采取地面拼装、整体吊装,网架高空散装的安装方式。

边桁架安装施工分为拼装和吊装两大步骤。地面拼装,整榀吊装,如图 3-3-9、图 3-3-10 所示。

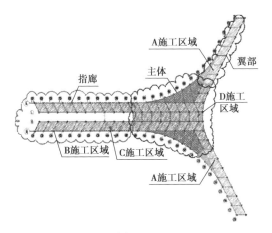

图 3-3-8

图 3-3-9

图 3-3-10

边桁架一共有 96 榀,长约 42 m,质量均在 20 t 以上,伸缩缝处边桁架质量超过 40 t,采用分段吊装方法(图 3-3-11、图 3-3-12)。

图 3-3-11

图 3-3-12

3. 网架安装

搭设满堂脚手架进行高空散装,见图 3-3-13。

图 3-3-13

4. 指廊和翼部安装

指廊和翼部安装见图 3-3-14。

图 3-3-14

5. 网壳合龙

①合龙温度控制在 15~20 ℃,施工时间宜选在早晨。

②合龙测量技术:利用全站仪进行球节点合龙前及矫正测量(图 3-3-15)。

③合龙施工从中间向两边进行焊接。杆件采取单面焊接顺序,以消除焊接产生的装配应力。

图 3-3-15

255

第二节　网架卸载技术及脚手架的拆除

一、体系转换原则

体系转换原则是以结构计算分析为依据,以结构安全为宗旨,以变形协调为核心,以实时监控为保障。

二、卸载的机具

采用千斤顶和可调 U 托,由中间向四周中心对称进行。

1. 卸载过程监测控制内容

其内容包括网架轴线位移,下挠位移,跨中竖向位移,侧向位移,铰支座处柱脚位移。

2. 网架卸载后进行脚手架拆除

其顺序为:拆护栏→拆脚手架→拆小横杆→拆大横杆→拆剪力撑→拆立杆→拉杆传递到地面→清除扣件→按规格堆码。

第三节　安装与吊装施工技术创新点

一、将 958 m×775 m 网架结构分为内部网架和边桁架分别进行安装施工

边桁架采用在地面胎架上拼装、地面验收的方法,保证了桁架拼装质量,减少了高空作业量和脚手架用量。

二、边桁架高空就位和内网架交错施工

边桁架和内部网架同时划分在各拼装单元,按拼装单元验收,逐单元拆除支撑脚手架,加速材料周转。

三、针对结构外形采用合理的拼装顺序

使整体网架安装误差大部分消除在各拼装单元内,充分利用结构变形缝的特点,变形缝单元最后收口拼装,消除网架剩余拼装误差,保证最终顺利合龙。

四、拼装方法简单快捷

内部网架搭胎架精确控制球节点坐标位置,既能保证网架双曲面外形,又能确保安装质量。

五、施工速度快

14.1 万 m^2 的钢管柱支撑大跨度双曲面异形网架,总体施工日期 108 天,大大缩短了整体工期。

六、适用范围广

该施工技术不受施工面积和支撑形式的限制,受环境因素影响小,可持续施工。

第四章
国家体育馆钢结构屋盖安装工程机器人的运用

第一节 工程简介及屋盖结构体系

国家体育馆位于北京奥林匹克公园南部,是北京奥运中心区的三大主场馆之一,总建筑面积约为 81000 m^2,是奥运会体操、手球、残奥会轮椅篮球的比赛馆,是一座具有国际先进水平的大型多功能体育馆(图 3-4-1)。

国家体育馆钢结构的屋盖采用了造型新颖、结构先进的超大跨度(114 m×144.5 m)空间结构体系——双向张弦,空间网格结构体系。为了充分体现节俭办奥运的精神,在最大限度满足建筑功能使用和造型要求的前提下,做到结构体系先进合理、安全可靠、经济美观。建成后成为当时国内外同类结构中跨度最大的双向张弦桁架结构。

钢结构屋盖的结构形式为单曲面、双向张弦桁架钢结构。上弦为正交正放的平面桁架;下弦预应力张拉索,穿过钢撑杆下端的双向索夹节点,形成双向空间张拉索网。桁架两端通过周边较均匀分布的角部 8 个三向固定球铰支座、6 个两向可动球铰支座和 70 个单向滑动球铰支座支承在钢筋混凝土劲性柱顶。屋顶钢结构轴测图如图 3-4-2 所示。

图 3-4-1

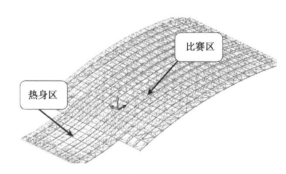

图 3-4-2

体育馆由比赛区(主馆)、热身区(副馆)、外围附属用房、地下车库 4 个功能区组合而成。

比赛区纵向有 B—Q 轴,共 14 榀平面桁架,其中 E—M 轴,共 8 榀为预应力索张弦纵向桁架;横向有 7—24 轴,共 18 榀平面桁架,其中 9—22 轴,共 14 榀为预应力,索张弦横向桁架。比赛区钢结构纵、横向桁架平面布置如图 3-4-3 所示。

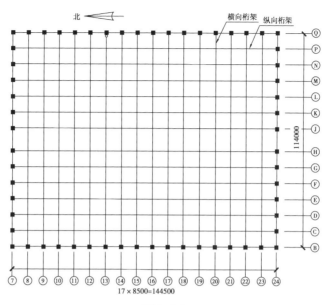

图 3-4-3

比赛区屋盖结构的下弦为每跨,横向(114 m 跨)和大部分纵向(144.5 m 跨)布置钢索,通过中间的撑杆与上层网格结构共同形成了具有一定竖向刚度和竖向承载能力的受力结构,以此构成了屋盖的整体空间结构体系。

比赛区屋盖结构的下弦横向 9—22 轴,共 14 榀和纵向 E—M 轴,共 8 榀布置钢索,纵向两侧边 5 榀桁架不布索、横向侧边各 2 榀不布索,索分为上下两层,纵索在上采用单索,横索在下为双索。张弦桁架轴测图如图 3-4-4 所示。

撑杆上端与桁架结构的下弦采用万向球铰节点连接、下端与索采用夹板节点连接。撑杆为圆管,截面为 219 m×12 m。撑杆的最大长度为 9.248 m。钢索采用挤包双护层大节距扭绞型缆索。索端与钢结构相连处设计为铸钢节点。

西侧纵向张弦梁剖面如图 3-4-5 所示。

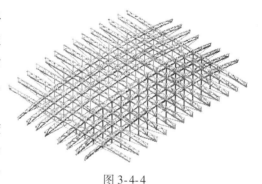

图 3-4-4

图 3-4-5

第二节　受力特点

本工程双向张弦桁架兼具双向交叉桁架与预应力结构的特征：

桁架四边支承，纵横向边长比为1.26，属典型的空间双向传力体系，可比拟为双向板结构。内力分布特点为：板跨中弯矩大，支座处弯矩小；短边横向传力大，长边纵向传力小；角部及附近支座因整体结构的位移协调而处于受拉状态。

钢索预应力值从中央向两边逐步递减，索截面及预应力值分布与正交正放桁架结构的内力分布特点相吻合。张弦索纵向矢跨比为1/15.6，横向矢跨比为1/12.3，张弦索对桁架整体结构具有平衡结构自重、增强抗弯能力、提高结构刚度、减小结构竖向变形的双重作用。结构性能大为改善，结构角部支座拉力降低。

结构属于具有负曲率的刚性屋盖，张拉过程中索的面外恢复力大于干扰力，张拉过程索力的平衡是稳定的，张拉过程安全可控（图3-4-6）。

稳定平衡　　　　　临界平衡　　　　　不稳定平衡

图3-4-6

张弦桁架为受力自相平衡的空间结构，柱顶支座，仅起到竖向支承作用。在索的张拉过程中，允许结构在支座处有水平位移，避免预应力传递到混凝土柱顶。在预应力张拉结束后，为控制钢结构的整体扭转刚体位移，8个支座转变为三向固定球铰支座。

第三节　工程重点与难点分析

一、复杂节点

1. 支座节点

为了支撑顶部钢屋盖结构，在结构的8个角点，为三向固定球铰支座，6个两向滑动球铰支座，其余边界为单向滑动球铰支座，共70个。支座示意图如图3-4-7、图3-4-8所示。

2. 桁架上弦网格节点

桁架上弦网格多座，其余边界为单向滑动球铰支座，共70个。

管相连的节点很多且形式复杂，上弦采用钢管与焊接球相贯连接及钢管与钢管相贯连接。焊接球节点截面范围为D500×18～D700×24，直径大于600 mm时采用碗形节点（球缺）（图3-4-9）。

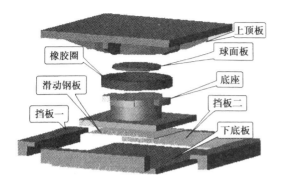

橡胶圈
滑动钢板
挡板一

上顶板
球面板
底座
挡板二
下底板

图 3-4-7

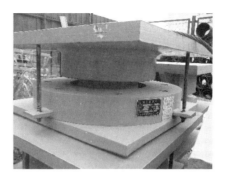

图 3-4-8

图 3-4-9

3. 桁架下弦铸钢节点

下弦节点最多达 11 根杆件相连,8 根下弦矩形管和 5 根圆钢管腹杆相互连接,节点处内力复杂,相应内部构造相当复杂,因此采用铸钢节点(图 3-4-10)。

图 3-4-10

4. 索撑杆上下端节点

撑杆上端与网格结构的下弦采用万向球铰节点连接,下端与索采用夹板节点连接。万向球铰节点为机加工件,索夹节点为锻件,索端节点采用铸钢件,撑杆上端及下端节点以及加工工件如图 3-4-11 所示。

图 3-4-11

二、拼装控制技术

根据施工工艺,拼装控制分为两部分:地面拼装控制和高空组对控制。

(一)地面拼装控制技术

考虑到本工程拼装桁架高度近 5 m 及现场的施工条件,所有的地面桁架拼装采用平卧拼装,拼装完后对整榀桁架的尺寸进行复核校正,然后进行焊接和 UT 检测,符合要求后方可脱模(图 3-4-12)。

图 3-4-12

(二)高空组对技术

高空组对主要包括两部分:纵向桁架的组拼和次桁架的拼装。

为了减少纵向桁架跨度大、变形过大造成的安装误差,在拼装平台上增设了 5 条短滑道,加上 2 条边滑道,共 7 个支点,保证纵向桁架的拼装精度。拼装平台和滑道布置示意图(图 3-4-13)。

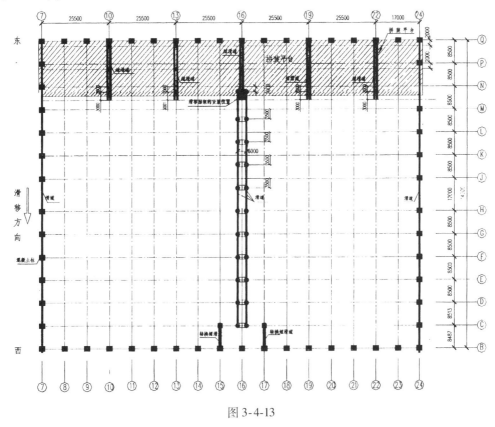

图 3-4-13

为减少滑移出拼装平台后变为三点支撑对后续次桁架拼装精度的影响,拼装平台短滑道加上悬挑部分宽度近 20 m,保证滑移施工过程至少两榀桁架在拼装平台上,保证次桁架的拼装精度(图 3-4-14)。

图 3-4-14

三、超高滑移胎架安装吊装施工技术

本工程中采用的滑移胎架高度大,达 12 m;其单个滑移胎架承担竖向荷载达,最大达1022 kN;由于工程中两条边滑道和滑移胎架所在的中滑道的顶标高不在同一水平面上,这样滑移过程中,滑移胎架可能会有滑移方向平面外的水平分力,给滑移胎架的边界条件的假定、计算分析、防侧翻的构造措施和连接节点处理带来了困难。

滑移施工过程中有 8 个滑移胎架的内部同时有、纵横向索从中穿过,这样滑移胎架在高空组装时必须散件拼装;滑移胎架、纵横索撑杆和索夹节点的安装与桁架高空拼装交叉作业;滑移施工完成后,双向索张拉使超高滑移胎架自动完成卸载;在滑移施工过程中,采用正弦式应变计进行应力监控和全站仪进行变形双控保证施工的安全(图 3-4-15)。

图 3-4-15

四、双向张弦桁架带索滑移

本工程为 114 m×144.5 m 双向超大跨度张弦桁架体系,在如此跨度的结构体系中采用携带双向索的滑移施工方法是首创。带索滑移施工方法的特点如下:

①累积滑移时既携带纵向索体,又携带横向索体。

②根据桁架整体刚度等情况可以选择索体在滑移之前张拉或滑移之后张拉。在桁架整体刚度较差的情况下,可采用先张拉索或部分张拉索的方法,提高桁架在滑移施工过程中的刚度。

③横、纵向桁架的拼装与索撑杆安装、穿索工序同时进行,即撑杆和索体的安装不单独占用工期。

④纵、横索交叉处采用三段式双向索夹节点。

⑤撑杆顶端采用万向转动支座,撑杆安装的双向倾角需同时考虑张拉工序(图 3-4-16)。

图 3-4-16

五、滑移施工过程的仿真模拟计算分析

(一)滑移施工过程仿真计算分析内容

屋盖滑移过程结构受力与设计状态完全不一样,整个结构体系是个逐步建立的过程,存在结构转换,部分杆件受力特性可能发生改变,因此对施工过程中的若干关键工况需要进行计算,对可能发生的不利因素进行提前预警,以保证结构施工的安全。滑移过程中需要计算分析的内容有:竖向变形计算分析,滑移过程侧向位移计算分析,滑移过程杆件受力计算分析。

（二）主要计算过程

第一步：滑移前两榀桁架，见图 3-4-17。

①吊装第一、二榀桁架及桁架间杆件。

②滑移前两榀桁架同时吊装第三榀桁架，见图 3-4-18。

图 3-4-17

图 3-4-18

③吊装第二、三榀桁架间杆件，见图 3-4-19。

第二步：滑移前三榀桁架。

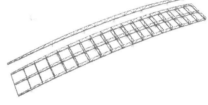

图 3-4-19

①滑移前三榀桁架同时吊装第四榀桁架。

②吊装第三、四榀桁架间杆件，见图 3-4-20。

第三步：滑移前四榀桁架（过程如第二步）。

前四榀桁架滑移到位

……

第十三步：滑移最后一步（按照上述步骤进行每榀桁架的滑移工作，当第四榀桁架滑出短滑道时穿纵向索，后面七榀有纵索的桁架同第四榀），见图 3-4-21。

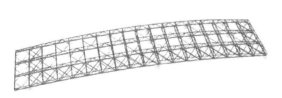

图 3-4-20

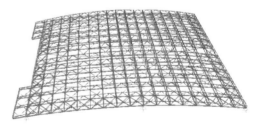

图 3-4-21

按照滑移方案的总体思路,采用有限元程序 SAP2000(9.1.6 版)的非线性阶段施工对滑移过程作了上述的实时模拟,以便监控滑移过程中结构的变形情况、应力变化以及滑移过程中结构对滑移轨道和拼装胎架的影响。

(三)主要计算结果

主要计算结果见图 3-4-22—图 3-4-25。

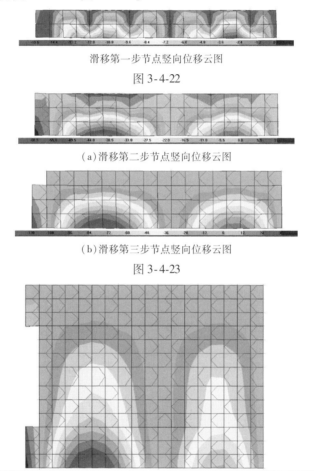

滑移第一步节点竖向位移云图

图 3-4-22

(a)滑移第二步节点竖向位移云图

(b)滑移第三步节点竖向位移云图

图 3-4-23

滑移最后一步竖向位移云图

图 3-4-24

与节点位移类似,杆件受力也是动态累积过程,结构累积滑移过程中杆件综合应力变化情况,见图 3-4-26—图 3-4-28。

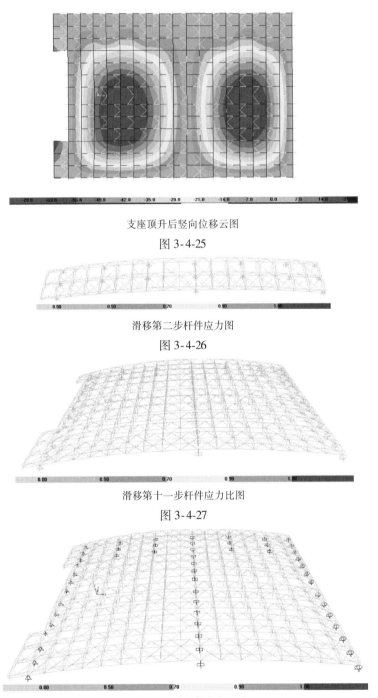

支座顶升后竖向位移云图

图 3-4-25

滑移第二步杆件应力图

图 3-4-26

滑移第十一步杆件应力比图

图 3-4-27

滑移最后一步杆件应力比图

图 3-4-28

六、双向预应力张拉控制技术

(一)拉索施工概述

作为双向张弦结构最重要的组成部分,预应力拉索张拉的技术工艺、双向索分级张拉方案和应力与应变控制技术至关重要。

预应力整体张拉方案:拉索的安装穿插在钢构件的安装过程中,纵、横向拉索随钢结构一起滑移,但拉索不张拉,仅预紧,预紧力为10%索张拉力。待比赛馆屋盖滑移就位,支座连接可靠,并与热身馆屋盖连接后,开始张拉钢索,对结构施加预应力。预应力的施加分三级,第一级施加80%,第二级施加至设计应力,使预应力值及结构的变形符合设计要求的状态,第三级根据张拉监测结果对索体进行细微调整,调整到设计要求的索力。

(二)索具及张拉端张拉方式

张拉设备示意见图3-4-29、图3-4-30。

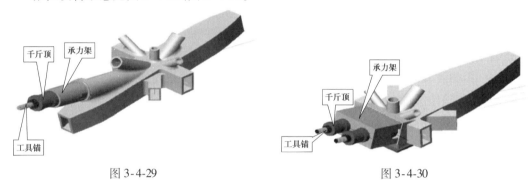

图3-4-29　　　　　　　　　　图3-4-30

七、支座就位和卸载技术

滑移采用直接就位,轨道通长布置,在滑移到位后,用液压千斤顶顶升支座。将滑动支座处轨道割除,安装好滑动支座,桁架卸载就位(图3-4-31、图3-4-32)。桁架在B轴就位时需要逐点顶高桁架,塞装滑动支座。

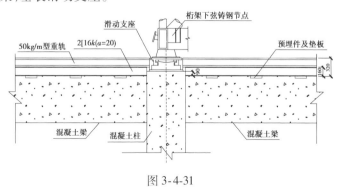

图3-4-31

图 3-4-32

八、安装施工过程中的测试技术

由于本工程的重要性及安装施工过程的复杂性,施工全过程均进行应力变形测试。变形测试采用全站仪,应力测试采用振弦式应变传感器,其输出信息为频率特征,不受导线长度的影响,灵敏度和稳定性也较好,使用方便,而且所测数据为应变增量,特别适用于施工现场的跟踪监测。振弦式应变计及数据采集系统如图 3-4-33 所示。

  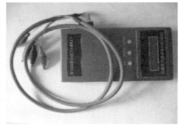 

图 3-4-33

第四节　机器人的运用

为了安装屋顶上的钢屋架,安装施工采用了由 9 个"机器人"进行的滑移施工技术。如前所述,安装时先将钢屋架在地面进行组装,然后把组装好的各部分钢屋架吊上屋顶进行拼装,并严格控制钢屋架焊接点的位置。将安装在钢屋架与轨道之间的 9 个"机器人"用一台电脑进行控制,统一编成行进程序,控制滑移的时间和行程。滑移过程中,"机器人"在油压作用下一张一弛,像蜗牛一样,背着上千吨钢屋架行走(滑移)到设定位置,如图 3-4-34 所示。

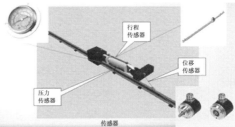

图 3-4-34

一、采用液压同步累计滑移安装

本工程根据现场施工条件、钢屋盖结构的外形特点,采用了液压同步累计滑移安装的施工工艺,使用如下关键技术和设备:

①大型构件液压同步滑移安装施工技术;

②TJG-100 型液压爬行器;

③TJD-15 型液压泵源系统;

④YT-2 型计算机同步控制系统。

自锁型机器人液压爬行器是一种能自动夹紧轨道形成反力从而实现推移的设备。此设备可抛弃反力架,省去了反力点的加固问题,省时省力,且由于与被移构件刚性连接,同步控制较易实现,就位精度高。

机器人液压爬行推进原理

"液压同步滑移技术"采用液压爬行器作为滑移驱动设备。液压爬行器为组合式结构,一端以楔型夹块与滑移轨道连接,另一端以较接点形式与滑移胎架或构件连接,中间利用液压油缸驱动爬行。液压爬行器的楔型夹块具有单向自锁作用。当油缸伸出时,夹块工作(夹紧),自动锁紧滑移轨道;油缸缩回时,夹块不工作(松开),与油缸同方向移动。

二、液压同步滑移施工技术的优点

①滑移设备体积小、自重轻、承载能力大,特别适宜于在狭小空间或室内进行大吨位构件、设备水平滑移。抛弃传统反力架,采用夹紧器夹紧轨道,充当自动移位反力架进行推移。

②可多点推拉,分散对下部支承结构的水平载荷。

③推移反力作用点距离滑移支座支承点很近,对轨道安装要求低。

④液压爬行器(机器人)与被推移物刚性连接,传力途径直接,就位准确性高。

⑤工作可靠性好,故障率低。

⑥液压爬行器(机器人)具有逆向运动自锁性,使滑移过程十分安全,并且构件可以在滑移过程中的任意位置长期可靠锁定。

⑦设备自动化程度高,操作方便灵活,安全性好,可靠性高,使用面广,通用性强。

三、步骤

①机器人夹紧装置中楔块与滑移轨道夹紧,爬行器液压缸前端活塞杆销轴与滑移构件(或滑靴)连接。爬行器液压缸伸缸,推动滑移构件向前滑移。

②机器人,液压缸伸缸,一个行程,构件向前滑移 300 mm。

③一个行程伸缸,完毕,滑移构件不动,爬行器液压缸缩缸,使夹紧装置中楔块与滑移轨道松开,并拖动夹紧装置向前滑移。

④机器人一个行程,缩缸,完毕,拖动夹紧装置向前滑移 300 mm。一个爬行推进行程完毕,再次执行步骤①工序。如此往复使构件滑移至最终位置。

机器人液压爬行推进原理如图 3-4-35 所示。

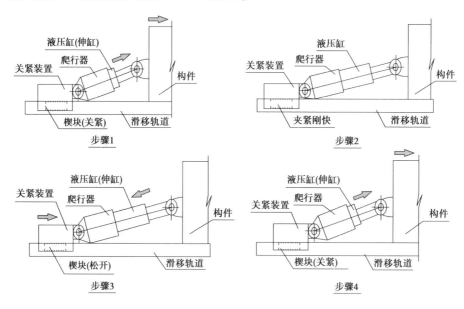

图 3-4-35

液压同步滑移施工技术采用行程及位移传感监测和计算机控制,通过数据反馈和控制指令传递,可全自动实现同步动作、负载均衡、姿态矫正、应力控制、操作闭锁、过程显示和故障报警等多种功能(图 3-4-36)。

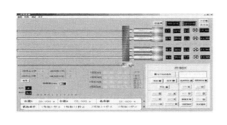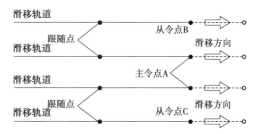

图 3-4-36

四、轨道安装精度要求

为保证滑移轨道顶面的水平度,降低滑动摩擦系数,滑移大梁及滑移轨道在制作安装时,应做到:

①滑移大梁使用的焊接箱型构件,在焊接后对上表面的平面度进行变形矫正;

②滑移大梁垂直方向弯曲矢高应控制在 0 ~ +8 mm,不能为负值;

③滑移大梁上表面应进行手工除锈,打磨光滑;

④每段滑移轨道接头高差目测为零,焊缝接头处应打磨平整;

⑤正式滑移前轨道与滑靴各接触面需均匀涂抹黄油润滑。

五、滑移顶推点设计

1. 爬行器节点

滑移顶推点即液压爬行器与滑靴处的连接节点,用于传递液压爬行器的水平顶推力。爬行器节点图如图 3-4-37 所示。

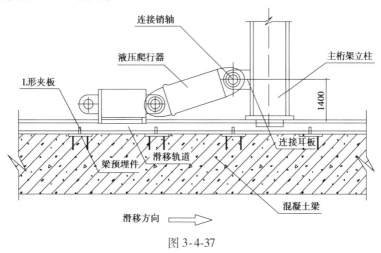

图 3-4-37

本工程中,液压爬行器与顶推点均通过连接耳板+销轴连接,方便拆装,并保证了顶推点具有一定的自由度。连接耳板,安装在滑靴上部,加劲板处,与加劲板设计为一体,便于在工厂预制。

2. 顶推力的传递

本工程中钢屋盖结构累积滑移过程中,液压爬行器的顶推点只设在部分钢屋盖支座或节点后部。因钢屋盖的支座、节点数量多于顶推点的数量,没有设置顶推点的支座、节点必然跟随前部顶推点从动(类似车厢跟随火车头运动)。当顶推点的底座开始滑动时,后面滑靴与滑道的摩擦力将通过之间的钢屋盖,结构向前传递。此水平力较大,水平力可能对次结构杆件和节点产生附加内力、弯距,造成不易控制的应力应变,对钢屋盖结构滑移安装过程的安全不利。

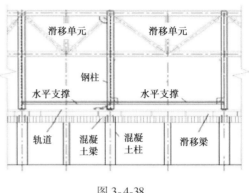

图 3-4-38

为消除这种不易控制的影响,并从滑移安装精度控制角度出发,保证后面的滑靴与顶推点处的同步滑移,在沿轨道方向相邻的钢屋盖、滑靴之间加设临时水平联系杆件。

机器人额定顶推力 $P=100$ kg,单个滑靴,支座反力 $N=42.5$ kN,则联系杆拉力的荷载设计值 $F=1.4\times(100-0.2\times42.5)=128.1$ kN。图 3-4-38 为水平支撑布置图,相邻两个滑移支座之间的水平联系杆件如该图所示。

第五节 钢屋架质量验收标准

由于当时国内钢结构桁架质量验收标准主要是针对跨度小于 60 m 的桁架制订的,由于本工程跨度为 114 m,远大于规范制定时的标准,因此根据钢结构专家、设计部门、总包单位、监理单位和施工单位共同研究制订了滑移施工到位长拉后的验收标准,如表 3-4-1 所示。

表 3-4-1

项　目	允许偏差/mm	检测方法
纵向、横向长度	$L/2000$,且不应大于 30.0,−70.0	用钢尺实测
支座中心偏移	垂直跨度方向不大于 50.0, 另一方向不大于 20.0	用钢尺和经纬仪实测
支座最大高差	30.0	用钢尺和水准仪实测
多点支承网架相邻支座高差	$L_1/800$,且不应大于 30.0	

注:1. L 为纵向、横向长度。

2. L_1 为相邻支座间距。

该项目于 2006 年圆满完成了钢结构屋盖深化设计、加工制作、安装施工任务,并总结了一套成熟的双向张弦桁架安装施工技术。

第五章
世界首台 AP1000 核电机组安装与吊装

第一节　AP1000 核电技术简介

根据国际能源署报告显示,截至 2019 年 5 月,全球运行中的核反应堆共计有 452 座,分布在 30 多个国家,另有 54 座正在建设中。

截至 2021 年 8 月底,我国大陆在运核电机组有 51 台,装机容量为 5326 万 kW。截至 2020 年底,我国大陆地区商运核电机组达到 48 台,总装机容量为 4988 万 kW,仅次于美国、法国,位列全球第三。核电总装机容量占全国电力总装机容量的 2.7%,发电量达到 3662.43 亿千瓦时,约占全国累计发电量的 4.94%,发电量达到世界第二的水平。

一、AP1000 核电技术

AP1000 是一种先进的非能动型压水堆核电技术,用铀制成的核燃料在"反应堆"的设备内发生裂变而产生大量热能,再用处于高压下的水把热能带出,在蒸汽发生器内产生蒸汽,蒸汽推动汽轮机带着发电机一起旋转,电就源源不断地产生出来。AP1000 最大的特点就是设计简练,易于操作,安全性更高,同时也能显著降低核电机组建设以及长期运营的成本。(图 3-5-1)

AP1000 核电技术的关键技术有核岛筏基大体积混凝土一次性整体浇注技术、核岛钢制

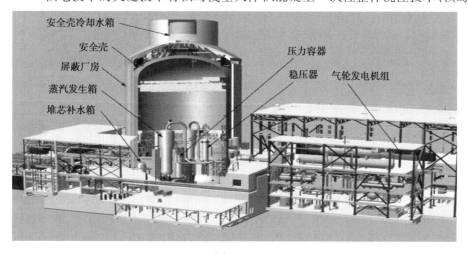

图 3-5-1

安全壳底封头成套技术、模块设计和制造技术、主管道制造技术、核岛主设备大型锻件制造技术。

二、AP1000 核电关键技术

(一)核岛筏基大体积混凝土一次性整体浇注技术

2009 年 3 月 31 日,世界上首台 AP1000 核电机组三门核电站一号机组核岛第一罐混凝土浇注顺利完成,4 月 20 日混凝土养护取得成功。这是世界核电站工程建设中首次成功采用核岛筏基大体积混凝土一次性整体浇注的先进技术,我国成为首个成功掌握此项技术的国家。核电站核岛筏基是核反应堆厂房的基础部分,其大体积混凝土一次性整体浇注,可以实现核电站核岛基础的一次整体成形,具有无接口、防渗好等技术优点,特别适合安全性能要求较高的核电施工。但由于浇注后的养护是难点,一直是施工的一大技术难题。该项技术的成功实施,可以有效缩短工期,将为第三代核电的批量化建设带来巨大的经济价值。筏基大体积混凝土一次性整体浇注见图 3-5-2。

图 3-5-2

(二)核岛钢制安全壳底封头成套制造技术

三门核电站一号机组核岛钢制安全壳底封头成功实现整体吊装就位。安全壳底封头的钢材制造、弧形钢板压制、现场拼装焊接、焊接材料生产、整体运输吊装等都是由我国企业自主承担完成的。

钢制安全壳是 AP1000 核电站反应堆厂房的内层屏蔽结构,是非能动安全系统中的重要设备之一。钢制安全壳底封头钢板的典型特征是大尺寸、多曲率、高精度,采用整体模压一次成型技术。中方企业攻克了一系列世界性的技术难题和工艺难关,提升了我国核电装备制造和相关材料研制的水平。核岛钢制安全壳底封头成套制造与安装见图 3-5-3。

图 3-5-3

（三）主管道制造技术

2013 年 4 月 7 日，三门核电站 1 号机组完成了主冷却剂管道（以下简称主管道）所有焊口 100% 厚度的实体焊接，主管道 A、B 环路 6 根管段将反应堆压力容器、蒸汽发生器和反应堆冷却剂泵连接形成一个封闭的环路。

三门核电 1 号机组于 2012 年 10 月 4 日正式开始主管道施工，整个施工过程历时 181 天。主管道焊接采用了激光跟踪测量及 3D 建模拟合、现场数控坡口精确加工、窄间隙自动焊、激光跟踪测量焊接收缩变形等先进技术，保障了焊接质量和效率。

AP1000 核电技术是我国从美国西屋公司引进的第三代核电技术，也是当前世界上技术最先进、安全性能最高的压水堆非能动型核电技术，国内首个反应堆机组在浙江三门建设。主管道作为反应堆压力容器、主泵、蒸发器等核岛七大关键设备之一，被称作核电站的"主动脉"，其制造技术在国内外没有任何经验可以借鉴。AP1000 主管道不同于第二代核电站采用的铸造不锈钢管，采用的是整体锻造、加工、弯管的不锈钢管道，这要求有更多的不锈钢水，其冶炼、浇铸、铸造、热处理、深孔加工和弯管等工艺都有较大难度。对制造厂的熔炼能力、锻造能力、精加工能力、锅炉处理能力以及检验能力都提出了新的考验及挑战。

主管道是 AP1000 自主化依托项目中没有引进国外技术的核岛关键设备，需要完全依靠国内自主研制。在国家科技重大专项支持下，渤船重工、二重等单位经过三年多的不懈努力，攻克了特殊不锈钢冶炼、电渣重熔、整管锻造和弯制工艺等技术难关，掌握了三代核电锻造主管道全部生产制造技术，综合技术指标符合美国西屋公司的设计技术标准，4 台机组实现了国内采购，大幅降低了主管道的采购成本。主管道示意图与制造现场见图 3-5-4。

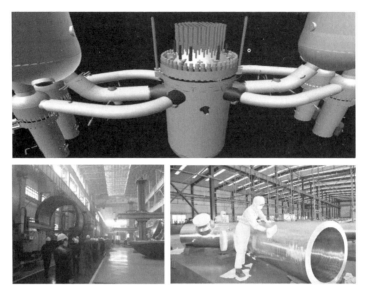

图 3-5-4　（图片来源网络）

（四）关键设备大型锻件制造技术

AP1000 核岛主设备大型锻件综合性能指标和制造技术研究成果达到国际先进水平,高温气冷堆核岛主设备压力容器和堆内构件大型锻件均是世界首套,其综合性能指标和制造技术研究成果也达到国际先进水平。

截至 2011 年底,AP1000 核电整套压力容器锻件完成研制,蒸汽发生器锻件研制完成,整套稳压器锻件完成研制,以及实现堆内构件用奥氏体不锈钢大锻件的国产化。此外,全球首套高温气冷堆整套压力容器锻件以及整套堆内构件锻件均完成研制。图 3-5-5 为蒸汽发生器制造。

图 3-5-5　（图片来源网络）

第二节　安全壳的吊装

2013 年 1 月 29 日,浙江三门一号核岛上,中国核建中原建设有限公司的 3 名司机和 1 名指挥人员,共同操作一台 2600 t 履带式吊车,稳稳地将总重约为 830 t 的安全壳顶封头一次性吊装就位,标志着中国首个 AP1000 依托项目核电站的建造取得了重大进展。

安全壳是核岛的关键设备之一,也是核电站的标志物。AP1000 安全壳直径约 40 m,高约 66 m,总重约 3400 t;由底封头、筒体四环和顶封头组焊而成的圆柱体。吊装时特制作了专用吊梁。安全壳吊装前后分 6 次吊装,历时 37 个月,每次均一次性吊装成功。图 3-5-6 为安全壳底封头吊装,图 3-5-7 为安全壳底封头在基础上就位,图 3-5-8 为筒体吊装(共四个),图 3-5-9 为安全壳内设备吊装。此次顶封头吊装是安全壳的最后一吊(图 3-5-10)。

AP1000 核电建造主要采用模块化制作和吊装技术,改变了先土建后安装的传统,有利于缩短工期;同时,也对吊装作业提出了更高要求。

图 3-5-6

图 3-5-7

图 3-5-8

图 3-5-9

图 3-5-10

第三节 AP1000 核电机组钢制安全壳底封头吊装与运输及 CV 筒体运输设计计算方案的评审意见

2008 年 8 月本人应国家核电技术有限公司之邀参加 AP1000 钢制安全壳容器制造技术专家审查会（图 3-5-11）。本着边学习、边总结、边提升、边实践的原则，首先认真学习了核工业第五建设公司提供的安全壳底封头吊装方案，安全壳 CV 吊梁设计计算书，吊梁试验方案，CV 底封头、筒体吊耳设计计算书，吊具吊索过渡梁设计计算书，底封头运输方案，CV 底封头运输托架设计计算书，CV 底封头工装支架计算书，平板车连接架设计计算书，CV 筒体运输设计计算书，筒体坡口保护计算书等书面资料，并听取了大连理工大学机械工程学院、工程机械研究中心杜庆升副总工程师、核工业第五建设有限公司李灿彬等同志对底封头吊装与运输及 CV 筒体运输设计计算方案作的详细说明。本着求真、务实的态度大家进行了热烈的讨论，认为 AP1000 核电安全壳对吊装与运输技术要求高，对设计吊装与运输理论要求精确化、科学化和综合化。其主要表现为，理论分析由线性分析到非线性分析，由平面分析到空间分析，由单个分析到综合分析，由表态分析到动态分析，由数字分析到模拟试验分析与有限元分析，由人工制图到计算机辅助设计、计算机优化设计、计算机绘图等。

SNPTC 国家核电技术公司
State Nuclear Power Technology Corp.,Ltd

邀 请 函

专家：

国家核电重大专项办公室定于 2008 年 9 月 1 日（星期一）上午 8:30-下午 17:00 在山东海阳山东核电设备制造有限公司二楼中心会议室召开关于 AP1000 钢制安全壳容器制造技术消化吸收课题可行性研究报告专家审查会，我们盛情邀请您作为评审专家参加本次会议，望您能于 8 月 31 日下午提前赶到，并准时出席会议。会议通知请见随附的国核重函[2008]410 号。

另外，由于海阳正值旅游季节，为了便于安排接待车辆和食宿，烦请您于 29 日前告知行程安排，谢谢您的合作。

联 系 人：赵海丽

联系电话：15064535125

国家核电技术有限公司 重大专项办公室

图 3-5-11

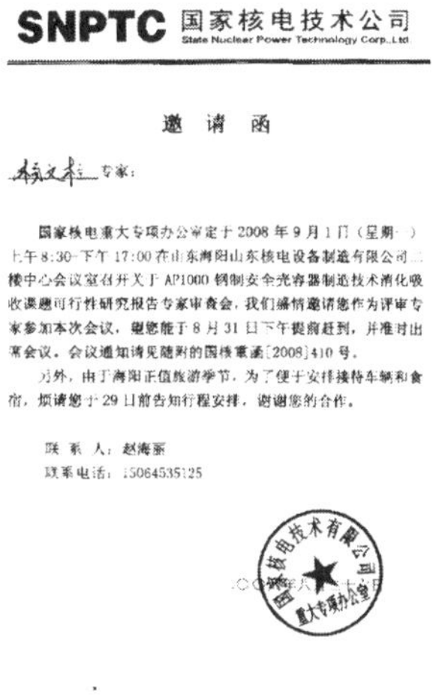

AP1000 核电安全壳是国内工程系列化研发的典范：把核电工程设计、加工制作、安装施工吊装与运输技术进行集成、整合、一体化；是集约化、模块化生产的体现：就是要提高制作、安装、运输工业化的水平。要用一流的装备、一流的队伍、一流的技术、一流的管理水平、一流的材料建该项一流的工程，争做吊装与运输精细化管理的楷模。精细化，一是信息化，用数控来控制，二是程序化，沿着程序化、标准化、工厂化、专业化方向进行吊装与运输的管理及研究。

核工业第五建设有限公司与大连理工大学机械工程学院在底封头吊装与运输方案拟订中做了大量工作并取得了初步成效。吊装与运输方案合理、安全、可靠。但必须在现有的基础上对吊装与运输方案进行细化和提升。重点抓好吊梁、吊耳、索具、吊具、运输托架、工装支架、平板车连接架设计、试验、计算与验算。必须遵循设计安装施工按规范，操作按规程，检验按标准，办事按程序；严格遵循设计文件，严格遵循合同文件；做到严（严格的要求、严肃的态度、严密的措施）、准（数据要准、计算要准、指挥要准）、细（准备工作要细、考虑问题要细、方案措施要细）。

一、CV 底封头吊装用吊梁图纸及计算

底封头吊装强度与稳定计算,对应规范建议采用美国 ASME,以及 AISC 标准与规范。

力学模型中一些简化应避免导致一些必要的外力丢失,如吊耳处,建议加强校核;吊梁强度与稳定手算复核采用的结构形式应与模型一致,若采用桁架,有限元模型单元类型建议作适当调整,总体布置方式建议作必要调整;若为格构柱,吊梁截面布置方式建议作必要调整。符合相应的规范;吊梁设计规范应明确,避免两种规范穿插,建议采用钢结构设计规范;系数采用应注明其来源与根据;外荷载的考虑应注明采用的规范,如风载的计算;对底封头几何缺陷和残余应变的释放,建议做必要的模拟计算与解释;建议考虑筒段与封头的对接工况,同时建议考虑底封头质量分布不均匀性。

二、底封头吊装模型建议将索具模拟完整

建议完善相应的节点计算,施工详图构造应满足规范要求。

钢结构节点的构造要点:在钢结构工程中,节点的设计、构造、加工制作、安装施工是非常关键的一个环节。若节点处理不当,构造失调,往往会造成构件偏心受力过大和突发性灾难。若节点处理合理,构造精确,即使构件超载,整个结构可以应力重新分布,仍能安全使用。从实践中,我们总结了钢结构节点的十项构造要点:受力明确,传力直接;构造简洁;所有聚于节点的杆件受力轴线,没有特殊原因时,必须交于节点中心;尽可能减少偏心;尽可能减小次应力;避免应力集中;方便制作与安装;便于运输;容易维修;用材经济。

试吊装时,建议考虑吊索受力不均衡性;应完善吊梁各部件、构件、零件及节点详图,以便制作和加工;应校核吊梁上方浇铸索具加工长度偏差对吊梁的影响及对浇铸索具、连接器的影响;建议再次进行校核。

三、吊梁载荷试验方案

建议做此次试验时,吊梁下采用实际吊装用钢拉杆与试吊吊物吊索连接,并在吊装中试调节,以检查钢拉杆使用可行程度;建议在试验前或试验后对每吊点处的钢拉杆、吊梁吊耳、浇铸索具、连接器位置进行编号,以保证实际吊装时同一吊点所用的吊索具与试验时相同;建议吊装时风速不大于 9 m/s,以使试验环境与底封头吊装环境相同或相似,并符合起重机作业对风速的要求;应出具试验托架图纸及计算书;方案中应明确试验时应力应变仪器摆放位置。

鉴于本工程的重要性及吊装过程的复杂性,施工全过程均进行应力变形测试。变形测试采用全站仪,应力测试采用振弦式应变传感器,其输出信息为频率特征,不受导线长度的影响,灵敏度和稳定性也较好,使用方便,而且所测数据为应变增量,特别适用于施工现场的跟踪监控。正弦式应变计及数据采集系统见图 3-5-12。

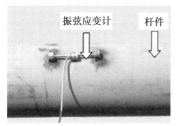

图 3-5-12

四、底封头吊装方案

应明确钢拉杆调节方式(人工、电动工具或液压工具等),操作人员操作位置,操作人员登高上下的方法,调节控制数值等;第 12.3.1 节吊装现场平面布置图中,全站仪摆放位置不得位于设备扫空路线下方。两台全站仪与吊钩所在垂直线的水平连线夹角应成 90°,且利于观察并便于吊装指挥人员指挥吊车操作,其工作位置应离开吊装区域;未见起重机对地基承载能力要求、地基处理方式、地基承载能力计算书及有关试验报告;试吊装、调平时,建议增加对吊耳、底封头环板、钢拉杆等的检查。

建议明确:全站仪监测人员、吊装指挥、起重机司机、底封头就位时安装人员之间信号传递方式,尤其是全站仪监测人员、底封头就位时安装人员和吊装指挥间语言表述方式,以免产生起重机误操作。索吊具(麻绳、吊索、吊带必须明确)配套的卸扣、起重用的滑轮与滑轮组必须进行核算,并按规范正确使用其安全系数在运输与吊装过程中的技术人员、管理人员、技工人员(起重班组)优化组合与配备;试吊前与试吊过程中,重点检查吊梁、吊耳、吊索、履带吊,并做详细的书面记录;调平拉杆重点进行检查其可靠性,如何进行操作,需进行实战演练;安全技术措施要加强,必须有应急预案;图纸和软件应用建议必须校对后再审查。吊装方案应明确如何防止吊装物自身旋转。

五、底封头运输方案

计算中请考虑不均匀系数 $K_{\text{不}} = 1.2$;对行走路面承压能力、坡度、转弯半径等进行实地勘测;应明确行车水平启动与刹车加速度,并注明其来源,计算重新复核;连接钢架与拖车连接方式应明确,核实与计算模型是否一致,计算模型结构应加上手算复核;圆管构件应力太大,建议加强;建议方案编制单位与运输车辆提供单位进行详细沟通,保证运输方案可行;应校核装车时拆除第三圈工装支架斜杆后的承载能力及底封头稳定性。

六、筒体运输设计计算

建议与运输公司加强协商,保证设计计算及方案与运输能力能精确结合,计算模型与方案布置建议做适当调整。

第六章
南通体育场开合屋盖工程钢结构与机电设备安装一体化

第一节　工程简介及屋盖开闭系统

南通体育会展中心体育场位于江苏南通新城区,总建筑面积48565 m²,观众座位32244席。屋盖采用活动开启式,开启面积17000 m²,是国内目前可开启面积最大的开闭式体育场。体育场活动屋盖由钢结构与开闭两大系统组成,是钢结构与机电设备安装一体化典范,也是跨学科科技应用的建筑工程典范。(图3-6-1)

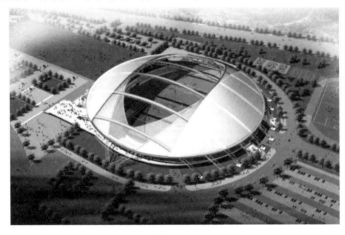

图 3-6-1

一、钢结构屋盖

钢结构屋盖的几何形状为球冠。屋盖分两部分:固定屋盖和活动屋盖。固定屋盖用钢量9702 t,活动屋盖用钢量2098 t,钢结构总量11800 t。

固定屋盖为拱支网壳结构,由6榀主拱桁架、10榀副拱桁架、2榀斜桁架、2榀内环桁架和单层网壳组成。拱桁架为圆管相贯钢结构,网壳采用GS20Mn5铸钢节点与圆管焊接而成。主拱中心距离40 m,主拱与副拱桁架中心距离20 m。主拱分为A,B,C,D,E,F拱,承担着整个屋盖的大部分重量,同时作为滑移轨道的支撑结构。C,D拱跨度最大262 m,矢高55.4 m,中部最大长度100 m范围无侧向支承。桁架截面为倒置三角形,高4 m,宽约3.9 m。直焊缝弦杆最大规格为$\phi 630 \times 45$,腹杆最大规格为$\phi 351 \times 16$,拱脚刚接。内环桁架作为活动屋盖完全闭合时的收边桁架,起到建筑美观与加强屋盖刚度的双重作用。钢结构屋盖如图 3-6-2 所示。

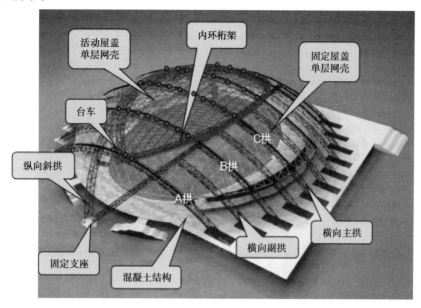

图 3-6-2

活动屋盖为单层网壳结构,共两片,每片重 1137 t。网壳杆件中心线位于半径 206.8 m的球面上,平面呈月牙形。每片活动屋盖由 22 部台车支承,行驶在固定屋盖的 6 条圆弧轨道上。其中,A,F 拱各 2 部台车,B,E 拱各 4 部台车,C,D 拱各 5 部台车。每片活动屋盖由 4个牵引点、8 根钢缆绳牵拉。

二、开闭系统

南通体育场活动屋盖采用卷扬机、钢丝绳牵拉的开闭形式,开闭系统由承载系统、牵引系统、固定系统、检测系统、控制系统 5 个子系统组成。设计年开合次数 200 次,单次开启或闭合的运动时间为 20 min。

台车为承载系统的最主要部件,共 44 部。每部台车竖向承载力为 1500 kN 同值设计。

卷扬机、钢丝绳是牵引系统的两大关键部件,起动力牵引与失电制动的作用。两片活动屋盖各设置了 4 部卷扬机,分布在 B,C,D,E 拱脚地下室。

固定系统分为全开状态的车档缓冲装置和全闭状态的锁销装置两部分。固定系统可减轻钢丝绳应力长期作用的不利影响。

检测系统分为传感器与影像装置两部分,安装在屋盖和泵房中。

控制系统为各子系统协同工作的中枢神经,监控状态、分析信息,并按预定的控制策略纠正偏差。以实现牵引方向的位移同步,调整横向与竖向位移偏差。控制系统如图 3-6-3所示。

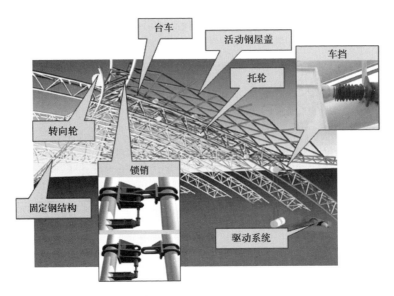

图 3-6-3

台车由车架、轮轴、车轮、滑套、关节轴承、滑轴、主顶油缸、竖向连接法兰盘、水平弹簧油缸阻尼器、水平导向轮、反钩装置组成(图 3-6-4)。

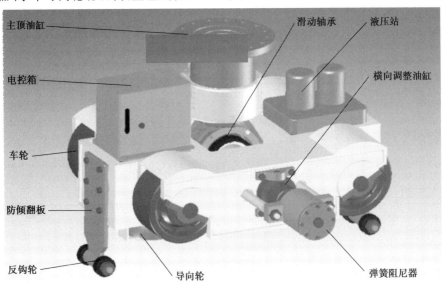

图 3-6-4

叠形弹簧为横向变形自适应装置,油缸阻尼器为横向变形补偿调整装置,主顶油缸为竖向变形补偿装置。台车可调整构造适应固定屋盖与活动屋盖间的变形差。

反钩装置分为反钩轮与反钩杆两种。A 拱、F 拱台车在使用中出现拉力,一般采用反钩轮;其余台车采用反钩杆。

轨道梁面上铺宽 280 mm、厚 50 mm 扁钢轨道,轨道面为水平面。轨道梁为双轨组合箱形截面,梁高 650 mm,单箱梁宽 300 mm,双梁中距 920 mm,净距 640 mm,轨道梁跨度 5~8 m。水平导向轮与防浮反钩装置装在轨道箱梁的净距中,见图 3-6-5。

图 3-6-5

第二节　工程重点、难点

一、钢结构的制作与安装

(一)大直径钢管精确弯制

拱桁架弦杆钢管最大截面 ϕ630×45,需精确弯制,以保证轨道梁圆弧度,见图 3-6-6。

图 3-6-6　　　　　　　　　　　　　　　　图 3-6-7

(二)大型钢结构的吊装和施工顺序

拱桁架分段最大质量近每米 2 t,吊装高度达 55 m。看台及东侧外部土建结构已施工完毕,只留吊机和构件的进出场通道,需用大型吊机进行场内、场外分段吊装,吊装顺序与吊装设备选取尤为重要。

(三)支承设计与混凝土结构的交叉

大量的支承架需架设在看台楼面结构或地面上。混凝土楼面孔洞预留、混凝土结构加固、地基沉降影响等需详细设计,见图 3-6-7。

（四）活动屋盖的安装

在固定屋盖安装完成后,进行活动屋盖安装,固定屋盖和混凝土看台阻挡了吊装设备的站位,使活动屋盖的安装成为难题。

（五）支撑拆除顺序的确定

固定屋盖自重变形与活动屋盖安装初始状态紧密相关,活动屋盖拆撑方案涉及开闭系统调试初始状态。选择合理的拆撑顺序和方法,是有效控制变形、均衡支撑架受力的关键。

（六）施工测量的精度

钢结构安装误差与开闭系统的调整能力同属十毫米量级,精确的测量结果才能作为后续施工调整的依据。

二、开闭系统的制作、安装与调试

（一）卷扬系统的同轴度

卷扬机有 7 个组成部件:2 个边支架、2 个齿圈连接法兰、2 个滚筒、1 个棘轮装配。单件制作要求极高,特别是直径 1650 mm、长 1500 mm 的两个滚筒,以保证满足对整套系统同轴度的高要求。卷扬系统见图 3-6-8。

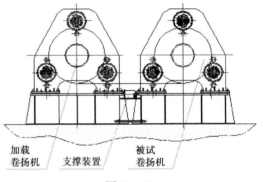

图 3-6-8

（二）台车的制造与组装

台车车轮采用高强度、高韧性 42CrMo 钢材,热处理表面硬度要求高,成品合格率控制难度大。

（三）同步控制

牵引不同步将使屋盖整体偏转,结构受力状态变化。力与位移变化值的及时侦测、分析、反馈、控制难度大。

（四）模拟试验

台车、卷扬机与控制模块的协同工作,能否适应负载状态下的驱动、监控、变形适应与调整是开闭系统安装调试前的重要步骤。

（五）钢结构与开闭系统的适应性设计和适应性安装施工

适应性设计与施工包含两个方面。

（1）适应性设计

6 条轨道上的台车承担着柔性活动屋盖的质量,行驶在大跨度固定屋盖拱桁架结构上,为多点弹性支承的超静定结构。台车承上启下。屋盖大变形将引起内力超限及横向卡轨。寻找技术性能与经济指标平衡点,确定变形适应与补偿协调策略,是确保顺利开合的关键。

（2）适应性施工

活动屋盖行走变形量几乎接近开闭系统的变形调整能力极限。需通过合理的施工安装与拆撑顺序、轨道及台车预偏、详尽的工况分析等措施,确定开闭系统安装初始状态,消除自重永久变形影响,降低行走变形影响,减少卡轨力,并保证台车内力不超限。

第三节 工程方案实施

本工程测量采用测角精度 1″、测距精度 2mm 的全天候精密全站仪,科学合理的闭环校核测量方法,选取温差较小的气候环境等措施,保证了测量精度。

一、钢结构制作、安装

南通体育场钢结构制作安装分为 4 部分:拱架、固定网壳、轨道梁和活动屋盖。在钢结构的基础上还有开闭系统、固定屋盖金属屋面板、活动屋盖膜结构。

根据本工程特点,自重挠度仅 67 mm,行走挠度达 250 mm,行走挠度远大于自重挠度,且轨道梁预留有标高调整措施,因此结构不预拱。

拱架安装分五大区域进行。吊装顺序从施工一区到五区。吊装一个分区后转入下一个分区,减少了吊机的往复运动。吊装从场地南端或北端对称向中部推进。主拱分段最大质量为 92.5 t,采用两台 400 t 履带吊,场内、场外吊装。

拱桁架在工厂散件制作、用两台龙门吊现场地面拼装成段,见图 3-6-9。

二、总体安装步骤

主拱、副拱、斜拱、内环拱吊装综合吊装→固定网壳吊装→固定部分整体卸载→轨道梁安装→活动屋盖安装→开闭系统机械部分安装→活动屋盖整体卸载→开闭系统机械调试→活动屋盖膜结构安装→固定屋盖屋面板安装。

卸载原则为:不违背结构传力路径,结构变形没有局部突变。拆撑卸载过程,以结构承担荷载增量为主,支撑架荷载增量少。拆撑顺序为副拱→斜拱→A,F 主拱→其余 8 条主拱在斜桁架平面内,从中部向两侧拆撑。

轨道梁是固定屋盖和活动屋盖的结合部,是适应性调整的重要手段,应严格保证其制作质量。轨道梁制作完成后,进行工厂预拼装。现场安装时,将轨道梁吊放、点焊在支座上,对轨道梁表面标高进行详细测量,调整标高。轨道梁的水平预偏根据上下屋盖的水平位移差以及台车的水平调整能力确定。A,F 主拱轨道梁向外偏移最大值为 36 mm,呈曲线状。其余拱轴上的轨道梁不进行预偏。最后将轨道梁焊接在支座上,再复测轨道梁顶部标高,确保轨道梁圆弧过渡。

活动屋盖单层网壳,在全开位置高空散拼。四肢格构柱临时支撑直接设在固定屋盖上,活动屋盖每一个铸钢件下设临时支撑,共设 260 个临时支撑。

图 3-6-9

台车处单独设有 44 个临时支撑,确保活动屋盖临时支撑拆除前台车不承担荷载。活动屋盖拆撑顺序为:拱间支撑→副拱支撑→主拱支撑,对称拆除。

拱间支撑、副拱支撑全部拆除完成后,台车滑套处于自由滑动状态,主顶油缸与活动屋盖法兰盘对中,调整主顶油缸高度,高强螺栓连接法兰盘,最后拆除所有主拱支撑(图 3-6-10)。

图 3-6-10

第四节　开闭系统适应性设计与安装施工

一、开闭系统的适应性设计

适应性设计与适应性施工是南通体育场开合屋盖顺利开闭的保障。

适应性设计目标与重点是,结构与机构的内力不超限,变形能力相匹配,寻求技术性能与经济指标平衡点指标。

两个匹配原则:钢结构间的"刚度匹配"以及钢结构与开闭系统间的"性能匹配"。刚度匹配使活动屋盖变形紧随固定屋盖变形。"刚度匹配"在南通体育场设计中体现为:加大固定屋盖面内、面外刚度;加大活动屋盖面内轴向刚度;减小活动屋盖面外弯曲刚度。从而降低横向卡轨力,台车竖向反力分配自然、均匀,开合过程中台车内力变化量小。"性能匹配"原则是以满足建筑功能要求、综合经济成本低、施工方便为衡量指标,经多次反复的结构设计与机构设计的参数协同优化,以满足各自的变形适应能力与相互的协调能力。见图 3-6-11 与图 3-6-12。

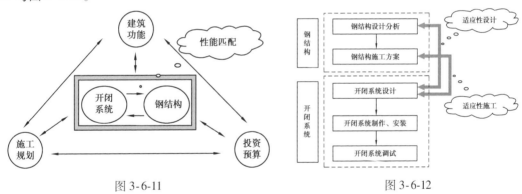

图 3-6-11　　　　　　　　　　　　　　图 3-6-12

开闭系统采用弹簧机构自适应调节部分变形,油缸补偿调整超过弹簧调节能力的变形量。当横向卡轨力不超过设定值时,通过关节轴承滑套与滑轴的相对运动带动弹簧变形,使弹簧自适应上下屋盖的位移差,平稳开闭。自适应调整前和自适应调整后分别如图 3-6-13、图 3-6-14 所示。

当因各种不定因素产生的卡轨力超过设定值时,监控系统自动启动横向有源油缸阻尼系统,调整台车位置,降低水平卡轨力。油缸借助活动屋盖面内刚度,推动小车往卡轨的相反方向运动,主动调整补偿变形,同时带动关节轴承滑套与滑轴的相对运动,降低弹簧内力。自适应调整前见图 3-6-15,自适应调整后见图 3-6-16。

图 3-6-13

图 3-6-14

图 3-6-15

图 3-6-16

各拱实际发生的、与结构设计计算不同的位移差,将使台车径向力分布发生变化。为保护台车机械不受超载破坏的影响,台车最大径向力超过设计值时,主顶油缸将自动启动,降低超载台车的荷载。自适应调整前见图 3-6-17,自适应调整后见图 3-6-18。

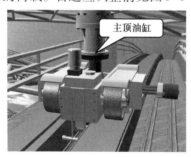

图 3-6-17

图 3-6-18

二、适应性安装施工

适应性施工主要是解决 6 条轨距、6 排台车距离变形不协调位移差引起的横向卡轨力及轨道横向位移。轨道横向位移具有波动性、异向性与不均匀性,综合协调 6 条轨道间的变形及位移差将使问题异常复杂,寻找变形适应策略成为顺利开合的关键。本工程将 6 条轨道变形及位移差隔离考虑,各拱上结构与机构的变形及位移差自身协调,大大简化了问题。

结构总变形由重力、安装误差、环境温度变化、基础沉降等因素产生。

重力变形为可确定变形,可通过施工方案消除结构自重与活动屋盖的部分行走位移差,使开闭系统的安装调试处于较优化的初始位置,减少横向卡轨力。

安装误差为随机偏差,施工过程应避免该变形与重力变形的叠加效应而加剧,并从理论上分析变形叠加效应的敏感性。

因此,适应性施工三大关键是:减小总变形差;确定位移变幅的中轴线;确保台车安装安全可靠。

安装施工措施如下:

①消除固定屋盖自重变形,减小总变形差。该方法是先卸载固定屋盖支撑,自重变形产生后的状态作为活动屋盖安装的初始状态,然后安装轨道梁并进行初始对中。此施工措施消除横向位移差,A 拱 25 mm,B 拱 11 mm,C 拱 4 mm。

②消除活动屋盖安装位置处的自重变形,减小总变形差。高空散拼活动屋盖的变形由拱轴变形与拱间变形选加而成。该方法是分块安装活动屋盖,无整体刚度的分块活动屋盖将随固定屋盖变形自动调整横向与竖向位置。通过杆件长度的配合,将分块活动屋盖连成整体,台车将定位在拱轴中心线上。该方法消除了横向变形差,A 拱 20 mm,B 拱 9 mm,C 拱 3 mm。

③轨道梁曲线预偏位与台车直线偏位,确定台车行走位移变幅的中轴线,减少卡轨力:A 拱轨道梁向外曲线预偏位 36 mm,B 拱 4 部台车向外直线预偏位 29 mm,C 拱按设计位置安装。该方法使台车沿轨道行走过程中的侧向位移变幅最小,变形处于弹簧自适应调节范围内。

通过三步施工措施,大幅度消除屋盖行走位移差,位移差只剩 40 mm 左右,卡轨趋势减少。整体偏差调整前、转动位移调整后、平动位移调整后分别见图 3-6-19—图 3-6-21。

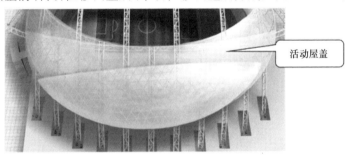

图 3-6-19

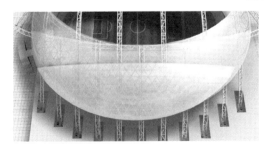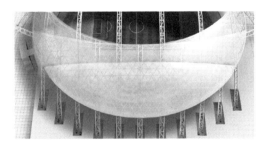

图 3-6-20　　　　　　　　　　　　　　　图 3-6-21

三、设计与安装施工的调节部位

适应性调整共有 5 项可调部位：设计两项，包括台车的竖向调整和横向调整（红色）；施工 3 项，包括轨道梁支座、轨道梁、主顶油缸法兰盘（绿色）。灵巧的设计构造满足了适应性多方位调整的需要。见图 3-6-22。

四、试验

（一）钢结构现场刚度试验

钢结构现场刚度试验：为进一步验证结构的实际变形与理论变形分析结果是否吻合，现场进行了刚度试验。加载采用轨道梁，B、C 拱上各 3 个加载点，各加载点堆放 8 根钢梁、荷载约 300 kN，加载稳定一天后开始

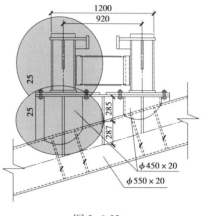

图 3-6-22

测量，测量时间选在上午 6 点到 9 点。测试结果与理论分析基本一致，证明结构仿真分析可为后续的开闭系统安装提供理论支持。

开闭系统方面，在地面上进行了台车整机承载力及竖向横向调整能力试验、卷扬机整机 2 倍承载力对拉试验、钢丝绳破断试验。进行了油泵、油马达、油缸等部件的承载力与耐久力试验。

进行了控制策略调试试验。多机设备与控制系统联动调试试验，为高空顺利安装调试做好充分准备。加载试验和理论分析分别见图 3-6-23、图 3-6-24。

图 3-6-23

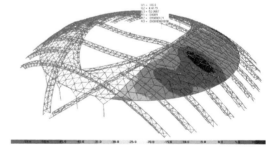

图 3-6-24

（二）机械试验

单机试验包括台车承载力与加载状态下位移能力试验（图 3-6-25）、卷扬机承载力的对拉试验（图 3-6-26）和卷扬机+控制系统协调性试验（图 3-6-27）。联动试验为双机对拉试验。

图 3-6-25

图 3-6-26

图 3-6-27

第七章
深圳赛格广场安装吊装工程

第一节　工程概况

深圳赛格广场总高 291.6 m,是世界上已建和在建的采用钢管混凝土结构的最高建筑物,建成后在世界超高层建筑物中按高度位列 26 位。

赛格广场采用了目前世界上先进的结构体系和结构选型——框筒结构体系、钢管混凝土柱、钢梁组合结构,建筑物以钢结构为主。塔楼采用 43.2 m×43.2 m 的正方形切角的八边形平面,基本柱网尺寸为 12 m×12 m。平面对称八角形的塔楼周边布置了 16 根 DN1600 的钢管外柱,中央则布置了 20 m×22 m 的四方形核芯筒,核芯筒周边布置了 28 根 DN1100、DN800 的钢管柱,与核芯筒内的 4 根组合柱、20 根工字钢柱以及型钢暗梁形成密框筒结构。大厦从立面上可以分成地下室、裙房、塔楼标准层、避难层以及 64～72 层特殊结构层和钢塔 6 个部分;平面上可以分为裙房、塔楼外筒、核芯筒 3 大部分。

赛格广场钢结构安装从 1997 年 1 月 2 日开工,到 1999 年 4 月 8 日封顶,历时 820 天,总计安装钢结构 16543 件,22591 t;完成焊缝 60000 m,铺设压型钢板 104303 m²,焊接栓钉 565275 只,安装扭剪型高强螺栓 239350 套。安装质量优良,焊缝探伤一次合格率为 98.85%;交验合格率为 100%。采用 10.9 s 级扭剪型高强螺栓,高强螺栓安装前,总计进行 8 组摩擦面抗滑移系数试验,抗滑移系数平均 0.41,满足不低于 0.35 的设计要求,进行了 80 组高强螺栓轴力复检试验,全部符合规范要求,安装检查合格率为 100%;钢管柱安装的垂直度、位移检查合格率为 100%。

在赛格广场施工过程中由监理、业主、施工单位联合组织,分别在 27 层、42 层、57 层、72 层柱顶位置进行竖向垂直度偏差的检测,全部符合规范要求。1999 年 4 月 22 日,在赛格广场塔楼封顶后,检测标高 291.6m 处 72 层柱顶的垂直度偏差,最大值只有 7 mm。1999 年 9 月 9 日,中国建筑工程总公司和深圳市科技局组织专家对赛格广场超高层钢管混凝土结构综合施工技术项目进行成果鉴定,结论认为"赛格广场工程综合施工技术属国内首创,达到国际先进水平,可推广应用"。

第二节　工程安装施工的特点和难点

一、结构新颖独特,技术要求高

结构的最大特点是以薄壁圆形钢管柱(厚度均未超过 28 mm)为主,因而具有刚性小、弹性大的特点，安装、焊接过程中容易产生变形，且变形的方向难于掌握和控制。与深圳地王、上海金贸等高层钢结构建筑物不同，赛格广场地下室逆做法施工过程中核芯筒的土方是一次开挖到底，安装过程中钢结构不但要先于土建独立形成一个整体框架体系，而且在总体安装顺序上要"先外后里"，没有混凝土核芯筒作为钢结构安装的依托，因而在赛格广场钢结构的吊装、测量、校正、焊接四大工艺上必须进行新的探索。为了保证大厦的施工质量，业主提出了单节柱垂直度最大不超过 10 mm、位移不超过 7 mm 的双控指标，提高了质量技术要求。

二、工期紧、工程量大、施工难度大

业主提出裙房 1999 年 9 月 18 日营业的目标，采用传统的施工方法，无法满足业主要求；同时赛格广场施工现场场地狭小，地下室土方施工无法采用大面积开挖施工，只有采用全逆做法施工，向下开挖的同时进行 ±0.00 以上钢结构的安装，给地下室钢结构的安装造成了极大的困难。（图 3-7-1）

赛格广场大厦的钢结构由于钢板厚度小（最厚 32 mm），钢结构总件数达 16543 件，重 22590 t，安装、校正量大，焊缝数量多。在钢结构主体施工的同时，楼面上的压型钢板、栓钉以及土建的混凝土浇筑和塔吊的提升作业均交叉同步进行，为此必须进行详细的施工组织和安排，顺畅、有效实施流水作业。

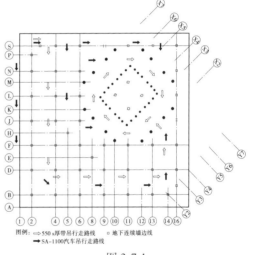

图例：⇨550 s厚带吊行走路线　□地下连续墙边线
　　　➡SA-1100汽车吊行走路线

图 3-7-1

三、危险性大、安全防护困难

赛格广场属于超高层钢结构安装，施工现场一面临街，三面为正在使用的大厦。且由于结构本身的特殊性，塔楼为不等边八角形，观光电梯、幕墙挑檐等临边安装作业相当多，安全防护困难。稍有不慎就有可能发生高空坠落事故，后果严重。

第三节　安装与吊装技术

一、吊装技术

全部构件的吊装按其部位和总体施工顺序，可分成 3 个施工阶段，即标高 ±0.000 以下地下室阶段；标高 ±0.000 ~ +50 m 的裙房及主楼阶段；标高 50 ~ 291.6 m 的塔楼阶段。

（一）第一施工阶段（±0.000 以下）

为顺利实现地下室的全逆做法施工作业，我们采用地面组对、双机抬吊（110 t 的 SA-1100 汽车吊和 50 t 的 550-S 履带吊）技术解决了地下室超长钢管柱（24 m）一次吊装到位的难题；通过间断焊、对称焊、刚性固定和预制反变形等技术措施有效控制了 ±0.000 首层钢梁的焊接变形，确保了 86 根钢管柱的精确定位，为全逆做法施工奠定了良好的基础。在地下室开挖过程中，克服无法采用大型设备和机械进行地下室钢梁安装的困难，利用卷扬机和滑轮组、采用"飞放"钢梁、三角桅杆（"独脚炮"）等工艺措施办法，优质快速地完成了地下室 1497 件钢梁的安装。吊车的布置和在桩孔间的行走路线和站位示意图见图 3-7-2。

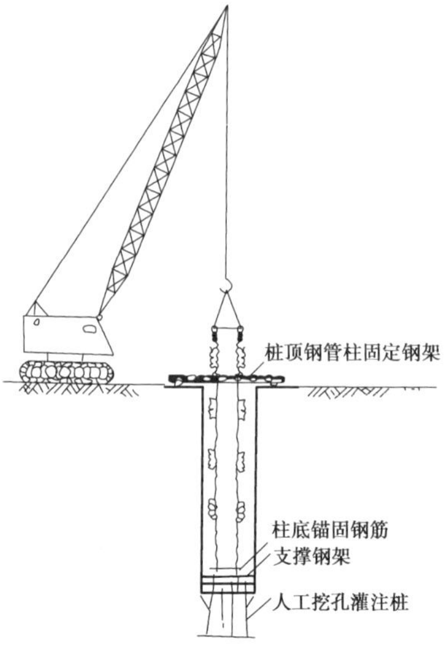

图 3-7-2

（二）第二施工阶段（±0.000~50 m 以下）

这一阶段关键问题是主吊机械的选择与布置。对塔吊最不利点起重能力测算，第二施工阶段选择两台塔吊。塔吊平面布置示意图见图 3-7-3，塔楼钢结构主吊机械布置示意图见图 3-7-4。其中主楼一台为 C7022（320 t·m）型，布置在核芯筒中心，裙楼一台为 36B（240 t·m）塔吊的增强型，布置在西南角。C7022 塔吊是由四川建机厂生产的 36B 塔吊的增强型，该机在 19.6 m 的回转范围内的最大起质量为 16 t，比 36B 大 4 t，能够满足裙房阶段每两层一节管柱及塔楼每三层一节管柱的起重要求。

在核芯筒尚未形成的情况下，为保证整体结构稳定及柱网的校正而合理地划分施工流水作业区，是确定施工方案的第二个难题。我们将主楼主体与裙楼分开，以主楼为控制的重点，以每排核芯筒加密柱及与之对应的 4 根主楼大柱构成一个施工作业区。这样在建筑平面上将全部构件吊装分成 4 个作业区。

（三）第三施工阶段（+50~+291.6 m）

第二施工阶段接近完成时，业主决定在裙楼施工阶段完成后，连续向上进行塔楼施工。我们加大了施工机械投入，增加一台内爬式 M440D（600 t·m）塔吊，原 C7022 吊机改装后挪位，两台塔吊全部在钢结构框架上爬升，满足了钢结构外框先于内筒的施工程序。随着楼层不断升高，为缩短楼层梁等较轻构件吊升时间，提高塔吊利用率，我们在业主、监理及设计院的配合下，开发了梁两端腹板设置吊装孔的方法布置吊点，加快了构件搬倒、翻身捆扎的速度，并且实现了一机多钩吊装，主楼以平均 3 天一层的速度向上施工。

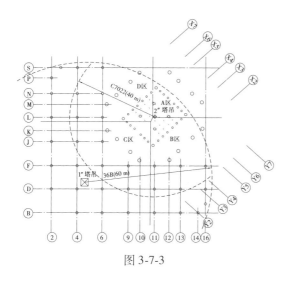

图 3-7-3

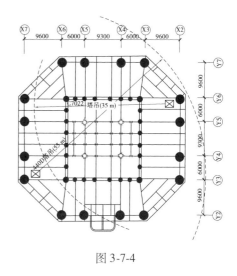

图 3-7-4

二、安全防护技术

在高层钢结构安装过程中,安全防护是一个重要课题。我们设计、制作并使用了"多功能钢悬挂平台式防护架",与安全网、焊接操作平台、上下钢梯等常规防护体系一同组成了赛格广场超高层钢结构安装安全防护体系,有效地防止了周边高空坠落事故的发生,大厦施工至今,未发生一起重大安全事故。

第四节 测量技术

赛格广场钢结构安装测量中的最大难点是钢管圆柱的测量。临边的 16 根钢管柱的测控难点非常大。为了科学、准确地完成赛格广场圆形钢管柱的测量工作,确保钢管柱可靠的控制精度,我们做了大量的研究和实践,总结出了一套行之有效的测量技术。

一、测量控制网的布设、投递技术

我们采用直角坐标法,使用高精度日本产 SET-2B 型全站仪[精度 50.8 mm+(3+2PPM X D)],在首层(+0.000)设置两套控制网;裙房 Q1—Q4 为一个矩形网,塔楼 T1—T8 为一个双向相交矩形控制网,解决钢柱密集数量多、裙房及塔楼界面尺寸及位置相差大、塔楼自身平面形状复杂的难点。控制网网点的竖向传递采用内控法、选择最适合于高层钢结构安装的仪器——WILD— ZL 激光天顶仪。为了保证平面轴线控制网的投测精度,我们将投点全部放在凌晨 4 时至 8 时进行,同时投测时塔吊、电梯必须停止运转,风速超过 10 m/s 时停止投测,避免相关施工和日照等环境因素对投点造成不利影响,在操作上采用"一点四投、连接取中"的方式降低操作误差。

通过以上措施,基本消除了外界因素对测量精度的影响,考虑到设备精度,仪器置中、点位标定等因素,我们对控制网点接力传递误差累积进行了计算,+0.000 控制网的单个控制点经过 4 次接力传递、最终到达 291.6 m 柱顶的点位中误差值为 +3.79 mm,因而最终测量的赛格广场大厦的整体垂直度误差修正值为 7 mm+4 mm。

二、平面测量控制

钢结构安装每节柱顶平面的放线精度直接影响整体建筑物的竖向精度控制,为此我们不仅通过"近角布点、平台接点"解决钢结构施工层八点网线闭合、柱顶排尺放线的难点,按照钢结构安装施工流水作业区域划分,我们开发了"同步传递、整投分控"测量技术,即"分区流水、八点投递、闭合检查、分区定线、吊后复核"。塔楼主吊机械立面布置见图 3-7-5。

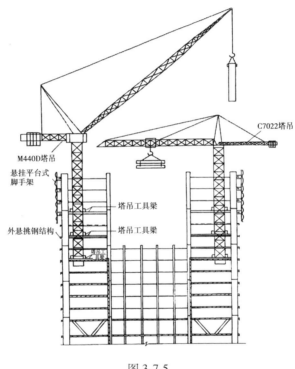

图 3-7-5

三、校正技术

(一)外筒校正

在赛格钢管混凝土结构施工中,不管钢结构的安装还是土建的施工,他们的难点都在于钢柱使用了圆形截面形式,这给施工带来了一定的困难,经过综合分析,构件的校正难点是构件方向复杂、制作偏差不易控制、空间框架尺寸易变动。

为有效解决以上 3 个施工难点,解决塔楼施工现场狭小、交叉作业多的困难,实现立体流水交叉作业,我们对塔楼按柱段和平面划分吊装、校正、焊接、报验(柱芯混凝土浇筑)4 大流水作业区域,并将核芯筒作为施工调整的第五区。同时,针对本工程梁柱分布较多、空间整体性强的结构特点,开发了"中心单元校正"技术。所谓"中心单元校正",就是在由两排钢管柱构成的流水区段内由中间向两侧进行组合校正。校正顺序是从各区中心向两侧进行,"同步传递、整投分控"(图 3-7-6)。以 C 区为例:首先对 Z160-3,4 和 Z80-20,21,22,23 组

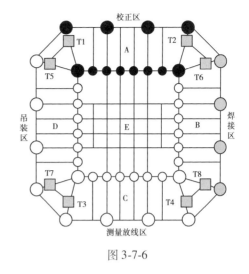

图 3-7-6

成的核芯筒框架进行校正,并将高强螺栓终拧,形成一个固定的刚性小框架,然后依次进行两侧钢柱的校正。校正工艺实施"三校",即"一校柱口、梁口;二校柱顶位移、垂直度,复核高强螺栓终拧后框架尺寸并确定特殊焊接顺序"。

测量用钢制平台 T1—T8:测量控制网点为避免同一方向旋转施工造成应力分布不均和偏差累积,在施工过程中每施工 20 层将钢结构安装的流水作业方向逆向旋转一次。

(二)核芯筒校正

核芯筒内钢柱与梁连接点全部采用焊接连接,因此焊接变形比外筒大得多,为此必须采取一定的措施来控制变形。我们的做法是对每个柱顶预留反变形,从芯筒中心向外依次预留 3 mm、6 mm、9 mm 与 DN800 柱根相连作为焊接应力释放口。

(三)避难层校正

避难层的框架形式与标准层不同,外筒各柱之间相连采用桁架,外部钢柱与内部密柱之间采用 V 箱型梁连接,连接点均为焊接,最大厚度为 30 mm。由此可见,避难层的焊接量很大,很难控制钢臂的焊接变形。因此采用"单片钢臂校正法",重点对单榀桁架上的钢管柱进行大量值的反变形、单片钢臂形成框架后按照预定顺序焊接。

第五节　焊接技术

赛格广场尽管焊接构件的钢板厚度小,但是焊缝的数量多,每个标准层上平均达到 227 个接头,焊接收缩变形和残余应力大。因此,除了保证焊缝的质量外,我们将技术突破点放在焊接变形的控制上。合理安排焊接顺序,采取"间隔跳焊""刚性固定""预留收缩量""多层多道焊"工艺,同时研究编制了"活口设置"和"焊接纠偏"新工艺。

一、焊接顺序

根据一段钢管柱上有 3 层梁的结构形式,我们制订了"上层梁→中层梁→下层梁→柱口"的立面焊接顺序;平面上结合流水作业区域的划分以及"中心单元校正技术"的预留,确定分区焊接、各区"中心→四周→活口"的焊接顺序;每个梁口先焊下翼缘,后焊上翼缘。对于核芯筒,先焊接板后焊接翼缘板。

二、活口设置

活口设置见图 3-7-7。

由于各个区域的整体性较强,为了防止焊接变形和应力的累加,我们将部分焊缝设置成能够自由收缩的"活口",即在钢梁焊上下翼缘焊接钢板,限制钢梁的上下窜动,腹板不上连接板或穿装单侧螺栓,钢梁可以在长度方向上自由收缩。"活口"的设置使得焊接过程中各区的焊接应力能够得到有效的释放。

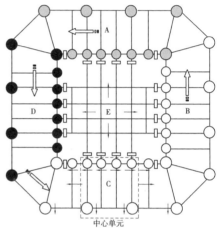

图 3-7-7

"活口"位置主要集中在核芯筒与外筒 DN800 钢柱连接处,以及区与区连接处。核芯筒"活口"待核芯筒焊接完成且该楼层楼面混凝土浇筑完成、具有一定强度后焊接。目的在于令核芯筒焊接应力可以自由释放、加强外筒框架刚性(抗收缩能力)、避免 DN800 钢柱向内漂移。区域间"活口"是在相邻两个区的焊接全部完成后填满。

三、焊接纠偏

通过采取特殊的焊接顺序、利用焊接变形来纠正钢管柱在某个方向上垂直度偏差也是我们在该项目中开发的一项具有创新意义的技术。其原理是在钢梁焊接之后对整体框架进行复测、对于柱顶位移或垂直度超差或已经位于规范标准值边缘的钢管柱,在单个或多个柱口焊接时,编制特殊的焊接顺序并借助外力进行纠偏,我们称为单柱或多柱的"非对称焊接纠偏工艺"。

第八章
贵阳奥体中心主体育场钢结构安装工程

第一节 工程概况

贵阳奥林匹克主体育场工程位于体育中心西侧中部,西接云潭南路,北接兴筑西路,东接奥体路,南接石林路,用地平面为不规则长方形。

体育场的整体形态主要由钢结构挑棚的形态决定,钢结构挑棚设计方案引用贵州少数民族膜拜和装饰的水牛角符号,由东西两个水牛角形的金属板飘棚扣在环形看台上组成,整个金属板飘棚从立面到屋顶设计为一体,体形简洁完整,曲线光滑流畅,视觉冲击力强。金属板飘棚由弧形钢桁架支撑起来,主承重体系为网状交叉曲线钢管桁架结构,中部最大悬挑49 m,地面至罩棚顶最大高度52 m。

罩棚钢结构包括墙面桁架、屋面桁架、转换桁架、端桁架及罩棚金属屋面系统等;罩棚分为东、西罩棚,东边为小罩棚,西边为大罩棚。西看台罩棚支撑塔架176 个,东看台147 个,共计323 个。

主体育场效果图,如图3-8-1 所示。

图 3-8-1

整个罩棚结构采用斜交平面桁架体系,桁架交点间距约9 m,墙面桁架平面方向与地面垂直,屋面桁架方向与建筑径向轴线方向相同,由于屋面桁架和墙面桁架不在同一平面内,桁架下弦不能贯通,其连接部分采用带焊接球节点的转换桁架相连。

东看台的支撑体系为墙面桁架,西看台的支撑体系为墙面桁架和屋面支撑,支撑杆与罩棚桁架的下弦连接,节点为相贯线节点。

主体育场西看台屋盖钢结构沿环向长度约为410 m,沿径向(悬挑方向)长度约为69 m,

在屋面中部区段设置屋面支撑,屋面桁架最大悬臂长度为49 m;东看台屋面钢结构沿环向长度约为340 m,沿径向(悬挑方向)长度约为43 m。

第二节　钢结构深化设计

一、钢结构深化设计概述

深化设计部分是以业主提供的招标文件、答疑补充文件、技术要求及图纸为依据,结合制作单位工厂制作条件、运输条件,考虑现场拼装、安装方案及土建条件,同时针对本工程所作的计算、分析结果基础上进行编制的。本深化设计作为指导本工程的工厂加工制作和现场拼装、安装的施工详图。

二、节点造型的深化要求

节点设计应严格按照结构设计提供的杆件内力报告进行计算。若结构设计无明确要求时,所有节点按等强连接设计。

节点的形式原则上采用结构设计给定的样式,若确需调整,应事先提交中国航空规划设计研究院确认。

所有节点的设计,除满足强度要求外,尚考虑结构简洁、传力清晰以及现场安装的可操作性。

三、深化设计软件的选定

(1)AutoCAD 软件

在 CAD 绘图软件的平台上,根据多年从事钢结构行业设计、施工经验自行开发了一系列详图设计辅助软件,能够自动拉伸各种杆件截面,进行结构的整体建模;构件设计自动标注尺寸、列出详细的材料表格;节点设计能够自动标注焊接形式、螺栓连接形式,统计出各零件尺寸及质量等。体育馆钢结构管桁架节点深化设计比较复杂,采用灵活性比较好的 CAD 绘图软件进行详图设计。

(2)Xsteel 绘图软件

Xsteel 是芬兰 Tekla 公司开发的钢结构详图设计软件,它是先通过创建三维模型后自动生成钢结构详图和各种报表。由于图纸与报表均以模型为准,而在三维模型中操作者很容易发现构件之间连接有无错误,所以它保证了钢结构详图深化设计中构件之间的正确性。同时 Xsteel 自动生成的各种报表和接口文件(数控切割文件)可以服务(或在设备直接使用)于整个工程。它创建了新方式的信息管理和实时协作。Xsteel 是世界通用的钢结构详图设计软件,使用它就奠定了与国际接轨的基础。

（3）SAP2000 计算分析软件

结构整体计算选用了美国 Computers And Structures 公司研制开发的大型有限元程序 SAP2000。计算模型采用空间三维实尺模型;网格的钢构件选用 3 个节点,6 个自由度的 frame 单元,该单元可以考虑拉(压)、弯、剪、扭 4 种内力的共同作用。拉索采用索单元(仅受拉,不受压和不受弯)模拟,胎架则采用仅受压、不受拉的 frame 单元模拟。拉索和网架之间的撑杆采用拉压二力杆单元。为了能更准确地模拟拉索张拉,考虑了结构的大变形和应力刚化的影响。计算表明,这种模拟具有很高的精度。

（4）Ansys 节点有限元分析软件

钢结构工程的典型节点设计采用 Ansys 有限元计算软件进行分析。建立计算模型时,考虑实体模型直接由 AutoCAD 导入,计算采用适合于复杂模型自由划分网格的 SOLID92 单元,它是 10 结点四面体高阶实体单元,每个结点 3 个自由度,即 X,Y,Z 方向的位移。单元具有塑性、大变形、应力强化等性质。

计算中考虑材料非线性。构件材料大多为 Q345B 钢,屈服准则为适合金属材料的 Mises 及其相应流动准则,定义材料为双线性等效强化,根据钢材强度比和延长率的规范规定,确定钢材强化阶段的切线模量 EC 为弹性模量的 1/100,比采用理性弹塑性模型更接近于实际。

（5）Solidwork 软件

SolidWorks 是 Windows 原创的三维设计软件。其易用和友好的界面,能够应用在整个产品设计的工作中,SolidWorks 完全自动捕捉设计意图和引导设计修改。在 SolidWorks 的装配设计中可以直接参照已有的零件生成新的零件。不论设计用"自顶而下"方法还是"自底而上"的方法进行装配设计,SolidWorks 都将以其易用的操作大幅度地提高设计的效率。Solid-Works 有全面的零件实体建模功能。用 SolidWorks 的标注和细节绘制工具,能快捷地生成完整的、符合实际产品表示的工程图纸。

四、深化设计管理程序

深化设计管理程序,见图 3-8-2。

五、深化设计质量的保证措施

整个工程全部采用计算机三维实体模拟建模,应用专业软件自动生成深化设计细部图纸和相关尺寸数据。

重点与设计院协调沟通,充分了解掌握现场安装的需求,使设计成果与具体需求吻合,将设计、加工、安装问题发现和解决在初期阶段,少走深化设计弯路。

做好深化设计应急预案,妥善解决各种突发情况。

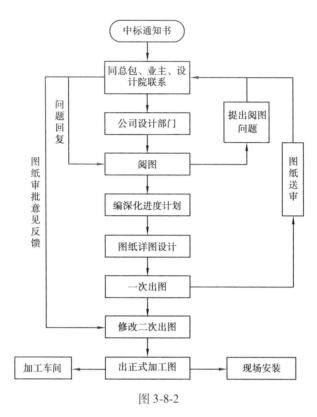

图 3-8-2

制订严格、科学的设计思路和实施方案。

将各岗位人员全部纳入全面质量管理体制活动中并处于受控状态,按岗位责任制的规定,围绕质量开展深化设计。

深化设计图纸采用自审、互审、专业审核的三级审核制,项目设计人负责自审,项目设计人之间互审,由专家顾问组对钢结构深化过程出现的重大问题进行讨论把关;审核内容:原设计图及变更资料、计算模型及计算书、深化设计三维模型、深化施工图纸等,包括如下细部:

①结构及节点计算模型、计算书;

②轴线及标高尺寸;

③型材及板材规格尺寸;

④材质;

⑤连接节点的正确性及合理性;

⑥螺栓规格尺寸及孔位;

⑦焊缝的正确、合理性;

⑧视图对应关系及表达的完整性;

⑨与原设计的一一对应关系;

⑩设计变更资料的处理;

⑪图面排布和整套图纸的完整性。

六、深化设计工期的保证措施

为保证工期,设计部从接到中标通知后马上进行深化设计工作,利用从接到中标通知书至订立承包合同期间的时间完成单线模型、节点初步选型及验算、重难点圆满攻克及对原设计资料的深入透彻理解,准备好设计技术交底资料。

采取分阶段提交设计图纸的方案,根据加工安装的顺序,分阶段进行图纸深化设计,具体分为备料图及材料清单的提供、预埋件的深化设计、看台钢结构的深化设计、罩棚钢结构的深化设计 4 个阶段,每一阶段图纸完成后及时提交施工详图到中航院进行确认,中航院及时将确认完毕的施工详图返还深化部,深化部根据中航院意见修改调整后再经中航院审批合格后发图施工。

由单位最优秀、配合最默契的人员组成深化设计项目部,尽可能缩短准备和相互磨合的时间,充足安排工程设计人员的人数,使其分工合理,人尽其才,充分发挥每个设计人员的专业特长。

多个模块、各类人员进行交叉立体作业。

及时了解工程进展动态,以便于及时调整深化设计的分工与人员数量,确保整个工程的顺利进行。

派驻施工现场深化技术服务人员,做好各方面的沟通协调工作,及时准确地了解原设计、施工现场等部门提出的有关设计的变化并及时反映到深化设计成果中。

做好各方面的应急预案,妥善解决各种突发情况。

严格、科学地执行制订的设计思路和实施方案。

第三节 罩棚钢结构安装与吊装方案

罩棚钢结构主要包括墙面桁架、屋面桁架、转换桁架、端桁架及檩条等;按方向可分为东、西两个罩棚,东部为小罩棚,西部为大罩棚。整个罩棚结构采用斜交平面桁架体系,屋面桁架平面方向与地面垂直,墙面桁架方向与建筑径向轴线方向相同;屋面桁架和墙面桁架不在同一平面内,其连接部分采用带焊接球节点的转换桁架相连;屋面桁架的悬挑端设有端桁架。

一、吊装总体思想

①钢桁架待看台混凝土结构施工完成后开始安装,在桁架整体安装前插入支撑胎架搭

设工作和桁架散件拼装工作。

②主体育场钢桁架分布于东西看台外围,为保证施工进度要求采用东西看台桁架同时吊装作业。

③对于看台桁架安装,分别对看台内、外侧实施屋面桁架安装和墙面桁架安装。

④对于同时实施施工作业的东西看台钢桁架安排两个大的施工作业班组,为保证施工作业的配合默契,各个班组原则上仅负责各自施工范围的作业内容。

⑤钢桁架主要由钢管相贯焊接成整体,考虑运输条件,采用散构件运送至施工现场,由现场拼装后整体吊装。

⑥安装时东西看台均从桁架底端沿逆时针方向安装,首先逐一安装转换桁架和边桁架,然后逐一安装屋面桁架和墙面桁架,最后进行片式桁架间散件填补。

⑦针对分片分段的钢桁架安装思路(特别是西看台屋面桁架安装),采用小班组流水施工作业,即一个班组安装完成屋面桁架第一榀第一节后紧接进入第二榀第一节安装作业,后续小班组插入第二榀第二节安装。

二、吊装设备选择

在钢桁架吊装施工作业过程中采用大型履带吊作为主吊装设备。选用履带吊作为主吊装设备有以下几种原因:

①在本工程钢桁架吊装过程中,由于桁架单件重、吊装就位点远(吊装半径大、高度高),需采用起重能力大的吊装设备。

②履带吊对现场场地平整度要求较低,驱动能力更强,可以克服地面条件不佳的情况。

③履带吊可以流动作业,通过停机位置调整吊装半径,节省吊装时间。

④履带吊可以携重行驶。

三、罩棚钢结构安装流程

流程一:西看台劲性结构安装完毕,土建施工基本完成(图 3-8-3)。

流程二:罩棚支撑胎架安装完毕(图 3-8-4)。

流程三:东看台 D1 区、西看台 X1 区罩棚开始安装(图 3-8-5)。

流程四:西看台 X1 区罩棚安装完毕、东看台 D2 区罩棚正在进行安装(图 3-8-6)。

流程五:罩棚钢结构安装完毕(图 3-8-7)。

流程六:支撑胎架卸载完毕,预应力索施工完毕(图 3-8-8)。

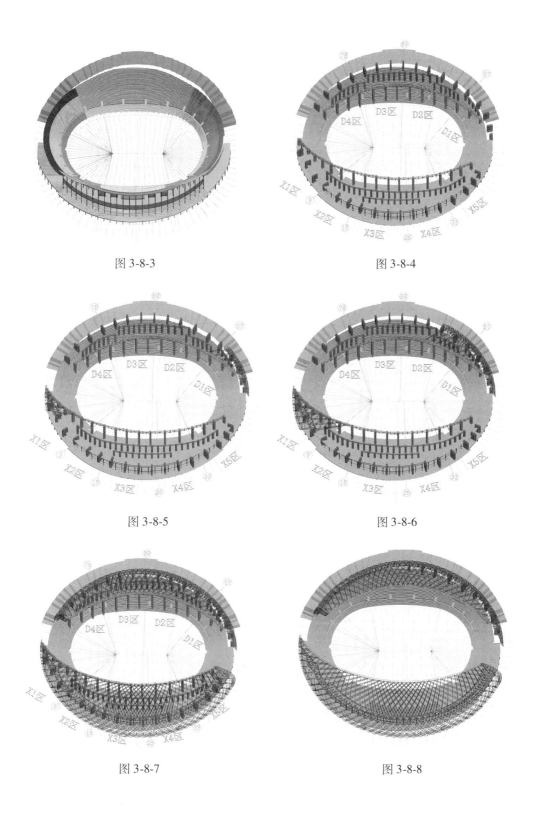

图 3-8-3

图 3-8-4

图 3-8-5

图 3-8-6

图 3-8-7

图 3-8-8

四、罩棚钢结构安装分析

西罩棚桁架根据桁架长度,屋面桁架分为三段、两段、一段,墙面桁架分为两段与一段,见图3-8-9;东罩棚桁架根据桁架长度,屋面桁架分为两段与一段,墙面桁架分为一段,见图3-8-10。

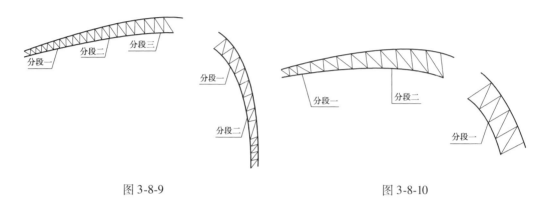

图 3-8-9   图 3-8-10

五、西看台桁架吊装分析

西看台桁架结构选用 3 台履带吊和 1 台汽车吊吊装,靠近体育场内、外侧各布置 1 台350 t 履带吊,主臂长为 108 m;靠近体育场内侧再布置 1 台 300 t 履带吊,进行流水施工。

①西看台转换桁架吊装分析(选用 350 t 履带吊),见图 3-8-11 和表 3-8-1。

图 3-8-11

表 3-8-1

桁架名称	分段长度/m	分段质量/t	回转半径/m
WLHJ1	16.435	8.768	20
WLHJ2	19.133	16.384	20
WLHJ3	23.798	29.024	20

续表

桁架名称	分段长度/m	分段质量/t	回转半径/m
WLHJ4	24.364	18.737	20
WLHJ5	16.222	23.905	20
WLHJ6	27.642	53.025	20
WLHJ7	27.034	46.005	20
WLHJ8	27.129	47.117	20
WLHJ9	27.285	40.946	20
WLHJ10	27.377	43.56	20
WLHJ11	27.392	41.109	20
WLHJ12	27.37	40.961	20
WLHJ13	27.301	40.11	20
WLHJ14	27.216	40.876	20
WLHJ15	27.024	46.812	20
WLHJ16	26.899	42.204	20
WLHJ17	26.641	50.019	20
WLHJ18	26.377	47.209	20
WLHJ19	25.923	51.395	20
WLHJ20	25.22	45.741	20
WLHJ21	16.976	24.706	20

②西看台屋面主桁架吊装分析(采用两台350 t履带吊吊装),其平面布置图和分段图见图 3-8-12、图 3-8-13 和表 3-8-2。

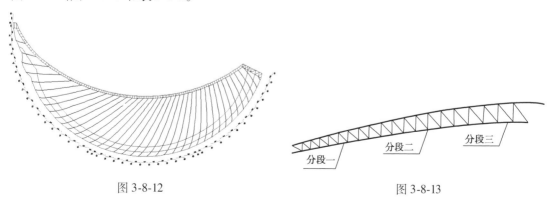

图 3-8-12   图 3-8-13

表 3-8-2

桁架名称	总长度/m	总质量/t	分段编号	长度/m	质量/t	回转半径/m
WWHJY3	18.036	3.964	分段一	18.036	3.964	46(13 t)
WWHJY4	22.413	5.475	分段一	22.413	5.475	46(13 t)
WWHJY5	26.456	7.595	分段一	26.456	7.595	38(16.7 t)
WWHJY6	30.759	8.56	分段一	30.759	8.56	46(13 t)
WWHJY7	34.745	9.901	分段一	17.603	4.662	38(16.7 t)
			分段二	17.132	5.239	46(13 t)
WWHJY8	37.461	10.792	分段一	20.631	5.273	38(16.7 t)
			分段二	16.75	5.519	46(13 t)
WWHJY9	40.547	11.491	分段一	19.846	4.682	38(16.7 t)
			分段二	20.701	6.809	46(13 t)
WWHJY10	43.416	12.496	分段一	19.49	4.648	38(16.7 t)
			分段二	23.926	7.848	46(13 t)
WWHJY11	46.099	13.156	分段一	22.397	5.359	38(16.7 t)
			分段二	23.408	7.797	46(13 t)
WWHJY12	48.679	13.669	分段一	21.845	4.72	38(16.7 t)
			分段二	26.907	8.949	46(13 t)
WWHJY13	51.156	14.753	分段一	20.741	4.364	38(16.7 t)
			分段二	30.316	10.389	46(13 t)
WWHJY14	53.441	18.157	分段一	19.834	4.362	38(16.7 t)
			分段二	33.504	13.795	46(13 t)
WWHJY15	55.423	18.247	分段一	19.986	4.438	38(16.7 t)
			分段二	35.316	13.808	46(13 t)
WWHJY16	57.355	17.889	分段一	21.008	4.489	38(16.7 t)
			分段二	20.692	6.345	46(13 t)
			分段三	15.654	7.055	38(16.7 t)
WWHJY17	58.977	19.176	分段一	22.813	5.033	46(13 t)
			分段二	12.253	3.753	36(19 t)
			分段三	23.911	10.39	38(16.7 t)
WWHJY18	60.366	18.127	分段一	19.56	4.243	46(13 t)
			分段二	19.117	5.543	36(19 t)
			分段三	21.689	8.341	38(16.7 t)
WWHJY19	61.509	18.445	分段一	19.823	4.192	46(13 t)
			分段二	20.114	6.131	36(19 t)
			分段三	21.572	8.122	38(16.7 t)
WWHJY20	62.396	19.608	分段一	20.925	4.423	46(13 t)
			分段二	18.906	5.251	36(19 t)
			分段三	22.565	9.934	38(16.7 t)

续表

桁架名称	总长度/m	总质量/t	分段编号	长度/m	质量/t	回转半径/m
WWHJY21	63.007	19.998	分段一	21.757	4.581	46(13 t)
			分段二	22.261	6.839	36(19 t)
			分段三	18.99	8.578	38(16.7 t)
WWHJY22	63.319	20.249	分段一	22.296	4.724	46(13 t)
			分段二	22.097	7.055	36(19 t)
			分段三	18.926	8.47	38(16.7 t)
WWHJY23	63.307	19.115	分段一	23.614	4.993	46(13 t)
			分段二	21.923	6.722	36(19 t)
			分段三	17.771	7.4	38(16.7 t)
WWHJY24	62.938	20.644	分段一	25.137	5.375	46(13 t)
			分段二	22.618	7.636	36(19 t)
			分段三	15.183	7.633	38(16.7 t)
WWHJY25	62.23	18.495	分段一	24.602	5.264	46(13 t)
			分段二	25.803	9.05	36(19 t)
			分段三	11.824	4.181	38(16.7 t)
WWHJY26	60.86	16.758	分段一	27.297	5.854	46(13 t)
			分段二	33.563	10.904	36(19 t)
WWHJY27	59.696	16.15	分段一	28.996	6.263	38(16.7 t)
			分段二	30.7	9.887	46(13 t)
WWHJY28	57.645	15.873	分段一	31.968	7.317	36(19 t)
			分段二	25.678	8.556	38(16.7 t)
WWHJY29	54.954	15.089	分段一	32.611	7.466	46(13 t)
			分段二	22.342	7.623	38(16.7 t)
WWHJY30	51.373	13.434	分段一	31.339	7.106	46(13 t)
			分段二	20.034	6.328	38(16.7 t)
WWHJY31	47.215	11.287	分段一	32.407	7.001	46(13 t)
			分段二	14.879	4.286	38(16.7 t)
WWHJY32	49.877	15.881	分段一	30.703	7.232	46(13 t)
			分段二	19.922	8.649	38(16.7 t)
WWHJY33	43.602	11.093	分段一	28.189	6.823	46(13 t)
			分段二	15.501	4.27	38(16.7 t)
WWHJY34	36.715	7.857	分段一	36.715	7.857	46(13 t)
WWHJY35	27.418	5.75	分段一	27.418	5.75	38(16.7 t)
WWHJY36	18.325	3.855	分段一	18.325	3.855	46(13 t)
WWHJY37	12.259	2.644	分段一	12.259	2.644	38(16.7 t)
WWHJY38	10.792	2.093	分段一	10.792	2.093	46(13 t)
WWHJY39	15.744	4.6	分段一	15.744	4.6	46(13 t)

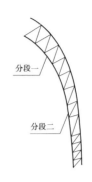

③西看台墙面主桁架吊装分析（采用350 t
履带吊吊装），见图3-8-14和表3-8-3。

图 3-8-14

表 3-8-3

桁架名称	总长度/m	总质量/t	分段编号	长度/m	质量/t	回转半径/m
WQHJY1	14.565	3.509	分段一	14.565	3.509	30(22.5 t)
WQHJY2	31.305	8.886	分段一	31.305	8.886	30(22.5 t)
WQHJY3	39.567	12.639	分段一	24.262	7.25	30(22.5 t)
			分段二	14.518	5.389	30(22.5 t)
WQHJY4	40.419	12.241	分段一	25.967	7.214	30(22.5 t)
			分段二	14.452	5.027	30(22.5 t)
WQHJY5	45.909	14.053	分段一	22.256	6.058	30(22.5 t)
			分段二	23.624	7.995	30(22.5 t)
WQHJY6	47.31	12.389	分段一	27.728	6.812	30(22.5 t)
			分段二	19.288	5.577	30(22.5 t)
WQHJY7	47.731	12.406	分段一	27.987	6.888	30(22.5 t)
			分段二	19.634	5.518	30(22.5 t)
WQHJY8	48.097	12.588	分段一	28.206	6.945	30(22.5 t)
			分段二	19.743	5.643	30(22.5 t)
WQHJY9	48.168	13.631	分段一	20.279	5.807	30(22.5 t)
			分段二	28.226	7.824	30(22.5 t)
WQHJY10	48.492	13.434	分段一	20.398	5.842	30(22.5 t)
			分段二	27.922	7.592	30(22.5 t)
WQHJY11	48.782	12.923	分段一	20.502	5.51	30(22.5 t)
			分段二	28.104	7.413	30(22.5 t)
WQHJY12	49.044	13.575	分段一	30.147	8.088	30(22.5 t)
			分段二	18.851	5.487	30(22.5 t)
WQHJY13	49.274	13.538	分段一	30.276	8.095	30(22.5 t)
			分段二	18.914	5.443	30(22.5 t)
WQHJY14	49.632	13.968	分段一	30.409	6.942	30(22.5 t)
			分段二	18.497	7.026	30(22.5 t)

续表

桁架名称	总长度/m	总质量/t	分段编号	长度/m	质量/t	回转半径/m
WQHJY15	49.87	13.908	分段一	24.488	6.906	30(22.5 t)
			分段二	25.386	7.002	30(22.5 t)
WQHJY16	50.09	13.954	分段一	24.508	6.981	30(22.5 t)
			分段二	25.520	6.973	30(22.5 t)
WQHJY17	50.263	13.935	分段一	29.669	6.981	30(22.5 t)
			分段二	20.805	6.973	30(22.5 t)
WQHJY18	50.391	14.107	分段一	29.72	8.293	30(22.5 t)
			分段二	20.898	5.642	30(22.5 t)
WQHJY19	50.473	13.784	分段一	29.743	8.270	30(22.5 t)
			分段二	20.967	5.502	30(22.5 t)
WQHJY20	50.51	13.776	分段一	29.739	8.274	30(22.5 t)
			分段二	21.009	5.508	30(22.5 t)
WQHJY21	50.512	13.802	分段一	31.004	8.643	30(22.5 t)
			分段二	19.551	5.159	30(22.5 t)
WQHJY22	50.393	13.836	分段一	30.947	8.679	30(22.5 t)
			分段二	19.495	5.157	30(22.5 t)
WQHJY23	50.279	13.829	分段一	30.863	8.698	30(22.5 t)
			分段二	19.476	5.131	30(22.5 t)
WQHJY24	50.115	13.492	分段一	30.751	8.381	30(22.5 t)
			分段二	19.44	5.111	30(22.5 t)
WQHJY25	49.901	13.185	分段一	30.617	8.015	30(22.5 t)
			分段二	19.379	5.175	30(22.5 t)
WQHJY26	49.643	13.655	分段一	20.574	5.832	30(22.5 t)
			分段二	29.188	7.823	30(22.5 t)
WQHJY27	49.531	13.48	分段一	24.291	6.792	30(22.5 t)
			分段二	25.240	6.688	30(22.5 t)
WQHJY28	49.324	12.357	分段一	25.45	6.151	30(22.5 t)
			分段二	23.874	6.206	30(22.5 t)
WQHJY29	49.103	12.578	分段一	24.816	6.099	30(22.5 t)
			分段二	24.287	6.479	30(22.5 t)
WQHJY30	48.855	12.434	分段一	25.162	6.121	30(22.5 t)
			分段二	23.693	6.313	30(22.5 t)
WQHJY31	48.581	12.802	分段一	24.993	6.070	30(22.5 t)
			分段二	23.588	6.732	30(22.5 t)
WQHJY32	48.276	12.91	分段一	24.803	6.381	30(22.5 t)
			分段二	23.473	6.529	30(22.5 t)
WQHJY33	47.932	13.875	分段一	27.868	7.743	30(22.5 t)
			分段二	16.82	6.232	30(22.5 t)

续表

桁架名称	总长度/m	总质量/t	分段编号	长度/m	质量/t	回转半径/m
WQHJY34	47.538	14.202	分段一	27.568	7.752	30(22.5 t)
			分段二	19.97	6.45	30(22.5 t)
WQHJY35	46.582	14.233	分段一	19.344	5.629	30(22.5 t)
			分段二	27.878	8.604	30(22.5 t)
WQHJY36	46.659	13.733	分段一	20.095	6.390	30(22.5 t)
			分段二	27.082	7.343	30(22.5 t)
WQHJY37	46.568	13.805	分段一	20.991	6.885	30(22.5 t)
			分段二	26.042	6.92	30(22.5 t)
WQHJY38	38.588	13.001	分段一	15.674	6.52	30(22.5 t)
			分段二	23.49	6.481	30(22.5 t)
WQHJY39	35.08	13.02	分段一	15.349	6.744	30(22.5 t)
WQHJY40	34.318	11.606	分段一	34.318	11.606	30(22.5 t)
WQHJY41	20.532	23.532	分段一	20.532	23.532	30(22.5 t)

六、东看台桁架吊装分析

东看台罩棚桁架主要选用1台350 t履带吊、1台300 t履带吊、2台200 t汽车吊装。2台履带吊布置在体育场内侧,主要吊装屋面桁架、边桁架、部分转换桁架及部分墙面桁架;2台200 t汽车吊在山上,主要吊装大部分转换桁架和墙面桁架。

①东看台转换桁架吊装分析(选用200 t汽车吊和350 t履带吊),见图3-8-15和表3-8-4。

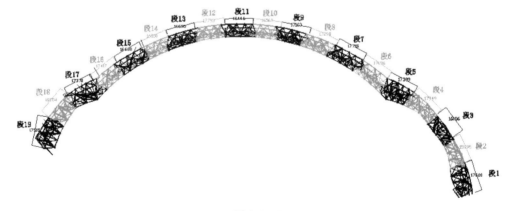

图 3-8-15

表3-8-4

桁架名称	分段长度/m	分段质量/t	回转半径/m
ELHJ-1	23.512	44.401	18
ELHJ-2	23.046	35.789	18
ELHJ-3	19.803	35.391	18
ELHJ-4	16.714	28.553	18
ELHJ-5	16.192	30.013	18
ELHJ-6	17.369	36.607	18
ELHJ-7	20.075	39.451	18
ELHJ-8	20.218	38.799	18
ELHJ-9	20.322	39.077	18
ELHJ-10	20.382	38.892	18
ELHJ-11	20.401	38.8	18
ELHJ-12	20.385	38.8	18
ELHJ-13	20.338	38.9	18
ELHJ-14	20.256	39.12	18
ELHJ-15	20.161	38.898	18
ELHJ-16	19.737	37.265	18
ELHJ-17	19.245	30.298	18
ELHJ-18	21.027	37.689	18
ELHJ-19	13.605	21.834	18

②东看台屋面主桁架吊装分析(采用1台350 t履带吊吊装),见图3-8-16和表3-8-5。

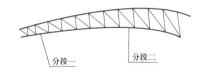

图3-8-16

表3-8-5

桁架名称	总长度/m	总质量/t	分段编号	长度/m	质量/t	回转半径/m
DWHJY-1	11.353	1.26	分段一	11.353	1.26	49(10.4 t)
DWHJY-2	20.834	3.740	分段一	20.834	3.740	49(10.4 t)
DWHJY-3	27.518	6.111	分段一	13.212	3.800	38(16 t)
			分段二	15.192	2.311	49(10.4 t)
DWHJY-4	32.104	6.184	分段一	16.247	3.371	38(16 t)
			分段二	16.821	2.813	49(10.4 t)
DWHJY-5	30.186	6.786	分段一	13.428	3.156	38(16 t)
			分段二	19.893	3.587	49(10.4 t)

续表

桁架名称	总长度/m	总质量/t	分段编号	长度/m	质量/t	回转半径/m
DWHJY-6	33.765	6.066	分段一	21.340	3.669	38(16 t)
			分段二	12.850	2.397	49(10.4 t)
DWHJY-7	31.051	5.318	分段一	15.889	2.857	38(16 t)
			分段二	15.403	2.461	49(10.4 t)
DWHJY-8	30.912	6.131	分段一	15.674	3.191	38(16 t)
			分段二	15.478	2.940	49(10.4 t)
DWHJY-9	33.932	6.552	分段一	19.24	4.238	38(16 t)
			分段二	14.90	2.314	49(10.4 t)
DWHJY-10	36.396	7.367	分段一	22.585	5.304	38(16 t)
			分段二	13.996	2.063	49(10.4 t)
DWHJY-11	38.387	7.742	分段一	9.089	2.477	38(16 t)
			分段二	29.778	5.265	49(10.4 t)
DWHJY-12	39.939	8.289	分段一	12.113	3.371	38(16 t)
			分段二	27.978	4.918	49(10.4 t)
DWHJY-13	41.145	8.641	分段一	15.078	4.224	38(16 t)
			分段二	26.512	4.417	49(10.4 t)
DWHJY-14	41.974	9.06	分段一	17.269	4.85	38(16 t)
			分段二	25.049	4.21	49(10.4 t)
DWHJY-15	42.436	9.166	分段一	18.779	5.443	38(16 t)
			分段二	23.827	3.723	49(10.4 t)
DWHJY-16	42.559	9.212	分段一	19.315	5.505	38(16 t)
			分段二	23.898	3.707	49(10.4 t)
DWHJY-17	42.371	9.147	分段一	19.378	5.527	38(16 t)
			分段二	23.628	3.620	49(10.4 t)
DWHJY-18	41.882	9.13	分段一	19.466	5.542	38(16 t)
			分段二	23.026	3.588	49(10.4 t)
DWHJY-19	41.121	8.936	分段一	19.085	5.519	38(16 t)
			分段二	22.123	3.417	49(10.4 t)
DWHJY-20	40.094	9.031	分段一	17.742	4.964	38(16 t)
			分段二	22.579	4.067	49(10.4 t)
DWHJY-21	38.816	9.708	分段一	16.031	4.713	38(16 t)
			分段二	23.039	4.995	49(10.4 t)
DWHJY-22	37.295	8.969	分段一	15.699	4.349	38(16 t)
			分段二	21.808	4.620	49(10.4 t)
DWHJY-23	35.54	8.261	分段一	12.574	3.264	38(16 t)
			分段二	23.347	4.997	49(10.4 t)
DWHJY-24	33.559	8.507	分段一	10.072	2.781	38(16 t)
			分段二	23.661	5.726	49(10.4 t)

续表

桁架名称	总长度/m	总质量/t	分段编号	长度/m	质量/t	回转半径/m
DWHJY-25	31.424	8.028	分段一	20.399	5.734	38(16 t)
			分段二	11.068	2.294	49(10.4 t)
DWHJY-26	29.16	7.19	分段一	17.113	4.449	38(16 t)
			分段二	12.014	2.741	49(10.4 t)
DWHJY-27	26.687	6.408	分段一	15.053	3.72	38(16 t)
			分段二	11.635	2.688	49(10.4 t)
DWHJY-28	24.004	5.648	分段一	13.14	3.238	38(16 t)
			分段二	10.864	2.410	49(10.4 t)
DWHJY-29	21.08	4.686	分段一	11.198	2.466	38(16 t)
			分段二	9.882	2.22	49(10.4 t)
DWHJY-30	21.977	4.702	分段一	13.791	2.907	38(16 t)
			分段二	8.186	1.795	49(10.4 t)
DWHJY-31	22.312	5.664	分段一	15.723	3.99	38(16 t)
			分段二	6.589	1.674	49(10.4 t)
DWHJY-32	22.723	4.198	分段一	22.723	4.198	49(10.4 t)
DWHJY-33	19.33	3.081	分段一	19.33	3.081	49(10.4 t)
DWHJY-34	15.686	1.813	分段一	15.686	1.813	49(10.4 t)

③东看台墙面主桁架吊装分析(采用 1 台 200 t 汽车吊吊装),见图 3-8-17 和表 3-8-6。

分段一

图 3-8-17

表 3-8-6

桁架名称	总长度/m	总质量/t	分段编号	长度/m	质量/t	回转半径/m
EQHJY-1	15.105	5.92	分段一	15.105	5.92	20(13.4 t)
EQHJY-2	21.027	8.314	分段一	21.027	8.314	20(13.4 t)
EQHJY-3	19.497	7.791	分段一	19.497	7.791	20(13.4 t)
EQHJY-4	16.895	6.561	分段一	16.895	6.561	20(13.4 t)
EQHJY-5	16.202	6.515	分段一	16.202	6.515	20(13.4 t)
EQHJY-6	18.297	7.691	分段一	18.297	7.691	20(13.4 t)
EQHJY-7	21.942	9.143	分段一	21.942	9.143	20(13.4 t)
EQHJY-8	24.649	10.256	分段一	24.649	10.256	20(13.4 t)
EQHJY-9	23.919	10.797	分段一	23.919	10.797	20(13.4 t)

续表

桁架名称	总长度/m	总质量/t	分段编号	长度/m	质量/t	回转半径/m
EQHJY-10	24.143	10.835	分段一	24.143	10.835	20(13.4 t)
EQHJY-11	22.847	10.256	分段一	22.847	10.256	20(13.4 t)
EQHJY-12	21.523	11.729	分段一	21.523	11.729	20(13.4 t)
EQHJY-13	21.652	11.916	分段一	21.652	11.916	20(13.4 t)
EQHJY-14	20.376	9.069	分段一	20.376	9.069	20(13.4 t)
EQHJY-15	19.969	9.105	分段一	19.969	9.105	20(13.4 t)
EQHJY-16	20.057	9.134	分段一	20.057	9.134	20(13.4 t)
EQHJY-17	20.109	9.149	分段一	20.109	9.149	20(13.4 t)
EQHJY-18	20.122	9.151	分段一	20.122	9.151	20(13.4 t)
EQHJY-19	20.096	9.455	分段一	20.096	9.455	20(13.4 t)
EQHJY-20	20.563	9.435	分段一	20.563	9.435	20(13.4 t)
EQHJY-21	21.971	11.871	分段一	21.971	11.871	20(13.4 t)
EQHJY-22	21.829	11.809	分段一	21.829	11.809	20(13.4 t)
EQHJY-23	23.173	10.372	分段一	23.173	10.372	20(13.4 t)
EQHJY-24	24.471	10.932	分段一	24.471	10.932	20(13.4 t)
EQHJY-25	25.251	10.985	分段一	25.251	10.985	20(13.4 t)
EQHJY-26	25.044	11.188	分段一	25.044	11.188	20(13.4 t)
EQHJY-27	25.786	11.544	分段一	25.786	11.544	20(13.4 t)
EQHJY-28	27.185	12.570	分段一	27.185	12.570	20(13.4 t)
EQHJY-29	24.421	10.217	分段一	24.421	10.217	20(13.4 t)
EQHJY-30	20.01	8.068	分段一	20.01	8.068	20(13.4 t)
EQHJY-31	17.824	6.073	分段一	17.824	6.073	20(13.4 t)
EQHJY-32	15.314	4.637	分段一	15.314	4.637	20(13.4 t)
EQHJY-33	17.309	5.342	分段一	17.309	5.342	20(13.4 t)
EQHJY-34	18.825	5.528	分段一	18.825	5.528	20(13.4 t)
EQHJY-35	21.325	6.476	分段一	21.325	6.476	20(13.4 t)
EQHJY-36	8.453	2.495	分段一	8.453	2.495	20(13.4 t)

七、罩棚桁架安装示意流程

以东看台罩棚桁架中部三榀安装为例,西看台罩棚桁架安装流程类似。

第一步:支撑胎架搭设完毕,转换桁架分段安装(图 3-8-18)。

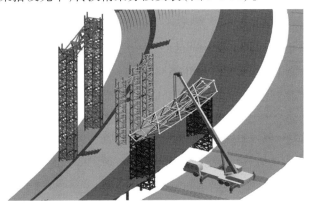

图 3-8-18

第二步:端桁架分段安装(图 3-8-19)。

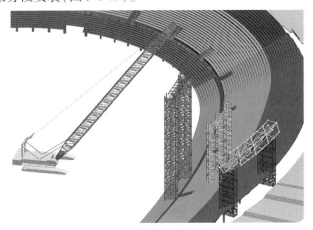

图 3-8-19

第三步:屋面主桁架(右旋)第一段安装(图 3-8-20)。

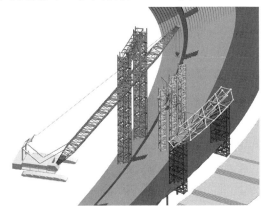

图 3-8-20

第四步:墙面主桁架(右旋)安装,屋面主桁架(右旋)第二段安装(图3-8-21)。

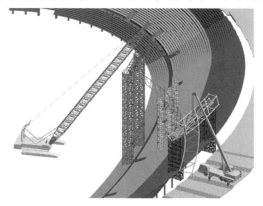

图 3-8-21

第五步:第二榀屋面、墙面主桁架安装(图3-8-22)。

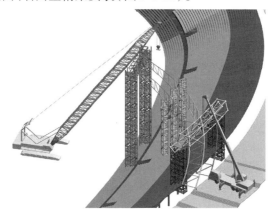

图 3-8-22

第六步:第一、二榀屋面、墙面主桁架之间的次桁架安装(图3-8-23)。

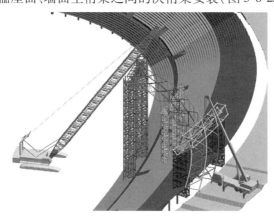

图 3-8-23

第七步:第三榀屋面、墙面主桁架及对应的次桁架安装(图 3-8-24)。

图 3-8-24

第八步:三榀桁架安装完毕,准备进行下一个区域的桁架安装(图 3-8-25)。

图 3-8-25

八、钢结构安装过程模拟验算

钢结构安装方案的制订需建立在详细的计算分析基础上,计算分析的主要内容为单个吊装单元和整个结构安装全过程的结构变形和应力变化,这是施工过程分析与控制的重要内容。

采用施工模拟分析方法对安装过程进行预演,可以得到施工变形和应力的控制数据,以确保施工过程中结构构件的强度、变形与稳定性满足设计要求。

第四节　罩棚屋面安装

一、钢结构罩棚屋面概况

罩棚前端至根部依次为聚碳酸酯板屋面、金属板屋面、穿孔铝板开放式围护系统。聚碳酸酯板屋面选用带红外阻隔涂层的 16 mm 厚中空板,透光率 25%;铝合金屋面为双层屋面系统,采用直立锁边压型钢板防水层。

具体构造有:镀锌钢檩条、16 mm 厚聚碳酸酯中空板、穿孔钢板、50 mm 厚超细玻璃棉隔热吸音层、直立锁边压型钢板、铝合金装饰板。

二、钢结构罩棚屋面安装

（一）檩条支座的安装

檩条支座安装前在屋面桁架上弦测量定出支座位置,定位点的投放直接关系到屋面檩条能否顺利安装,支座的安装必须垂直以免影响檩条安装后的整体平整度。

（二）檩条安装

①檩条分为墙面檩条和屋面檩条,主檩条为 200 mm×200 mm×8 mm,次檩条为 200 mm×200 mm×5 mm,檩条的数量较多,与焊接球的连接方式分别见图 3-8-26—图 3-8-28。

②在安装罩棚桁架的同时,檩条同时进行安装,屋面檩条节点的做法如下:

同一环向檩条连续布置,在节点处不得切断,檩条标高统一,对于不同直径弦杆通过檩托高度调整。

檩条及加劲板的厚度均为 12 mm,檩条及加劲板、檩托、钢管相交均为双面焊,未注明的焊缝高为 $h_f=8$ mm。

檩条拼接位置在檩条跨度的 1/6～1/4 范围内,拼接强度要求与母材等强。

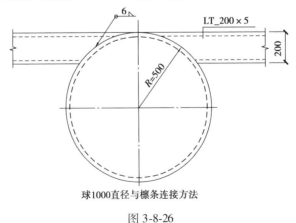

球1000直径与檩条连接方法

图 3-8-26

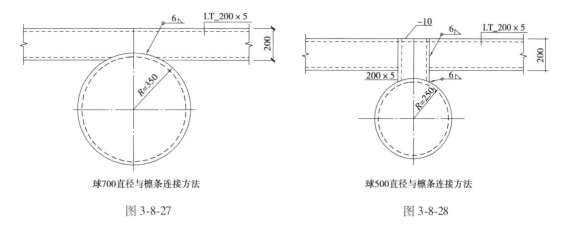

球700直径与檩条连接方法 球500直径与檩条连接方法

图 3-8-27 图 3-8-28

（三）屋面板底安装

1. 安装流程

测量放线→屋面板搬运到位→按照放线位置将屋面板对齐→安装固定→自检→整修→报验。

2. 安装

将屋面底板安放到相应位置上,将屋面底板的边缘与各起始点重合,然后与屋面檩条采用射钉固定,屋面底板在起始线方向上的搭接的接头应设置在檩条上面,严禁在檩条跨度中间进行搭接。

为了保证屋面底板的安装质量,保证安装后的美观度,防止出现扇形板,安装时以第一块为基准,要严格校正,其余板以第一块为基准,依次搭设,板间搭接一个肋,在板的宽度方向每一桁架间距进行标注,限制和检查板的安装偏差累积。如有误差及时调整,若钢板有少许偏斜,可微调钢板,将钢板边缘以推压法向左或右移动 2 mm,以调整钢板的平行度。

屋面底板横向间相互搭接按设计要求施工,为了防止在横向屋面板搭接的地方开裂,影响建筑物内部的美观度,因此在搭接的地方采用开口式铝铆钉进行拉接。

（四）屋面中间层的安装

安装流程:清理底板表面杂物→测量放线→铺设超细玻璃隔热吸音层→咬口锁边→边角裁切→防水配件安装→收口包边→检测。

（五）隔热吸音玻璃棉的安装

在铺设隔热吸音玻璃棉之前,应对钢底板的表面进行彻底清理,确保安装工作面的清洁。雨天后施工必须进行处理,保证铺设表面干燥。

先在穿孔部位用双面胶逐步粘贴,再覆盖玻璃棉,要求粘贴平整,不得露孔。

（六）屋面顶板的安装

1. 安装流程

测量定位→铺板→安装咬口机→填充咬口上的密封胶→压实板的接缝→咬口→复测→

修整→裁切、修剪→清理。

2.测量放线

在屋面板安装前,对直立锁边压型钢板进行检查,合格后进行屋面压型钢板的放线,根据支座安装的位置进行二次测量放线,起始线要求与建筑物纵轴线垂直,在压型钢板上标出。

3.屋面顶板的铺设

将压型钢板安放到相应位置上,将压型钢板的边缘与各起始点重合,将扣槽与支座扣紧,然后立即用机械式咬边机进行咬合,以提高压型钢板的整体刚度和承载力。

为了保证压型钢板的安装质量,保证安装后的美观度,防止出现扇形板,安装时以第一块为基准,要严格校正,其余板以第一块为基准,依次与支座扣紧,在板的宽度方向每一桁架间距进行标注,限制和检查板的安装偏差累积。如有误差及时调整,若钢板有少许偏斜,可微调钢板,将钢板边缘以推压法向左或右移动 2 mm,以调整屋面板的不平行度。

4.压型钢板的咬合

当压型钢板铺设完成后,对轴线位置进行复核,合格后先由工人将压型钢板与支座对好,将咬口机放在两块屋面的接缝上,由咬口机自带的双支脚支撑住,防止倾覆。再由工人将咬口机一侧的手扳扳起,使咬口机下侧的锁缝口合紧,使其与屋面板肋紧密吻合。

然后由两个工人在前面沿着板的咬合处的板肋上走动,边走边用力将板的锁缝口与板下的支座压实,后一个人拉动咬口机的引绳,使其紧随其后,将压型钢板咬合紧密,见图 3-8-29。

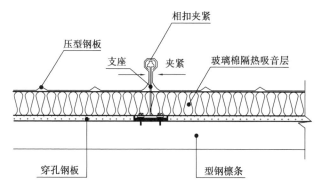

图 3-8-29

5.压型钢板安装注意事项

安装时注意面板立臂小卷边朝安装方向一侧以利安装,板在天沟上的伸出长度不应小于 250 mm。

咬过的压型钢板边要求连续平整,并不得出现扭曲和裂口。

压型钢板的板边修剪采用电剪刀,修剪位置应以拉线为准,修剪檐口和天沟处的板边,修剪后保证屋面板伸入天沟的长度与设计的尺寸相一致。

各种施工时留下的金属屑及时清理,施工完成后屋面板上面要求无残留物。

当天铺设的压型钢板应当天咬口完成,以防止因夜间天气等因素使屋面板被风吹坏等现象出现。

（七）屋面铝合金装饰板的安装

工艺流程:测量定位→龙骨安装→铝板现场安装→填塞垫杆→清洁注胶缝→粘贴刮胶纸→注密封胶→刮胶→撕掉刮胶纸→清洁饰面层→自检、整改、报验。

依屋面排板设计,将铝合金装饰板铺设于龙骨之上,固定点设置正确、牢固。

屋面板在水槽上口伸入水槽内的长度不得小于50 mm,通常为70～120 mm。屋面板安装完毕,应仔细检查其咬合质量,如发现有局部断裂或损坏,及时作出标记,以便修补完好,以防有任何渗漏现象发生。

铝合金面板安装完毕,檐口收边工作尽快完成,防止遇特大风吹起屋面发生事故,对边要求泛水板,封檐板安装牢固,包封严密,棱角顺直,成形良好。

安装完毕的屋面铝合金板外观质量符合设计要求及国家标准规定,面板不得有裂纹,安装符合排板设计,固定点设置正确、牢固;面板接口搭接正确紧密,板面无裂缝或孔洞。屋面构造轴测图,见图3-8-30。

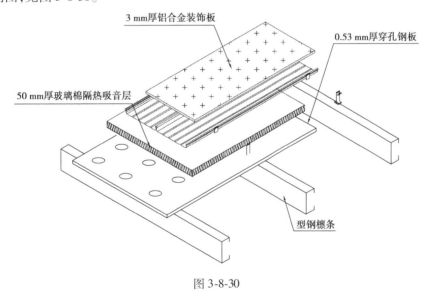

图 3-8-30

屋面安装中主要是解决屋面防水问题,需处理好屋面板与天沟的搭接、屋面屋脊处理等,此部分是屋面防水的重点部位,此部位处理的好坏直接关系到屋面的放水问题。

安装前在立柱、横梁上定位画线,确定铝板板块在立面上的水平、垂直位置。对平面度要逐层设置控制点。

根据控制点拉线,按拉线调整检查,切忌跟随框格体系歪框、歪件、歪装。对偏差过大的坚决采取重做、重安装。

位置无误后,用不锈钢自攻螺钉将铝板板块固定在立柱(横梁)上。

铝板板块安装前将表面尘土和污物擦拭干净。

铝板板块与框架的固定尺寸、位置、数量必须符合设计要求。

注胶前要作预处理:清理掉表面的尘土、油污,然后用洁净棉纱蘸清洁剂擦拭,晾干后,在铝板的边缘贴上保护胶条,在缝隙里塞入泡沫棒,然后注入密封胶。

胶料充填要均匀注入,胶缝深度要符合设计要求,要及时清理胶缝外的多余粘胶,保持铝板板块的清洁。钢结构施工总平面布置图见图 3-8-31。罩棚安装顺序见图 3-8-32。

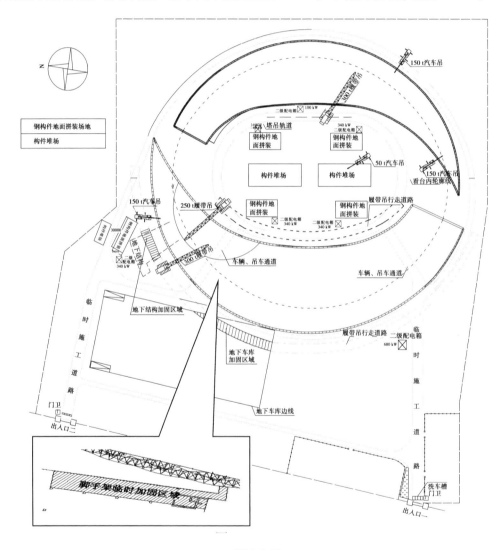

图 3-8-31

注:由于履带吊的行走路线经过地下车库和地下结构上空;经计算,地下车库和地下结构的地面楼层不能满足履带吊的行走和吊装需要,需要进行加固。

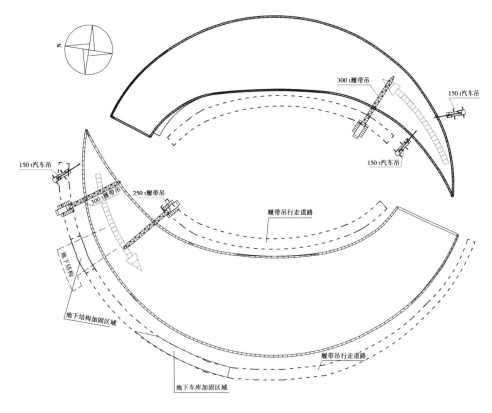

图 3-8-32

三、钢罩棚施工区划分及施工顺序

罩棚钢结构根据东西看台分为东、西(D、X)两个区,东看台 D 区又分为 4 个施工区域(D1 区、D2 区、D3 区、D4 区),西看台 X 区又分为 5 个施工区域(X1 区、X2 区、X3 区、X4 区、X5 区),见图3-8-33。

施工流向:钢结构施工阶段分别从主体育场东看台 D1 区、西看台 X1 区开始插入,逆时针安装。

施工步骤:桁架地面拼装→胎架搭设→罩棚安装→整体卸载。

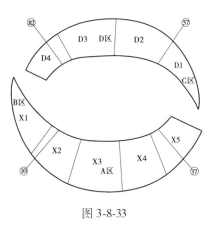

图 3-8-33

机械设备选择:钢构件地面拼装和前期构件转运设备选用 25 t、50 t 汽车吊;西看台钢结构安装主要选用 2 台 350 t、1 台 300 t 履带吊;东看台钢结构安装主要选用 1 台 350 t 履带吊、1 台 300 t 履带吊和 3 台 150 t 汽车吊。

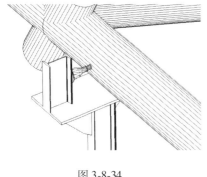

图 3-8-34

拼装胎架搭设后,用仪器进行定位和找平。构件由加工厂散件加工完毕,运至现场,由吊车吊装至胎架上,校正好后,组装焊接。

测量后由计算机模型确定的各控制点的坐标与标高,调整控制各控制点的水平度与轴线度,如此反复调整每个控制点至准确后,再进行点焊固定,待点焊定位节点复核正确后即可正式施焊(调整节点坐标时,应考虑焊接变形影响),千斤顶调校示意图见图 3-8-34。

四、典型桁架拼装流程

拼装平台用混凝土浇筑,支撑架采用 H 型钢,以屋面桁架地面拼装为例:

第一步:在拼装平台上布置拼装支撑架(图 3-8-35)。

第二步:用汽车吊把杆件放置在拼装支撑架上(图 3-8-36)。

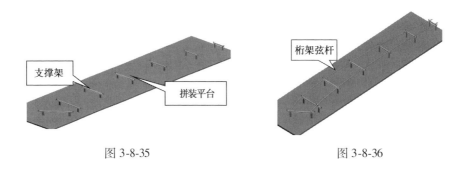

图 3-8-35   图 3-8-36

第三步:安装对接上下弦杆间的斜腹杆,并用连接耳板固定、校正、焊接,注意控制桁架的尺寸(图 3-8-37)。

第四步:安装平面桁架竖腹杆,此杆件与桁架节点处相贯焊(图 3-8-38)。

图 3-8-37   图 3-8-38

五、拼装吊具设备

本工程的桁架多以散件运至现场,现场地面拼装量很大,所用的吊装设备、拼装点较多,经分析,计划设 6 个拼装点,需用 6 台 25 t 汽车吊、4 台 50 t 汽车吊、2 台 100 t 汽车吊。以下是 3 种型号的汽车吊性能表:

1.25 t 汽车吊性能参数,见表 3-8-7。

表 3-8-7

工作半径/m	吊臂长度/m						
	10.2	13.75	17.3	20.85	24.4	27.95	31.5
3	25	17.5					
3.5	20.6	17.5	12.2	9.5			
4	18	17.5	12.2	9.5			
4.5	16.3	15.3	12.2	9.5	7.5		
5	14.5	14.4	12.2	9.5	7.5		
5.5	13.5	13.2	12.2	9.5	7.5	7	
6	12.3	12.2	11.3	9.2	7.5	7	5.1
6.5	11.2	11	10.5	8.8	7.5	7	5.1
7	10.2	10	9.8	8.5	7.2	7	5.1
7.5	9.4	9.2	9.1	8.1	6.8	6.7	5.1
8	8.6	8.4	8.4	7.8	6.6	6.4	5.1
8.5	8	7.9	7.8	7.4	6.3	7.2	5
9		7.2	7	6.8	6	6.1	4.8
10		6	5.8	5.6	5.6	5.3	4.4
12		4	4.1	4.1	4.2	3.9	3.7
14			2.9	3	3.1	2.9	3
16				2.2	2.3	2.2	2.3
18				1.6	1.8	1.7	1.7
20					1.3	1.3	1.3
22					1	0.9	1
24						0.7	0.8

2.50 t 汽车吊性能参数,见表 3-8-8。

表 3-8-8

50 t 汽车吊(主臂长度为 25.4 m)			
工作半径/m	起吊质量/t	工作半径/m	起吊质量/m
6	16.3	12	7.5
6.5	15	14	5.1
7	14.1	16	4
8	12.4	18	3.1
9	11.1	20	2.2
10	10	22	1.6

3.100 t 汽车吊性能参数,见表3-8-9。

表3-8-9

幅度/m	主臂长度/m								
	12.8	17.2	21.6	26	30.4	34.8	39.2	43.6	48
3	100	80							
4	88	70	61						
5	70	61	54.3	42	40				
6	57	54	48.7	42	36.5	31.1			
7	47	47.5	44.1	38.6	33.5	29	24.5		
8	40.5	40	40.2	35.3	31.1	27.2	23.3	19.3	
9	34.5	35	35	32.3	28.7	25.4	21.8	18.4	14
10	30	30	30	29.9	26.6	23.6	20.6	17.5	13.4
12		23	22.8	24.1	23.3	20.9	18.5	15.7	11.6
14		16.6	16.4	17.7	18.6	18.5	16.4	14.2	11.3
16			12.2	13.4	14.2	14.9	14.9	13	10.1
18			9.2	10.4	11.2	11.8	12.3	11.6	9.2
20				8.1	8.9	9.5	10	10.2	8.3
22				6.3	7.1	7.7	8.2	8.4	7.7
24					5.7	6.2	6.8	7	7.1
26					4.5	5.1	5.7	5.8	6.1
28						4.6	4.7	4.8	5.1
30						3.3	3.9	4	4.2
32							3.2	3.3	3.5
34							2.5	2.7	2.9
36								2.1	2.4
38								1.6	1.9
39									1.5
40									1.1
42									
倍率	12	10	8	6	5	4	4	3	2
最小主臂仰角	20	22	23	24	25	25	26	26	26
最大主臂仰角	71	77	77	78	80	81	81	81	81
使用吊钩	1017 kg								

第五节 预应力索施工

一、预应力索施工工艺

结构施工流程如图 3-8-39 所示。

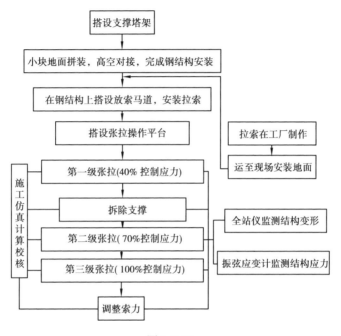

图 3-8-39

支撑塔架三维布置图、支撑塔架平面布置图如图 3-8-40 所示。

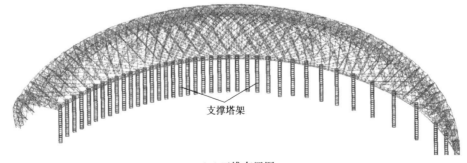

（a）三维布置图

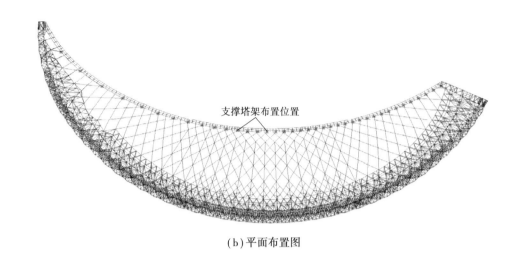

（b）平面布置图

图 3-8-40

二、预应力钢索吊装与放索

①针对索盘内径、外径、高度、质量等参数提前加工放索盘并运至现场。

②为了现场施工方便，在索体制作时，每根索体都单独成盘，在加工厂内将索体缠绕成盘，到现场后吊装到事先加工好的放索盘上。

③将放有钢索的放索盘吊至已搭设好的放索操作平台上。

④本工程预应力拉索较长，拉索最长达 55 m，重达 2 t 左右（包括索头），因此在地面进行放索，并且在放索时将索头置于平板车，并固定，采用 4 个导链通过吊装带牵引平板车，4～8 个导链牵引已放索体，将钢索慢慢放开置于现有平台上，为防止索体在移动过程中与脚手板接触，索头用布包住，再沿放索方向铺设一些滚子，以保证索体不与平台接触，最后将钢索慢慢放置放索马道上。

三、预应力索张拉工艺

（一）张拉设备的选用

经计算，拉索最大张拉力约 117 t，需要 150 t 千斤顶，并且是两根拉索张拉，故选用 2 台 150 t 千斤顶，即同时使用 2 套张拉设备。张拉工装图见图 3-8-41。

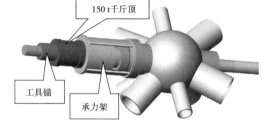

图 3-8-41

（二）预应力钢索张拉前标定张拉设备

张拉设备采用预应力钢结构专用千斤顶和配套油泵、油压传感器、读数仪。根据设计和预应力工艺要求的实际张拉力对油压传感器及读数仪进行标定。标定书在张拉资料中给出。

（三）张拉时的技术参数及控制原则

张拉时采取双控原则：以索力控制为主，监测结构变形为辅助。

（四）张拉操作要点

①张拉设备安装：由于本工程张拉设备组件较多，因此在进行安装时小心安放，使张拉设备形心与钢索重合，以保证预应力钢索在进行张拉时不产生偏心。

②预应力钢索张拉：油泵启动供油正常后，开始加压，当压力达到钢索设计拉力时，超张拉5%左右，然后停止加压，完成预应力钢索张拉。张拉时，要控制给油速度，给油时间不低于0.5 min。

（五）张拉过程

施工前用仿真模拟张拉工况，以此作为指导张拉的依据。张拉逐级张拉，整个张拉过程分成3级，分别为40%设计张拉力、70%设计张拉力、100%设计张拉力。

张拉设备和工具等辅助设备全部准备及加工到位运至现场。张拉时，服从统一指挥，按张拉给定的控制技术参数进行精确控制张拉。

具体张拉顺序见图3-8-42。

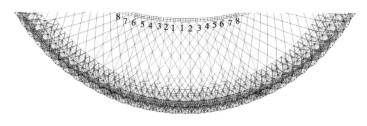

图3-8-42

①第1级张拉到控制应力的40%：由1号拉索向8号拉索依次张拉完成，拆除塔架支撑。

②第2级张拉到控制应力的70%：由8号拉索向1号拉索依次张拉完成。

③第3级张拉到控制应力的100%：由1号拉索向8号拉索依次张拉完成。

（六）同步张拉控制措施

两根拉索同时张拉时，共有两个千斤顶同时张拉，因此控制张拉的同步是结构受力均匀的重要措施。控制张拉同步有两个步骤。第一步在张拉前调整拉索连接处的螺母，使螺杆露出的长度相同，即初始张拉位置相同。第二步在张拉过程中将每级的张拉力（40%、70%、100%）在张拉过程中再次细分为4～10小级，在每小级中尽量使千斤顶给油速度同步，在张拉完成每小级后，所有千斤顶停止给油，测量索体的伸长值。如果同一索体两侧的伸长值不同，则在下一级张拉时，伸长值小的一侧首先张拉出这个差值，然后另一端再给油。如此通过每一个小级停顿调整的方法来达到整体同步的效果。

（七）预应力钢索张拉测量记录

张拉长度记录将油压传感器测得拉力记录下来，以对结构施工期进行监测，主要包括应力监测和变形监测。

（八）张拉质量控制方法和要求

①张拉时按标定的数值进行张拉，用伸长值和油压传感器数值进行校核。

②认真检查张拉设备和与张拉设备相接的钢索，以保证张拉安全、有效。

③张拉严格按照操作规程进行，控制给油速度，给油时间不应低于 0.5 min。

④张拉设备形心应与预应力钢索在同一轴线上。

⑤实测伸长值与计算伸长值相差超过允许误差时，应停止张拉，报告工程师进行处理，待查明原因并采取措施后，再继续张拉。

四、预应力张拉应急预案

（一）张拉前的准备

①检查支座约束情况，考虑张拉时结构状态是否与计算模型一致，以免引起安全事故。

②张拉设备张拉前需全面检查，保证张拉过程中设备的可靠性。

③在一切准备工作做完后，且经过系统的、全面的检查无误后，现场安装总指挥检查并发令后，才能正式进行预应力索张拉作业。

④索张拉前，严格检查临时通道以及安全维护设施是否到位，保证张拉操作人员的安全。

⑤张拉过程应根据设计张拉应力值张拉，防止张拉过程中出现预应力过大引起竖向起拱过大。

⑥张拉前，应清理场地，禁止无关人员进入，保证索张拉过程中人员安全。

⑦在预应力索张拉过程中，测量人员应通过测量仪器配合测量各监测点位移的准确数值。

（二）张拉过程中可能出现的问题

①张拉设备故障，包括油管漏油，设备故障。

②现场突然停电。

③张拉过程不同步。

④张拉后结构变形、应力、伸长值与设计计算不符。

（三）张拉设备故障

张拉过程中如油缸发生漏油、损坏等故障，在现场配备 3 名专门修理张拉设备的维修工，在现场备好密封圈、油管，随时修理，同时在现场配置 2 套备用设备，如果不能修理应立即更换千斤顶。

(四)张拉过程断电

张拉过程中,如果突然停电,则停止索张拉施工。关闭总电源,查明停电原因,防止来电时张拉设备的突然启动,对屋架结构产生不利影响。同时在张拉时把锁紧螺母拧紧,保证索力变化跟张拉过程是同步的;突然停电状态下,在短时间内,千斤顶还是处于持力状态,并且油泵回油还需要一段时间,不会出现安全事故。处理好后在现场值班的电工立刻进行查找原因,以最快的速度修复。为了避免这种情况发生,在现场的二级箱要做到专用,三级箱按照要求安装到位。

(五)张拉过程不同步

由于张拉没有达到同步,造成结构变形,可以通过控制给泵油压的速度,使索力小的加快给油速度,索力比较大的减慢给油速度,这样就可以到达同一圈环向索的索力相同的目的。

(六)张拉时结构变形、伸长值预警

如果结构变形、伸长值与设计计算不符,超过 20% 以后,立即停止张拉,同时报请设计院,找出原因后并采取有效措施,再重新进行预应力张拉。

第六节　支撑胎架的布置与设计

一、胎架布置

根据桁架吊装的需要,胎架需设置在分段接点、转换桁架、边桁架的下部,胎架采用格构式的结构形式。东西看台分别按 3 圈设置,西看台局部需要设置 4 圈胎架。胎架平面布置图,见图 3-8-43。

二、胎架概念设计

胎架采用格构式的结构形式,胎架的立柱、斜腹杆、横杆均采用钢管,胎架截面尺寸为 2.0 m × 2.0 m,最大高度约为 49.6 m。

①支撑胎架整体三维效果图,见图 3-8-44。

②胎架揽风绳拉设示意图,见图 3-8-45。

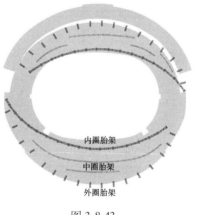

图 3-8-43

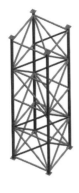

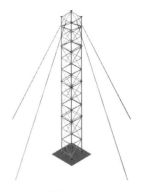

<table>
<tr><td>图 3-8-44</td><td>图 3-8-45</td></tr>
</table>

③支撑胎架上部操作平台三维示意图，见图 3-8-46。

④桁架对接示意图，见图 3-8-47。

⑤支撑胎架落在柱顶示意图，见图 3-8-48。

⑥支撑胎架落在柱间顶示意图，见图 3-8-49

<table>
<tr><td>图 3-8-46</td><td>图 3-8-47</td></tr>
</table>

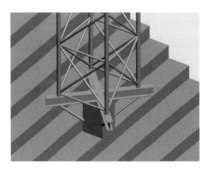

<table>
<tr><td>图 3-8-48</td><td>图 3-8-49</td></tr>
</table>

第九章
景洪水电站升船机房钢桁架接力吊装及屋盖滑移安装施工技术

相关文章发表于《安装》2011 年第 10 期。

第一节 工程概况

一、工程简介

云南景洪电站升船机顶部机房钢结构工程结构形式类似单层工业厂房,结构采用排架体系,下部为四管格构柱,上柱采用焊接 H 型钢,屋盖结构形式为管桁架结构,屋盖管桁架通过盆式板橡胶支座支承在钢柱上,桁架之间设有系杆及纵向联系管桁架。

升船机房主桁架共有 18 榀,次桁架共有 51 榀,桁架总质量为 150 t,单榀桁架最大质量为 7.5 t。

主桁架均为弧形三角形桁架,横向次桁架为直角三角形桁架,桁架杆件连接采用相贯焊接连接。屋面及墙面围护系统均采用矩管檩条,屋面和墙面底板均为 0.476 mm 厚 820 型象牙白镀铝锌彩钢压型板。

二、工程的重点和难点

本工程所处的地理位置较为特殊,位于景洪水电站大坝顶面并向下游侧延伸 104 m,相对于江面的高度为 100 余 m,施工场地狭小,施工单位和施工人员较多,相互间完全处于立体和交叉工作状态,钢结构安装施工处于最高处,因此安全问题尤为突出。

经综合分析,本工程的重点和难点主要有以下几点:

(一)拼装难度大

本工程屋面主体为空间弧形钢桁架结构,钢管需弯弧和相贯制作,且桁架跨度达 40 m,弧顶距离支座的距离高达 6.6 m,拼装难度大。

(二)安全风险较高

升船机房钢桁架屋盖采用高空滑移安装施工工艺,钢桁架间的系杆和水平支撑较多,高空作业工作量大,安全风险较高。

(三)工作量大

现场作业面受限,构件二次转运量大;其中升船机房仅一轴线端部具备停机、吊装作业条件,屋盖钢桁架滑移工作量大。

三、升船机厂房钢屋盖概况

升船机厂房屋盖东西向共 18 根轴线,轴间距 6 m,总长 102 m,南北向跨度 40 m。屋盖上弦顶标高 29.6 m,主桁架橡胶支座底标高 23 m。升航机房屋盖结构平面布置图见图 3-9-1,升船机房单跨排架结构立面图见图 3-9-2。

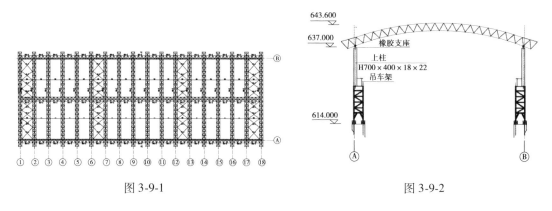

图 3-9-1   图 3-9-2

第二节　钢桁架拼装

一、现场拼装胎具制作

升船机房主桁架现场拼装胎具设置 2 副,待主桁架组装完成后再制作 2 副次桁架胎具和 1 副下闸首桁架胎具。主桁架的拼装胎具主要由 I25a、I16、[10 和 ∟50×5 材料组成,具体布置见图 3-9-3。

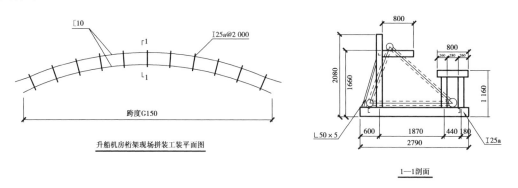

升船机房桁架现场拼装工装平面图

图 3-9-3

二、现场钢桁架拼装

桁架先拼装下闸首检修桥机房主桁架（共 7 榀）和次桁架（共 12 榀），然后再拼装升船机房主桁架（共 18 榀），最后拼装升船机房次桁架（共 51 榀）。桁架拼装时应根据桁架的尺寸、形态位置在拼装胎具上放样、画线，在设置定位挡板后拼接上下主弦杆，然后在弦杆上分线组装腹杆。桁架上下主弦杆拼接时应充分考虑焊接收缩量，焊接时从中间向两边施焊。主弦杆拼接和腹杆组对应，注意焊接间隙和坡口要符合设计要求。

桁架在吊装前要设置安装措施，防止吊装后在桁架上作业发生坠落事故。安全措施设置见图 3-9-4。

图 3-9-4

第三节　钢桁架的水平运输及接力吊装

一、施工现场的平面管理

根据现场实际情况，施工前需对平面管理进行策划，分别将桁架的组装区域、吊机停机作业区域、临时工器具存放区域等进行合理布置，具体的布置方案如下（图 3-9-5）。

①配电箱、电焊机、焊条烘箱等工机具放置在大坝上。

②构件及组装完成后的成品桁架堆放在水电站左岸。

桁架组装场地设置在大坝左岸。油漆、焊接材料等放置在库房。

二、钢桁架的水平运输及接力吊装

由施工现场平面图，桁架在拼装区域组装完成后，利用现场一台 320 t 龙门吊进行水平驳运。驳运至水库区域一轴线端部区域后，利用 100 t 汽车吊进行接力吊装。桁架自重约 7.5 t，采用四点吊装，吊装用钢丝绳按要求选取。桁架的水平运输、接力吊装及在柱顶就位后进行滑移分别见图 3-9-6—图 3-9-9。

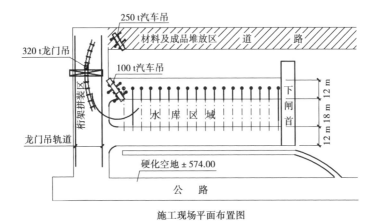

施工现场平面布置图

图 3-9-5

图 3-9-6

图 3-9-7

图 3-9-8

图 3-9-9

三、钢桁架吊装应力分析

因桁架跨度达 40 m,且桁架弧顶至支座的高差为 6.6 m,为避免桁架起吊后产生较大的变形,需采用计算机模拟分析,针对模拟的情况制订相应的安全措施。吊点位移图最大值为 5.3 mm 位于桁架末端(图 3-9-10);吊点弯矩 M_y 最大值为 2.2 kN·m(图 3-9-11);吊点应力

σ 最大值为 51 MPa(图 3-9-12)。

根据以上方案的计算,桁架的最大位移为 5.3 mm,最大应力为 51 MPa,符合规范要求。

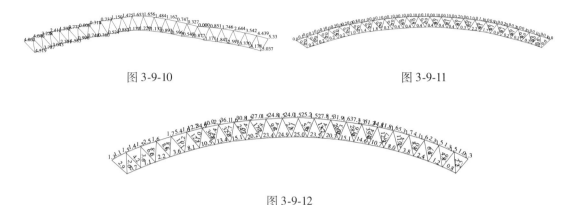

图 3-9-10 图 3-9-11

图 3-9-12

第四节 滑移安装施工技术

通过分析本工程的结构特点和施工条件,施工拟地面拼装,高空每三榀组成一个单元格后进行滑移就位和固定。

一、滑移总体部署

用 100 t 汽车吊装,先将 18 轴线主桁架吊装至 2 轴线上就位,并用钢丝绳临时固定,然后再将 17 轴线主桁架吊装至 1 轴线上就位并临时固定,接着用 50 t 吊车吊装 17 和 18 轴线间的次桁架,形成稳定单元格后将构件滑移至 2~3 轴线,再吊装 16 轴线主桁架至 1 轴线钢柱上就位,临时固定后吊装 16 和 17 轴线间的次桁架。16~18 轴线间的主次桁架均安装焊接并检查合格后开始进行滑移施工。滑移操作用滑轮组和 2 台 10 t 手动链条葫芦进行,滑移时必须随时监控同步性,在滑移轨道上每隔 500 mm 位置画线以便监控。待第一个桁架单元格滑移就位并固定后再重复此操作吊装 1~15 轴线桁架。

二、滑移方式

结构单元滑移时为减小移动时的摩擦阻力,采用滚动滑移的方式。每个支座底部采用 4 只 ϕ150 mm 的实芯滚筒,每个桁架单元格共 6 个桁架支座,故每套滑移机构采用 24 个实心滚筒,见图 3-9-13。

在桁架滑移前,首先将滑移机构放置在指定位置。在每段滑移机构的中部位置画线,放置在轨道上时,确保定位线与事先弹好的轴线重合。为防止在放置桁架单元格时滑移机构产生水平位移,需利用钢斜楔将实心滚筒塞紧,桁架放置就位后准备开始滑移时,再取出钢斜楔。

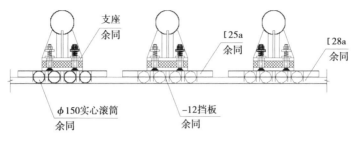

图 3-9-13

三、滑移轨道

A,B 轴线均设置通长连系梁,截面宽为 350 mm,且顶标高与柱顶标高相同,可利用该有利条件,在梁(柱)顶设通长滑移轨道。根据本工程的特点,滑移轨道选用[28a,槽口向上通过间断焊(80/200)固定于梁(柱)顶。滑移轨道示意图见图 3-9-14。

为保证滑移机构的正常工作,滑移轨道铺设时,其允许偏差应符合以下规定:

①轨道分段接头处高差的允许偏差应小于 1 mm。

②在 2 m 范围内,轨道的侧向直线度不应超过 1 mm,轨道全长偏差不超过 20 mm。

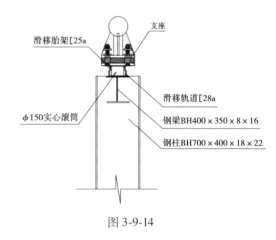

图 3-9-14

四、牵引装置

三榀桁架组成一个单元格后进行滑移,每个单元格的自重约为 25 t,本项目采用滚动机构,其摩擦系数为 0.01 ~ 0.02,但考虑到其他因素的影响,如现场环境条件(滑移频率较低,工期较长导致接触面性质发生改变)和滑移过程中牵引力方向等,实际工程中摩擦系数取 0.1 ~ 0.2。

则克服单元格摩擦力所必需的牵引力为 2.5 ~ 5 t,本项目采用 2 台 10 t 的链条葫芦并辅以滑轮组作为牵引的动力。桁架滑移示意图见图 3-9-15。

本工程施工场地狭小,涉及的施工单位较

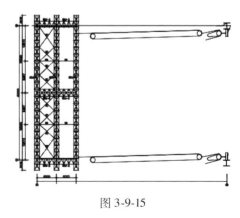

图 3-9-15

多,相互间立体和交叉作业不可避免,安全隐患尤为突出。升船机屋面钢桁架为弧形结构,拼装难度较大,拼装质量较难控制。项目施工前,按照本文所述的工艺技术对项目进行科学策划,并强化了过程的控制,按照三严(严格、严格态度、严格措施)、三准(数据准确、计算准确、指挥准确)、三细(考虑问题细、准备工作细、施工措施细)的要求进行策划和落实,仅12天就完成了升船机屋盖的吊装任务,并一次性通过工程质量验收,在安全管理方面也获得了业主的专项奖励。本项目的圆满完成,为景洪水电站的按期投产奠定了坚实的基础,为类似的工程项目积累了宝贵的经验。

第十章
绵阳新益大厦钢结构安装吊装方案

第一节　方案比较与选择

一、吊装施工区域状态与工期要求

本项目在是在四周已经封闭建成且已投入使用的建筑群(一半层高为 5 层,另一半层高为 17 层)内部的天井里增建一个单层面积为 2 100 m² 的五层钢结构建筑物。

该施工区域的地面为原建筑群地下停车库的屋面,因原设计考虑该屋面为建筑群内天井地面,无大型设备与货物停滞,因此设计荷载较小(仅为 350 kg),大型起重设备无法直接进入。且因 17 层建筑物的阻挡原建筑物内外均无法安装塔吊。

同时,根据业主要求,本项目主结构安装周期为 3 个月,工期较紧张。

二、方案比较

完成本项目构件吊装,可有多种施工方案供选择,但每种方案均有优劣,分析如下。

(一)采用小型独立三脚架方案

此种方案是采取用直径为 114 mm 的厚壁管自制三脚架,三脚架的高度控制在 6 m。工作时每一个需要安装钢柱的位置,设立一个三脚架,逐层安装,完成一层将三脚架转移至已经安装完成的结构上,再进行第二层构件的安装。

此方案的优点:可以完全不影响原结构,进行独立作业;可多点同时安装,以缩短工期;可以节约施工成本。缺点:由于小型三脚架的吊装能力有限,因此必须将钢构件单件质量控制在 1 t 左右,这就要求钢柱必须逐层做工艺切断,从而导致现场一、二级焊缝工作量激增,由于现场焊接条件的限制,主体结构的焊接质量难以保证;多点安装,导致框架拼接接头增多,结构安装精度控制难以保证。

(二)单桅杆吊装方案

此方案是采用直径为 219 mm 的厚壁管自制独脚桅杆,工作时配用一台 2 t 卷扬机,桅杆高度应控制在 15 m。作业时将构件分为两段,第一段安装完成,形成稳定框架后,将桅杆转移至已经安装完成的钢框架上,再进行第二段构件的安装。

此方案的优点:对原结构地下室楼面的要求较低;钢柱分段较少,可以最大限度地保证焊接质量。缺点:在二层之上安装独脚桅杆时,存在安全隐患。

此种方案可演变出两种形式的独脚桅杆方案,即桅杆高度为 35 m,一次性完成全部结构构件吊装。此种方案解决了桅杆在二层安装时的安全隐患,但缺点是:稳定性较差;同时由于起吊质量增大,对原结构的地下室楼面压强增大,因此桅杆底座要求较高,必须对原结构的地下室楼面进行全面加固处理。

（三）使用塔吊方案

此方案是在原结构地下室楼面的 13～15 柱线的自动扶梯预留洞内安装一台动臂式 6010 塔吊,以覆盖整个作业面。

此种方案的优点:将塔吊直接安装在原结构地下室筏板基础之上,避免了原结构地下室楼面载荷不够的问题;使用塔吊进行安装作业安全可以得到保证;覆盖面积大,一次安装可完成全部构件吊装作业,工作效率高,可以保证工期。缺点:大型塔吊安装时需要 16 t 汽车吊配合,因此仍需要对地下室楼面进行加固;结构安装完成后塔吊拆除时难度较大,需要在已经安装完成的钢框架上安装 10 t 楼面吊,对塔吊进行拆除,成本高(预计 80 余万元)。

（四）采用索吊方案

此方案是在原结构的五楼楼面上安装自制的索吊,根据本项目的特点,索吊主索采用 6×39+1 钢丝绳,配置一台 2 t 的起重卷扬机和一台 2 t 的双筒双向牵引卷扬机。

此种方案的优点:在同一柱线上可以一次性完成全部构件的吊装。缺点:在不同柱线的安装过程中,需要逐次将索吊移位,因此浪费有效的工作时间;根据起吊质量(按照 5 t)计算,索塔轴向压力可达到 20 余 t,因此必须对施工场地两侧原结构的梁柱自下至上进行全面加固,施工成本极大。

（五）自行式起重机方案

自行式起重机方案是采用汽车起重机或者是轮胎式起重机与履带式起重机在安装场地内进行的构件吊装作业。

此种方案的优点:工作效率极高;安全性高,可以杜绝安全隐患。缺点:对于地面的承载力要求较高,必须对原结构地下室楼面进行加固。

在此种方案中,经过论证,不可采用履带式起重机。因为采用履带式起重机缺点较多;不可自行,需要大型拖车拖运进场,进场费较高;履带起重机不能直接进入作业场地,需要拆卸后才能进入作业场地,安装时需要配合 25 t 汽车起重机;由于履带的特殊构造,导致在场地内运行时,会对原结构地下室楼面结构产生振动冲击。

三、方案确定

根据上述分析可知,一二两种方案,虽说施工成本较低,但是安全性较差;同时,由于钢柱分段较多,焊接质量隐患较大。方案三在需要原结构地下室楼面进行加固的基础上,仍然需要配合 25 t 汽车式起重机,施工成本太大。方案四虽说可以不对原地下室楼面进行加固,但需要对施工场地两侧的原结构混凝土框架进行全面加固,其难度极大,且施工成本激增。方案五中采用汽车起重机方案,避免了拆除加固问题,同时其可以自由进出场,相对其优越性比较明显。最后本项目的吊装决定采用 25 t 汽车式起重机。

第二节　吊装方案设计

由上述分析可知,采用 25 t 汽车起重机方案的技术难点是对原地下室楼面的加固处理、楼面表面的保护处理和汽车起重机支腿垫块处理。

一、地下室楼面的加固

原结构地下室的加固,采用在地下室内部搭设满堂承重脚手架的方式。

承重式脚手架采用 600 mm 步距的碗口式脚手架,具体设计由脚手架专业单位设计,此处不再赘述(后附专项设计),本方案仅对脚手架与地下室楼面的结合部分进行设计。

承重式脚手架顶面按照 600 mm×600 mm 间距,设置型钢网格状承重面,该承重面用 20#工字钢焊接制成,型钢网格式承重面通过脚手架碗扣与脚手架连接,将楼面荷载转给脚手架立柱,型钢网格式承重面与地下室楼板和楼面梁之间采用木楔楔紧,以保证楼面荷载的顺利传递。

需要指出的是,承重式脚手架应对地下室楼面的楼面板和梁同步支撑加固;木制楔块楔紧时,应对地下室楼面的楼面板和楼面梁进行楔紧力的控制,不得使地下室楼面板和楼面梁产生附加应力;同时在吊装工作的全过程中,应安排专人对承重脚手架进行监控,发现问题及时处理。

同时,对于地下室楼面的加固必须在地下室结构柱和楼面梁加固完成,且加固混凝土强度完全达到设计值后,方可进行。

二、地下室楼面表面的保护处理

汽车起重机在楼面上运行时,制动冲击力和轮胎对楼面的摩擦均会对地下室楼面表面造成破坏,因此必须对露面的表面进行保护。

措施如下:在场地内起重机作业位置和运行通道上,下面满铺成品草袋,草袋上满铺 50 mm 厚木跳板,每一块木跳板两端均需用 8# 铁丝捆扎 2～3 道。

三、汽车起重机支腿垫块处理

由于汽车起重机液压支腿的随车垫块是按照坚实地面设计的,因此在本项目中,不可直接使用。根据地下室楼面加固支撑的设计要求,应另外制作专用支腿垫块,将压力降低到每平方米大于 7 t 的标准。

因此,液压支腿垫块采用16# 工字钢制成井字形框架,上下两面以覆盖 10 mm 厚钢板的方式制作,垫块平面尺寸为 1500 mm×1 500 mm。

第三节   方案计算分析

一、计算工况设定

脚手架步距分别设定为 400 mm 和 600 mm 两种;汽车起重机工作工况考虑 3 种最不利状态,其中一个就是全部荷载集中在起重机后面两个液压支腿上。

二、计算参数确定

汽车起重机的型号选用四川长江起重机厂最大额定起质量为 25 t 的 LT1025 汽车起重机,其外形尺寸见图 3-10-1。

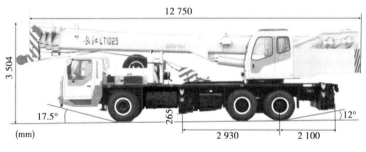

图 3-10-1

加建钢结构工程中,现有地面以下为地下停车库,停车库使用筏板基础,停车库部分的层高约为 7.2 m,部分层高为 7.7 m。

对地下室顶板的施工过程加固采用碗扣式钢管脚手架,脚手架的钢管规格为 φ48×3.5,材质为 Q235。考虑脚手架步距 0.4 m 和 0.6 m,在汽车起重机支腿下采用钢垫板来分散其荷载的集中度,垫板面积 1.2 m×1.2 m,在本次分析模型中,在同一个模型里考虑了 3 种汽车起重机的不利布置位置。

三、有限元分析模型

地下室有限元模型轴侧图和平面图分别见图 3-10-2 和图 3-10-3。
汽车起重机的荷载作用见图 3-10-4、图 3-10-5。

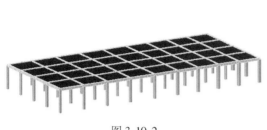

图 3-10-2

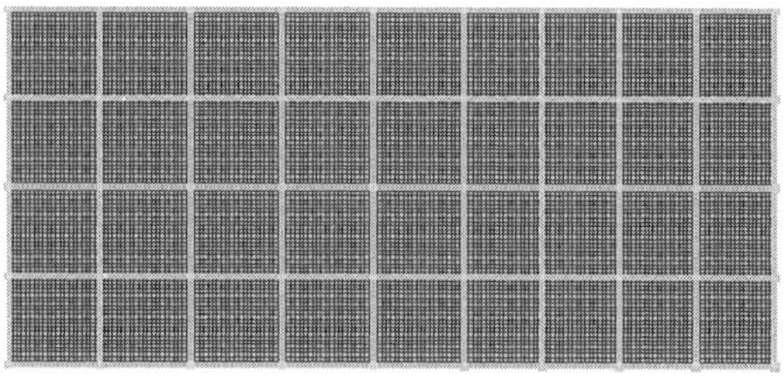

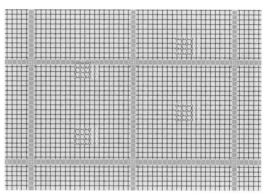

图 3-10-3

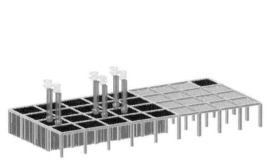

图 3-10-4

图 3-10-5

(一)计算

1. 脚手架步距 0.4 m

最大变形为 3.5 mm,混凝土楼板最大应力为 2.68 MPa(略大于 C40 混凝土的开裂应力 2.39 MPa,远小于 C40 混凝土的抗压强度 26.8 MPa),脚手架最大应力为 17.3 MPa(远小于 Q235 的屈服强度 205 MPa)。

需要注意的是,上述楼板的最大值发生在没有支撑的大板中。

实际上,汽车支腿所处的位置,混凝土楼板最大应力为 1.86 MPa(小于 C40 混凝土的开裂应力 2.39 MPa,远小于 C40 混凝土的抗压强度 26.8 MPa)。

结构变形见图 3-10-6、图 3-10-7,脚手架应力见图 3-10-8,楼板应力见图 3-10-9,汽车起重机支腿作用位置楼板应力图见图 3-10-10。

2. 脚手架步距 0.6 m

最大变形为 3.4 mm,混凝土楼板最大应力为 2.64 MPa(略大于 C40 混凝土的开裂应力 2.39 MPa,远小于 C40 混凝土的抗压强度 26.8 MPa),脚手架最大应力为 18.3 MPa(远小于 Q235 的屈服强度 205 MPa)。

需要注意的是,上述楼板的最大值发生在没有支撑的大板中。

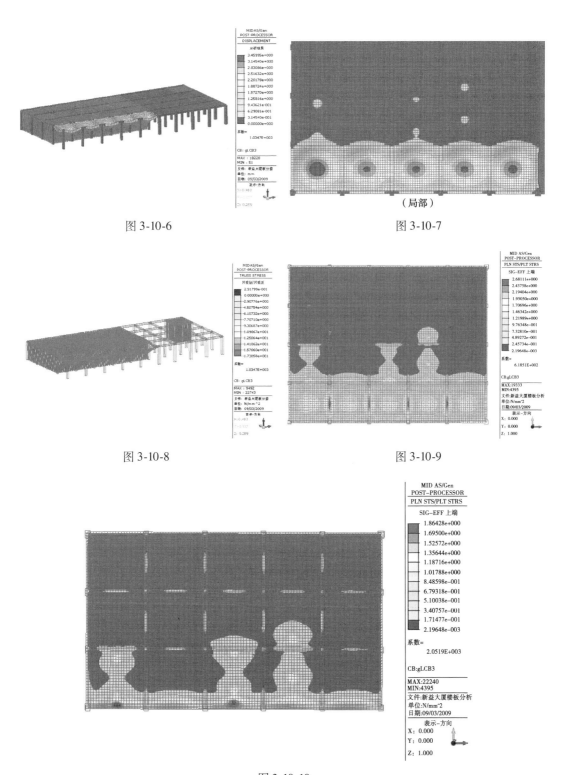

图 3-10-6

图 3-10-7

图 3-10-8

图 3-10-9

图 3-10-10

　　实际上,汽车支腿所处的位置,楼板最大变形为 0.62 mm,混凝土楼板最大应力为 2.01 MPa(小于 C40 混凝土的开裂应力为 2.39 MPa,远小于 C40 混凝土的抗压强度 26.8 MPa)。结构变形见图 3-10-11、图 3-10-12,汽车起重机支腿作用位置楼板变形(局部)见图 3-10-13,脚手架应力见图 3-10-14,楼板应力见图 3-10-15,汽车起重机支腿作用位置楼板应力见图 3-10-16。

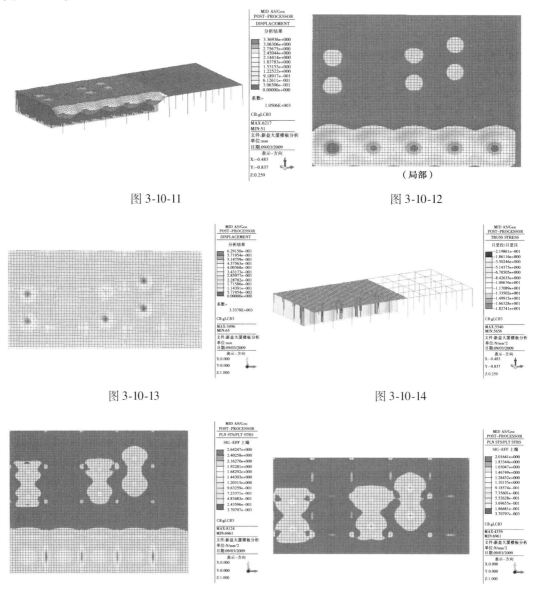

图 3-10-11　　　　　　　　　　　　　　图 3-10-12

图 3-10-13　　　　　　　　　　　　　　图 3-10-14

图 3-10-15　　　　　　　　　　　　　　图 3-10-16

（二）计算结论

通过以上计算分析可知,使用钢管脚手架对地下室顶板在施工过程中进行加固后,在楼板上开行汽车起重机或者使用汽车起重机进行钢结构构件的吊装,原结构及加固用的脚手架均是安全的。

第四节　吊装顺序

一、构件分段

本项目各类构件的质量顺序分别为:箱型钢柱、H型钢主梁、H型钢次梁、钢承楼板(因其可以单张独立垂直运输,因此考虑其单位质量最轻)。其中,单根箱型钢柱的质量达8 t之多,为了减少地下室楼面的荷载,同时考虑吊装位置的限制,因此,考虑箱型钢柱在制造过程中做工艺分段,每根钢柱分为上下两段,每段的质量应控制在4~4.5 t;H型钢主梁和H型钢次梁不再分段。

二、安装顺序

本项目全部构件,在水平面内,纵向上首先从24柱线开始向15柱线推进,安装至18柱线时停止安装,起重机掉转方向,自15柱线再次开始向24柱线推进,在18柱线处结构合拢;横向上起重机始终在中间两个轴线内直线运行工作。在垂直方向上,每一个柱线应分上下两段依次完成本柱线所有箱型钢柱和H型钢主梁的安装后,方可进入下一柱线构件的吊装,以此类推。H型钢次梁不采用汽车起重机吊装,而采用在已经安装完成的主结构上设置手动滑轮组,进行多点位手动垂直提升作业,以求提高工作效率和降低脚手架与大型起重设备租用周期。

第五节　构件现场焊接工艺

由于本项目现场施工条件的限制,使得本项目的现场焊接有两种主要形式,即梁柱节点处的梁翼板与箱型钢柱面板的熔透焊和箱型钢柱的对接熔透焊。这两种焊接的重点在于建筑物四周梁柱连接节点的下翼缘要采用仰焊工艺完成熔透焊接和箱型钢柱的空中对接焊。因此为保证工程质量,需进行焊接工艺设计。

焊接工艺设计原则:

①所有现场熔透焊缝施焊前均需做焊接工艺评定,在实际施焊作业中严格按照焊接工艺评定所确定的焊接工艺参数施焊。本工程所需做的焊接工艺评定有3个,即Q345手工电弧焊的仰焊缝、横焊缝和竖焊缝。

②钢柱对接焊缝在空中施焊,施焊时每一根钢柱有两名焊工同时用同一种焊接工艺对称施焊。

③空气的相对湿度达到 80 以上时,所有二级焊缝施焊前,均需对焊道两边各 100 mm 范围内的母材用烘枪烘干。

④所有焊条在使用前均需进行 300 ℃、2 h 的烘干,使用时装入保温筒中,不允许露天放置。

⑤风速达到 3 级以上时(以当天天气预报为准),高空焊接应用防风罩做防风保护。

⑥同层钢梁在全部安装调整完成后,方可开始钢梁焊接作业。在钢梁焊接作业时,同层钢梁应以楼层中心线为基准对称同时施焊。

⑦箱型钢柱空中对接焊焊接工艺:坡口、引弧板、焊条、工艺参数。

⑧梁柱连接节点下翼缘仰焊焊接工艺:坡口、引弧板、焊条、工艺参数。

第十一章
成都玉垒阁山顶钢结构安装与吊装

相关文章发表于《安装》2012 年第五期。

第一节 工程概况

玉垒阁坐落于成都都江堰景区玉垒山顶,为仿古观光旅游塔,是都江堰景区灾后重建的地标性建筑。其结构形式为钢框架六角形结构,圆管及矩管作为主受力构件,通过 H 型、箱型钢梁相连,从而形成空间受力体系,焊缝等级为一级、结构安全等级为一级,抗震设防烈度为八度。本工程因位于山头,山势陡峭,无直接上山道路,只有用临时索道,但运输能力有限,同时山头安装施工面积极其狭小,这些客观因素给现场构件运输及安装施工带来很大困难。通过前期缜密的策划,对该项目进行设计、制作、安装施工的整合、集成、一体化,对工程全面进行统筹安排,把可能出现的各类问题在构件加工制作与安装施工前期工作均进行了合理的优化,以满足现场安装施工需求,最终使工程顺利完成。

"玉垒阁"钢结构安装工程为青城山—都江堰风景名胜区管理局投资,四川华神钢构有限责任公司承建,工程坐落于都江堰景区玉垒山顶,海拔 865 m。项目总建筑面积 1 160.39 m²,实际占地 979.5 m²,可同时容纳 2 000 名游客,在玉垒阁上可东观都江堰市全景,西览都江堰水利工程全貌,为古堰一大奇观。从地面到宝塔的顶尖,总高度为 46.6 m,其底层直径为 21.1 m,顶层直径为 12.6 m,其中地下一层,地上 6 层。本工程因处于玉垒山山头,山势陡峭,无直接上山道路,只有用临时索道,但运输能力有限,同时山头施工面积极其狭小,这些客观因素给现场构件运输及安装施工带来较大困难。(图 3-11-1、图 3-11-2)

图 3-11-1

图 3-11-2

第二节　吊装设备选择

根据施工场地的条件,汽车吊、履带吊等起重设备无法上山。另受索道运输能力的制约,施工索道对运输件要求如下:

①构件质量小于 7 t。

②构件宽度不大于 2 m。

综合以上因素,经过多方案的反复比较和分析研究,最终在详图设计与加工制作中对钢构件进行合理的分段。

一、构件特点分析

(一)钢柱的最大质量分析

塔身 7 根钢管柱,最大截面为 φ750×30,截面理论质量为 532 kg/m(不含栓钉等),二层以下钢柱最长约 14 m,质量约 9 t,根据现场条件,不能实现整根运输和吊装。需要根据吊装条件分段处理,单根钢柱最大吊装质量应控制在 4.5 t 以下,以减小对塔吊的要求。故地下室至二层钢柱最长按照 5.8 m 长度分段。其他楼层层高5 m,钢柱截面小于地下室段,故在设计与加工制作中按照楼层分段即可满足吊装要求。

图 3-11-3

图 3-11-3 为首根钢柱运输上山。

(二)钢梁的最大质量

塔身主要结构梁分为箱型梁和 H 型钢梁,其中箱型梁最大断面为 600 mm×300 mm,长为 5.8 m,最大质量为 1 650 kg。

综合现场条件考虑,以 5 t 质量为主要因素进行吊装方案设计。

二、吊装设备的分析与选择

①根据项目构件特点、建筑物特点、场地条件等综合因素,经过技术经济分析与比较,采用塔吊进行吊装作业,在施工现场安装 C5512 型塔吊。

经过资料查阅,C5512 塔吊通过单元拆分,最大质量可以控制在 2.5 t 以下,能通过索道将塔吊部件运输到山顶。

②主要吊装设备确定后,即解决吊装设备的自身安装问题,经过分析 C5512 塔吊由WQ6 屋面吊安装。查阅 WQ6 相关技术参数,其最大拆分单元的单重小于 500 kg,可通过索

道运输上山后,屋面吊利用管式桅杆进行安装。

第三节　吊装方案实施

一、塔吊的布置

QTZ5512 型独立式塔式起重机最大工作幅度 55 m,独立高度 40 m,最大起质量 6 t,末端起质量 1.2 t。

根据施工总平面布置图如图 3-11-4 所示。按构件特点计算,构件最大质量 4.5 t,最大质量下的最不利位置距离塔吊中心 20 m,C5512 塔吊回转半径 20 m 时可吊质量 4.75 t,满足吊装荷载要求。结构高度 36.45 m,C5512 塔吊吊索和吊钩长度 2.3 m,基础底标高-4.55 m,合计高度 43.35 m,塔吊按照 44 m 高度设置,满足吊装要求。结构分布范围对角最大距离 30 m,选用 40 m 臂长可以覆盖构件的转运及吊装。

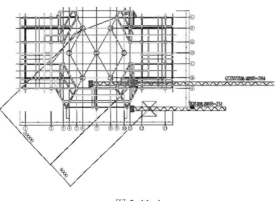

图 3-11-4

塔吊基础在土建施工钢塔基础时同步施工由塔机专业公司提供基础设计。

二、结构安装流程(表 3-11-1)

表 3-11-1

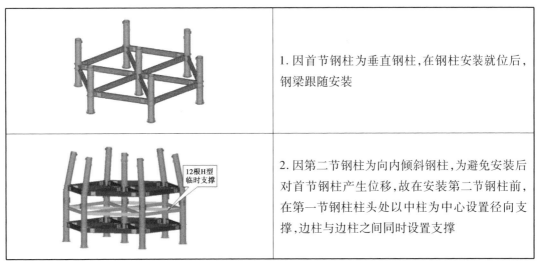

	1.因首节钢柱为垂直钢柱,在钢柱安装就位后,钢梁跟随安装
12根H型临时支撑	2.因第二节钢柱为向内倾斜钢柱,为避免安装后对首节钢柱产生位移,故在安装第二节钢柱前,在第一节钢柱柱头处以中柱为中心设置径向支撑,边柱与边柱之间同时设置支撑

续表

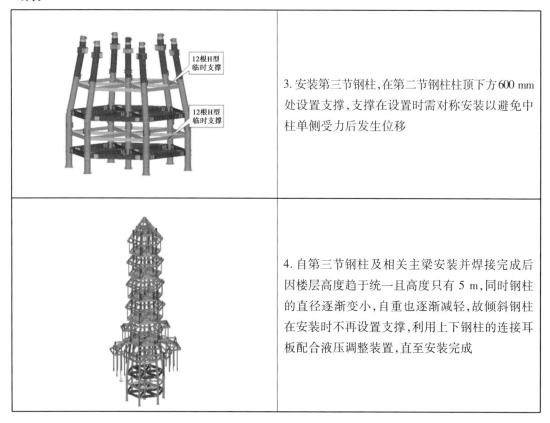

3. 安装第三节钢柱,在第二节钢柱柱顶下方 600 mm 处设置支撑,支撑在设置时需对称安装以避免中柱单侧受力后发生位移

4. 自第三节钢柱及相关主梁安装并焊接完成后因楼层高度趋于统一且高度只有 5 m,同时钢柱的直径逐渐变小,自重也逐渐减轻,故倾斜钢柱在安装时不再设置支撑,利用上下钢柱的连接耳板配合液压调整装置,直至安装完成

三、钢柱的校正

采用边吊边校工艺,校正时吊车不松钩。在接柱处外圈设置 4 组调整装置(图 3-11-5),液压调整装置采用 5 t 液压油缸,校正完毕,马上用角钢将上下连接板焊接固定(图 3-11-6)。

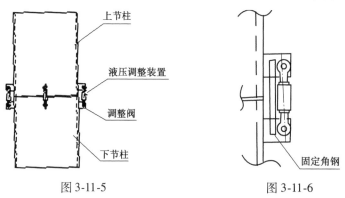

图 3-11-5　　　　　　　　　　　图 3-11-6

第四节　焊接施工的控制

一、焊接前对安装对接质量偏差超标的处理方法

①坡口角度太小时采用气刨方法达到要求后用磨光机清理。坡口角度太大时采用堆焊达到要求。

②根部间隙太小时采用气刨方法达到要求后用磨光机清理。根部间隙太大时采用堆焊达到要求;但当坡口组装间隙超过较薄板厚度 2 倍或大于 20 mm 时,不采用堆焊方法增加构件长度。

③根部钝边太大时采用气刨方法达到要求后用磨光机清理。

二、整体框架焊接的组织

因本工程钢柱为按楼层分段,故每层钢梁与钢柱形成一个单元体,每个单元采取钢梁——钢柱的焊接顺序,先焊主梁,使单元形成一定刚度,而钢柱在竖向相对自由状态,对于立柱的接头焊缝不致产生很大的应力。

就塔身主体钢结构而言,柱、柱梁均为刚性接头的焊接施工,本工程中唯有中柱为直柱,周边 6 根钢柱均为倾斜钢柱,故在施工焊接过程中先进行中心钢柱 A 节点的安装焊接,周边钢柱均在中心钢柱焊接完成后,进行对称焊接,即 B—B,C—C,D—D 以减小整体框架的单侧应力集中(图3-11-7)。

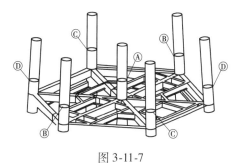

图 3-11-7

三、单根柱子的焊接组织

(一)采用多层多道焊的工艺方法

每道焊缝收头需熔至上一道焊缝端部约 50 mm 处,即错开 50 mm,不使焊道的接头集中在一处。多层多道焊接示意图,见图3-11-8。

(二)对于柱—柱的对接施焊

应由两名焊工同时从两侧不同方向对称焊接。对圆管钢柱,两人先焊接 $A,B(C,D)$ 焊缝高度的 40%,再进行 $C,D(A,B)$ 焊缝 40% 的焊接,之后再进行 $A,B(C,D)$ 焊缝剩余60% 的焊接,最后结束 $C,D(A,B)$ 焊缝的焊接(图3-11-9)。

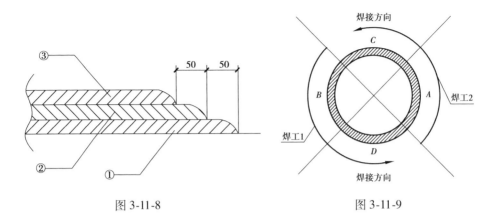

图 3-11-8   图 3-11-9

因本工程为成都灾后地标性建筑,地处山顶,采用何种吊装设备、吊装工艺与现场焊接工艺是本工程的核心所在,施工中不仅需要解决吊车设备的选型问题,还需要考虑塔吊的自身安装问题,同时需拟定符合现场的焊接工艺,以满足索道运输要求为准则,对钢构件进行合理的分段,只有在解决了以上问题的基础上,再进行图纸二次深化、构件加工制作,吊装问题则迎刃而解。在整个施工过程中对整个项目进行设计、制作、安装施工的整合、集成、一体化,把可能出现的各类问题在构件加工制作与安装施工前期工作均进行了合理的优化,特别是钢柱分段、钢梁分段、临时支撑与吊点的设计等,以满足现场的安装施工需求。安装施工中遵循:安装施工按规范;操作按规程;检验按标准;办事按程序。严格遵循设计文件;严格遵循招标文件;严格遵循合同文件。做到严(严格的要求、严肃的态度、严密的措施)、准(数据要准、计算要准、指挥要准)、细(准备工作要细、考虑问题要细、方案措施要细)。最终工程顺利并圆满完成。

第十二章
成都天府国际金融中心双塔超高层钢结构详图设计、制作与安装吊装

本工程由成都金融城投资发展有限公司投资建设，由中国建筑西南设计研究院有限公司设计，工程造价 10 亿元。天府国际金融中心位于成都金融商务区天府大道两侧。双子塔是位于天府大道西侧的标志性建筑。剖面呈近似椭圆形，建筑外形竖向呈流线型鱼腹状，框架—核心筒结构，总建筑约 17 万 m^2，地上 141 103 m^2，地下 26 791 m^2，超高层双塔造型，北塔为公寓，58 层，南塔为办公楼，48 层，总高 216.35 m，檐高为 202 m，地下 3 层，为商业服务设施、地下车库及设备用房。（图 3-12-1、图 3-12-2）。

效果图　　　　　　　　　　　　　　　卫星图

图 3-12-1

图 3-12-2

图 3-12-3 为笔者与项目主要工程师在现场,左二为笔者。

图 3-12-3

第一节　详图设计的技术要求

充分认识钢结构深化与详图设计对后绪钢结构构件的制作、安装施工将产生较大的影响需紧密结合钢结构加工制作工艺。

一、详图设计的要求与程序

根据西南设计院院审核提供的钢结构工程图纸,按该招标文件要求,建立钢结构工程的三维模型。深化图送交设计、业主、监理确认后,方能作为下料制作及工程施工依据。详图设计程序按图 3-12-4 进行。

二、详图设计主要内容要求

（一）构件的构造设计

桁架、支撑等节点板设计与放样;桁架或 H 型梁起拱构造与设计;梁支座加劲肋或纵横加劲肋构造设计;组合截面构件缀板、缀条布置、构造设计;钢管柱、板件、构件变截面构造设计;拼接、焊接坡口及切槽构造设计;张紧可调圆钢支撑设计;隔撑、弹簧板、型钢穿孔、连接板等细部构造设计;构件运送单元横隔设计等。

（二）构造及连接计算

连接节点的焊缝长度与螺栓数量的计算;小型拼接计算;材料或构件焊接变形调整余量及加工余量的计算;钢梁的起拱拱度、高强螺栓连接长度、材料量及几何尺寸和相贯线等的计算。

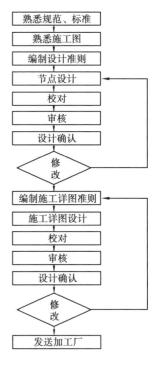

图 3-12-4

(三)钢结构节点的构造要点

在钢结构工程中,节点的设计、构造、加工制作、安装施工是非常关键的一个环节。如节点处理不当,构造失调,往往造成构件偏心受力过大,会造成突发性灾难。如节点处理合理,构造精确,即使构件超载,整个结构可以实现应力重新分布,仍能安全使用。钢结构节点的10项构造要点:

①受力明确,传力直接。②构造简洁。③所有聚于节点的杆件受力轴线,没有特殊原因时,必须交于节点中心;尽可能减少偏心。④尽可能减小次应力。⑤避免应力集中。⑥方便制作与安装。⑦便于运输。⑧容易维修。⑨用材经济。⑩并应做到该刚的节点则刚,该铰的节点则铰。

第二节　加工制作技术要求

一、构件加工质量监控

必须扎实做好钢结构构件加工质量监控。钢结构的安装施工质量必须从钢结构构件的加工制作开始,与详图设计形成互动,并采取严格的质量控制措施。

二、严格执行钢结构制作工艺标准

工艺包括:放样、切割、矫正和成型、边缘加工、制孔、钢管柱组装、预拼、手工电弧焊、气体保护焊、埋弧焊、电渣焊、栓钉焊、普通螺栓连接、高强度大六角头螺栓连接、扭剪型高强螺栓连接、钢柱与柱间支撑、钢梁(桁架)、钢结构涂装前表面与摩擦面处理、防腐涂料涂装、厚型防火涂料涂装、超薄型防火涂料涂装等。施工必须严格按照施工准备、操作工艺、质量标准、成品保护进行;应注意质量问题,做好质量记录;认真执行安全、环保措施等。

严格控制钢结构加工关键性工艺标准,包括严格控制焊接结构工艺标准、铆接工艺标准、高强螺栓连接工艺标准。

三、材料进厂检验的要求

坚决杜绝有夹层、夹碴、夹砂、发裂、缩孔、白点、氧化铁皮、钢材内部破裂、斑疤、划痕、切痕、过热、过烧、薄板的黏结、脱碳、机械性能不合格、化学成分不合格或偏析严重的材料进厂使用。

四、正确进行钢结构的热处理

正确进行钢结构的热处理包括退火、正火、淬火、回火处理。

五、正确进行焊接结构的变形控制与校正

焊接结构的变形控制与校正的方法有夹固法、弹性反变形法、焊接程序和工艺控制方法。

六、正确进行内应力的消除

正确消除内应力的方法有加热回火法、振动法。

七、除锈与涂装工程的要求

1. 除锈与涂装

除锈与涂装工程必须做到除锈彻底、温湿度合适、油漆相容(指使用的底漆、中间漆、面漆和防火漆)、厚薄符合规范设计要求。拟订详细的涂装方案。

2. 除锈

采用抛丸喷砂除锈(除锈等级为 sa2 1/2 级)将构件表面的铁锈清除干净露出金属本色,并达到图纸要求的除锈等级要求。

3. 防腐涂装

应按图纸要求先喷涂一层底漆,然后再喷涂防锈漆层。漆层干后的厚度应满足图纸要求。承包商须向业主代表提供其涂装方案,包括其选用的油漆和施工工序,经批准后实施。

4. 防火涂装

当图纸要求有防火要求时,需对钢结构进行防火喷涂。防火材料及施工工序需经业主代表批准后方可施工。

八、高强螺栓穿孔率的保证措施

①采用平面数控钻床加工。

②采用三维数控钻床加工。

③采用套模钻孔。

九、钢构件变形预防的技术要求

①尽量减少钢材品种,减少构件种类编号,以防止结构应力及变形。

②对称零部件尺寸或孔径尺寸应统一,以便加工,并有利拼装时的互换性。

③合理地布置焊缝,避免焊径之间距离靠得太近。当材料的尺寸大于零件长度尺寸时,尽量减少或不作拼接焊缝。焊缝布置应对称于构件的重心或轴线对称两侧,以减少焊接应力集中和焊接变形。

④零件和构件连接时应避免与不等截面和厚度相接。相接时,应按缓坡形式来改变截

面的形状和厚度，使对接连接处的截面或厚度相等，达到传力平顺均匀受力，可防止焊后产生过大应力及增加变形。

⑤构件焊接平面的端头的选型不应出现多锐角形状，以避免焊接区热量集中，连接处产生较大应力和变形。

⑥钢结构各节点、各杆件端头边缘之间的距离不宜靠得太近（一般错开距离不得小于20 mm），以保证焊接质量，避免焊接时热量集中增加应力，引起变形幅度的增加。

⑦电焊机的选用应保证焊接电流、电压稳定及负荷用量。

⑧交通焊机适用于焊接普通的钢结构。

⑨直流焊机适用于焊接要求高的钢结构。

⑩埋弧自动焊适用于钢结构中的梁—柱较长的对角或角焊缝。

⑪CO_2 气体保护焊适用于要求较高的薄钢板结构焊缝焊接。

⑫钢结构制作平台、放样平台、组装平台应有标准的水平面，一般用拉线法或仪表测量。平台支撑刚度保证构件在自量作用下不失稳、不下沉。局部不平控制在 2 mm 以内。

十、钢管混凝土柱制作

（1）按设计施工图要求，卷制钢管采用的钢板必须平直，并有出厂试验报告单。

（2）卷管方向应与钢板压延方向一致。

（3）应保证管内壁与核心混凝土紧密粘接，钢管内不得有油渍等污物。

（4）钢管混凝土柱的拼接与组对。

①拼接长度根据运输条件和塔机吊装能力而定。

②钢管对接时应保持焊后管肢的平直，焊接宜采用分段反向顺序，分段施焊应保持对称。

③所有钢管构件必须在焊缝检查后方能按设计要求进行防腐处理。

第三节　安装与吊装施工

一、安装施工必须遵循的原则

①安装施工按规范；操作按规程；检验按标准；办事按程序。

②严格遵循设计文件；严格遵循招标文件；严格遵循合同文件。

③做到严（严格的要求、严肃的态度、严密的措施）、准（数据要准、计算要准、指挥要准）、细（准备工作要细、考虑问题要细、方案措施要细）。

二、钢结构的吊装与临时支撑

钢结构的吊装与临时支撑应经计算确定，保证吊装过程中结构的强度、刚度和稳定性。

当天安装的钢构件应形成稳定的空间体系。吊装机械、临时支撑点对混凝土结构的反作用力要以书面形式提供设计确认。

三、钢结构安装前对建筑物定位的要求

钢结构安装前应对建筑物的定位轴线、平面封闭角,底层柱位置轴线,混凝土强度及进场的构件进行质量检查,检查合格后才能进行安装作业。安装时,钢结构的定位轴线,必须从地面控制线引上来,避免产生累积误差。

四、在高空安装钢管混凝土柱、钢梁、钢桁架

钢管混凝土柱与梁的连接,梁与梁的连接采用先栓后焊的安装施工工艺要求。钢结构一个单元的安装、校正、栓接、焊接全部完成并检验合格后才能进行下一个单元的安装。

根据具体的构件截面形式和就位需求来进行安装标识和测量。由于钢管混凝土柱子长度不一样,节点构造不一,环板不一,必须保证安装精度。在钢柱梁形成整体稳定结构前,钢结构的安装位置需进行多次调整,一般采取提前预计偏移趋势,加强临时固定措施和跟踪测量等方法来进行测量定位和调控。特别强调必须做好跟踪测量和整体校正:指在每个构件安装的同时要进行钢柱、梁的垂直和水平度的校正,随时调整构件位置,当若干个构件形成框架体系后对此进行复测,当水平层面安装完成后,再对整体结构进行测量,始终使构件处于准确的位置。

安装完毕后做应力测试。

五、焊接精度的控制技术

钢结构工程的成败和损伤与破坏的预防,关键在于焊接精度控制技术(世人称成也焊接、败也焊接)。

前面我们在加工制作与安装施工阶段已强调必须明确制作工艺及安装工艺的程序,并采取相应的工艺措施,包括应用成熟的经验公式,事先计算预测各种制作安装工艺过程中的各种变形,然后对相应的工艺手段和装置设备加以控制。常用的防止变形、控制焊接精度工艺措施有:

①焊接收缩补偿等预防反变形措施;
②施放余量阶段性消除变形工艺措施;
③刚性固定控制变形措施;
④设计专用工装、模具;
⑤采用小变形的焊接工艺方法,如分段退焊法;
⑥采用高精度的零部件加工方法;
⑦使用的计量器具必须检定校准合适。

六、安装焊接工艺

一般根据结构平面图形的特点,以对称轴为界或以下同体形结构为分界区,配合吊装顺序进行安装焊接。其原则为:

①在吊装、校正和栓焊混合节点的高强螺栓终拧完成若干节间以后开始焊接,以利于形成稳定框架。

②焊接时,应根据结构体形特点,选择若干基准柱或基准节间,开始焊接主梁与柱之间的焊缝,然后向四周扩展施焊,以避免焊缝的收缩变形向一个方向积累。

③一节柱中每层柱、梁接点拼装完成,依照先上后下的顺序焊接拼接接头,保证框架稳固。

④栓焊混合接点中,应先栓焊(如腹板的连接),避免焊接收缩引起的孔间位移。

⑤柱、梁节点两侧对称的两根梁,应同时与柱相焊,减小焊接约束度,避免焊接裂纹产生,又可防止柱脚的偏斜。

⑥柱—柱节点的焊接自然是由下层往上层顺序焊接。由于焊缝的横向收缩和重力引起的沉降,可能使标高误差积累,在安装焊接若干节柱后,应视实际偏差情况,即时要求构件制造厂调整柱长,以保证高度方向的安装精度。

⑦各种节点的焊接顺序。

⑧柱—柱拼接节点焊接顺序,主要考虑避免柱截面对称侧焊缝的收缩不均衡而使柱发生偏斜,控制结构的外形尺寸,但同时尽量减小焊缝约束度,防止产生焊接裂纹。

⑨圆管柱的焊接顺序见图3-12-5。

⑩斜立圆管柱的焊接顺序见图3-12-6。

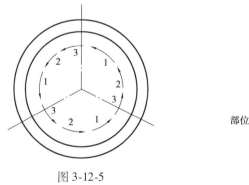

图 3-12-5

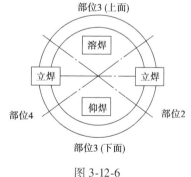

图 3-12-6

七、钢管柱内混凝土浇灌

①根据现场条件确定混凝土的浇灌方式,浇灌必须连续进行,间隙时间不应超过混凝土的终凝时间。

②每次浇灌前(包括施工缝)应先浇灌一层厚度为 100→200 mm 与混凝土等级相当的水泥砂浆,避免自由下落的混凝土骨料产生单跳现象。

③当混凝土浇灌到钢管顶端时,可将混凝土浇灌到稍低于钢管顶端位置,待混凝土强度达到设计值的 50% 后再用相同等级的水泥砂浆补填到管口,将留有排气孔的层间横隔板或封顶板压在管端并一次封焊到位。

④钢管柱内混凝土浇灌质量,可用敲击管壁进行初步检查,如有异常,则用超声波检测。对有不密实的部位,用钻孔压浆法进行补强,然后将孔补焊封固。

八、型钢制作与安装

①型钢制作需对型钢混凝土的施工图进行深化,设计单位确认后才能制作。

②型钢制作必须编制工艺作业指导书,型钢切割、焊接、运输、吊装、探伤检验必须符合 GB 50205—2001 规范。

③型钢的安装应严格按图纸规定的轴线方向和位置定位。受力和孔位应正确,吊装时应使用经纬仪严格校准垂直度,并及时定位。

④安装施工中确保现场型钢柱和梁柱节点的焊接质量,满足一级焊缝的要求。

⑤型钢钢板制孔,必须采用加工厂车床制孔,严禁现场用气切割开孔。

⑥型钢混凝土构件中设置的栓钉应符合 GB/T 10433—2002 的规定及设计要求:栓钉采用 Q235 钢,屈服强度应 >240 N/mm^2,抗拉强度应 >400 N/mm^2。栓钉直径均为 $d=19$ mm,长度为 80 mm,栓钉间距 ≤200 mm。焊后高度允许偏差在 2 mm 以内。

九、塔吊的技术要求

①塔吊的选择。塔吊是超高层钢结构工程安装施工的核心设备,其选择与布置要根据钢结构体系的特点、外形尺寸、场地布置、现场条件、安装施工队伍的技术力量及钢结构的质量等因素综合考虑,并保证塔吊装拆的安全、方便和可靠。并且有专项装拆方案。

塔吊有内爬塔和附着式自升外爬塔两种,按照塔吊使用安全、经济、方便、可靠的原则,一般优先选用内爬塔。

②塔吊必须有经专家论证的安装方案和拆卸方案。

③塔吊必须进行有:工作状态下和非工作状态下的稳定性计算,计算时除考虑基本风压、体型系数、风压高度变化系数外,还应考虑风振系数。

④吊装时塔吊起重滑轮组允许偏角、钢丝绳在滑轮槽中偏角、塔吊卷扬机卷筒有效长度到导向滑轮允许夹角应控制在 30° 以内。

⑤塔吊在吊装构件时,其最大提升高度倍率和钢丝绳长度有安全储备,卷筒上缠绕的钢丝绳不少于 3 圈。

十、吊装的技术要求

吊装是超高层钢结构工程安装施工的龙头工序,吊装的速度、质量、安全对整个工程起举足轻重的作用。吊装必须采取如下对策:

吊装前做好构件的进场、验收与堆放。一般因场地狭小、施工条件差是当前高层钢结构安装施工工程普遍存在的困难,着重抓好构件堆场布置、构件堆放顺序等工作,除根据吊装需要周密地考虑进场的构件外,还根据吊装顺序和堆场规划特点将进场构件进行有序排列编号,既保证了验收工作的正常进行,也为吊装创造了良好的外部条件。

（一）钢管混凝土柱吊装

①吊装前对柱基的定位轴线间距、柱基面标高和地脚螺栓预埋位置进行检查,复测合格并将螺纹清理干净,在柱底设置临时标高支承块后方可进行钢柱吊装。

②吊装钢柱根部要垫实,起吊时钢柱必须垂直,吊点设在柱顶,利用临时固定连接板上的螺孔进行。

③起吊回转过程中应注意避免同其他已吊好的构件相碰撞。

④钢柱安装前应将登高爬梯固定在钢柱预定位置,起吊就位后临时固定地脚螺栓,用缆风绳、经纬仪校正垂直度。并利用柱底垫板对底层钢柱标高进行调整,上节柱安装时钢柱两侧装有临时固定用的连接板,上节钢柱对准下节钢柱柱顶中心线后,即用螺栓固定连接板做临时固定,并用风缆绳成三点对钢柱上端进行稳固。垂直起吊钢柱至安装位置与下节柱对接就位用临时连接板,大六角高强螺栓进行临时固定,先调标高,再对正上下柱头错位、扭转,再校正柱子垂直度、高度偏差到规范允许范围内,初拧高强螺栓达到 220 N·m 时摘吊钩。由于钢管混凝土柱子钭长不一样,节点构造不一、环板不一,要采取相应措施保证安装精度。

⑤钢柱吊装完毕后,即进行测量、校正、连接板螺栓初拧等工序;待测量、校正后再进行终拧。终拧结束后再进行焊接及测量。

（二）钢梁吊装

①所有钢梁吊装前应核查型号和选择吊点,以起吊后不变形为准,有利于平衡和便于解绳,吊索与水平面角度控制在 60°,构件吊点处采用麻布或橡胶皮进行保护。

②钢梁水平吊至安装部位,用两端控制缆绳旋转对准安装轴线,随之缓慢落钩。钢梁吊到位时,要注意梁的方向和连接板的靠向。为了防止梁因自重下垂而发生错孔现象,梁两端临时安装的螺栓(不得少于该节点螺栓数的 1/3,且不少于 2 颗)拧紧。钢梁找正就位后用高强螺栓固定,固定稳妥后方可脱钩。

③安装梁时预留好经试验确定好的焊缝收缩量;梁头挂吊篮,吊装到位后进行校正、检查、初拧和终拧高强螺栓、焊接;钢梁的吊装可采用两吊点或 4 吊点布置。注意 4 吊点用两根绳布置双平衡滑轮。吊点捆绑处吊点与相邻的吊点的穿绕方向要一正一反。确保大梁始

终处于平衡状态。做好棱角切绳的防止保护工作。可将管子一分为二进行处理,垫于棱角处。

十一、测量控制的要求

①在超高层钢结构安装施工中,垂直度、轴线和标高的偏差是衡量工程质量的重要指标。测量作为工程质量的控制阶段,必须为安装施工检验提供依据。

②钢结构安装前,应对建筑物的定位轴线、平面封闭角,底层柱位置轴线,混凝土强度及进场的构件进行质量检查,检查合格后才能进行安装作业。安装时,钢结构的定位轴线,必须从地面控制线引上来,避免产生累积误差。

③根据工程的几何形状,建立矩形网,每个控制网的基准点距离为 25 ~ 50 m,以确保测量精度及分区吊装的要求。在每个基准点的垂直上方接板处的相对应位置预留 260 mm×260 mm 的洞口,作为轴线竖向传递的激光通道;基准网的边长精度及平面封闭角精度必须满足边长精度 1/15 000,封闭角精度应满足 ±10°;结合平面特点,建立竖向高程基准点,组成闭合水准网。基准点的布置按吊装区域划分,高程基准点与平面基准点相同,同点布设;每层高程点传递完成后,应相互校核无误后,作为每层高层的基准点,各层基准点及轴线必须以基准层为准向上传递,以防止误差积累。

④测量控制网的布设、投递技术也可采用直角坐标法,要求塔楼为一个双向相交控制网,解决钢柱密集数量多、塔楼自身平面形状复杂的难点。

⑤控制网网点的竖向传递采用内控法,要求选择最适合于高层钢结构安装的仪器 WILD-ZL 激光天顶仪。为了保证平面轴线控制网的投测精度,将投点全部放在凌晨 5 时至 8 时进行,同时投测时,塔吊、电梯必须停止运转,风速超过 10 m/s 时停止投测,避免相关施工和日照等环境因素对投点造成不利影响,在操作上采用"一点四投,连接取中"的方式降低操作误差。通过以上措施,我们基本消除了外界因素对测量精度的影响,考虑设备精度,仪器置中、点位标定等因素,若对某超高层控制网点接力传递误差累积进行计算,+0.000 控制网的单个控制点经过 4 次接力传递、最终达到规范与设计要求。

⑥校正工艺要求实施"三校",即一校柱口、梁口;二校柱顶位移、垂直度;三校复核高强螺栓终拧后框架尺寸并确定特殊焊接顺序。

⑦为避免同一方向旋转施工造成应力分布不均和偏差累积,建议在安装施工过程中每安装施工 20 层将钢结构安装的流水作业方向逆向旋转一次。

⑧钢结构柱与梁的连接,梁与梁的连接采用先栓后焊的安装施工工艺。钢结构一个单元的安装、校正、栓接、焊接全部完成并检验合格后才能进行下一个单元的安装。

高空安装钢柱、钢梁、钢桁架,都需根据具体的构件截面形式和就位需求来进行安装标识和测量。在钢柱梁形成整体稳定结构前,钢结构的安装位置需进行多次调整,一般采取提前预计偏移趋势,加强临时固定措施和跟踪测量等方法来进行测量定位和调控。特别强调必须作好跟踪测量和整体校正,是指在每个构件安装的同时要进行钢柱、梁的垂直和水平度的校正,随时调整构件位置。当若干个构件形成框架体系后对此进行复测;当水平层面安装完成后,再对整体结构进行测量,始终使构件处于准确的位置。

十二、高强螺栓施工

①试验确定扭矩系数控制值;

②高强螺栓试验合格;

③连接面摩擦系数试验合格。

a. 安装施工检查。

b. 高强螺栓连接副和摩擦面的抗滑移系数按《钢结构高强度螺栓连接的设计、施工及验收规程》JGJ 82—2011 检查。

c. 用核定的扭矩扳手进行抽验。

十三、安全施工的要求

(一)安全观念的转变

①安全施工是钢结构安装施工中的重要环节,超高层钢结构安装施工的特点是高空、悬空作业点多,属高危作业。首先作好转变"要我安全为我要安全、我会安全"的观念。

②用人机轨迹交叉理论指导安全施工。

③因安全事故产生主要由于"人的不安全行为和物的不安全状态在同一时间、同一空间相碰时,必然产生安全事故",称为人机轨迹交叉理论。首先作好人的安全行为和物的安全状态。例如,在高层与超高层钢结构安装施工过程中,仅高强螺栓就有几十万颗,这些零件虽小,但如果从几百米高的地方掉下去,后果可想而知。

(二)拟订安全专项方案

专项内容包括:a. 危险源分析及解决措施;b. 高空坠落;c. 机械伤害。

第十三章
神华宁夏煤业集团 50 万 t/年甲醇制烯烃项目 C3 分离塔的吊装

第一节　用龙门桅杆、钢绞线承重液压提升，履带吊抬吊的吊装技术

一、工程概况

神华宁夏煤业集团 50 万 t/年甲醇制烯烃项目是国家批准在宁东能源化工基地建设的对宁夏科技发展具有战略意义的重点项目之一，占地面积 55.65 hm²，投资 65 亿元人民币。超大型化工设备的设计、制造、运输、吊装工程是项目建设的重要环节之一，其中难度最大的 C3 分离塔设备总高 100.9 m、筒体内径 8 m、吊装质量 2300 t，是当时我国石化行业中最高、最重的设备，也是亚洲石化行业中所吊装的最高、最重设备。其整体设计、制造、运输、吊装工程创造了中石化超大型设备设计、制造、运输和吊装的国内记录。吊装工程用 4000 t 龙门桅杆与钢绞线承重液压提升装置和 1000 t 履带吊，成功地进行抬吊，创多项新技术。

图 3-13-1、图 3-13-2 为笔者任专家组组长参加专家审查会及赴现场指导工作。图 3-13-3 为任专家组组长邀请函。图 3-13-4 为 C3 分离塔顺利吊装完成。

用 4000 t 龙门桅杆和钢绞线承重液压提升装置与 1000 t 履带吊成功抬吊甲醇制烯烃项目 C3 分离塔后，专家与现场指挥人员留影，见图 3-13-5。

图 3-13-1　（左二为笔者）

（左二为笔者）

（左二为笔者）

（中间为笔者）

（右边为笔者）

（左五为笔者）

（右一为笔者）

图 3-13-2

图 3-13-3

图 3-13-4

图 3-13-5

二、工程创新点

该项目通过集约化生产,提高了 C3 分离塔制作、安装与吊装工业化的水平,用一流的装备、一流的队伍、一流的技术、一流的管理水平、一流的材料建成了一流的工程。该项目使用了精细化管理手段:一是信息化管理,即用数控来控制;二是程序化管理,即沿着程序化、标准化、工厂化、专业化方向进行设计深化及详图表达、加工制作、安装施工的整合、集成及一体化的管理,注重了设计、生产、加工、安装等每一个环节。该项目所取得的创新成果,不仅推动了国家建筑安装与石油化工施工行业的技术进步,提高了企业的竞争优势能力,还更新了起重吊装专业人才的知识结构,使之具备迎接科技创新、新世纪挑战的理论知识和技能。同时,这也是起重吊装技术发展史中的一次创新,影响深远、意义重大,有广泛的推广应用前景和巨大的无形资产。

该项目取得了多项创新成果,主要有:

①国内塔类设备最大管式吊耳与吊具设计制作吊装创新;

②C3分离塔塔体强度的优化;

③C3分离塔的分段组对、热处理、焊接应力与变形防止的创新;

④C3分离塔整体运输的创新;

⑤C3分离塔整体吊装工艺关键技术和设备的创新;

⑥C3分离塔整体吊装区域由于装置紧凑,作业场地极为狭窄的工期优化创新;

⑦学习型、技能型、技术型、研究型国内顶尖人才集成整合创新。

第二节 吊装关键技术、设备及优化实施的创新

一、提升系统的创新

C3分离塔采用4 000 t龙门桅杆液压提升系统(4000 t/118.18 m型)主起吊,并采用2000 t履带式起重机(徐工XGC2800型)同步抬吊。主吊液压提升系统由计算机控制,全自动完成同步升降、负载均衡、姿态校正、应力控制、操作闭锁、过程显示和故障报警等多项功能,其采用液压同步垂直提升技术,将设备拔高、直立、就位;2000 t履带式起重机采用直吊、履带同步行走的方法配合4 000 t液压提升系统,完成设备由卧态到直立的辅助抬吊(吊车负荷率为79.2%)。主辅吊双机同步位移的提升技术将C3分离塔吊装就位。双机同步位移有效的保证了提升过程中的安全性,充分保证了吊装过程的安全稳妥。

传统的门式液压提升装置,由液压提升门式钢架及与其连接的液压提升器构成,其吊装平稳。但是,这种门式液压提升装置只能在所立门架的框架范围内垂直吊装设备,对于大型超高设备的吊装,往往要求门式钢架高度要比设备高度高出一部分,起重吊装的机械化施工程度、安全可靠性和门式钢架的性能都有不同程度的降低,不能有效利用龙门桅杆的使用性能,从而使它的应用范围受到限制,具有很大的局限性。4000 t龙门桅杆式液压提升系统(4000 t/118.18 m型)运用双塔架、双支点、双悬臂梁承重结构和杠杆平衡原理,采用"用较低液压提升塔架吊装较高设备"的工艺原理和方法,以此替代传统液压提升装备起重吊装时液压提升塔架高于设备高度的方法。液压提升技术具有使用安全、运行稳定、承载载荷能力强的特点,因此,在当前大型设备吊装中使用广泛。与传统的自行起重机相比,有稳定性强、

安全系数高、费用低的特点。4000 t 龙门桅杆液压提升系统的设计参照塔式起重机的塔身安装原理,塔架(桅杆)由标准节、底节、顶节、油顶、泵站、计算机控制系统、塔身平台、提升大梁、桁架、导线架、塔身扶梯组成,标准节长度为 6 m,本项目采用 18 节标准节;塔架基础节采用卡板定位与地面基础埋件焊接连接。塔架总标高为 122.52 m,有效工作高度为 118.18 m,设计承载能力为 4000 t。两塔架顶部设有提升大梁,提升大梁上布置 8 台 400 t 钢绞线液压提升装置。两塔架分别在 C3 分离塔基础的 16.4°～196.4°站位,两塔架中心与 C3 分离塔基础中心在同一条直线上,塔架的横截面尺寸为 5 m×5 m,两个塔架之间的中心距为 20.85 m(可在 17.85～20.85 m 调节)。

液压提升系统塔架自平衡液压提升装置其设计能力(允许吊装质量和塔架设计高度)较大,在设计能力一定的条件下可大大增加被吊设备的高度,以满足不同质量和高度的大型设备吊装需要,适用范围可得到拓宽。吊装梁采用双悬臂结构,为平衡主液压提升器施加给吊装梁的载荷,在吊装梁的另一端设置有吊装梁载荷平衡系统。为使吊装梁两端达到力的平衡,通过对吊装梁的变矩自平衡控制、液压同步提升和计算机控制,保证在整个吊装过程中吊装梁后背绳(载荷平衡系统)的力随着主液压提升器荷载的变化而不断调整,可通过油压同步进行计量控制,从而实现了吊装梁载荷平衡系统与主液压提升器的同步配合。

吊装开始时 4000 t 龙门桅杆液压提升系统(4000 t/118.18 m 型)机索具系挂设备吊耳并预紧,2000 t 履带式起重机行至吊装站位处,系挂尾部吊耳,并预紧索具。液压提升系统提升(提升速度为 5～6 m/h),2000 t 履带式起重机缓慢起吊,将 C3 分离塔水平抬离鞍座 10 cm,停止起吊,检查吊装系统包括液压提升系统、2000 t 履带式吊车、索具、设备等各部位受力情况。检查合格后,液压提升系统提升,抬吊的 2000 t 履带式吊车缓慢向前走车,并根据实际情况落(起)钩,C3 分离塔缓慢直立。液压提升系统停止提升,2000 t 履带式起重机停止走车,摘除溜尾索具。找准方位后,提示系统缓慢回落提升机构,使设备平稳落到基础上,把紧地脚螺栓,摘除主吊机索具。整个吊装过程主要利用液压提升系统来完成设备的垂直提升,液压提升系统(主吊)抬吊设备头部,尾部利用 2000 t 履带式吊车同步抬吊跟进。整套提升设备采用计算机控制,实现同步升降、负载均衡、姿态校正、参数显示及故障报警等多种功能。塔架的稳定性除依靠在塔架顶部设置缆风绳以外,还运用吊装梁及后背绳的受力载荷自平衡技术原理,增加对塔架立柱的整体稳定性,以降低塔架缆风绳的受力大小。

4000 t 龙门桅杆液压提升系统(4000 t/118.18 m 型)的设计参照塔式起重机的塔身安装原理,塔架(桅杆)由标准节、底节、顶节、油顶、泵站、计算机控制系统、塔身平台、提升大梁、桁架、导线架、塔身扶梯组成,标准节长度为 6 m,4000 t 液压门架是由标准节(5 m 每节)、顶节(7.6 m)、套架、大梁、底排、液压顶等组成,对其进行了力学性能分析及校核。4000 t 液压提升系统提升过程、门架及缆风绳等各部受力情况采用微机全程观测、控制,发现问题及时纠偏,保证了吊装过程安全、平稳。

根据吊装需要,主要关键技术和设备有:

①超大型设备与构件液压同步提升施工技术;

②YS-405 型液压提升器(主吊点);

③YS-1400 型液压提升器(缆风张拉);

④TJDV-30 型变频液压泵源系统;

⑤YT-2 型计算机同步控制系统。

主吊点的液压提升器规格还有 YS-1400 型、YS-3500 型、YS-4000 型、YS-5000 型。每台
YS-SJ-400 型液压提升器配置 26 根钢绞线,额定提升质量为 400 t。钢绞线作为柔性承重索
具,采用高强度低松弛预应力钢绞线,抗拉强度为 1700 MPa,直径为 18 mm,破断拉力为 35 t。
在每个提升门架吊点处配置 2 套 TJDV-30 型液压泵源系统,每 4 台 YS-SJ-400 型液压提升器
与 1 套液压泵源系统连接。

二、C3 分离塔吊装就位措施的创新

C3 分离塔液压提升系统有效提升高度为 115.88 m,塔架基础标高为−2.3 m,主管式吊
耳标高为 89.8 m,C3 分离塔基础承台高度为 0.5 m,基础预埋螺栓标高为 0.5 m+0.9 m=
1.4 m。理论提升到 89.8 m+1.4 m=91.2 m 即为竖直状态,但考虑 C3 分离塔提升过程中重
心垂直经过最东侧预埋螺栓时,应多考虑 0.5 m 转角高度,故最高提升高度达 91.7 m 即可
转向通过预埋螺栓承台,使 C3 分离塔处于垂直状态。其示意图见图 3-13-6。

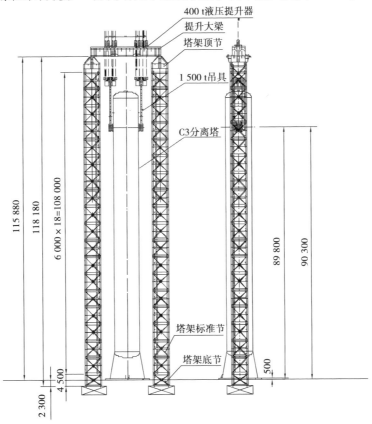

图 3-13-6

为保证 C3 分离塔裙座与 88-M90 的螺栓精确对位,重点控制程序为:

①塔架吊装大梁的中心点与 C3 分离塔基础中心应重合。

②吊装吊耳的中心线与吊具(提升吊点中心控制线)一致。

以上两项重点控制一旦落实,C3 分离塔基础就位精确度控制偏差就控制在小幅度调整范围以内。当 C3 分离塔提升到超过预埋螺栓标高后,控制提升设备的下降速度,有效地控制均衡缓速的对位,在设备裙座螺栓孔与预埋螺栓有小幅度偏差的情况下,特设置以下 3 项措施,保证顺利就位。

在 88 套 M90 预埋螺栓顶部平均设置 12 套锥形导向装置,若误差范围在 50 mm 以内,设置导向锥体即可保证 C3 分离塔有效对位。导向锥体形式见图 3-13-7。

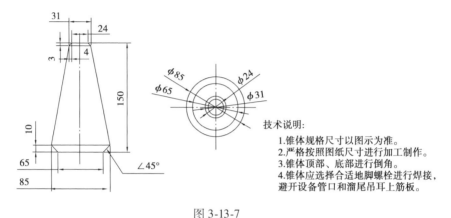

技术说明:
1.锥体规格尺寸以图示为准。
2.严格按照图纸尺寸进行加工制作。
3.锥体顶部、底部进行倒角。
4.锥体应选择合适地脚螺栓进行焊接,避开设备管口和溜尾吊耳上筋板。

图 3-13-7

设置纵横向倒链,在塔架的纵向和横向设置 4 套 10 t 的倒链,若 C3 分离塔在正平行和垂直塔架的方向有较小偏差,则采用 4 套 10 t 倒链进行就位偏差调整。

若 C3 分离塔就位时,存在斜向纠偏,在垂直于塔架中心向方向设置两套 20 t 滑车组、5 t 卷扬机系统,可根据 C3 分离塔所斜一侧的方向,调整滑车组定位的导向滑轮设置,应两个方向调整纠偏位置。

通过上述措施,可保证 C3 分离塔就位过程中所出现的各种方向偏差的调整,保证其顺利就位安装准确就位。

三、C3 分离塔整体吊装区域由于装置紧凑,作业场地极为狭窄,工期优化创新

C3 分离塔整体吊装区域装置紧凑,作业场地极为狭窄。C3 分离塔整体吊装与宁煤 60 万 t/年煤基烯烃的现场分四段空中组对吊装相比,现场分段空中组对吊装工期跨度大,前后历时 3 个多月,而且分段空中组队对设备的焊接质量、设备的直线度及局部热处理等都非常不利,在较大程度上影响了设备的制造质量和安装质量。此次 C3 分离塔整体运输整体吊装,既有效地提高了设备的整体制造安装质量,同时避免了设备现场分段组焊、局部热处理等不利因素,还为设备附塔管线、保温及劳动保护等附属结构的安装提供了充分便利的条

件。从 C3 分离塔运抵装置区到吊装完成，整个吊装周期历时 15 天，减少了现场施工工期 60 余天，为甲醇制烯烃整个装置的整体进度创造了极大的条件。而且，显著地节省了现场人员机具的投入，节约项目投资 500 多万元。

C3 分离塔运输吊装高峰期正值冬季，工程所在地大风、严寒、扬沙等恶劣天气情况频繁，加大了吊装作业的难度和危险性。C3 分离塔整体运输吊装的项目，目前国内及亚洲地区尚无先例。

第三节　人才集成整合创新

该项目 C3 分离塔由中国寰球工程公司承担设计、苏州海陆重工股份有限公司负责现场制造、中石化第十建设公司负责整体运输吊装、吉林梦溪工程管理有限公司负责设备监造、北京华夏石化监理有限公司负责运输吊装施工监理。从最初的设备设计分两段制造、分段运输到装置现场进行卧式组对后整体吊装。神华宁煤甲醇制烯烃项目筹建处先后组织了中国寰球工程公司、苏州海陆重工股份有限公司、兰州石化设备制造公司、中石油第一建设公司、中国石油天然气第六建设公司、中石化第四建设公司以及中石化第十建设公司等国内石油化工大型企业对该设备的设计、制造、运输吊装进行了 20 余起技术交流论证会，从该设备的设计、制造、运输车辆及道路、吊装工艺及装备等各个方面进行了详细科学的论证，最终确定了整体运输、整体吊装的方案。从 2011 年 3 月设备的论证、技术交流、初步设计到 2012 年 12 月底设备制造完成、整体运输吊装安装就位，前后历时 22 个月。在整个 C3 分离塔的整体设计、制造、运输吊装集成一体化项目实施过程中，汇集了国内石化行业设计、制造、运输吊装各个行业大量优秀人才。C3 分离塔从设计、制造到运输吊装的整个过程得到了国内同行业专家和国家主要媒体的密切关注。尤其是在 C3 分离塔整体运输吊装过程中，汇集了一大批国内顶级运输吊装方面的专家学者，国内吊装泰斗、首席吊装专家重庆大学杨文柱教授亲自担任 C3 分离塔吊装专家组组长，并会同梅占魁等 7 位国内知名专家（其中教授 2 人、高级工程师 5 人）对 C3 分离塔整体运输吊装方案进行了论证评审，对运输吊装的各个关键环节提出了建设性的指导意见，进一步夯实了 C3 分离塔运输吊装的理论基础，使该方案更加可行、更加可操作。中国寰球工程公司为 C3 分离塔的设计倾注了大量的心血：主设计人员中教授级高级工程师 1 人、高级工程师 2 人、工程师 3 人，都是硕士研究生以上学历；并专门成立了 C3 分离塔技术攻关小组，参考以往的设计经验，并多次到德国等地考察学习，与专利商反复交流沟通，总结推导出运输、吊装设计公式，在设计上采取了多种特殊措施和技术创新，对设备进行了运输吊装工况的全面强度校核，从设计上确保了设备整体运输吊装安全。苏州海陆重工专门成立了 C3 分离塔宁煤现场制造项目部，并选派了大批优秀顶尖专业人员在制造现场全程服务，其中，高级工程师 2 人、工程师 8 人、高级技师 1 人、高级工 2 人、技师 2 人，制造工艺总监黄惠祥曾获江苏省"突出贡献高级技师"称号。中石化第十建设公司为了确保此次 C3 分离塔的顺利运输吊装,和上海同济大学、江苏天目建设集团、南京大件起重运输集团等知名院校、企业强强联合,集成整合了国内最先进的超大型化工设备短途运输、整体吊装的技术装备和人力资源,整个运输吊装过程由中石化首席吊装专家、中石化第十建设公司总工程师马寅全程指挥。

C3 分离塔的设计、制造、运输吊装过程体现了以设计为龙头、制造吊装为主体、监理监造为督导、业主为核心的四大作用,是一个国内超大型化工设备技术装备与顶尖级专业技术人才的集成整合的过程。该项目先后从江苏、山东、南京、广东等地调运集成各类技术装备、器材及各类物资 60 多批次合计 7000 余 t;来自重庆大学、上海同济大学及国内知名企业的国家级专家、教授、高级工程师等 30 余人汇集一堂,为此次项目的实施进行技术论证和现场指导。C3 分离塔的设计、制造、运输吊装一体化集成整合项目的实施,使我国石油化工行业各类人力资源、物资、技术装备、器材等得以有效整合,最大力度地发掘了我国石化行业各行业间的协调合作,开创了我国石油化工行业超大型设备一体化集成的先河。

第十四章
我国钢结构桥梁、高耸塔桅钢结构、海洋钢结构安装工程的成就

第一节 钢结构桥梁安装施工技术简介

一、我国的钢结构桥梁

20 世纪 50 年代苏联援建了我国第一个公路、铁路两用桥武汉长江大桥。"一桥飞架南北,天堑变通途",目前在长江上已建设了百余座桥梁。长江上游的重庆拥有一万余座各种类型的桥梁,被称为"桥梁博物馆""桥梁之都"。中游武汉具有桥梁勘察设计、制造、施工等雄厚实力,被誉为"建桥之都"。

目前,我国每年建设桥梁上千座,特别是高速公路、高速铁路、城市立体交通的快速发展,推动了桥梁建造业的迅速发展。一般中小跨度桥梁以预应力钢筋混凝土结构桥梁为主,跨度超过 200 m 以上才根据造价、工期、环境等因素考虑适合的钢结构桥型。钢结构桥梁体系包括钢管混凝土拱桥,钢-混凝土组合桥,桁架桥,斜拉桥,悬索桥及公路、铁路两用特大桥等。

中国钢结构桥梁在技术、产业、市场等方面均取得了非凡成就,在许多重大桥梁建设中开发了一系列具有自主知识产权的技术及产品,这与许多老一辈专家学者坚持我国桥梁建设独立自主的精神是分不开的。在完全由中国人自己从桥梁勘察设计、国产钢材开发、制造加工、施工安装到维护检修的许多大型桥梁建设中,创造了一系列中国之最、世界之最,被称为世界桥梁大国。例如,世界领先的第一座具有六线铁轨,可同时满足高铁客运时速 300 km、旧线 200 km、城铁 80 km 的需要,设计荷载最大的南京大胜关长江大桥主跨 336 m,钢材强度等级 0420;世界第一的中承式钢管混凝土拱桥——巫山长江大桥跨度 492 m;世界第一的钢拱桥——重庆朝天门大桥跨度 552 m(图 3-14-1);世界第二的全焊接上海卢浦大桥跨度 550 m;世界第二的悬索桥——舟山西堠门跨海大桥跨度 1650 m;具有多项技术在世界领先的苏通长江斜拉大桥跨度 1088 m 等。

二、港珠澳大桥

2018 年 10 月开通的港珠澳大桥(图 3-14-2),全长 35 km,设计使用寿命 120 年,设防烈度为 8 度,钢结构桥梁用钢 40 多万 t。

图 3-14-1

图 3-14-2

港珠澳大桥东连香港,西接珠海、澳门,是集桥、岛、隧为一体的超级跨海通道。其中,工程量最大、技术难度最高的是长约 29.6 km 的桥—岛—隧集群工程。

港珠澳大桥岛隧工程海底隧道由 33 节沉管和一个最终接头连接而成,全长 5664 m,设计使用寿命 120 年,每个标准沉管长 180 m,宽 37.95 m,高 11.4 m,重近 8 万 t。这是我国第一条外海沉管隧道,也是世界上最长的公路沉管隧道和唯一的深埋沉管隧道,被誉为交通工程界的"珠穆朗玛峰"。

三、钢结构桥梁安装施工技术举例

（一）高速铁路桥梁——合肥枢纽南环线新建工程钢桁梁柔性拱安装施工技术

①合肥铁路枢纽南环线工程经开区桁梁柔性拱特大桥为三跨连续钢桥，主跨 229.5 m，为同类型桥梁中主跨跨度最大，小角度跨越高速公路，施工难度大。通过科研与实践，首创了大吨位、大跨度钢桁梁带拱顶推架设和柔性拱拱脚合龙施工技术，技术含量高。在钢桁梁的多点同步顶推、导梁上墩、起落梁就位等技术方面取得了突破，解决了大跨度柔性拱架设和合龙的安全及精度要求，并研发了柔性拱辅助支撑抱箍系统。无论是规模还是技术难度均居国内之首，在今后的桥梁建造以及其他领域大型构件的顶推、牵引作业中均具有广泛的应用前景及借鉴价值。

②桥面首次采用 321-Q345qD 正交异性不锈钢复合桥面板，属于新材料、新工艺、新技术，制订了不锈钢复合桥面板焊接工艺评定试验标准和焊接质量无损检测操作规程，并对不锈钢复合桥面板焊缝疲劳性能进行试验研究，解决了正交异性不锈钢复合桥面板焊接及检测技术，为不锈钢复合钢板在钢桥面的应用推广提供了技术支持及科学验证。

③结合工程特点及难点，首次将建筑信息模型 BIM 技术应用于铁路客运专线特大钢桥的设计、制造、施工及监控中，进行了可视化设计、数字化制造、虚拟仿真建造、施工进度管理、结构安全监控等系统应用研究，成功克服了传统二维技术缺点，解决了 BIM 在铁路客运专线钢桥应用技术问题，为 BIM 技术在桥梁施工的应用提供了实践依据。

（二）马鞍山长江公路大桥中塔安装施工技术

马鞍山长江公路大桥设计为三塔两跨悬索桥，主跨径 1080 m，中塔塔柱为门式结构，首次采用钢-混叠合、塔梁固结新结构。下塔柱为预应力钢筋混凝土结构，高 37.5 m，其中叠合段高为 2 m。钢塔高 127.8 m，塔柱分 21 个节段，标准节段基本高度为 6 m，其节段质量首次超过 200 kN（T21 节段重 213.3 kN）。塔梁固结段由钢塔 T1 和 T2 节段、下横梁及叠合段构成，下横梁同时为主梁的一部分，与钢塔采用高强度螺栓连接。

（三）中塔安装施工主要技术

①分析各阶段支架、钢塔结构温度变形对中塔结构的影响，确定合理的施工顺序，解决 T1 节段精确定位、叠合段施工时机选择、塔梁固结时间段选择等关键问题，保证中塔最关键部位结构安全。

②通过配合比试验、模型试验确定叠合段施工配合比及施工工艺，并组织实施，成功解决大面积封闭条件下叠合面与钢座板密贴的问题。

③针对钢塔标准节段安装质量 213.3 t，安装高度超 200 m 的实际情况，在多方比选的基础上，新研制同类型世界第一的 D5200-240 塔吊，安全顺利完成钢塔标准节段架设，创造标准节段架设 2.3 天/节段的施工新记录。

④采取多种措施保证钢塔节段厂内制造精度，合理选择塔吊附着、主动横撑位置，利用

4 个调整接口消除钢塔架设累积误差,有效保证钢塔线形。

马鞍山长江公路大桥悬索桥中塔塔柱,于 2011 年 1 月开始施工,至 2012 年 2 月结束,历时 14 个月,安全优质完成本项目,创造了良好的经济效益,节约投入约 580 万元。现 D5200 塔吊安装钢塔节段技术正在武汉鹦鹉洲桥得到应用。

⑤钢结构桥梁安装重难点是架桥机选择与装拆、焊接与铆接、测量与检验、安全监控等。

第二节　塔桅钢结构、高耸钢结构

一、塔桅钢结构是高耸建筑重要的结构形式

塔桅钢结构在广播电视发射塔、卫星发射塔等设施,以及输电、通信、照明等行业广泛采用。我国塔桅钢结构建设也取得了可喜成就。如高达 600 m 的广州电视塔"小蛮腰",是目前世界上高度名列第二位的电视塔,高度超过了"世界七大工程奇迹"——加拿大多伦多电视塔(高 553.3 m)。现在世界上许多城市的地标建筑均以电视塔为标志,诸如法国巴黎的埃菲尔铁塔(高 324 m),上海的东方明珠电视塔(高 468 m),河南新建的郑州电视塔(高 388 m)等,它们不仅满足了电视、广播发射和覆盖城市更大区域的需要,而且还具备旅游、展示、观光、餐饮等功能。(图 3-14-3、图 3-14-4)

图 3-14-3　　　　　　　　　　　　　　　　图 3-14-4

随着现代通信技术的快速发展,无线通信基站塔架、雷达天线以及流动基站都大量采用了各种形式的金属塔架。如上海天文台射电望远镜天线直径达 65 m,国家天文台贵州基站射电望远镜天线直径达 500 m,均达到世界先进水平。作为基础设施,无线通信、空中及太空观测通信都需要各种不同发射要求的塔架,其有关标准、规范的制订正在按全球化目标迈进。

输电铁塔是比较传统的构筑物,数十年一直以角钢塔型为主。近年来,我国大力发展超高压输电,在西电东输工程中,许多新技术、新塔型、新材料得到开发应用。如跨越长江、黄

河、海岛的大跨度塔越来越多,对各种塔型进行研究开发并在建设中推广采用了 Q390、Q420、Q460、耐候钢、冷弯型钢等高性能钢材。两座具有重大影响的世界最高跨越塔工程建成:其一是采用钢管混凝土、焊接球节点结构,高达 370 m,跨度达 2756 m,连接浙江舟山—大陆的 500 kV 输电工程;其二是采用厚板焊接型钢与角钢结构,高 346.5 m,跨度达 2303 m,跨越江苏江阴长江的 500 kV 输电塔。

二、高耸钢结构安装

①高空散件(单元)法:利用起重机械将每个安装单元或构件进行逐件吊运并安装,整个结构的安装过程为从下至上流水作业。上部构件或安装单元在安装前,下部所有构件均应根据设计布置和要求安装到位,即保证已安装的下部结构是稳定和安全的。

②整体起扳法:先将结构在地面支承架上进行平面卧拼装,拼装完成后采用整体起扳系统(即将结构整体拉起到设计的竖直位置的起重系统),将结构整体起扳就位,并进行固定安装。

③整体提升(顶升)法:先将钢桅杆结构在较低位置进行拼装,然后利用整体提升,(顶升)系统将结构整体提升(顶升)到设计位置就位且固定安装。

第三节　海洋钢结构

一、海洋工程

海洋工程是贯彻我国海洋战略发展重大方针的基础,是我国立足海洋强国的关键,从海洋渔业、海洋油气勘采、浮动船坞及人工岛,到海洋风电、潮汐发电、海底矿产开发利用,以及国防建设需要,海洋钢结构具有广阔市场。

早在 20 世纪 80 年代初为建造海洋石油钻井平台,国家投入巨资开发海洋用钢,对石油平台导管架结构及其抗风浪等性能进行基础研究,当时在全国组织了名为"海洋石油平台管结点委员会"的攻关团队,在此基础上成立的本协会海洋钢结构分会,在当时的第七机械工业部支持下,由中国船舶科学研究中心牵头,中科院、清华大学、江南造船厂、舞阳钢厂、船级社等单位的专家和学者参加,攻关解决了抗裂纹敏感的 Z 向钢材、加工制造厚壁钢管及管接头等难题,对管节点稳定疲劳等进行了研究实验,为海洋石油平台开发建设做出了重要贡献。

二、海洋钢结构安装施工

大部分海洋钢结构安装施工中构件的体积质量都很大,在牵引装船或是建造吊装时由于质量重心的不准确可能会出现危险,因此,在牵引装船或是建造吊装之前要算出结构物的质量重心,并要保证它的准确度,以增加吊装、装船、牵引等作业时的安全性。质量重心的计算方法有很多种,既有传统的手工计算,也可以通过现代化的软件计算取得。所用软件为XSTEEL。其安装重难点还有焊接、防腐等。

在我国南海作业的 981 石油钻井平台,见图 3-14-5。下潜深达 7000 m 的"蛟龙"号潜水器,见图 3-14-6。

宏海号门式起重机安装在江苏启东的宏华启东海洋装备基地,业主为宏华海洋油气装备有限公司,总包及设计单位为武桥重工集团股份有限公司,安装施工方为屡次创造龙门吊安装纪录的上海创未建设工程有限公司。该机主要用于海洋采油气平台安装(图 3-4-7)。22000 kN 拱型龙门起重机整体吊装见图 3-14-7。

图 3-14-5 (图片来源网络)　　　　　　　　　图 3-14-6

图 3-14-7

图 3-14-8

第四篇　人才培养，专业建设,砥砺发展

第一章
为安装吊装学科技术及其发展所做的工作

第一节　不忘初心，牢记使命

我从南开中学考进重庆建工学院，重庆建工学院离南开中学不远。记得我从南开中学拉了一辆板板车到重庆建工学院报到，车上装有一床破棉被和补了二十几个疤的破棉衣。进校后，立即享受全部助学金，学院很快给我换了新棉被和新棉衣，还拿到补贴购买了一双新胶鞋。我决意不忘初心，在党和学院的培养教育下，努力学习，决心为党和国家的教育事业，为安装吊装学科建设和培养专业人才作出贡献，并为安装吊装业技术发展努力做出一番事业。

第二节　开办工业设备与安装工程专业

1974年，在上海同济大学进修期间，金山石化总厂与同济大学招收"工业设备与安装工程"专业的首届工农兵学员。我和同济大学一起拟订了"工业设备与安装工程"专业教学计划和编写教材大纲。我负责《起重与搬运》课的编写。回校后，我们一起进修的人负责招收了1975年、1976年两届工农兵学员。

同年，教育部和建设部在上海同济大学与重庆建筑大学试办"机电设备安装工程"专业。1985年教育部特批奖"工业设备安装专业"列入国家专业目录。当时，全国有技工学校77所，中专学校6所，大专业院校5所。

第三节　成立重庆建筑大学"建筑安装工程系"和"安装技术研究所"

1989年同济大学停办"工业设备安装工程专业"。重庆建筑大学成立了"建筑安装工程系"和"安装技术研究所"。我被学校任命系主任（直属系）和研究所所长。任职期间共招23届本科生，培养了2000多名本科生、17名研究生。（图4-1-1—图4-1-13）现在，他们已成长为中建、中建安装、中建钢构、中铁、中石化、中核电等大型国企的技术骨干与精英。安装技术研究所完成建设部科技司获准的《起重工程成套技术及计算机仿真系统研究》项目,完成 50~1000 t 角钢型、圆管型、方管型桅杆式起重机标准系列设计,在石油化工与中建各单位使用,效果较好。完成《安装名词术语》的编制,共 12 章,分期在《安装》杂志上发表。安装类中专、大专、本科教材与辞典等相继出版,科技书《设备安装工艺》《金属结构》《工程质量控制》《建筑安全工程》《网架结构制作与施工》等出版约 100 种。与此同时,编著《安装工人技术学习丛书》,覆盖了设备安装、机械施工、土木工程等的 27 个主要技术工种。通过全日制、函授、夜大、电视大学、职大、自学考试、短期培训班等,培养了上万名各种安装技术人才。2014 年,沈阳工业大学、四川建筑职业技术学院、山西建筑职业技术学院、湖南城建职业技术学院、辽宁建筑职业学院相继开办了"工业设备安装工程技术专业"。2019 年,国家已发展到 216 所大专院校招生该专业。在新时代中,该专业已发展成为社会有需求、学科有基础、毕业生有稳定去向,具有口径宽、适应性、综合性、实践性强的专业。笔者所编教材与科技书均具有看得懂、学得会、用得上的特点,深受安装企业与师生青睐。

笔者在校率先成立了董事会,并任常务副董事长。走厂、学、研发展之路,为安装学科与技术发展做扎实的铺垫工作。召开了全国《工业设备安装工程专业》教学计划讨论会。自筹资金修建了安装办公用房教室和吊装、检测、计算机、焊接 4 个实验室,满足了该专业的教学需要。使该专业成为社会有需求、学科有基础、毕业生有稳定去向的专业。(图 4-1-14 至图 4-1-18)。

图 4-1-1

图 4-1-2

图 4-1-3

图 4-1-4

图 4-1-5

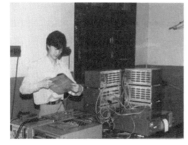

图 4-1-6

（广西北海市炼油厂火炬塔架整体吊装）

图 4-1-7

［带领学生参加北海炼油厂火炬塔架整体吊装全过程（负责吊装方案编制）（右第三人为笔者）］

图 4-1-8

［带毕业班的学生到北京燕山石化总厂　　　　　　［带毕业生在上海大力神号打捞船进行
　进行毕业设计实习（前排右二为笔者）］　　　　　　学习、参观（前排右三为笔者）］

　　图 4-1-9　　　　　　　　　　　　　　　　　　图 4-1-10

图 4-1-11

图 4-1-12

图 4-1-13 （三排左第一人为笔者）

图 4-1-14 （前排左二为笔者）

图 4-1-15

（笔者在成立董事会成立大会上发言）

图 4-1-16

图 4-1-17

（前排右一为笔者）

图 4-1-18

第四节　参加国内外石油、化工、冶金、电力、核电行业安装吊装项目

在参加上海馆 650 t 网架整体吊装全过程后,笔者陆续主持和参加了国内外石油、化工、冶金、电力行业,核电站、奥运会场馆等设备与钢结构工程百余项高、重、大、精、尖、难大型设备及特种结构吊装方案设计、工程安装与吊装,以及科技成果的评审。主持或参加了"中国石化""中国石油""四川化工"厂等企业上百台塔、罐、容器、火炬塔架的安装与吊装,主持或参加了"中核电""中机""中建"等企业的大中型设备的安装与吊装。

前三十年笔者主要从事了"中国石化"、"中国石油"、"燕山石化"总厂、"上海石化"总厂、"四川化工"厂等石油化工企业上百台塔、罐、容器、火炬塔架的安装与吊装,以及大型制造企业的安装与吊装,如"第 2 重型机器厂"大型桥式起重机、"第二汽车制造厂"12 000 t 模锻的安装与吊装。

后三十年笔者主要从事机场、体育场馆、超高层钢结构建筑安装与吊装,并参与重大安装吊装工程的科技成果评审。进行了国家体育场"鸟巢"、国家体育馆、北京国际机场 T3B 航站楼、广州新电视塔、贵阳奥体中心、上海国际金融中心等上百多项起重设备及特种结构吊装方案设计审查和关键技术攻关,创造并成功运用了多项新技术。如对国家体育场、国家体育馆、北京国际机场 T3B 航站楼、贵阳奥体中心等的脚手架、支撑塔架、滑移钢架等进行多次整改,在国家数字图书馆钢结构工程项目中创造了一种可调的钢管系统,仅用 93 天圆满完成 10388 t 桁架拼装任务,拼装难度属国内首次,节省了数台上百吨的吊车。使每个 30 多吨腹杆的拼装精度也得到了很好保障。这些项目取得了很好的社会效益和经济效益。

笔者在安装吊装作业中积累了丰富的实践经验和坚实的理论基础。在笔者主持、参与的上百项安装吊装工程中,没有发生过一起大、小事故。

学校、企业、协会共同为我搭建了成长的平台。我在安装与吊装项目中摸、爬、滚、打,从肩扛道木、铺设道木与滚杠、接长钢丝绳、桅杆设计与验算、测定大型网架同步提升卷扬机功率,研究起重滑轮组钢丝绳的穿绕方法与计算,再到经验公式提升到理论计算等,并且对桅杆式起重机是情有独钟。撰写了《设备起重工》《重型设备吊装工艺及计算》《起重吊装简易计算》等专业书籍。

第五节　科研和教学工作

1996 年,建设部编制了《1996—2010 中国建筑技术政策》,提出"合理使用钢材,发展钢结构、开发钢结构制造和安装施工新技术"。1998 年 10 月,建设部发文《关于进一步做好建筑业 10 项新技术推广应用的通知》,其中,第 9 项"大型构件和设备的整体安装技术"的推广依托单位为中国安装协会。

重庆建筑大学建筑安装工程系与安装技术研究所在建设部科技司获准"起重工程成套技术及计算机仿真系统研究"项目,完成 50~1000 t 角钢型、圆管型、方管型桅杆式起重机标准系列设计,在石油化工与中建各单位使用,效果很好。同时笔者完成了《安装名词术语》的编制,共十二章,分期在《安装》杂志发表;完成建设部科研项目"桅杆式起重机标准设计与 CAD 技术应用"。"桅杆式起重机系列标准设计与 CAD 技术应用"项目的设计、制作、检测与审查会见图 4-1-19、图 4-1-20。

图 4-1-19

图 4-1-20

被审查的资料见图 4-1-21。

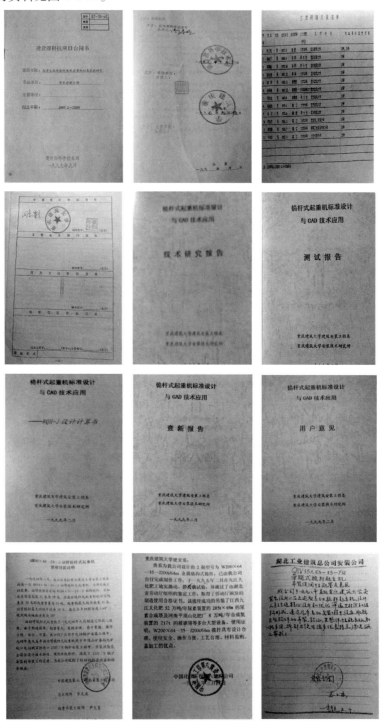

图 4-1-21

桅杆式起重机标准设计与 CAD 技术应用得到吴惠弼教授指导和帮助,见图 4-1-22。

图 4-1-22

1974 年,用两副起重量 200 t 桅杆,并联合使用由起重量 40 t 塔吊改制成的 400 t 塔桅起重机,吊装四川化工厂氨合成塔、废热锅炉等五大件,见图 4-1-23。

图 4-1-23

第六节　研究生培养

　　笔者结合多项安装与吊装工程研究项目,培养研究生 11 名,他们均成长为国家建设精英或专家。(图 4-1-24 至图 4-1-26)

图 4-1-24

图 4-1-25、图 4-1-26 为校友同院系坐谈、合影,图 4-1-26 中左起第七人为笔者。

图 4-1-25

图 4-1-26

笔者主持的研究生论文答辩与培养硕士研究生的名单和论文见表 4-1-1。

表 4-1-1

硕士论文名称	日 期	答辩人	备 注
建筑安装企业实施 ISO9000 的研究	1997.01	尹清辽	第一导师
建筑安装工程质量管理	1997.07	温素英	唯一导师
起重吊装作业过程中的计算机辅助计算与分析方法的研究	1991.07	林立	第一导师
国际工程风险分析	1998.10	杨承炜	第一导师
住宅产业化发展模式及评价	2001.12	夏秋	第一导师
模糊数学在建筑安装工程质量检验评定中的应用	1999.07	郑周练	第一导师
中国非开挖技术产业发展模式的研究	2001.01	何晓婷	第一导师

续表

硕士论文名称	日 期	答辩人	备 注
非开挖技术应用过程中环境效益评价指标体系的研究	2001.01	黄伟	第一导师
城市型项目法施工研究	1997.07	王建新	唯一导师
建筑安装业工程项目材料管理	1995.07	黄铁兵	唯一导师
推举法吊装的计算机模拟和分析方法的研究	2001.01	郭圣桦	第一导师

第七节　主持开办部委所属安装施工企业起重吊装技术培训班

　　笔者主持开办了建设部、石化部、核工业部等 11 个部委所属的安装施工企业的起重吊装技术中级、高级培训班。

　　培训班共开办 12 期,培养 1200 多人,并使用自编的《重型设备吊装工艺与计算》《设备起重工》《起重吊装简易计算》等教材,结合工程项目亲自授课。被培养的这批学员均成为各部委安装施工企业的技术骨干,有的成长为吊装专家。本科生中已有多人加入中国钢协和中国安装协会专家委员会。首届吊装技术培训班留影(前排左十八是笔者),见图 4-1-27。中国钢结构协会起重吊装技术培训班留影(前排右六是笔者),见图 4-1-28。

　　2008 年 4 月,由中国钢协专家委员会举办的首届总工程师起重与吊装技术培训研讨班,由笔者担任主讲,产生了很好的社会效益。在精工钢构和四川华神钢结构任顾问总工程师期间,笔者培养多名硕士毕业生,均为单位技术骨干,并荣获绍兴市"千名技师带高徒"十佳名师,(图 4-1-29)。

图 4-1-27

图 4-1-28

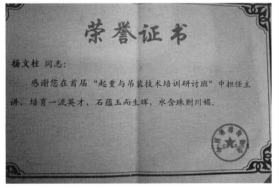

图 4-1-29

第八节 与英国曼彻斯特理工大学校际学术交流

曼彻斯特理工大学(UMIST)是英国无沟渠技术学会所在地。1997 年 6 月,笔者赴英国曼彻斯特理工大学进行校际学术交流。在为期 3 个月的学术交流中重点学习研究了英、德、美等国无沟渠技术的发展及设备安装应用的情况。被接纳为 ISTT 中国大陆的第七名会员。还有幸结识了国家最高科技成果奖获得者、南开校友张存浩院士。回校后,将《中国非开挖技术产业发展模式的研究》《非开挖技术应用过程中环境效益评价指标体系的研究》作为研究生的研究课题,见图 4-1-30、图 4-1-31。

图 4-1-30

图 4-1-31

第九节　促进重庆大学钢结构研究中心成立

一、校建筑学部召开"设立钢结构研究中心"讨论会

2012 年 10 月 10 日下午,受时任重庆大学校长林建华委托,在时任副校长刘庆的主持下,"设立钢结构研究中心"讨论会在建筑城规学院 3A 空间成功召开。此次会议通过了设立"钢结构研究中心"的提案,并明确了下一步的工作思路。出席此次会议的有时任副校长刘庆,时任校长助理喻洪麟,建筑学部副主任、城环学院书记胡学斌,建筑学部副主任、土木学院书记李英民,以及校办、研究生院、科技处、土木学院、机械学院、材料学院和资环学院的

部分专家代表。会议首先由重庆大学钢结构专家杨文柱教授(笔者)介绍了设立钢结构研究中心的愿景。他从背景意义、基础条件、目标规划、发展措施、预期成果等五个方面介绍了设立该中心的初步构想。接着,土木学院、机械学院、材料学院和资环学院的专家代表就重庆大学钢结构专业的机构、人员、教学科研等方面情况进行了补充。

会议就研究中心与相关学科的联系发展、人才培养模式、产学研合作模式等展开热烈讨论。大家一致认为,成立中心、搭建平台可以实现相关学科的资质资源、人才资源、科研资源和项目资源的共享、优势互补,使产学研相互促进提高,达到合作共赢的效果。同时宣布成立钢结构研究中心。

二、研究中心成立的背景

为拓宽专业面,杨教授进一步建议将"钢结构"拓宽为"金属结构"。

图 4-1-32 是时任校长林建华理出的学校学科发展的思路,他说,学校确定了要建中国最好的大学之一的办学目标,制订了发挥工科优势、振兴文理学科、促进交叉融合的发展战略,确定了包括坚持科学发展观,注重内涵发展,自身发展与区域大学发展相结合,学科布局与跨学科平台建设相结合,以学部制推动现代大学建设,坚持循序渐进、均衡发展的原则等在内的一套发展思路。既要择优扶重,也要关注新的学科增长点。要面向国家和地方重大需求,调整工程学科布局,强化特色,增强优势,面向学科发展前沿和国家、地方需求。

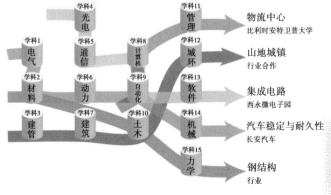

与长安战略合作

图 4-1-32

坚持"提高质量,内涵发展"的方针,紧密围绕"制度建设、教育体系建设、队伍建设和学科布局"四大核心任务,以制订学部和学院战略规划与评估体系为切入点,深化和持续推进"2012年十项重点工作"。

杨教授建议跨学科、跨院系的钢结构(金属结构)教育与研究平台[钢结构(金属结构)研究中心]是在土木工程、材料工程、机械工程、力学、安全工程学五个一级学科的基础上设置的。

钢结构(金属结构)带动了建筑结构、桥梁结构、船舶结构、电力电信结构、风电结构、核电站结构、石油化工结构、海洋采油采气结构、航天结构、工程起重运输机械产业的发展。2011年,全国建筑业完成总产值11.7734万亿元,中国石油和化学工业联合会于2012年1月11日召开发布会,发布《2011年我国石油和化工行业经济形势报告》。2011年全国石油和化学行业总产值突破11万亿元,比上年增长31.5%。

我国拥有规模不等的钢结构(金属结构)详图设计、加工制作、安装施工企业1万多家,拥有一级钢结构(金属结构)专业资质的企业有400多家。年加工能力在5万t以上的大型钢结构(金属结构)企业已有39家。这些企业引领行业潮头,逐步向管理科学、注重质量、善于吸取和消化当今国际先进技术成果,在一些技术领域已经达到和超过世界先进水平。"十二五"期间,国家以推动建筑业转变发展方式和产业结构调整为主线,以节能减排为重点,为钢结构行业发展带来新机遇。钢结构工程强度大,抗震性能好,建设周期短,技术含量大,能为社会提供结构安全的工程。因为构工程生成的建筑垃圾可回收再利用,所以钢结构工程在发达国家备受推崇。一些国家还从战略物资储备的角度考虑,出台了产业扶持政策,大力推广钢结构建筑。随着我国经济的发展和综合实力的增强,钢结构建筑将迅速发展。

我国是产钢大国,2011年粗钢产量约6.83亿t,但还不是钢结构建筑强国。建筑钢结构在城市公共设施、体育场馆、交通基础工程等方面迅速发展,但在住宅建设领域一直处于低水平、低层次的发展阶段,年产不到1%。钢结构减少土地污染、实现工厂化生产、可迅速组装住宅的优点尚未被社会充分认知,钢结构行业技术人员素质、设计水平、产业政策、产品质量还落后于世界发达国家,在行业技术标准规范、企业的发展环境、生产管理水平等方面还存在不少亟待解决的问题。

三、钢结构(金属结构)设计深化及详图设计、加工制作、安装施工的整合及创新

(一)网络技术、数据库技术、软件技术的集成

先进的网络技术、数据库技术和软件技术的集成,为钢结构(金属结构)行业提供多项更方便、快捷、适合于国内钢结构设计、制作、安装的软件平台。可使复杂构件、节点的建模更方便,制作和安装更准确;对钢结构制作安装有更准确的把握;使钢构件信息在整个设计、制作及安装过程中的合理管理。其主要内容如下:

①应用三维模型绘图软件反映构件、节点的逻辑关系。

②构件、节点信息库的建立,使钢构件的下料更准确,有利于整个工程的构件管理。

③基于动态结构、动态边界的杆系非线性有限元方法在钢结构施工模拟中的应用。

④预应力索安装施工过程的非线性有限元模拟分析。

⑤研究机构运动和弹性变形的模拟钢结构吊装。

⑥对已有的钢结构安装施工模拟分析方法的有机结合。

钢结构(金属结构)设计要结合加工制作与施工,主要研究基于三维实体的构件与节点描述方法以及实体造型与编辑方法。

（二）钢结构(金属结构)制作要结合设计与施工

该主要研究基于数据库的详图制作软件系统的实现方法。大型、复杂、特殊形状钢结构(金属结构)制作成套新技术、新工艺与装备的研究及应用如下:

①大型空间箱形截面弯扭构件加工技术的研究及应用;

②大口径钢管弧形加工新工艺的研究及应用;

③锥形钢管柱、锥形钢管柱加工技术的创新;

④复杂节点制作加工新工艺的研究及应用;

⑤厚板焊接工艺的研究及应。

（三）钢结构施工要结合设计与加工制作

该主要研究基于重大钢结构施工全过程数值模拟力学模型和数值方法。

四、应邀参加在厦门举办的第二届钢结构应用研讨会

2011 年 10 月 12 日,由厦门市建设与管理局、中国建筑金属结构协会、厦门理工学院主办,福建十八重工股份有限公司承办,厦门市建设工程材料设备协会与厦门闽船钢结构工程有限公司协办的厦门第二届钢结构应用研讨会暨"卓越工程师教育培养计划"钢结构方向研讨会、钢构学院筹备研讨会在厦门理工学院集美校区的学术报告厅圆满收官。会议主持人由时任中国建设部钢结构委员会副主任、厦门闽船钢结构工程有限公司董事长邹鲁建担任。笔者作为钢结构安装技术专家应邀出席了会议,并做了学术报告。

与会嘉宾精彩的演讲吸引了不少业内人士及厦门理工学院土木工程系教师、学生前来观摩,报告厅济济一堂,掌声热烈是与会者思想共鸣的反响。

图 4-1-33 为与会专家合影,左起第六人是笔者。

图 4-1-33

（一）钢结构专家坐而论道

姚兵会长从钢结构未来发展的角度就如何做好钢结构住宅产业化研究做了"求真务实、科学严谨，做好钢结构住宅产业化的研究"的报告。报告主要从三个方面进行阐述：一是开展钢结构住宅产业化研究的宗旨；二是钢结构住宅研究报告的重点方向；三是开展钢结构住宅产业化研究的方法。他强调钢结构住宅造价与传统的混凝土结构基本相当，但是更环保、更节能、更安全。我国钢结构在住宅领域的发展仍处在起步阶段，与国外还有很大差距，应积极学习借鉴发达国家钢结构住宅产业化的经验。针对钢结构住宅发展过程中存在的问题，未来钢结构住宅研究的重点方向要放在产业化推动的问题分析、技术经济政策、科技创新和标准规范上；同时，提出推进钢结构住宅产业化的方法，需要国内政府部门、协会、企业、学者的积极参与和配合。图 4-1-34 为会议现场。

图 4-1-34

副局长林树枝以钢结构、钢-混凝土组合结构在厦门市的应用情况为着眼点，通过厦门钢结构在建筑上应用的实例强调钢结构的优势。其要点是：钢结构建筑总的造价增加很少，能提高结构性能，提高建筑使用空间，缩短施工周期。厦门风荷载大、地震烈度高，钢结构、钢-混凝土组合结构的应用对减少建筑物的侧向位移、提高建筑物的抗震能力十分有利。通过钢结构建筑与传统混凝土建筑灾后对比的案例，他反复呼吁对抗震救灾建筑（医院、通信枢纽、消防站、救灾指挥中心、地震观测站等)以及与生命线工程有关的学校、应急避难场的大型公共建筑,鼓励采用钢结构、钢-混凝土组合结构。

教授级高工方鸿强做了"钢结构住宅应用技术"的报告。他强调钢结构建筑产业是国家战略新兴产业。我国建筑业面临着严峻的节能减排问题,发展绿色建筑第一次明确写入了国家"十二五"规划中,已经上升到国家战略层面,现在是发展绿色建筑的最佳时机。建筑钢结构在循环经济中是传统建筑业的升级和换代,是打通房地产、建筑业、冶金业、机械制造业和国家战略资源的新的产业体系,也是我国为什么将建筑钢结构上升到战略层面的重要内容。方教授还提出,钢结构住宅应该是包括整体建造、装修、家居服务在内的一整套满足家庭居住使用的建筑,并呼吁钢结构住宅设计师应该要拥有规划师的眼光,设计师的延展,工程师解决问题的能力,现场操作员的工程的经验。

钢结构资深专家王仕统从我国建筑钢结构设计上的缺点出发,强调我国钢结构设计的很笨重,与国外有很大差距,需要大力提高设计水平。如果不提高设计水平,我们的钢结构就是在浪费钢材,与我国的绿色建筑的初衷背道而驰。对此他提出结构的新分类,以提高我国大型全钢结构的结构效率,实现钢结构固有的三大核心价值——最轻的结构、最短的工期和最好的延性。呼吁推进空间结构和高层建筑结构的发展。

除了钢结构应用研讨之外,此次会议也是钢构学院筹备研讨会,杨文柱教授就《钢结构工程专业教学计划》提出许多新的教学理念。杨文柱教授认为目前钢结构领域人才奇缺,除了大型设计院有设计师外,其他中小型设计院没有设计师。没有钢结构学科作为支撑,没有人才的培养,钢结构这个支柱企业要发展是难上加难。在考虑钢结构工程人才的培养模式时,应该在"三定位"的基础上,即在定位于大钢结构工程、应用技术型、工程设计型,注重强基础、重能力、抓质量、办特色的办学思路。

(二)打造人才培养新平台

本次会议提出一个新的理念,将人才培养上升到一个新高度,并付诸实施。钢结构绿色、节能、环保,受到国家的高度重视,是我国战略型新兴产业,也是一个非常具有发展潜力的行业。我国钢结构虽然发展了数十年,却仍停留在"初级阶段",其成长需要更多的"营养粮食"。换句话说,随着钢结构行业的发展壮大,方方面面的人才都十分紧缺。目前我国全日制中等教育中无钢结构专业,全日制高等教育大专、本科也无钢结构专业,仅在研究生中开办钢结构研究方向,因此钢结构企业中的技术人员和管理人员很少有人系统地学习过钢结构专业。在中国建筑金属结构协会的主导下,十八重工与厦门理工联合中国钢结构行业专家及行业先进企业共同筹划成立钢构学院,是急行业之所急,顺应时代发展潮流,为国家钢结构行业发展培养储备人才,具有"跨越式"发展意义。

正因为如此,兴办钢构学院的构想一提出,就得到了国家层面的充分肯定及政府相关部门的积极推动。不少业内资深的专家不止一次地在各式钢结构研讨会上呼吁"应尽快培养出自己的钢结构设计大师",因此对钢构学院的创办给予高度评价。姚兵会长在会上表示:

"钢结构产业的发展在于科技创新,科技创新在于人才,人才在于教育。十八重工在创建新型百亿钢构城的同时正策划创办全国唯一的钢构学院,这是一件利国利民的好事、行业发展的大事。协会、钢构行业的企业家、专家、教授、学者理应全力支持。"笔者也在报告中评价:"钢结构工程专业是社会有需求、学科有基础、毕业生有稳定去向,具有鲜明特色的专业!"

厦门闽船钢构董事长邹鲁建长期以来重视人才的培养,也很关注国家在大专院校专业人才的培养机制和政策导向,把企业对人才的培养视为"人才战略"。这次他又真正地付诸行动,同十八重工一起与厦门理工学院签订了"卓越工程师教育培养计划"。合作的基础,不仅仅是互利共赢,还在于价值观的默契认同。鉴于价值观形成的利益,才是最稳固和最有效率的。这也是钢构学院推进的速度能如此神速的重要因素。

坐而论道容易,真干起来还会有许多困难。由于钢结构是个新兴产业,广大的青少年学生可能会因为对钢结构行业缺乏认知而不重视或忽视它,使钢构专业陷入冷门。因此,整个行业要不断加大钢结构优势和前景的宣传力度,使青少年学生能了解它、走近它,进而选择它作为深入方向,这样才能培养起一批高素质的钢结构专业人才,为产业的持续健康发展奠定基础。

五、应邀出席在渝召开的"绿色钢构 美丽中国"2013 年全国建筑钢结构行业大会

(一)会议实况

2013 年 4 月 19 日上午,由中国建筑金属结构协会、重庆市住房和城乡建设委员会主办的 2013 年全国建筑钢结构行业大会在美丽的山城重庆隆重开幕。来自全国建筑钢结构行业领导、专家、企事业单位人员共 500 余人参加本次盛会(图 4-1-35)。"美丽中国"是中国共产党第十八次全国代表大会的报告中提出的一个新的观点,是引领中国未来发展的关键词之一。钢结构建筑以其轻、快、好、省的特点越来越引起人们的关注,发展绿色钢构、建设美丽中国是钢结构行业全体同仁义不容辞的责任。

图 4-1-35

中国建筑金属结构协会建筑钢结构委员会成立于1995年,现有会员单位700多家。委员会一直致力于促进建筑钢结构行业的健康发展和不断提高工程质量,主持了多项行业标准的编制工作,在行业内积极推广新产品、新技术,组织了数场次国内外技术交流和研讨学习,在统一企业认识,共同努力实现行业发展方面收到好了良好效果。

钢结构委员会的会员单位中有一批优秀的建筑钢结构企业,分别从事建筑钢结构的制作、安装,以及相配套的原材料、设备、标准件等产品加工、生产。他们在我国建筑钢结构的发展中起到重要骨干带头作用,特别是伴随着十五计划中国家对钢结构应用的大力提倡,建筑钢结构行业呈现出迅猛的发展势头。

图4-1-36为会议期间笔者分别与有关专家、领导交谈。图4-1-37为与会嘉宾,左起第四为笔者。图4-1-38为大会合影。

图 4-1-36

图 4-1-37 (左四是笔者,左五是姚兵)

图 4-1-38

（二）学术报告

受大会邀请作《钢结构工程设计、制作、安装技术整合、集成、一体化》的学术报告（图 4-1-39）。报告内容如下。

图 4-1-39

国内钢结构行业发展基本概况

钢结构行业在国家拉动内需,加快基础设施、工业化、城市化建设等方面发挥着重要作用。随着国民经济建设快速发展,钢结构工程不断涌现,全面促进了钢铁、钢结构建筑业的创新发展。特别是新型钢结构制造业以产业化的模式来推动国内外钢结构发展,许多企业的装备技术、规模及业绩受到世界关注,承担国内外的大型、标志性的钢结构工程越来越多,为树立钢结构建筑强国地位和占领更多市场份额发挥了积极作用。

（略）

钢结构工程设计、制作、安装技术整合、集成、一体化

这次的汇报内容是根据自己近几年来从国家体育场(鸟巢)工程、体育馆、机场、高层钢结构与抗震救灾一系列精品工程实践中,总结了钢结构工程设计、制作、安装技术整合、集成、一体化重要性、必要性。钢结构的深化设计过程中要充分考虑构件制作和安装因素,同整个结构设计形成良好的互动关系,不断完善、调整结构设计方案,保证钢结构工程优质、高效、安全、经济地进行。阐述了钢结构工程深化设计的主要内容,扎扎实实做好钢结构构件加工质量的监控,严、准、细、控制好钢结构安装施工技术几方面。提出了钢结构工程设计、制作、安装整合、集成、一体化的创新点。特别对地震区域提高钢结构工程质量、安全、速度有重要现实意义。

(1)建筑钢结构体系的发展

大跨度空间结构体系与高层及超高层结构体系是结构方面近20年来最活跃的研究领域,其结构形式经历了由传统的梁肋体系、拱结构体系、桁架体系、薄壳空间结构体系,到现代的网格(网架、网壳)、悬索、悬挂(斜拉)、充气结构、索膜结构、各种杂交结构、可伸展结构、可折叠结构、张拉集成结构体系等。现在国内外已有的大跨度空间结构体系可分为:刚性体系(折板、薄壳、网架、网壳、空间桁架等),柔性体系(索结构、膜结构、索膜结构、张拉集成体系等),杂交体系(拉索—网架、拉索—网壳、拱—索、索—桁架等)(图4-1-40、图4-1-41)。

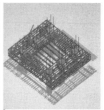

图4-1-40　　　　　　　　　　　　　　图4-1-41

(2)首先认真做好钢结构工程的深化与详图设计(图4-1-42)

充分认识钢结构深化与详图设计对后绪钢结构构件的制作、安装施工将产生较大的影响,需紧密结合钢结构加工制作工艺、安装施工方案中涉及的吊装设备的规格、型号,构件分段重量和工厂的预拼装,焊接工艺,钢结构的连接,钢结构的涂装工程等的影响,起到设计的龙头作用。把因设计产生结构损伤和破坏因素在深化设计中考虑周全,做到"预防为主、安全第一"。把钢结构工程深化设计、加工制作、安装施工相融合落到实处。

(3)钢结构深化与详图设计的主要内容

①结构构件的构造设计:桁架、支撑等节点板设计与放样;桁架或实腹梁起拱构造与设计;梁支座加劲肋或纵横加劲肋构造设计;组合截面构件缀板、缀条布置、构造设计;板件、构件变截面构造设计;拼接、焊接坡口及切槽构造设计;张紧可调圆钢支撑设计;隔撑、弹簧板、

椭圆孔、板铰、滚轴支座、橡胶支座、抗剪键、托座、连接板、刨边及人孔、手孔等细部构造设计；构件运送单元横隔设计等。

②构造及连接计算：连接节点的焊缝长度与螺栓数量的计算；小型拼接计算；材料或构件焊接变形调整余量及加工余量的计算；起拱拱度、高强螺栓连接长度、材料量及几何尺寸和相贯线等的计算。

③钢结构节点的构造要点：在钢结构工程中，节点的设计、构造、加工制作、安装施工是非常关键的一个环节。如节点处理不当，构造失调，往往造成构件偏心受力过大，会造成突发性灾难。如节点处理合理，构造精确，即使构件超载，整个结构可以应力重新分布，仍能安全使用。从实践中，我们总结了钢结构节点的十项构造要点：受力明确，传力直接；构造简洁；所有聚于节点的杆件受力轴线，没有特殊原因时，必须交于节点中心；尽可能减少偏心；尽可能减小次应力；避免应力集中；方便制作与安装；便于运输；容易维修；用材经济。并应做到该刚的节点，则刚；该铰的节点，则铰。（图4-1-43）

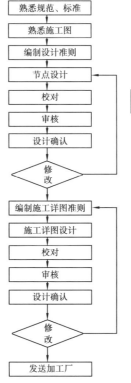

图4-1-42

设计思路及流程

根据提供的工程钢结构图纸,按招标文件要求，建立钢结构工程的三维模型进行强度校核，应力分析计算。对每个单体的重要关键节点，准确标出各杆件与连接杆件的锐角和中心线交点的距离，各构件下料图预留焊缝收缩余量等。深化图送交设计、业主、监理确认后，方作为下料制作及工程施工依据。

流程图文字（自上而下）：
熟悉规范、标准
熟悉施工图
编制设计准则
节点设计
校对
审核
设计确认
修改
编制施工详图准则
施工详图设计
校对
审核
设计确认
修改
发送加工厂

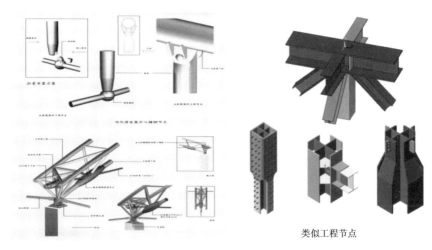

图4-1-43

类似工程节点

④钢结构安装施工时的构造设计要方便安装施工临时固定加劲板及焊接夹具耳板等。

综上所述,钢结构的深化设计过程中要充分考虑构件制作和安装因素,同整结构设计形成良好的互动关系,不断完善、调整结构设计方案,保证钢结构工程优质、高效、安全、经济地进行。

(4)扎扎实实做好钢结构构件加工质量的监控

①钢结构的安装施工质量必须从钢结构的加工制作开始,采取严格的质量控制措施,以材料进厂检验按规范或设计技术条件的要求把关检验(坚决杜绝有夹层、夹碴、夹砂、发裂、缩孔、白点、氧化铁皮、钢材内部破裂、斑疤、划痕、切痕、过热、过烧、薄板的粘结、脱碳、机械性能不合格、化学成份不合格或偏析严重的材料进厂使用)。

②从号料切割、焊接成型、预拼、涂装等工序进行合理有序的控制。

③并严格控制焊接结构工艺标准、铆接工艺标准、高强螺栓连接工艺标准。

④正确进行钢结构的热处理(退火、正火、淬火、回火)。

⑤正确进行焊接结构的变形控制与校正(有夹固法、弹性反变形法、焊接程序和工艺的控制方法)。

⑥正确进行内应力的消除(有加热回火法、振动法)。

钢结构的加工工艺对整个结构的质量、安全、工期、投资等和对钢结构损伤破坏的防范有举足轻重的作用。实践证明,若钢结构的加工制作没有使用合适的加工工艺,会造成钢结构先天性缺陷,在日后运用过程中产生灾难性的恶果。

综上所述,钢结构的深化设计过程中要充分考虑构件制作和安装因素,同整结构设计形成良好的互动关系,不断完善、调整结构设计方案,保证钢结构工程优质、高效、安全、经济地进行。因深化设计造成结构损伤和破坏因素必须在深化设计阶段认真、周密、全面进行考虑,并进行消除,从而把好钢结构工程事故的主要源头。

(5)严、准、细控制好钢结构安装、吊装技术(图4-1-44)

图 4-1-44

①钢结构工程的安装施工必须遵循：安装施工按规范，操作按规程，检验按标准，办事按程序。严格遵循设计文件；严格遵循招标文件；严格遵循合同文件。做到严（严格的要求，严肃的态度，严密的措施）；准（数据要准，计算要准，指挥要准）；细（准备工作要细，考虑问题要细，方案措施要细）。

②钢结构的吊装与临时支撑，应经计算确定，保证吊装过程中结构的强度、刚度和稳定性。当天安装的钢构件应形成稳定的空间体系。吊装机械、临时支撑点对混凝土结构的反作用力要以书面形式提供设计确认。

③钢结构安装前，应对建筑物的定位轴线、平面封闭角，底层柱位置轴线，混凝土强度及进场的构件进行质量检查，检查合格后才能进行安装作业。安装时，钢结构的定位轴线，必须从地面控制线引上来，避免产生累积误差。

④钢结构柱与梁的连接，梁与梁的连接采用先栓后焊的安装施工工艺。钢结构一个单元的安装、校正、栓接、焊接全部完成并检验合格后才能进行下一单元的安装。

⑤在高空安装钢柱、钢梁、钢桁架，都需根据具体的构件截面形式和就位需求来进行安装标识和测量。在钢柱梁形成整体稳定结构前，钢结构的安装位置需进行多次调整，一般采取提前预计偏移趋势，加强临时固定措施和跟踪测量等方法来进行测量定位和调控。特别强调必须做好跟踪测量和整体校正：指在每个构件安装的同时要进行钢柱、梁的垂直和水平度的校正，随时调整构件位置；当若干个构件形成框架体系后对此进行复测，当水平层面安装完成后，再对整体结构进行测量，始终使构件处于准确的位置。

⑥认真做好焊接精度的控制技术。钢结构工程中损伤与破坏的预防，关键在于焊接精度控制技术。

（6）钢结构工程设计、制作、安装整合、集成、一体化创新点

通过先进的网络技术、数据库技术和软件技术的集成，为钢结构行业提供多项更方便、快捷、适合于国内钢结构设计、制作、安装的软件平台。使复杂构件、节点的建模更方便，制作和安装更准确；对钢结构制作安装有更准确的把握；使钢构件信息在整个设计、制作及安

装过程中的合理管理。主要内容如下:

①钢构件、节点的逻辑关系的三维模型绘图软件。

②构件、节点信息库的建立,使钢构件的下料更准确,有利于整个工程的构件管理。

③基于动态结构、动态边界的杆系非线性有限元方法在钢结构施工模拟中的应用。

④预应力索安装施工过程的非线性有限元模拟分析。

⑤研究机构运动和弹性变形的模拟钢结构吊装。

⑥对已有的钢结构安装施工模拟分析方法的有机结合。

钢结构设计要结合加工制作与安装施工主要研究基于三维实体的构件与节点描述方法以及实体造型与编辑方法。

钢结构制作要结合设计与安装施工主要研究基于数据库的详图制作软件系统的实现方法。

钢结构安装要结合设计与加工制作主要研究基于重大钢结构安装施工全过程数值模拟力学模型和数值方法。

使设计、加工制作、安装施工融合、集成、一体化。提高钢结构工程质量、抗震安全、工期和经济效益。

第十节　传播知识,把我国安装与吊装行业办成"学习型行业"

笔者在《重庆日报》《重庆晚报》《重庆科技报》《四川科技报》《四川日报》撰写有科普文章近百篇,出版科普与起重吊装书籍多本,为国家与安装业与科普创作做出了突出贡献。作为我国科普作家的先驱,曾任重庆科普作家协会副理事长(图4-1-45)。论著情况见附录6、附录8。

图4-1-45　(前排右四是笔者)

一、学习是一个人真正的看家本领

终生求知成为一种准则，人类最有价值的资产是知识。学习是一个人的真正看家本领，是人的第一特点，人的第一长处，人的第一智慧，人的第一本源，也是我国安装施工企业发展的第一源泉。应该说一切都是学习和实践的结果，都是学习的恩泽。我们从事安装吊装施工的同志们要做好施工安装行业起重吊装的质量源头把关的排头兵，首先树立终生学习求知的理念。我们的理念和行动是要始终坚持做到"边学习、边总结、边提升、边

图4-1-46　笔者在"鸟巢"学习

实践"。学习不是消费而是投资，是赋予自己最高的奖励和最大的福利。没有不公平的能力，只有不公平的学习，不断学习、总结、提升我们吊装行业的技术文化。在我们安装与吊装施工企业文化中，技术文化是企业文化的重要组成部数分，也是企业核心竞争力的体现。

在技术文化中要从组织上和思想上强化各个安装施工企业的技术价值导向，要强调综合性技术人才在公司和项目实施中的地位和作用，从而理顺公司的技术价值体系和技术组织体系。严谨、准确、负责、合作、创新、奉献是我们企业技术文化的主旋律。寻求贯穿设计、制作、安装施工的技术整合、集成的脉络，通过三方面的技术融合，实现企业"班子并优、实力并强、规模并大"的效果。寻求创新过程中的组织设置与生产力发展的最佳结合点。使各企业全体技术人员、管理人员有心心相印的认同感、同甘共苦的归宿感、崇高价值的目标感、息息相关的使命感、责任感、荣誉感。使我们企业的领导层、技术人员、技工群体、管理人员做到心相通、情相融、力相合。构建"心相通、情相融、力相合"是吊装行业可持续发展的支撑。

应该说起重技术理论的全面研究以及起重技术专业人才和起重技工的培训，比以往任何时候都显得重要。在起重吊装技术与作业中我们必须做到"严、准、细"。"严"指严肃的态度、严格的要求、严密的措施；"准"指数据要准、计算要准、指挥要准；"细"指考虑问题要细、准备工作要细、方案措施要细。还要做到五个一：要有一流的队伍、一流的技术、一流的装备、一流的管理水平、一流材抖才能建一流的精品工程。只要我们重视起重技术的整合、创新与培训，相信在大家共同努力下，我国的起重技术会上一个新的台阶。

二、在工作中不断追求"创新"

在工作中不断追求"创新"，提倡技术总结、技术创新、技术整合，取得了实效。

（1）笔者在工作的前三十年主要在中石化、中石油、中核电、中机、中建、燕山石化总厂、上海金山石化总厂、四川化工厂等从事塔、罐、容器、火炬培架、大中型桥式起重机、万吨水压

机、二汽12000 t模锻的安装与吊装,在《重型设备吊装工艺与计算》等书中都有反映;后三十年主要从事国家重点钢结构体育场、会馆、机场的安装与吊装,也在《建筑安装工程学》专著中有所反映。如在国家体育场"鸟巢"大跨度钢结构安装与拆撑卸载工程实践中准确对其内涵作了阐述,特别对"安装"是赋予产品、生产服务、建筑生命和灵魂的过程内涵做出了创造性阐述,使国内各行业进一步认识安装业在国民经济中的重要性,并在工程项目实践中培养了一批技术骨干,这批骨干已成长为行业的专家及精英。

(2)又如在四川华神钢结构任顾问总工期间做了众多推进技术发展的工作:对成都麓湖新城艺展中心访客大厅异型钢结构(也称"小鸟巢")施工方案编制实施与技术把关,并申请了四川省工法;绵阳新益大厦院内钢结构工程施工方案编制实施与技术把关;景洪电站施工组织设计施工方案编制实施与技术把关(带有徒弟撰写论文,亲临现场指导)等。

①受邀参加专家组(技术组)对上海宝治建设有限公司钢结构一期项目进行后评价。

②中建钢构有限公司承担重庆市国际博览中心钢结构工程施工与铝格栅结构施工质量验收标准审查,任专家组组长。

③编撰成都市金融城投资发展有限责任公司成都市高新区天府大道北段966号商业用房工程11号楼超高层钢结构详图设计、制作与安装施工技术要求。

④广东省第十四届省运会湛江主场馆体育场屋盖结构安装卸载方案审查。

⑤贵阳国际会议展览中心钢结构工程C2 201大厦(观光综合楼)钢结构安装施工组织设计评审等多个项目,任专家组组长。

⑥贵阳奥林匹克体育中心工程钢结构工程与支撑塔架卸载专项方案审查。

⑦贵阳彭家湾旧城改造区钢结构吊装专项方案多个项目专家审查会,任专家组组长。

⑧中建钢构有限公司科技开发项目大跨度重心偏移组合结构低位整体提升及可视化监控技术科技成果鉴定。

⑨南京枢纽南京南站站房工程钢结构施工方案审查。

⑩AP1000第三代核电站(三门核电站,海阳核电站)安全壳的运输吊装方案审查,任专家组长。

⑪宁夏省银川市神华宁煤集团50万t/年甲醇制烯烃项目C3分离塔、费托反应器的整体运输、吊装方案审查,任专家组组长。

三、积极推进协会发展

中国安装协会成立于1985年,是中国从事工业、交通、民用与公用建设工程中,线路、管道、钢结构、压力容器、精密仪器、自动控制系统和设备安装、运行维修的企业,以及相关的科研、设计和教学单位自愿结成的全国性安装行业组织,是经民政部注册登记具有法人资格的非营利性社会团体。组织登记主管部门为民政部,业务主管部门是住房和城乡建设部。

《安装》杂志是由房屋和城乡建设部主管、中国安装协会主办的全国性安装科技与管理期刊,是全国机电工程建设领域权威性期刊,是全国安装行业唯一国内外公开发行期刊。《安装》杂志以企业领导、项目经理以及管理、技术干部等为主要读者对象,宣传党和国家的方针政策,贯彻房屋和城乡建设部和协会的工作部署,及时报道安装行业改革发展中的热点和难点,推广先进的安装技术、传播安装信息,以促进行业的振兴与发展。

1. 中国安装协会的前身安装技术情报网(图 4-1-47)

图 4-1-47 （前排右六为笔者）

2. 中国安装协会西南分会成立大会(图 4-1-48)

图 4-1-48 （前排左一为笔者）

图 4-1-49 为笔者与原中国安装协会秘书长吴小莎等人留影。

图 4-1-49　（右第三人为笔者）

3. 中国安装协会科学技术委员会会议、会员大会（图 4-1-50、图 4-1-51）

图 4-1-50　（前排左四为笔者）

图 4-1-51　（左起第二为笔者）

四、培育人才

为协会成员单位输送 2000 多名本、专科毕业生，培养 17 名研究生；在校举办初、中、高级起重吊装培训班，培养了 1000 多名起重吊装的技术工人。他们在起重吊装项目实线中成长为中石油、中石化、中核电、中建、中冶的技术骨干，有的已成长为专家。（图 4-1-52）

图 4-1-52 （前排中第十八人为笔者）

五、撰写安装与吊装技术书籍

笔者深入北京燕山石化、上海金山石化、南京大厂镇七化建、十化建、八化建、四川化工厂等，主持参与各种塔、球罐、气柜、火炬塔架的安装与吊装，将实践内容编入《工业设备安装工程专业》课程设计与毕业设计，提供大量真题案例；经过多年实践，编写了《重型设备吊装工艺与计算》《设备安装工艺》等科技书与教材。（见附录 6）

六、建立生产实习、毕业实习基地，共享科研课题

在上海工业设备安装公司金山石化总厂、北京燕山石化总厂安装公司、南京大厂镇七化建、四川省安装公司、四川化工厂等建立了安装专业的生产实习与毕业实习基地，进行校企合作，提供实习、实践机会，大大提高毕业生的质量，使安装专业的毕业生成为学院较为抢手的毕业生。和北京安装公司、重庆二安等共同向建设部科技司申报科研课题——"桅杆式起重机标准设计与 CAD 技术应用"。（图 4-1-53）

图 4-1-53

　　云南景洪水电站升船机房钢桁架接力吊装,见图 4-1-54。笔者深入现场指导工作与技术把关。

图 4-1-54　（左图左一为笔者）

　　笔者受邀到在云南钢结构厂指导钢结构制作与对详图设计与各种设备使用维护管理要求,见图 4-1-55。

图 4-1-55

　　笔者在北京国家体育场(鸟巢)工程现场、广州新白云国际机场建成庆功大会现场、武汉火车站工程现场、国家体育馆工程现场、中央新电视塔安装现场、北海炼油厂火矩塔架吊装现场、宁夏 C3 塔吊装现场等进行技术指导,见图 4-1-56 至图 4-1-63。

（北京国家体育场）　　　　　　　　（广州新白云国际机场建成庆功大会）

图 4-1-56　　　　　　　　　　　　图 4-1-57

（武汉火车站）　　　　　　　　　　（国家体育馆）

图 4-1-58　　　　　　　　　　　　图 4-1-59

（北海炼油厂火矩塔架吊装）　　　　　（中央新电视塔安装）

图 4-1-60　　　　　　　　　　　　图 4-1-61

（在宁夏 C3 塔吊装现场进行技术指导）

图 4-1-62

（在宁夏费托塔吊装现场进行技术指导）

图 4-1-63

　　笔者参加了我国第二汽车制造厂、第二重型机械厂、四川化工厂等百余台桥式起重机吊装与12000 t模锻安装与吊装实践（图4-1-64、图4-1-65）。之后将项目案例作为毕业班学生的课程设计与毕业设计选题。

（桥式起重机安装）

图 4-1-64

（模锻机安装）

图 4-1-65

七、参加各种评审会与授奖会

（1）笔者被授予中国钢结构三十年杰出贡献人物。图 4-1-66 为颁奖现场，右起第二人是笔者。

图 4-1-66

图 4-1-67 为在第三次中国安协会员大会上笔者被授予中国安装协会科技成果奖的颁奖仪式，左起第二人是笔者。

图 4-1-67

（2）参加各种评审会。

图 4-1-68 为京沪高铁南京南站站房工程钢结构安装施工方案专家讨论会，前排左起第二人是笔者。

图 4-1-69 为中建钢构青岛北客站、沈阳南航项目技术鉴定会，前排左起第二人为笔者。

图 4-1-68

图 4-1-69

图 4-1-70 为腾讯成都大厦项目钢桁架安装施工方案专家论证会,右起第三人是笔者。

图 4-1-70

图 4-1-71 为在四川召开钢结构在地震地区应用论坛,前排左起第二人是笔者。

图 4-1-72 为用龙门桅杆、液压提升装置和 1000 t 履带吊、成功抬吊甲醇制烯烃项目 C3 分离塔专家审查会,左起第二人是笔者。

429

图 4-1-71

图 4-1-72

图 4-1-73 为湛江体育场卸载方案专家论证暨主桁架吊装分段变更论证会,右起第二人是笔者。

图 4-1-73

第二章
在重庆交通职业学院为安装与吊装学科发展所做开创性的工作

第一节　以"四个一"精神把建筑系办成具有鲜明特色的"学习型""技能型""技术型"一流高职院系

2013 年 3 月,我被聘任到重庆交通职业学院建筑系任系主任兼书记。建筑系是该校规模最大并最具特色的系部(图4-2-1)。我提出了几个重要的发展方向,并带动全体师生贯彻实施,大力度使该系打造成为高素质技能型人才的集中地。

系里开设有建筑工程造价、建筑工程管理专业、建筑电气工程技术、建筑设计技术 4 个专业,有学生 2500 余人次,配有优秀的师资队伍和教学条件。建筑系有专、兼职教师共计45 人,其中双师占 16%、教授占 11%、副教授占 27%。

该系为突出特色,重点大力度地培养特色专业和精品课程,在系内四大专业中,当时重点培养的特色专业是建筑工程造价和建筑工程管理,同时准备新办钢结构建专业。

图 4-2-1

建立全院实训中心,重点建设以工种(钢筋工、模板工、砌筑工、架子工、测量工、车工 、铆工 、钳工 、焊工等)实训,综合实训(力学、机、电、液、气实验与实训),测量与检测技术实训,计算机仿真模拟与仿真实训练等为组成部分的实训教学系统。全面推行工学结合、校企合作的实训教学新模式,建设融实训教学、培训、职业技能鉴定和技术为主体的功能为一体,尽快建立实训工作室。

一、"四个一"精神

"四个一"精神即以"一家人"为出发点、"一条心"为着力点、"一股劲"为共振点、"一个目标"为落脚点来实现学院的办学特色与目标。

(一)坚持以"一家人"为出发点,提升师生员工的大局意识和整体意识

"一家人",指的是学院就是一个大家庭,每位师生都是这个大家庭中的一分子。以"视

全系教职员工为自己的兄弟姐妹,视全体学生为自己的子女"的理念,树立"校兴我荣、校衰我耻"的团队观念。使全体师生有心心相印的认同感、同甘共苦的归宿感、崇高价值的目标感、息息相关的使命感、责任感、荣誉感,做到"心相通、情相融、力相合"。

(二)坚持以"一条心"为着力点,培养师生文明健康的价值理念

"一条心",指的是学院有什么要求,每位师生都一起去努力、去奋斗,确保政令畅通、步调一致。要求每位师生都要践行学院的办学思路、校训、教风、学风,从我做起、从点滴做起,内化于心、外化于行,用团队的力量提高执行力。强调各系、各部门服从大局,绝不纠结于小集体的利益,实现"家心"合一。

(三)坚持以"一股劲"为共振点,激励每位师生情系美好的发展愿景

"一股劲",指的是凝心聚力。学院上下劲往一处使、拧成一股绳,在全院师生员工中强调团结一致、万众一心、众志成城。

(四)坚持以"一个目标"为落脚点

"一个目标",指的是让全体师生充满斗志、充满信心,把学校办成具有鲜明特色的学习型、技能型、技术型的一流交通类高职院校。将抓好管理、带好师资队伍作为学院基础性工作,着力推进以下3项重点工作,并带动师生促进学院重点工作的推进。

(1)优化师资队伍结构。坚持引进与培养相结合,抓好学科带头人。

(2)强化学院品牌建设和管理创新。根据市场需求,以"以人为本、以能为本"统领人才培养,精心设计专业的人才培养方案,围绕"德、技、力"的打造,用心建设每一门课程。遵循由精品课程铸就专业,由专业品牌铸就学院品牌,实现品牌战略。着力实施文化战略是学院的又一追求,建设学习型学院,通过团队学习、思想交融形成全院学习共同体,用"文"来"化"人、蕴养人,通过文化校园的建设打造校园文化,活跃育人氛围,形成育人的基础平台。在这个平台上,形成良好的社会、自然文化氛围,育出正道之人、品位之人。

(3)提高工作执行力。通过领导干部和党员骨干的示范带头作用,增强全体师生的责任意识,提高工作效能,夯实各系、部的基础建设。

以上3个方面是学院从领导、教职员工到学生都普遍使用的成长路径,是大家终生享之不尽的学习方法。通过个人成长的真正学习,育出能充分与人、与团队、与单位、与社会融通,尊重自然的拥有健全人格的学习型的优秀人才。

二、以学习为龙头、技能为核心、技术为主体

(一)以学习为龙头(学习型)

今后将从事工程建设的同学要做好建筑体系质量源头把关的排头兵,首先树立终生学习求知的理念。我们的理念和行动是要始终坚持做到"边学习、边总结、边提升、边实践"。

（二）技能为核心（技能型）

技能型人才是指在生产和服务等领域岗位一线,掌握专门知识和技术,具备一定的操作技能,并在工作实践中能够运用自己的技术和能力进行实际操作的人员。随着科学技术的飞速发展,对技能型人才的要求也越来越高,技能人才概念的内涵应包括 5 个方面:

①有良好的职业道德。

②有必要的理论知识。

③有丰富的实践经验。

④有较强的动手操作能力并能够解决生产实际操作难题。

⑤有创新能力。

（三）技术为主体（技术型）

技术型人才是指掌握和应用技术手段为社会谋取直接利益的人才,他们常处于工作现场或工作在生产一线。他们处于工程型人才和技能型人才之间,因此也称其为中间人才。

技术型人才是一种智能型操作人才,因此也需具备一定的基础学科课程知识,同时更应强调理论在实践中的应用,理论知识满足"必需、够用"即可。与工程型人才相比,技术型人才需具有更宽泛而不是更专深的专门知识面,综合运用各种知识解决实际问题的能力也应更强。同时,由于技术型人才所从事生产现场的劳动常常是协同工作的群体活动,因而在人际关系能力、组织好群体的能力、交流能力等关键能力方面也有很高的要求。社会对这类人才的需求量很大,并且主要由高等职业教育培养。

（四）技术文化的主旋律

在我国各个行业的企事业文化中,技术文化是企事业文化的重要组成部分,也是企事业核心竞争力的体现。"严谨、准确、负责、合作、创新、奉献"是技术文化的主旋律。

"严谨"讲究做人要严谨,做到先做人,后做事。对待技术要严谨,对待工作要严谨。

"准确"要求我们在建筑设计、制作、安装施工过程中做到数据准确、计算准确、指挥准确。

"负责"讲究对工作负责、对企业负责、对国家负责、对同志负责、对自己负责。

"合作"讲究乐于和同事分享成功,愿意共同完成任务,讲究团队精神。

"创新"是指提出新见解,而不是对已有结论再次论证。可以是在已沉寂的研究领域中提出创新思想,也可在十分活跃的研究领域取得进展或者将原先彼此分离的研究领域融合在一起。例如我们将建筑设计、制作、安装施工融合集成就是创新。

"奉献"要勇于奉献自己的技能与技术和大家分享、乐于为企业、为国家奉献自己的才干。

（五）重实训、实验、实践,采用三位一体化教学

为加强学生实操能力的培养,使学生的技能在以后的就业中得到更实际的运用,提出采用三位一体化的教学模式,即在一定的理论基础知识的前提下注重实训、实验、实践 3 个环

节的训练。实操类课程对教师的要求较高,系实训、实验、实践类课程的教师都采用"双师"素质的教师进行授课,以此来保障企业实际需求与学校教学接轨。

1. 建筑设计技术专业实训(图 4-2-2)

图 4-2-2

2. 建筑工程造价专业实训(图 4-2-3)

图 4-2-3

3. 建筑工程管理专业实训(图 4-2-4)

图 4-2-4

4. 建筑电气技术专业实训(图4-2-5)

图 4-2-5

三、积极推行模块化教学

模块化教学是课程改革的具体要求。高等职业教育要想实现以就业为导向目标,必须注重培养和提高学生的职业能力。以就业为导向的高等职业教育,其学生职业能力的培养,需要对现行的人才培养模式、办学模式、教学模式及能力评价等模式进行变革,做到从市场和企业的需求出发,全面培养和提高学生的职业能力,满足和适应学生就业及发展创新的需要。必须注重培养和提高学生的职业能力。主要教学方法有交叉讲解法、启发式提问法、情景授课法、任务驱动法等。结合计算机上机操作、多媒体教学等手段。以"施工与管理"课程为例,课程涉及 CAD、Office 软件,施工技术,安全管理,质量检验与标准等内容,实行模块化教学法,即以"施工与管理"课程为主线,将相关课程模块化处理。

推进课程改革,构建模块体系,以职业性任务和行为过程为导向,以培养专业技能为主线,不片面强调课程各自的系统性和完整性,不片面强调复合型人才培养目标,改革传统的学科型课程模式,构建以实践技能为中心的模块式课程体系。通过课程改革,重点解决理论教学与实践教学、知识学习与能力培养之间的关系,按照专业培养目标构建基本技能训练模块,以模块式专业基本技能训练为纽带,再进一步组合课程,组织教学。在进行模块化教学时,一般都选择在某一方面比较有经验的老师或专家给学生讲课,因此在保证师资质量的同时,也保证了教学的高质量。让学生感到每位教师都能传授给他们所需要的知识和技能,从而使学生学习技能的愿望增强。强化了技能训练,实现一毕业即上岗,一上岗则能胜任的培养目标。因模块教学省略了很多理论上可要可不要的冗长介绍,保证了核心内容的精华教学,大大缩短了教学课时,提高了教学效率。学生觉得学得有重点、有收获,技能熟练得到了保证,实现了就业零磨合,得到了用人单位的欢迎。

第二节 积极推进"五小"

一、"五小"概述

"五小"即小发明、小设计、小改造、小革新、小建议。

(一)小发明

小发明是指若教学与实训中所用的教具、工具、实训的设备等使用起来效果不好、不方便,则应用已学科学知识、已有实践经验,设计、加工制作、安装出更为先进的新工具或新方法。"小发明"同"大发明"比较起来,具有选题单一、简单,材料易找,花费不多或无须费用的特点。并且小发明的成果实用,也能给学院带来效益,甚至给社会带来财富。小发明还有可能提升为新型实用专利,能有效促进学院的技术与技能创新工作。

(二)小革新

小革新是指在实训中对工艺与设备部件的改进。

(三)小改造

小改造是指以提高教学与实训效率、提高实训中的产品质量和降低产品成本为目的而进行的教学、学习、实训,以及管理中的技术与技能或实训装备的改造。

(四)小设计

小设计通常指有目标和计划的创作行为与活动,是指师生、员工在教学与实训过程中,将一个主意或计划转变为具有创造性的详细方案或图纸与模型。通过小设计,达到增加产品功能、提高教学与实训质量、提升学院的学院办学水平与特色的目的。

(五)小建议

小建议是指师生、员工在教学与实训中,提出的有利于技术与技能进步、有利于提高实训装备工艺水平、有利于提高教学质量、有利于提升管理水平、有利于降低技术与技能成本和有利于降低安全隐患的书面建议等。

要以"五小"的新颖性、创造性、实用性(小、快、实)特点,培养高级技能性人才。

二、提高"五小"与技能活动的认识

拟订建筑系"五小"与技能比赛活动方案,以科学发展观为指导,大力弘扬科学精神,遵循高职办学理念,开展具有我系办学特色的技能竞赛和"五小"创新活动;紧紧围绕人才培养主线,挖掘、提炼并精心设置各类竞赛项目,体现和促进培养方案中学生核心能力的实现,促进课内专业教学与课外技能训练的充分融合,积极营造学生学技能、练技能、演技能、赛技能和爱技能的良好氛围;不断增强学院凝聚力,提升人心合力,在全系师生上下形成团结一家人、一条心、一个目标、一股劲儿、勤奋学习、精通技艺、勇于创新的良好氛围,促进学院各项事业持续健康发展,推进学院的学水平和办学特色。

三、大力开展"五小"与技能大赛,增强学生动手实操能力

建筑方案设计技能大赛专家评审如图 4-2-6 至图 4-2-9 所示。其中图 4-2-6 为评审人员留影(右 4 为笔者),图 4-2-7 为获奖作品展览,图 4-2-8 为工程造价钢筋算量大赛现场,图 4-2-9 为工程造价钢筋算量大赛专家评审(右 3 为笔者)。

图 4-2-6

图 4-2-7

图 4-2-8

图 4-2-9

四、"五小"项目管理规程

重庆交通职业学院"五小"项目管理规程

一、总则

(一)意义

"五小"的内涵为小发明、小革新、小改造、小设计、小建议。以"五小"的新颖性、创造性、实用性(小、快、实)特点,围绕我院各专业培养素质全面的高级技能人才为中心。各系、各职能部门要以开展技术与技能革新、技术与技能改造,来改进说课、说专业,完成各专业实训中心技术与技能的培训任务,强化教师与学生技术与技能,达到提高教学质量提升各

职能部门管理水平的目的,并以创新为动力推进学院办学水平与特色,为学院发展壮大奠定坚实基础。

(二)项目的选题与立项

全院师生、员工开展"五小"活动的目的是通过群众自发性地解决教学、学习与管理中的具体问题而最终达到"出成果、出人才、出效益"的既定目标。因此,开展师生、职工"五小"活动,就必须紧紧扣住教学与实训这个主线,要从解决实际问题入手,即选题一定要从教学与实训实际出发,发动师生职工找准课题,并结合各专业各职能部门的实际,有计划有组织地开展群众性选题,提出小发明、小革新、小改造、小设计、小建议,按程序报系与学院进行立项。

(三)项目的实施

"五小"活动是全体师生、员工都参与的活动。这要求学院的各级领导要有意识地引导全体师生、员工都积极参与,找准选题与思路,有计划地组织师生、员工参加"五小"课题组。拟订好关键技术、技能路线与时间节点,并要在政策上予以倾斜。

(四)总结、评审、奖励

每个"五小"项目的完成,必须进行总结、评审和奖励。因为通过总结可以有效体现"五小"活动的长期性;通过评审可以达到不断提高"五小"活动技术与技能含量的目的;通过奖励可以激发师生、员工积极参与的自觉性。因此,要把"五小"的立项、总结、评审、奖励作为学院提升技术与技能水平长效机制。

二、"五小"项目立项

(一)确定项目

每年1月30日前,全院各系、各职能部门均应提交年度"五小"活动计划,原则上各系部的"五小"项目不少于3项,各实训中心不少于4项,职能部门的合理化建议不少于2项。

(二)立项报告

学院所有"五小"项目,均需编制项目实施方案,方案中应包括项目概况,编制依据,材料、机械、工器具、劳动力等资源配置表,项目准备情况,项目实施情况,项目经济效益预估等。方案由项目负责人组织人员编制,项目负责人审核后报系审批再报学院,并由学院院办负责备案。

项目实施方案审批后,由项目负责人填报《"五小"项目立项审批表》,系审核后报学院分管副院长签署意见,最终由院长批准。《"五小"项目立项审批表》应包含项目名称、项目概况、项目实施安排、项目参加人员及负责人、项目进度安排等主要内容。项目负责人根据项目实施方案编制《经费预算表》,《"五小"项目立项审批表》和《经费预算表》建成完整的立项审批表。未经立项审批的项目,学院不给予支持和奖励。

"五小"项目实施方案由项目负责人于每年3月15日前报各系审批,分管副院长审批后的方案于3月30日前交院长审批备案。

《"五小"项目立项审批表》(包括经费预算表)于每年的4月5日之前报主管副院长,主管副院长在收到审批表后的14个工作日内协调完成"五小"项目的立项审批手续。

(三)"五小"项目实施

经过批准的项目,由立项申请部门负责组织实施,每月填报《"五小"项目实施月报》向主管副院长报告项目进度情况,并报告存在问题。

(四)"五小"项目验证与确认

项目完成后,由项目责任部门对项目进行初步验证,并根据验证结果在14个工作日内提出《"五小"项目结题报告》上报系部和主管副院长。

(五)"五小"项目奖励

凡经学院验证确认且符合学院项目奖励办法规定的项目,统一奖励。

(六)领导小组

组长:×××

副组长:副院长、党院办负责人、院团总支负责人

组员:各系与各系团总支负责人

三、其他

1.本《管理规程》解释权归学院。

2.未尽事宜,在实施过程中修改。

第三节　开办钢结构建造专业,建设工程造价专业软件应用实训室

一、在总结创办工业设备与安装工程专业的基础上,开办钢结构建造专业

专业名称:钢结构建造技术;专业代码:580116。

主要面向钢结构工程企业单位,在生产一线从事钢结构设计、加工、装配、施工及质量检测等技术或管理方面工作。

主干课程:建筑工程测量、钢结构设计、实用焊接技术、钢结构加工工艺与设备、钢结构安装施工与质量检测、钢结构工程安装施工组织管理等。

国内开办院校有:河北工业职业技术学院、浙江交通职业技术学院、南通航运职业技术学院、四川建筑职业技术学院、湖北城市建设职业技术学院、武汉工业职业技术学院等。

二、重点主持工程造价专业软件应用实训室建设

要求严格按照一流装备、一流技能、一流队伍、一流材料、一流管理水平建设实训室,并和国内知名的广联达软件股份有限公司签订合作协议,在重庆院校中首次与广联达进行建

设行业信息化应用技能认证。这扩大了我院社会影响,使我院实训水平提升了一大步。

第四节　塑造爱国与成才信念

推动校园文化建设。在学院文化建设的探索与实践中,受院董事会及工会委托提出在我院培育一家人、一条心、一股劲、一个目标的"四个一"精神,不断丰富学院文化内涵。

(1)学院文化发展:深入挖掘学院校训、校风、教风、学风和学院精神的丰富内涵;认真总结学院近5年来的发展经验,凝练办学模式、教学模式和管理服务模式,完善学院形象文化系统;进一步完善管理体制和运行机制,不断深化教学、干部人事、绩效分配制度改革,建立和完善以改革、发展、民主、科学、创新、包容为基本特征,符合十八届三中全会和院董事会时代要求、具有鲜明学院特色的现代高职管理文化体系。

(2)学院系部文化:根据专业及其对应行业、企业、职业特点,建设各具特色的学术文化、科技文化、干部文化、教师文化和学生文化,形成特色鲜明的系部文化,丰富学院文化整体内涵。学院的文化建设需要通过汲取集体的智慧,不断实践、不断补充、不断改进,在自我完善中才能根深蒂固、枝繁叶茂。

第五节　参加技术成果鉴定、申报及方案审查

一、技术成果鉴定

2013年11月28日,中国钢结构协会在北京组织召开科技成果鉴定会。本人受邀参加了青岛北站项目与沈阳南航项目钢结构工程施工技术鉴定。

中建钢构有限公司青岛北站项目《大跨度拱形空间预应力体系钢结构工程设计施工成套技术》、沈阳南航项目《大跨度重心偏移组合结构低位整体提升及可视化数字监控技术》经业内7名知名专家组成的鉴定委员会鉴定,两项技术均达到国际领先水平,解决了施工过程中的世界级难题,提高了施工效率,具有良好的推广应用前景。

《大跨度拱形空间预应力体系钢结构工程设计施工成套技术》创新性地采用了预应力立体拱架体系,解决了复杂节点及异型截面构件的设计难题,并首次进行了高钒拉索耐火试验验证,采用TMD及防屈曲支撑等消能减振技术,提高了结构的使用性能和抗震性能。该技术通过二次开发CAD软件包,实现了空间曲面板的快速建模,并采用"卷+折"等综合加工工艺,使得异型弧板构件几何尺寸得到精确控制。针对预应力体系,该技术采用与钢结构安装、卸载穿插的分级、分步张拉工艺,解决了超长拱脚拉索、单插耳高钒拉索施工的难题。同时创新性的运用"带有过渡段的复杂预应力空间钢结构阶梯式分区不同步卸载"技术,实现了工序施工流水化部署,极大地优化了施工资源。此项技术对其他类似工程具有极强的借鉴意义。

《大跨度重心偏移组合结构低位整体提升及可视化数字监控技术》主要通过改变传统的吊点设计理念和研究方法,在优化吊点布置及结构加固技术的前提下,模拟大跨度组合结构整体提升过程,结合可视化三级控制提升技术,提高结构安装精度,最终形成完整的整体提升技术成果。此项技术对降低整体提升风险及保证安装精度具有重要意义,解决了传统提升方法不可视的难题,有效控制了整体提升精度。此研究成果已成功应用于沈阳飞机维修基地新机库项目1号机库工程,取得了显著的综合效益,具有良好推广应用前景。

二、技术成果申报指导和方案审查

(1)受邀赴银川参加宁东神华宁煤400万t/年煤炭间接液化项目费托合成反应器吊装仪式,并到现场和制造厂进行技术成果申报指导。

(2)应邀审查成都腾讯大厦工程钢结构桁架安全施工方案,并担任专家组组长。

以上项目和单位对我院培养高素质技能型人才提供了强有力的支撑。

第六节　赴四川建筑职业技术学院作学术报告

本人受邀赴四川建筑职业技术学院作学术报告。学术报告内容为"国内外起重吊装技术的发展与展望"和"钢结构超级工程与钢结构工程技术亮点"。学术报告由四川建筑职业学院李辉院长主持,共计1000余人参会。报告中,本人将自己一生科技成果和人生体验,旁征博引,娓娓道来,对比国内外起重吊装技术的长处和发展趋势,阐述钢结构超级工程与钢结构工程技术教育核心问题。报告会现场气氛活跃,报告内容极大地激发了同学们的专业学习兴趣,使师生收益良多(图4-2-10)。

图 4-2-10

该院借鉴德国职业教育的先进经验和做法,以实训、实验、实习三位一体重点建设了以工种训练、综合训练、检测技术训练和模拟仿真训练等为组成部分的实训教学系统,全面推行工学结合、校企合作的实训教学新模式,建设融实训教学、培训、职业技能鉴定和技术研发功能为一体、全面向社会开放的实训基地,与全国600余家用人单位建立了长期稳定的校企合作关系。学校共有实验实训室85个,其中施工性实训室43个,拥有教学仪器设备价值1

亿多元。通过这次学术报告,我们也向四川建筑职业技术学院学到了高职学院走内涵发展的办学理念。

第七节　响应学院双百战略方针

一、整合校内外资源,成立建筑系专业指导委员会和系务委员会

整合校内外资源,成立建筑系专业指导委员会和系务委员会,并制订章程。为了加强专业建设,保证建筑系各专业的教学改革和教学建设,构建以能力为本位的理论和实践教学体系,制订出满足岗位要求、体现专业特色的教学计划,正确考核和评价学生动手能力,更好地指导学生实习与就业,特成立专业指导委员会。专业指导委员会由 11 名专家组成,其中来自行业企业的专家 3 名,双师型专家 3 名,学院内部专家 5 名。每年开展两次专业会议,对本专业的办学方向、培养目标和课程体系建设、学生就业等方面进行研讨,提出专业建设指导性意见。企业的专家还经常反馈学生就业后工作能力、专业能力和工作业绩等方面的信息,跟踪毕业生发展成长情况。同时,将行业的发展、国家的相关政策和新技术、新材料等相关信息及时提供给专业建设组,使本专业的建设工作始终健康、正确、有效地进行。

二、建立建筑系系务委员会

为保障系务工作决策民主化、规范化和科学化,有效地开展各项工作,根据教学行政工作需要,建立建筑系系务委员会。

三、党支部认真落实"十八届三中全会精神,走内涵发展"

党支部认真落实"十八届三中全会精神,走内涵发展"为主题实践活动。召开了 7 次党支部会。同志们一起认真观看了"党的十八届三中全会"相关新闻报道,并结合自身的学习生活和教育教学的实际畅谈对大会精神的认识,大家一致认为,党的十八届三中全会是在我国改革开放新的重要关头召开的一次重要会议,是对全面深化改革的又一次部署、动员。

在教育实践活动中进一步促使党员和全体教职员工把十八届三中全会精神学习好、领会好,使同志们以更加饱满的热情全身心地投入教育教学工作中。同时,大家纷纷表示,要继续对三中全会《公报》《决定》和《说明》进行深入学习,要把学习宣传贯彻十八届三中全会精神同实际紧密结合、落到实处,进一步推进我校教育教学工作科学快速发展。以学习为龙头、技能为核心、技术为主体打造我系办学特色;用"四个一"精神为实现我系的办学特色与目标。(图 4-2-11)

图 4-2-11

第八节 主持编著《建筑安装工程学》

主持编著了《建筑安装工程学》,2015 年由机械工业出版社出版发行,见图 4-2-12。

图 4-2-12

第四章
安装与吊装技术的崛起促成安装学科的建立与发展

第一节　我国安装与吊装业七十年的发展足迹

安装与吊装业面向建筑、石油、化工、机械、交通运输、轻工等工业与行业,进行工业设备、机械或装置的安装、调试,组织和技术管理等。其涉及范围广泛,是国民经济的重要生产行业,它与整个国家经济的发展、人民生活的改善有着密切的关系。

一、20世纪50年代是中国安装吊装业的初创时期

当时建设部成立有安装局。安装企业主要承担了著名的第一汽车制造厂、第一拖拉机制造厂和哈尔滨三大动力厂等156项国家重点工程的建设,使这支年轻的队伍受到洗礼。相继建成的长春、富拉尔基、洛阳、兰州、包头、武汉、太原、西安等新兴工业基地的建设,彰显着安装创业者不可磨灭的业绩。

二、20世纪60年代,中国安装吊装业经受了严竣的考验

靠自力更生、艰苦奋斗的精神,安装人拿下了大庆油田等一批在国民经济中举足轻重的大项目。面对各种挑战,中国安装人仍能排除干扰、坚持生产。雄伟壮丽的南京长江大桥等显示了中国安装人的英雄本色。

中华人民共和国20世纪50年代至60年代十大建筑(图4-4-1)。

①人民大会堂;

②中国历史博物馆;

③中国人民革命军事博物馆;

④民族文化宫;

⑤中国美术馆;

⑥钓鱼台国宾馆;

⑦华侨大厦;

⑧北京火车站;

⑨全国农业展览馆;

⑩北京工人体育场。

中国美术馆

图 4-4-1 　（图片来源网络）

　　"十大建筑"总面积超过 67 万 m²，集中了全国的人力、物力、财力及智力修建。当时除了组织北京的 34 个设计单位之外，还邀请了上海、南京、广州等地的 30 多位建筑专家进京共同进行建筑方案创作。建筑专家、教授、工人、市民都提出了自己的建议，人们对各项工程先后提出了 400 个方案。工程普遍采取边设计、边备料、边施工的模式，通过统一指挥调动，各个环节紧密配合，从 1958 年 9 月确定国庆工程的建设任务到 1959 年 9 月国庆十周年前夕，"十大建筑"以不可思议的速度建成竣工，可谓史无前例，成为中外城市建筑史上的一个奇迹。"十大建筑"的各种机电设备和强电、弱电、水、暖、消防等设备的安装，体现了当时安装业的质量与水平。

三、20 世纪 70 年代，安装吊装人在国家建设中洒下了辛勤的汗水

　　奔驰四方的二汽卡车，钢花吐艳的攀枝花钢城，高耸蓝天的卫星发射塔……无不凝结着安装人的心血与奉献。国内建筑类院校调整为"建筑老八校"，即清华大学、同济大学、东南大学、天津大学、哈尔滨建筑大学（已并入哈尔滨工业大学）、华南理工大学、重庆建筑大学（已并入重庆大学）、西安建筑科技大学。

四、20 世纪 80、90 年代，改革开放的大潮把安装吊装业推向蓬勃发展时期

　　这 10 年，安装业发生了历史性巨变，一幢幢现代化高级建筑拔地而起，一座座现代化工厂如雨后春笋般出现。改革为安装与吊装业注入了生机和活力，开放使安装业跨出国门，远涉重洋，把视野投向天涯海角、五洲四海……遵循"经济建设必须依靠科学，科学技术必须面向经济建设"的方针。1980 年，安装技术情报网中心组织出版了《安装技术通讯》（即公开发行的《安装》杂志的前身），为广大安装企业的科技人员、管理人员和工人提供沟通信息、交流经验、相互切磋、提高水平的平台。体制改革要进一步深化、经营管理要进一步加强、科学技术要进一步发展、企业素质要进一步提高，这些对安装企业来说既是挑战更是机会，既是任务更是动力，既是问题更是希望！

五、21 世纪安装业的机遇和挑战

跨入新世纪,在改革开放 42 年中,建筑业市场已进入完全竞争状态,据国家统计局发布新中国成立 70 周年经济社会发展系列报告显示,我国建筑业 2018 年总产值规模突破 23.5 万亿元大关,对国家 GDP 的贡献率为 8.2%。全国建成普通高等院校 2663 所。截至 2019 年 6 月底,全国有施工活动的建筑企业 92733 个,从业人数 4309.83 万人。72 年中已建成上百万个各类工业项目。

进入 21 世纪后,安装业同样面临了中国加入世贸组织前后所面临的机遇和挑战,并面临着近些年国际贸易新变化的格局下的机遇与挑战,包括发展与管理思想的改变,企业制度、行业规则转变与创新,人力资源、劳动力市场的变化,科技发展与对自主创新能力考量和对知识产权的关注,等等。

第二节　安装与吊装业的发展必须有安装学科作为支撑

在建设部人事教育劳动司、重庆市人民政府及中国安装协会的大力支持下,1985 年 3 月在重庆建筑大学召开了全国安装工程学科建设研讨会。出席这次大会的有时任中建总公司党组书记、中国安装协会会长张青林,时任重庆市副市长唐庆林,时任重庆市建委副主任杨荣良,时任重庆建筑大学党委书记肖允徽教授、校长祝家麟教授,时任重庆建筑大学党委副书记兼纪委书记姚木远,全国各部委安装企业领导,包括时任攀枝花市安装总公司总经理冯正武,时任重庆第二安装公司总经理任述中,时任核工业部总工程师李延林,时任四川省建设厅总工程师包齐国,以及南京建工学院、西北建工学院兄弟院校代表师生 300 余人(图 4-4-2、图 4-4-3)。

图 4-4-2　(三排第一人为笔者)

图 4-4-3　（前排第二人为笔者）

一、确定主干学科

与会者一致认为组成安装学科的主干学科是机械学、力学、安装与吊装工程学。其学科体系是安装工程深化与详图设计、平面运输、垂直吊装、精平平面与找正位置（安装精度控制）、调试运转、试投产等。同时要求通过产学研联合办学新模式，使学生具有扎实的机电、液压与气动、力学的基础知识，通过实验、实训、实习三位一体训练，使学生具有扎实的基本技能与技术。各院校按此主要内容拟订了安装人才培养计划。

二、专业办学

1974 年教育部与建设部在同济大学与重庆建筑大学试办"机电设备安装工程专业"。1985 年，教育部特批"工业设备安装工程专业"正式列入国家专业目录。当时，全国有技工校 77 所、中专校 6 所、大专院校 5 所。

1989 年，同济大学停办"工业设备安装工程专业"。重庆建筑大学成立了"建筑安装工程系"和"安装技术研究所"。重庆建筑大学（重庆大学）建筑安装工程系共招 23 届本科生，培养了 27600 多名本科生、17 名研究生。其中，笔者培养了 12 名硕士生，陈山林教授培养了 2 名博士生、2 名硕士生，丁于钧教授培养了 1 名硕士生。现在，他们已成长为中建、中建安装、中建钢构、中铁、中石化、中核电等大型国企的技术骨干与精英。

三、安装类大中专、本科教材与辞典、科技书相继出版

《设备安装工艺》《重型设备吊装工艺与计算》《金属结构》《工程质量控制》等教材，《建筑安全工程》《网架结构制作与施工》等科技书，百余种陆续出版。《安装工人技术学习丛书》27 种先后出版，覆盖了设备安装、机械施工、土木工程施工等 27 个主要技术工种。

四、课程开设

按设备安装工程、电气安装工程、管道安装工程三个专业方向调整课程,并拟订安装人才培养计划。通过办学实践,对学科发展起到很好的作用。

①主干学科:机械学、力学、安装与吊装工程学。

②设备安装工程:工程力学、弹性力学及有限元、钢结构、机械设计基础、液压与气动、热工学、安装施工组织管理、设备安装工艺学、重型设备吊装工艺、安装工程机械、电梯安装、安装施工组织设计、计算网络安装;运筹学、建筑法规、公共关系学。

③管道安装工程:工程力学、水文及工程地质、工程测量、管线设计、电工学、热工学、管道安装工艺学、安装施工组织设计、计算网络安装;运筹学、建筑法规、公共关系学。

④电气安装工程:工程力学、建筑电工学、建筑弱电工程、供电与照明、电气控制、电气安装工程安装施工组织设计、计算网络安装;运筹学、建筑法规、公共关系学。

⑤公共实践性环节:金工实习、生产实习、毕业实习、毕业设计。

通过以上设备安装工程、电气安装工程、管道安装工程三个专业方向的多年实践,毕业生广受安装与吊装企业的好评与欢迎。

五、开办高、中级起重吊装技术培训班

受建设部委托,在重庆建筑大学开设国内安装企业总经理学习班,并在中国钢结构协会专家委员会大力支持下开办面对中石化、中石油、中建企业中、高级技术人员的培训班,对学科发展起到了很好的推动作用。

六、建立实习基地,聘请安装企业总工为兼职教师

笔者在四川化工厂、北京燕山石化总厂、上海金山石化总厂、南京大厂镇石化总厂、北京安装公司、上海安装公司、四川省安装公司、山东省安装公司、重庆安装公司等企业建立实习基地,并聘请以上公司的总工程师为院系的兼职教师。共同完成省部级的科研项目有:拟订成都市建筑工程管理局"技术装备方案",关于成都市搞好国有建筑安装企业推进项目法施工的情况和思考,市场、职能、项目——对成都全兴酒厂扩建工程实践的超越,建设部科技司"50~1 000 t桅杆式起重机系列设计"等。

第三节 国家重视工业设备安装工程技术专业人才的培养

中国安装与吊装人才的培养与安装学科技术是伴随着安装业的发展而发展的。2019年,大专院校安装与吊装人才培养的院校由过去5所增加至216所。

开设"工业设备安装工程技术"专业的院校见表4-4-1（排名不分先后）。

表4-4-1

序　号	院校名称	序　号	院校名称
1	广西机电职业技术学院	4	四川建筑职业技术学院
2	山西建筑职业技术学院	5	湖南城建职业技术学院
3	沈阳工业大学		

序　号	院校名称	序　号	院校名称
1	河北建筑工程学院	20	成都航空职业技术学院
2	江苏城市职业学院	21	安徽水利水电职业技术学院
3	桂林理工大学	22	天津中德应用技术大学
4	广东轻工职业技术学院	23	海口经济学院
5	江西工业职业技术学院	24	山东劳动职业技术学院
6	南京工业职业技术学院	25	济宁职业技术学院
7	福建船政交通职业学院	26	襄阳职业技术学院
8	内蒙古建筑职业技术学院	27	云南交通职业技术学院
9	杨凌职业技术学院	28	石家庄铁路职业技术学院
10	深圳职业技术学院	29	上海城建职业学院
11	北京联合大学	30	新疆轻工职业技术学院
12	福州职业技术学院	31	辽宁职业学院
13	四川旅游学院	32	重庆电子工程职业学院
14	广西水利电力职业技术学院	33	福建信息职业技术学院
15	承德石油高等专科学校	34	成都职业技术学院
16	武汉城市职业学院	35	呼和浩特职业学院
17	浙江交通职业技术学院	36	内蒙古机电职业技术学院
18	黑龙江建筑职业技术学院	37	江苏海事职业技术学院
19	广东松山职业技术学院	38	南通科技职业学院

续表

序　号	院校名称	序　号	院校名称
39	西安欧亚学院	67	湖南城建职业技术学院
40	天津轻工职业技术学院	68	常州工程职业技术学院
41	武汉工程职业技术学院	69	南京铁道职业技术学院
42	广东建设职业技术学院	70	常州机电职业技术学院
43	湖北轻工职业技术学院	71	广西建设职业技术学院
44	湖北交通职业技术学院	72	长江工程职业技术学院
45	重庆信息技术职业学院	73	安徽冶金科技职业学院
46	重庆工程职业技术学院	74	安徽工商职业学院
47	四川工程职业技术学院	75	安庆职业技术学院
48	江西工程学院	76	河北外国语学院
49	山西建筑职业技术学院	77	江西建设职业技术学院
50	台州职业技术学院	78	黑龙江农垦科技职业学院
51	河南工业职业技术学院	79	新疆建设职业技术学院
52	重庆房地产职业学院	80	成都理工大学工程技术学院
53	昌吉职业技术学院	81	天津城市职业学院
54	娄底职业技术学院	82	福州科技职业技术学院
55	浙江机电职业技术学院	83	江西先锋软件职业技术学院
56	浙江商业职业技术学院	84	郑州旅游职业学院
57	山西机电职业技术学院	85	湖南财经工业职业技术学院
58	炎黄职业技术学院	86	广西经贸职业技术学院
59	泉州华光职业学院	87	湖南信息学院
60	江西现代职业技术学院	88	江西制造职业技术学院
61	武汉航海职业技术学院	89	湖南交通工程学院
62	四川职业技术学院	90	湖南水利水电职业技术学院
63	江西机电职业技术学院	91	四川文化传媒职业学院
64	湖北水利水电职业技术学院	92	哈尔滨应用职业技术学院
65	宁波大红鹰学院	93	郑州电力职业技术学院
66	浙江广厦建设职业技术学院	94	北京劳动保障职业学院

续表

序　号	院校名称	序　号	院校名称
95	江西泰豪动漫职业学院	123	九江职业技术学院
96	四川城市职业学院	124	兰州工业学院
97	辽宁建筑职业学院	125	湖北职业技术学院
98	运城职业技术学院	126	包头职业技术学院
99	重庆电讯职业学院	127	金华职业技术学院
100	新乡职业技术学院	128	许昌职业技术学院
101	驻马店职业技术学院	129	柳州职业技术学院
102	厦门安防科技职业学院	130	民办万博科技职业学院
103	广东南方职业学院	131	常州信息职业技术学院
104	辽宁城市建设职业技术学院	132	安徽工业经济职业技术学院
105	河南机电职业学院	133	襄阳职业技术学院
106	四川三河职业学院	134	广西交通职业技术学院
107	成都工业职业技术学院	135	烟台职业学院
108	江苏城乡建设职业学院	136	北京农业职业学院
109	辽宁工业大学	137	上海电子信息职业技术学院
110	山东建筑大学	138	河南水利与环境职业学院
111	阿坝师范学院	139	重庆机电职业技术学院
112	武汉职业技术学院	140	福建林业职业技术学院
113	江苏建筑职业技术学院	141	福建水利电力职业技术学院
114	北京电子科技职业学院	142	宁波城市职业技术学院
115	广西机电职业技术学院	143	内蒙古电子信息职业技术学院
116	江苏工程职业技术学院	144	江苏联合职业技术学院
117	广州大学	145	应天职业技术学院
118	漳州职业技术学院	146	无锡商业职业技术学院
119	张家口职业技术学院	147	天津渤海职业技术学院
120	新余学院	148	荆州职业技术学院
121	乌鲁木齐职业大学	149	仙桃职业学院
122	西安航空学院	150	广东机电职业技术学院

序 号	院校名称	序 号	院校名称
151	四川机电职业技术学院	179	宁夏建设职业技术学院
152	绵阳职业技术学院	180	青岛求实职业技术学院
153	重庆城市管理职业学院	181	安徽城市管理职业学院
154	四川交通职业技术学院	182	安徽中澳科技职业学院
155	四川建筑职业技术学院	183	德州职业技术学院
156	河源职业技术学院	184	江西应用工程职业学院
157	浙江工商职业技术学院	185	抚州职业技术学院
158	浙江工贸职业技术学院	186	太原城市职业技术学院
159	天津国土资源和房屋职业学院	187	陕西电子信息职业技术学院
160	西安航空职业技术学院	188	天津冶金职业技术学院
161	郴州职业技术学院	189	云南城市建设职业学院
162	张家界航空工业职业技术学院	190	湄洲湾职业技术学院
163	浙江建设职业技术学院	191	河南经贸职业学院
164	浙江工业职业技术学院	192	武汉工业职业技术学院
165	哈尔滨职业技术学院	193	四川信息职业技术学院
166	南京科技职业学院	194	广西电力职业技术学院
167	江西应用技术职业学院	195	山东电子职业技术学院
168	江西工业工程职业技术学院	196	上饶职业技术学院
169	泸州职业技术学院	197	河南工业贸易职业学院
170	青海建筑职业技术学院	198	新疆石河子职业技术学院
171	湖北三峡职业技术学院	199	天津城市建设管理职业技术学院
172	湖北城市建设职业技术学院	200	厦门软件职业技术学院
173	青岛恒星科技学院	201	四川科技职业学院
174	湖南机电职业技术学院	202	山东城市建设职业学院
175	宁夏工商职业技术学院	203	海南科技职业学院
176	江苏食品药品职业技术学院	204	河南建筑职业技术学院
177	江苏信息职业技术学院	205	湖北工程职业学院
178	云南能源职业技术学院	206	三亚理工职业学院

续表

序　号	院校名称	序　号	院校名称
207	重庆能源职业学院	212	赤峰工业职业技术学院
208	鄂尔多斯职业学院	213	鹤壁汽车工程职业学院
209	苏州信息职业技术学院	214	巴中职业技术学院
210	东莞职业技术学院	215	贵州建设职业技术学院
211	辽宁工程职业学院	216	贵州水利水电职业技术学院

第四节　我国工业与建筑安装与吊装技术发展方向

一、安装与吊装技术及行业发展展望

①我国工业与建筑安装施工企业安装与吊装技术要发展首先要进行工程系列化研发，把设计、加工制作、安装施工吊装技术进行集成、整合、一体化。

②集约化生产，就是要提高制作、安装与吊装施工工业化的水平。用一流的装备、一流的队伍、一流的技术、一流的管理水平、一流的材料才能建一流的工程。

③精细化管理。精细化，一是信息化，用数控来控制；二是程序化，沿着程序化、标准化、工厂化、专业化方向进行吊装技术的管理，要注重设计、生产、加工、安装、吊装、营销互动的每一个细节。

④品牌化经营。工业与建筑设计、制作、安装施工吊装能力强、知名度高、有社会责任感的企业应站在历史的高度，进行设计、监理、安装施工、吊装咨询一条龙的产业链，形成品牌化经营的态势，使得低水平的设计、粗糙的安装施工与吊装技术、退出历史的舞台。

当先进的工业与建筑安装施工吊装技术、高质量高标准的服务成为工业与建筑行业的主旋律的时候，工业与建筑业的吊装技术将永远充满其活力与发展前景。

二、安装与吊装技术发展方向

从目前全球的科技进步的态势上说，各行各业也在逐渐进入一个新的时代。随着以信息技术为代表的新技术革命的到来，全球吊装行业将进入新一轮迅猛发展和变革的浪潮中。技术的兴起让我们可以提高成本效率、重塑自身的吊装方式。可以预见，我们的周围必将出现一个设计更完善、可持续性更强的吊装环境。从我个人的角度来说，以下几项内容是一直在关注的：

（一）大数据 BIM 及云计算

广泛应用的吊装信息模型（BIM）接入云端，无疑将推动众多建筑安装领域的变革。全球各地的城市规划者正纷纷创建包含丰富数据的整个城市的实时模型。这些被集成到 BIM 流程中的数据一旦与云计算的强大能力相结合,可使我们得以进行仿真操作,了解关于城市规划与建设的相关情况。在安装吊装施工现场使用 BIM 模型有助于提高施工准确性、减少返工并降低成本。这将共同促进吊装施工的可持续性、安全性和生产效率的提升。

利用 AutodeskA360 等云端服务,项目团队可轻松部署和管理信息,并结合增强现实和现实捕捉数据来更新工作进展,使工作流实时反映在项目进程中。BIM 的现场能力云端共享可以让人们不受限制地获取信息。由于所有信息并不是绑定在某个地方的服务器上,因此只要有网络,就可以在任何地方访问以获得这些信息。这意味着项目经理可以离开办公室,在项目现场,甚至可以通过移动设备来访问 BIM 模型。这为施工现场管理提供了很多的可能性。

(二)现实捕捉和计算技术

现实捕捉和计算已经在改变各行各业的项目规划、设计、生产及运营与管理。这些通常利用激光扫描仪来捕捉的点云数据会被录入现实计算软件和云端服务,用来创建初始 3D 模型。这个过程能提高数据收集的准确性,同时加快进度,进而压低成本。我们将会看到基础设施行业在从水坝到桥梁的各类项目中创建和利用精密复杂的 3D 模型。这些模型将为设计师和管理人员提供前所未有的丰富洞察视角,让他们能够将自然灾害和危机管理等因素纳入项目建设进行考量。未来,通过现实捕捉和计算开发而成的 3D 模型将与强大的云端能源仿真软件相结合,帮助大家在建设的各个阶段做出明智的决策。

(三)物联网技术

物联网是指通过各种信息传感设备,实时采集任何需要监控、连接、互动的物体或过程等各种需要的信息,与互联网结合形成的一个巨大网络。其目的是实现物与物、物与人,所有的物品与网络的连接,方便识别、管理和控制。在这个巨大网络中,如何快速确立自身的位置,是摆在吊装行业面前的巨大机遇和挑战。

(四)3D 打印技术

3D 打印技术必将迎来新进展,这是毋庸置疑的。吊装部件的场外预制和 3D 打印能让建设过程更加高效,同时减少浪费、加强安全性。这对长期以来因生产效率提升缓慢、浪费严重、安全堪忧而饱受诟病的建筑行业无疑是重大的进步。但是,吊装行业会受到什么样的影响,大家要密切关注。

(五)三重底线

这不是一项技术,而是一种企业发展理念。1997 年,英国学者约翰·埃尔金顿(John Elkington)最早提出了三重底线的概念,他认为就责任领域而言,企业社会责任可以分为经济责任、环境责任和社会责任。经济责任也就是传统的企业责任,主要体现为提高利润、纳税责任和对股东投资者的分红;环境责任就是环境保护;社会责任就是对社会其他利益相关方的责任。企业在进行企业社会责任实践时必须履行上述三个领域的责任,这就是企业社会责任相关的"三重底线理论"。

我们国内企业至今仍然偏重于自己的经济责任,对其他顾及不足。中国文化倡导和谐发展。三重底线像是某种类型的平衡记分卡,促使企业自觉衡量其对社会和环境的影响,通过三方面责任的和谐,帮助企业得到可持续的发展。

第五节　百年安装路,共筑"中国梦"

"安装是赋予产品、生产服务、建筑生命和灵魂的过程,一种产品、一种生产服务、一幢建筑实用性如何、有哪些功能等,都需要通过安装来实现",时光流转,伴随祖国改革开放40多年,城市面貌日新月异,产品、生产服务建筑功能品质不断提高,这些变化,大家共知,感受真切记忆、时代的变迁和国家的发展,也凝结了广大安装吊装人的智慧和汗水。我撰写该书感到非常高兴,我讲四个字,"学习"和"服务"。一边好好学习、一边好好服务,发展我们的安装学科及安装技术、吊装技术。

实现中华民族伟大复兴的"中国梦"有四个时代特征:一是综合国力进一步跃升的"实力特征";二是社会和谐进一步提升的"幸福特征";三是中华文明在复兴中进一步演进的"文明特征";四是促进人全面发展的"价值特征"。

勇于创造出引领世界潮流的安装与吊装工程,这是安装人萌动而激越的梦想。当前我国经济发展新常态呈现出"速度变化、结构优化、动力转化"的新特点,在这一大背景下,我们要抓住机遇,使"中国安装与吊装"迈步走向"优质安装与吊装"和"精品安装与吊装"。

附　录

附录1　初心从未改　深情话吊装——吊装资深专家 杨文柱教授专访

中石油、中石化、中电力、中冶金、中核电、中建六大行业2017年11月在武汉召开第七届吊装技术交流会《石油化工建设》杂志记者对杨教授进行了专访(他因病未参会)作了远程视频发言(图1)。

图1

杨文柱教授是我国"工业与设备安装工程"专业的主要创建人和奠基人之一,是国内吊装领域的资深专家和导师,由他编著的教材、专著至今仍为行业内科技人员必备的主要参考资料。而他诲人不倦、乐于奉献、学习不止、勇于创新的精神,更是吊装从业者学习的楷模。

杨教授一直关心着吊装行业的发展,对历届"全国工程建设行业吊装市场研讨暨技术交流会"都提出过中肯的建议和意见。出于身体原因他不能亲临本届会议,但会务组在会前对杨老师进行了采访,请他谈一谈对行业发展的看法和在他眼中业内应该关注的趋势和问题。会务组根据采访形成本文,以飨读者。

P&CC:杨教授,"第七届全国吊装市场研讨暨技术交流会"2017年11月16日就要在武汉召开。得知您身体欠安,不能亲临大会,我们和广大与会代表都非常关心您的近况,同时也为不能在这次会上听到您的发言感到非常的遗憾。

杨文柱教授:谢谢大家的关心!但是我想要告诉大家的是,我现在虽有病缠身,但我的心不老。9月份"中国钢结构协会专家委员会"向我颁发了"终身成就奖",但我不会在"终身成就奖"的下面画个句号,我要在"终身成就奖"的基础上再起步!我觉得人民还需要我,安装事业还需要我,吊装工作还需要我,伟大的祖国还需要我。我还要力所能及地为国家吊装事业发展做点工作。

P&CC：您这么说真的让我们好感动！我们知道您对吊装事业发展的关心从未间断过。在过去这一两年中，哪项吊装工程给您留下的印象最深？

杨文柱教授：要说一个印象最深的吊装工程，那当然是港珠澳大桥系列吊装工程！它和宣传片中提的一样——是"建世纪工程、创千秋伟业"！

首先是其海底隧道最终接头的吊装。港珠澳大桥东连香港，西接珠海、澳门，是集桥、岛、隧为一体的超级跨海通道。其中，工程量最大、技术难度最高的是长约29.6千米的桥、岛、隧集群工程。港珠澳大桥岛隧工程海底隧道由33节沉管和一个最终接头连接而成，全长5664米，每个标准沉管长180米、宽37.95米、高11.4米、重近8万吨。单就隧道来说，这是我国第一条外海沉管隧道，也是世界上最长的公路沉管隧道和唯一的深埋沉管隧道，建设规模和建设难度都被誉为交通工程界的"珠穆朗玛峰"。

海底隧道最终接头长度为12米，是在30米深的伶仃洋海底将海底隧道安装对接成为一个整体。这个吊装工程就好比是"深海穿针"，也有人把这比喻成为"终极深海之吻"，工程难度和"太空对接"不相上下。

在各种报道和电视纪录片中都是这样说的："2017年5月2日凌晨5时53分许，最终接头的吊装作业正式拉开大幕，此后经过吊臂旋转到位、下沉入水、沉放着床、精确调位、小梁顶推、结合腔排水和贯通测量等多道工序，最终实现了港珠澳大桥岛隧工程的安装对接。"殊不知这些个工序里的每一项都体现出了中国工程技术管理人员的巨大付出和卓越技艺，其中的吊装工程更是反映出了中国吊装人的强大功力。

在港珠澳大桥项目中，另一项吊装工程同样了不起，那就是大桥海豚钢塔的整体吊装。"海豚塔"是整体设计、制造的，高105米，相当于35层楼的高度，重达2600多吨。如此高度、质量的钢塔要完成海上整体吊装，在国内外均无先例可循。在吊装时，"海豚塔"要经过滚装上船、180度翻身、起吊、空中竖转、横移就位与栓装等工序，每一项都是技术难度极大的挑战性工程。"海豚塔"一共有3座，2015年8月24日首座钢塔成功吊装；2016年1月16日，第2座钢塔成功吊装；2016年6月2日，最后一座"海豚"钢塔成功吊装完成。前后历时三年半之久，创造了世界桥梁大型钢塔整体吊装历史！

不知道你注意到了没有，工程负责人在接受采访时提到："以往的桥梁，都是小节段制造和吊装，而港珠澳大桥采用大节段整体制造、运输和吊装，使高空作业地面化，海上作业工厂化，有利于整个工程的质量控制，降低施工风险，同时也能更好地保护伶仃洋的生态环境。"吊装工程要同时注意保护生态环境，这可以说是时代发展赋予中国吊装人的新的担当。

P&CC：您选的项目真的和我们想到一块了！港珠澳大桥系列吊装工程的成功完成，代表国内吊装工程界经过多年拼搏、奋斗，工程技术水平已经迈进了世界先进行列。

杨文柱教授：是这样的。吊装是设备与结构工程安装施工的龙头工序，吊装的速度、质量、安全对整个工程起着举足轻重的作用。建国后的前 40 年我国吊装技术发展的道路是"自力更生、土洋结合、以小吊大、组合安装",形成了具有时代特色的起重技术。近 30 年来的改革开放给我国吊装技术提供了过去无法比拟的物质条件,现在我们吊装工程的发展方向是"吊件更难、技术更新、效率更高、成本更低",经过不断探索,形成了"自力更生、桅机结合、以小吊大、讲求效益"的中国吊装技术。

经过多年的沉淀与积聚,我国吊装科技整体水平大幅提升,一些重要领域跻身世界先进行列,某些领域正由"跟跑者"向"并行者""领跑者"的角色转变。当然,从总体上看,我国吊装科技创新基础还不牢,自主创新特别是原创力还不强,关键领域的核心技术受制于人的格局还没有从根本上改变。对此,我们既不能骄傲自满,也不必妄自菲薄。如果把科技创新比作我国吊装科技发展的新引擎,那么改革就是点燃这个新引擎必不可少的火花塞。采取更加有效的措施来完善点火系统,把创新驱动的新引擎全速发动起来,才能增强吊装科技自主创新的能力。

在技术方面,我很看好"桅机结合"的应用。"桅机结合"是指桅杆式起重机与自行式起重机,在机、电、液、气与控制系统等方面紧密结合的吊装方法。这种技术已经成功将计算机应用技术、网络技术、多媒体技术、数据库、数字传真、光纤通信、机器人、CAC、CAD、CAM、BIM 高新技术应用到吊装作业中,使吊装作业面的实景监控、数据和参数的自动采集、传输和处理、三维传真模拟、变形的预测预报、施工参数的自动调整和控制等得以实现,在很大程度上提高了我国传统吊装学科的现代化水平。

神华宁夏煤业集团 50 万吨/年甲醇制烯烃项目 C3 分离塔的吊装就是"桅机结合"的典型例子。该项目通过集约化生产,提高了 C3 分离塔制作、安装施工吊装工业化的水平。该项目所取得的创新成果,不仅将推动国家建筑安装与石油化工施工行业的技术进步,提高企业的竞争优势能力,还将更新起重吊装专业人才的知识结构,使之具备迎接科技创新、新世纪挑战的理论知识和技能,同时也是起重吊装技术发展史中的一次创新,影响深远,意义重大,有广泛的推广应用前景,无形潜在的资产是巨大的。

P&CC:改革开放 30 年真的推动了我们吊装行业快速发展。最近党的十九大提出中国特色社会主义进入了新时代,您认为在新时代我们行业应该如何适应新的形势?

杨文柱教授:我认为我国吊装行业一定要按照党的十九大指引的方向,团结全行业企事业单位、专家学者、企业家和上百万员工,共同胸怀梦想与理想、坚定信念,不动摇、不懈怠、不折腾,顽强、艰苦、不懈奋斗,为吊装行业发展做出更大的贡献。同时要注意以下几个问题:

第一,不搞单打一。

当前我国经济发展新常态呈现出"速度变化、结构优化、动力转化"的新特点,在这一大背景下,我国吊装行业的技术发展要进行吊装工程系列化研发,把吊装工程深化详图设计、加工制作、吊装施工技术进行集成、整合、一体化，不搞单打一。

第二，要搞集约化生产。

就是要提高制作、吊装施工工业化的水平。

第三，要搞精细化管理。

所谓精细化，一是信息化，用数控来控制；二是程序化，沿着程序化、标准化、工厂化、专业化方向进行吊装技术的管理，要注重设计、生产、加工、吊装、营销互动的每一个细节。

第四，要搞品牌策略。

中国吊装行业市场的不断发展，促使中国吊装行业逐渐进入品牌竞争时代。一方面，品牌展示了吊装企业的综合形象，具有不可估量的市场价值，它的形成始终贯穿于吊装企业的发展之中；另一方面，品牌又是一个吊装企业综合素质的标识，它不能被吊装企业的规模和业绩所替代。综观现代吊装企业的成功与失败，无一不与其品牌塑造的成败密切相关。因此可以说，品牌已经成为吊装企业生存与发展的重要支柱，以及安装企业参与国际竞争的利器；甚至可以说，品牌必然是未来吊装企业的核心竞争力。

当有社会责任感的吊装企业站在历史的高度，形成深化详图设计、制作、监理、安装施工、咨询一条龙的产业链，形成品牌化经营的态势；当先进的吊装施工技术，高质量、高标准的服务成为安装业的主旋律的时候，吊装行业将永远充满活力与发展前景。

P&CC：从目前全球的科技进步的态势上说，各行各业也在逐渐进入一个新的时代。

杨文柱教授：你说得对。随着以信息技术为代表的新技术革命的到来，全球吊装行业将进入新一轮迅猛发展和变革的浪潮中。技术的兴起让我们可以提高成本效率、重塑自身的吊装方式。可以预见，我们的周围必将出现一个设计更完善、可持续性更强的吊装环境。从我个人的角度来说，以下几项内容是一直在关注的：

第一，大数据 BIM 及云计算。

广泛应用的吊装信息模型（BIM）接入云端，无疑将推动众多建筑安装领域的变革。全球各地的城市规划者正纷纷创建包含丰富数据的整个城市的实时模型。这些被集成到 BIM 流程中的数据一旦与云计算的强大能力相结合，就可使我们得以进行仿真操作，了解关于城市规划与建设的相关情况。在安装吊装施工现场使用 BIM 模型有助于提高施工准确性、减少返工并降低成本。这将共同促进吊装施工的可持续性、安全性和生产效率的提升。

利用 AutodeskA360 等云端服务，项目团队可轻松部署和管理信息，并结合增强现实和现实捕捉数据来更新工作进展，使工作流实时反映在项目进程中。BIM 的现场能力云端共享可以让人们不受限制地获取信息。由于所有信息并不是绑定在某个地方的服务器上，因此只要有网络，可以在任何地方访问获得这些信息。这意味着项目经理可以离开办公室，在项目现场，甚至通过移动设备来访问 BIM 模型。这为施工现场管理提供了很多的可能性。

第二，现实捕捉和计算技术。

现实捕捉和计算已经在改变各行各业的项目规划、设计、生产及运营与管理。这些通常利用激光扫描仪来捕捉的点云数据会被录入现实计算软件和云端服务,用来创建初始3D模型。这个过程能提高数据收集的准确性,同时加快进度,进而压低成本。我们将会看到基础设施行业在从水坝到桥梁的各类项目中创建和利用精密复杂的3D模型。这些模型将为设计师和管理人员提供前所未有的丰富洞察视角,让他们能够将自然灾害和危机管理等因素纳入项目建设考量。未来,通过现实捕捉和计算开发而成的3D模型将与强大的云端能源仿真软件相结合,帮助大家在建设的各个阶段做出明智的决策。

第三,物联网技术。

物联网是指通过各种信息传感设备,实时采集任何需要监控、连接、互动的物体或过程等各种需要的信息,与互联网结合形成的一个巨大网络。其目的是实现物与物、物与人,所有的物品与网络的连接,方便识别、管理和控制。在这个巨大网络中,如何快速确立自身的位置,是摆在吊装行业面前的巨大机遇和挑战。

第四,3D打印技术。

记得两年前玛姆特公司的总裁在欧洲吊装协会年会上发言,风趣地提出,如果3D打印技术终将取代吊装工程,那么今后的协会年会就开不成了。3D打印技术必将迎来新进展,这是毋庸置疑的。吊装部件的场外预制和3D打印能让建设过程更加高效,同时减少浪费、加强安全性。这对长期以来因生产效率提升缓慢、浪费严重、安全堪忧而饱受诟病的建筑行业无疑是重大的进步。但是,吊装行业会受到什么样的影响,大家要密切关注。

第五,三重底线。

这不是一项技术,而是一种企业发展理念。1997年,英国学者约翰·埃尔金顿(John Elkington)最早提出了三重底线的概念,他认为就责任领域而言,企业社会责任可以分为经济责任、环境责任和社会责任。经济责任也就是传统的企业责任,主要体现为提高利润、纳税责任和对股东投资者的分红;环境责任就是环境保护;社会责任就是对社会其他利益相关方的责任。企业在进行企业社会责任实践时必须履行上述三个领域的责任,这就是企业社会责任相关的"三重底线理论"。

我们国内企业至今仍然偏重自己的经济责任,对其他顾及不足。中国文化倡导和谐发展,单靠一项很难获得成功。这或许是国内没有出现类似杜邦这样"伟大企业"的原因。三重底线像是某种类型的平衡记分卡,促使企业自觉衡量其对社会和环境的影响,通过三方面责任的和谐,帮助企业得到可持续的发展。我认为,在当前业内把自身市场称为竞争的"红海",企业之间充满不信任,企业发展遭遇瓶颈难于突破的情况下,三重底线尤其值得大家学习、应用。

P&CC:您的回答真的让我们吃惊!您的关注点这样广泛,并且是跨学科的,是当前最新的研究成果。请您告诉我们您是怎么做到的?

杨文柱教授：你们一定要记住：学习是一个人真正的看家本领。人之所以为人，学习是第一特点、第一长处、第一智慧、第一本源。学习不是消费而是投资，是赋予自己最高的奖励和最大的福利。没有不公平的能力，只有不公平的学习。

学习也是我国吊装事业发展的第一源泉。我们首先要树立终身学习求知的理念。我们的理念和行动是要始终坚持做到"边学习、边总结、边提升、边实践"。

1956年开始我在重庆南开中学上初中，一直到高中毕业。南开的校训是"允公允能、日新月异"。允公是大公，而不是小公；允能是要做到最能；日新月异是指不但每个人要能接受新事物，而且要成为新事物的创造者；不但要能赶上新时代，而且要能走在时代的前列。这是德才兼备，先做人、后做事的表达，也是创新的表达。这个校训成为自己终身实践的箴言。

在参加国内外石油、化工、冶金、电力、核电站、奥运、世博会、亚运会、少数民族运动会场馆钢结构工程等上百项高、重、大、精、柔、新、难的设备及特种结构吊装方案设计、攻关项目与科技成果评审中是学校、协会共同为我搭建了成长的平台。在吊装项目中摸、爬、滚、打，从肩扛道木、铺设道木与滚杠、接长钢丝绳、桅杆设计与验算、大型网架同步提升卷扬机功率的测定，起重滑轮组钢丝绳的穿绕方法与计算，经验公式提升到理论计算，撰写《设备起重工》《重型设备吊装工艺及计算》《起重吊装简易计算》，辞典，规范等，到机器人吊装的实践中，将我培育成为一枚设备与钢结构吊装的"螺丝钉"。

我一生的总结是：知识的积累，科学的建树，事业的有成，不是短距离的冲刺，它是信心、决心、恒心的结合，是用一身时间的长跑，要靠自强不息的学习、创新。

P&CC：您说得太好了！请您再谈一下您对中国吊装行业的期望。

杨文柱教授：百年吊装路，共筑中国梦。勇于创造出引领世界潮流的吊装工程，这是吊装人萌动而激越的梦想。当前我国经济发展新常态呈现出"速度变化、结构优化、动力转化"的新特点，在这一大背景下，我们要抓住机遇，使"中国吊装"迈步走向"优质吊装"和"精品吊装"。

中国吊装，创新发展，走向新时代，迈向新征程。

P&CC：谢谢您！在这里我们也代表参加本届全国吊装交流会的全体吊装人表达我们共同的心愿：祝您早日恢复健康，生活愉快！也请您继续关注我们的工作进展，多多提出意见和建议。再次感谢！

Page 28

初心从未改　深情话吊装

——吊装资深专家杨文柱教授专访

在"第七届全国工程建设行业吊装市场研讨暨技术交流会"开幕式上，杨文柱教授通过视频向与会代表表达了他对行业发展的心愿。

P&CC、杨老师，"第七届全国吊装市场研讨暨技术交流会"11月16日就要在武汉召开，将回忆这个特别的日子，我们将与

杨文柱教授：谢谢大家的关心！但

Page 29

一、大数据BIM及云计算

二、现实捕捉和计算技术

Page 30

第四、要搞品牌策略。

第二、要搞集约化生产。

第三、要搞精细化管理。

Page 31

三、物联网(IoT)技术

四、3D打印技术

五、三重底线

Special Edition of the 7th China Construction Industry Lifting Seminar
"第七届全国工程建设行业吊装市场研讨暨技术交流会"专辑

持续的发展。我认为，在当前业内把自身市场称为竞争的"红海"，企业之间充满不信任，企业发展遭遇瓶颈难于突破的情况下，三家既线尤其值得大家学习、应用。

P&CC：您的回答真的让我们吃惊！您的关注点这样广泛，并且是跨学科的，是当前最新的研究成果，请您告诉我们您是怎么做到的？

杨文柱教授：你们一定要记住：学习是一个人真正的看家本领。人之所以为人，学习是第一特点，第一长处、第一智慧、第一本源。学习不是消费而是投资，是赋予自己最高的奖励和最大的福利。没有不公平的能力，只有不公平的学习。

学习也是我国吊装事业发展的第一源泉。我们首先要树立终生学习求知的理念。我们的理念和行动是要始终坚持做到"边学习、边总结、边提升、边实践"。

我是白族人，1956年开始我在重庆南开中学上初中，一直到高中毕业。南开的校训是"允公允能、日新月异"。允公是大公，而不是小公；允能是要作到全能；日新月异是指不但每个人要能接受新事物，而且要成为新事物的创始者；不但要能赶上新时代，而且要能走在时代的前列。这是德才兼备、先做人、后做事的表达，也是创新的表达。这个校训成为自己终身实践的要求。

在参加国内外石油、化工、冶金、电力、核电站、奥运、世博会、亚运会、少数民族运动会场馆钢结构工程等上百项高、重、大、精、柔、新、难的设备及特种结构吊装方案设计、攻关项目与科技成果评审中是学校、协会共同为我搭建了成长的平台。在吊装项目中摸、爬、滚、打，从南红道木、铺设道木与滚杠、接长钢丝绳、桅杆设计与验算、大型网架同步提升卷扬机功率的测定，起重滑轮组钢丝绳的穿绕方法与计算，经验公式推导到推论计算，撰写《设备起重……》、《重型设备吊装工艺及计算》、《起重吊装简易计算》，辞典、规范…等拥抱这个吊装的实践中将我培育成为一位设备与钢结构吊装的螺丝钉。

我一生的总结是：知识的积累，科学的建树，事业的有成，不是短距离的冲刺，她是信心、决心、恒心的合金，要靠自强不息长期无限期射的创新、学习、服务与长跑。

"知识的积累，科学的建树，事业的有成，不是短距离的冲刺，她是信心、决心、恒心的合金，要靠自强不息长期无限期射的创新、学习、服务与长跑。"

杨文柱教授以这作为座右铭为国内吊装技术的发展做出了突出的贡献，成为了业内科技人员学习的榜样。图为杨文柱教授部分著作。

P&CC：您说的太好了！请您再谈一下您对中国吊装行业的期望。

杨文柱教授：百年吊装路，共筑中国梦。勇于创造出引领世界潮流的吊装工程，这是吊装人朝动而激越的梦想。当前我国经济发展新常态呈现出"速度变化、结构优化、动力转化"的新特点，在这一大背景下，我们要抓住机遇，使"中国吊装"逐步走向"优质吊装"和"精品吊装"。

中国吊装，创新发展，走向新时代，迈向新征程。

P&CC：谢谢您！在这里我们先代表参加本届全国吊装交流会的全体吊装人表达我们共同的心愿：祝您早日恢复健康！生活愉快！也请您继续关注我们的工作进展，多多提出意见和建议。再次感谢！

32 | 石油化工建设 2017.06

图 2

附录 2　人生最美夕阳红——访长江精工钢构集团顾问总工程师杨文柱先生

　　杨文柱教授简介：长江精工钢构集团顾问总工程师，曾任重庆建筑大学安装工程系主任，重庆大学安装技术研究所所长，中国安装协会理事、科委委员，四川省、重庆市安装协会副会长，四川省政协委员，四川省土木建筑学会理事、副秘书长，重庆科普作家协会副理事长等职务。出版《中国土木百科辞典》《建筑经济大辞典》《安装辞典》3 本辞典；参编国家标准GB 20231—98《机械设备安装工程施工及验收通用规范》等 10 本，任编委会副主任委员；出版《网架制作与施工》等专著 16 本；在国内外刊物上发表论文 100 多篇；获得省部级奖 40 多项。长期从事高、重、大、精、尖、柔钢结构起重成套技术的研究，参与过上海体育馆、白云国际机场南航基地迁建工程等很多重大工程，是我国著名的安装专家，国内工业和设备安装专业的主要创建人和奠基人，桅杆吊装技术的泰斗级人物，绰号"杨桅杆"。

　　古稀之年的杨教授，依然身体健壮，精神饱满，思维敏捷，丝毫看不出已是七十之人。5月 20 日上午，按照约定的时间，我们在杨文柱教授的办公室见到了正在忙碌中的他，杨教授热情地接待了我们。"我是先做人后做事，"杨教授开门见山对我们说，"我长期当大学老师，带学生搞科研，多年潜心研究钢结构制作与安装、桅杆吊装技术，最深的体会是先做人、后做事，换个说法就是要有'天、地、良心'（'天'指建筑屋面系统，'地'指地下工程与上部工程，'良心'指机器设备，强弱电、通风空调钢结构的安装），这比有知识有技术更重要。"

　　由于工作的关系，记者与杨教授接触比较多，杨教授给人的第一印象就是和蔼可亲。事实上也是这样，自从进入公司以来，杨教授就参与了国家体育场（鸟巢）、国家数字图书馆、北京首都国际机场 T3B 国家体育馆、白云国际会议中心等工程的施工组织设计或吊装方案工作，在工作的过程中，他给了公司的年轻技术人员以无私的帮助和指导，使公同年轻的技术力量迅速成长起来。由于杨教授和蔼可亲，知识渊博，在杨教授去现场指导工作之余，年轻的技术人员常常会说，杨老师给我们开个讲座吧，而杨教授总是欣然答应。

亲力亲为抓好"五个一"

　　杨教授说，2005 年 7 月，他进入浙江精工这个很有活力的团队，任顾问总工程师。由于我们公司承担很多国家重点项目，大多项目工期紧，质量要求比较高，因此如何保质保量按期完成任务是我们公司的声誉，也是保证我们公司如何做得更大更好更强的保证。杨教授从走进公司的第一天就意识到了这个问题，他向公司建议，必须努力做到"五个一"，充分发挥"四个作用"，坚持"四按三严格"。

　　"五个一"，即以一流的队伍、一流的技术、一流的装备、一流的管理水平、一流的材料，才能建设一流的工程。

"四个作用",即设计的龙头作用,监理的核心作用,施工单位的主体作用,业主的中心和协调作用。

"四按""三严格","四按"即施工安装按规范,操作按规程,检验按标准,办事按程序。"三严格"即严格遵循设计图纸,严格遵循招标文件,严格遵循合同文件。这些也是杨教授多年来从事工程建设积累的宝贵经验。

我们还了解到,国家数字图书馆的施工组织设计、北京首都国际机场 T3B 钢网架工程的安装施工都是在杨教授的指导下进行的。今年以来,他在总师办,在方总和孙总的指导关怀下,与大家一道成立了技术委员会,负责重大工程论文集的编撰工作,还和总师办与技术中心的同志们一道负责出版了公司内部的第一本刊物《钢构技术》,受到中国钢协专家委员会的一致好评。

一丝不苟落实"严准细"

杨教授告诉我们,在国家数字图书馆二期工程中,所有的主次桁架都是采用 Q345C 级钢材,用 30~80 毫米的钢板焊接而成的箱型杆件,桁架截面高度和上下弦、腹杆质量、拼装难度在国内都属首创。结构的安装施工方案采用整体提升,提升质量达 10200 吨,居国内外首次,在国内外有深远的影响。整个提升系统由承重系统、提升动力系统、电气控制系统和支撑系统组成。主桁架的现场拼装技术与拼装质量和工期的控制,是整体提升的关键。

为了保证现场的拼接质量和确保这一项目的整体提升成功,他提出了"严准细"的要求:"严",即要有严格的要求、严密的措施、严肃的态度;"准",即有关数据要准、计算要准、现场指挥要准;"细",即准备工作要细、方案措施要细。

杨教授在工地现场近两个多月,经常用他总结出来安装工程中的十个字教育现场的技术人员,即一焊接、二起重(搬运、吊装)、三卸载、四检测、五安全。杨教授的指导使现场工作进展顺利,屋面桁架的拼装仅用了 93 天就圆满完成了任务。工作中不断追求"创新"当我们谈到创新这个话题的时候,杨老师显得更加兴奋。杨教授的一生中都在不断追求创新,用他的话讲,凡事要求个第一。杨教授曾经是新中国成立后我国第一批跳伞运动员第一架滑翔机制造者,创办了国内第一个安装专业并成立安装协会,创办建设部核心杂志《安装》等,这一连串的第一表现了杨教授对创新的不断追求。1973 年,在上海体育馆比赛馆网架屋盖工程中杨教授等人用 6 根 50 米桅杆抬吊成功。该网架总重 660 吨,在地面组装后,整体提升到 2.22 米(即超过柱顶 50 厘米),随后在空中旋转 2°06′,再坐落到分布在 110 米直径圆周上的 36 个柱子上。整个网架共用 12 套滑车组(每个桅杆配置两套),每套滑车组用一台 100 千牛卷扬机拖动。提升只用了 1 小时 40 分钟,旋转花了 41 分钟。这一整体提升就位技术,引来了众多国内外同行参观学习。杨教授还指出,创新不一定要很大,在工程中可以体现在每一个很小的部位。在国家图书馆工程中,由于腹杆质量较大,腹杆的拼装就位精度将直接影响到整个工程的安装精度,杨教授提出在上弦杆未连接之前,设置一个可以调节腹杆支撑系统,这样腹杆的拼装精度得到了很好的保障。

提倡技术总结、技术创新、技术整合和技术管理

近几年,我们公司做了不少重大项目,在工程中解决了很多技术难题,可是工程做完以后,没有及时做技术总结,很多成功的经验没有得到保留和传播,这对公司来讲是很大的损失。杨教授进入公司以后就发现了这一问题并及时向集团领导汇报。这样在杨教授的建议下,2006 年 3 月,在集团总部成立技术委员会,成立公司内部刊物《钢构技术》,组织编写《2001 年至 2005 年重大钢结构工程论文集》,由杨教授担任《2001 年至 2005 年重大钢结构工程论文集》执行主编和《钢构技术》的副主编。杨教授在近几年每年都要出一本专著,可见他本人对技术积累的重视。杨教授还提倡技术整合,他说设计人员不能满足于设计图纸的水平上,要多下工厂了解加工工艺,多下工地了解拼装和安装过程,这样才能设计出经济合理、安全可靠的结构,这样的设计人员才是真正的设计人才。

杨教授进入公司时间不长,他以渊博的知识和极具亲和力的人格魅力赢得了大家的尊重和爱戴。集团董事长方朝阳这样评价杨教授:思维敏捷、经验丰富,看问题一针见血,和蔼可亲,极具亲和力,是精工技术文化的体现者。

图 1

附录3 广州新白云国际机场南航基地迁建工程指挥部对杨文柱教授的工作评价

广州新白云国际机场南航新机场基地首期建设总用地为2114亩,建筑面积为41万平方米,工程总投资达37.6亿元。其中机务区钢网架面积为30012平方米,货运站钢网架面积为72960平方米,飞机维修库,钢屋架总面积达96253平方米,属大面积、大质量(8000吨用钢量),大跨度(跨度为100米+150米+100米)、大厚度(77毫米),全部用进口英国钢材,技术含量高、安装施工难度大、工程品质要求高,是国内外关注的国家重点工程。因此特聘国内外知名的钢结构与设备安装专家杨文柱教授为广州新白云国际机场南航基地迁建工程指挥部高级技术顾问,工作从2002年3月1日至2004年7月,在两年多工作中主要承担钢结构工程与通州设备安装工程技术把关。在钢结构工程中是技术第一责任人。其工作业绩如下:

①编写货运站、机务区、2号汽车维修库、3号航材库、5号飞机发动机中转库、配餐楼动力设备、五本招标文件、修改货运站工艺设备、消防工程等招标文件共11本。

②对机务区网架工程、货运站网架工程、1号机务综合办公楼连廊钢桁架结构工程亲自进行技术交底、方案审查、方案实施,从选材、加工、制作、现场拼装,吊装方案的实施等都做了详细的技术关键指导。保证以上项目的工程质量,均评为优良工程。

③出任飞机维修库钢屋盖整体提升方案评审专家组组长,主持了提升方案的严格审查,并提出了增加自检,联合检查,专家检查和预提升作业指导书和落位技术措施等。使钢屋盖提升方案安全、可靠实施,现该项目已获2004年广州市结构优良工程,并获国家金奖。

④在工作期间,充分利用业余时间,为我国钢结构与安装学科的发展,始终不懈、呕心沥血地工作着。主编了《建筑安全工程》与《钢网架安装工程》,由国家机械工业出版社2004年出版发行,是畅销书,并向国务院提出建议,普及安全教育,将公共安全作为基本国策,改变"要我安全"为"我要安全"。国务院黄菊同志亲自做了批示,要国家安全生产委员会委采纳该意见。收到了良好的社会效果。

⑤针对不同时期工程质量与工程进度的要求,主编指挥部《机电设备安装工程施工管理程序及要点》《关于做好工程验收、设备试运转的准备及工程资料分类与归档工作的通知》《总工程师职责》《总工办工作职责》《关于加强广州新白云国际机场南航基地迁建工程中对机电设备、设施成品保护的通知》等,并提出,在工程建设中的设计龙头作用,监理的核心作用,安装施工单位的主体作用,业主的中心作用。安装施工必须按规范,操作必须按规程,办事必须按程序的严格要求,为保证工程质量,提供了技术保障与支撑。

⑥2003年广州遭遇30年一遇的"杜娟"台风当天,由于高度的责任感和总工办毛勇副总工程师主动提出检查有无精密设备还放在库区外,立即派车前往配餐楼、货运站、机务区

进行仔细检查,发现机务 3 号航材库的堆垛主机放在库区外凹地中,如不及时送到库内,必遭水淹,造成严重后果。便及时通知王绍熙副指挥长,又通知设备处将设备连夜转运到库区内,避免了堆垛机遭水淹的重大损失。

⑦对货运站冷库、制冷系统、配餐楼、机务区、货运站、南办公楼、南航服务楼、通风与空调工程系统与配餐楼工业锅炉安装工程进行关键性的现场技术指导和技术把关,使联动调试顺利进行并获"优良工程"称号。

⑧以专家身份参加了广州白云国际机场迁建工程航站楼、南航机库及综合配套项目国家初步验收会议。充分发挥专家技术把关的作用,提出了对新机场保驾护航,在工程技术上以精益求精的整改措施,保证了工程质量优良。

杨文柱教授在指挥部任高级顾问期间,从他以上的业绩中可以看出其强烈的事业心和责任感,严谨的工作态度,尽心、尽力、尽职、尽责,拼搏奉献,团结协作的精神。他在专业上基础扎实、知识全面,有深厚的学术造诣和丰富的实践经验,为南航迁建工程作出了卓越贡献。为我国钢结构与安装专业及学科发展始终呕心沥血地工作着。

广州新白云机场 南航基地迁建工程指挥部

2004 年 7 月

图 1

附录4 参与专业辞典编撰、安装名词术语辞典编写，参与编审国家规范、行业规范

表1

项 目	出版社	时 间	备 注
《中国土木建筑百科辞典》	中国建筑工业出版社	1999 年	任施工卷编委，编写全部安装词条
《安装技术名词术语》	安装杂志（分期出版）	1992—1998 年	任编委会副主任和主任委员
《建筑经济大辞典》	上海社会科学院出版社	1990 年	任编委和建筑能源部分主编

表2

序号	项 目	发布单位	实施日期	备 注
1	《机械设备安装工程施工及验收通用规范》GB 50231—98	国家技术监督局，中华人民共和国建设部联合发布	1998.12.01	任编委会副主任委员，编者
2	《起重设备安装工程施工及验收规范》GB 50278—98	国家技术监督局，中华人民共和国建设部联合发布	1998.12.01	任编委会副主任委员
3	《铸造设备安装工程施工及验收规范》GB 50277—98	国家技术监督局，中华人民共和国建设部联合发布	1998.12.01	任编委会副主任委员
4	《破碎、粉磨设备安装工程施工及验收规范》GB 50276—98	国家技术监督局，中华人民共和国建设部联合发布	1998.12.01	任编委会副主任委员
5	《压缩机、风机、泵安装工程施工及验收规范》GB 50275—98	国家技术监督局，中华人民共和国建设部联合发布	1998.12.01	任编委会副主任委员
6	《制冷设备、空气分离设备安装工程施工及验收规范》GB 50274—98	国家技术监督局，中华人民共和国建设部联合发布	1998.12.01	任编委会副主任委员
7	《工业锅炉安装工程施工及验收规范》GB 50273—98	国家技术监督局，中华人民共和国建设部联合发布	1998.12.01	任编委会副主任委员
8	《锻压设备安装工程施工及验收规范》GB 50272—98	国家技术监督局，中华人民共和国建设部联合发布	1998.12.01	任编委会副主任委员

续表

序号	项　　目	发布单位	实施日期	备　注
9	《金属切削机床安装工程施工及验收规范》GB 50271—98	国家技术监督局,中华人民共和国建设部联合发布	1998.12.01	任编委会副主任委员
10	《连续输送设备安装工程施工及验收规范》GB 50270—98	国家技术监督局,中华人民共和国建设部联合发布	1998.12.01	任编委会副主任委员
11	《桅杆起重机》GB/T 26558—2011	中华人民共和国国家质量监督检验检疫总局,中国国家标准化管理委员会	2011.12.01	审核人
12	《栓钉焊机会技术规程》YB 4353—2013	中华人民共和国工业和信息化部	2014.03.01	为主要起草人之一

附录 5 撰写及指导论文

表 1

序号	文章名	年.卷.期	期刊名	著者名次	备 注
1	大型网架同步提升时卷扬机功率的测定方法	1974.04	施工技术	唯一	
2	起重滑轮组钢丝绳的穿绕方法	1975.05	施工技术	唯一	
3	浅谈起重吊装技术概况	1978.03	起重运输机械	唯一	
4	国内外起重吊装技术的发展	1978.03	起重运输机械	唯一	
5	用自行式起重机吊装设备与构件计算方法	1975.05	建筑技术	唯一	
6	我国钢结构安装的辉煌成就	2015.11	中国安装协会	唯一	
7	安装企业发展的优势与特点	1984.11	全国安装技术情报网年会论文	唯一	
8	浅论国内外搬运技术的发展	1990.08	重庆安装专委会年会论文	唯一	
9	安装人才教育与培养	1990.11	中国安装协会	唯一	
10	钢结构工程起重技术发展与展望	2006 增刊	建筑结构	第一	
11	把我国吊装行业办成"学习型行业"	2009.01	吊装	第一	
12	钢结构工程设计、制作、安装技术整合、集成、一体化	2009.10	2009 全国钢结构学术年会论文集	第一	
13	浅论钢结构安装工程的卸载技术	2007.01	安装	第一	
14	钢结构工程焊接技术的重点、难点及控制措施	2007.02	安装	第二	
15	钢结构工程事故的类型、原因分析和预防	2007.06	安装	第二	
16	上海体育馆 600 吨钢网架整体吊装时受力分析与计算	2008.09	安装	第二	

序号	文章名	年.卷.期	期刊名	著者名次	备　注
17	论缆风绳初拉力与工作拉力的计算方法	2010.10	安装	第三	
18	国家体育馆钢结构工程	2007.12	安装	第一	
19	国家数字图书馆二期钢结构工程现场拼装技术	2006.11	安装	第二	
20	景洪水电站升船机厂房钢桁架接力吊装及屋盖滑移安装施工技术	2011.11	安装	第三	
21	成都玉垒阁山顶钢结构安装施工的技术难点及对策	2012.05	安装	第二	
22	在开创安装工程学科的基础上,努力开创、完善和发展钢结构工程学科	2012.06	中国安装协会论文集	唯一	会议时间 2011.12
23	地下管线建设应用非开挖技术的风险分析	1999.03	安装	第二	
24	高层建筑钢结构安装焊接施工质量控制	2000 增刊	重庆建筑大学学报	第二	
25	论建筑安装企业技术装备方案的拟订	1993.06	安装	第一	
26	高校职务发明和非职务发明的区分与管理	1999.01	高等建筑教育	第二	
27	地下管线无沟渠成套施工技术发展综述	1998.02	重庆建筑大学学报	第二	
28	国外地下管线无沟渠施工技术追踪	1998.02	安装	第二	
29	建筑业在国民经济基础的地位和作用	1998.05	中国建设科技文库	唯一	
30	工程缆风钢丝绳的计算分析	1996.04	安装	第二	
31	地下管线无沟渠成套施工技术发展综述	1997.10	中国安装协会 管道专业委员会	唯一	
32	导电紫铜排手工电弧焊	1997.05	安装	第二	
33	试论工交科普读物的实用性	1986.12	四川省科普创作协会	唯一	

续表

序号	文章名	年.卷.期	期刊名	著者名次	备 注
34	普及高科技 发展科普学	1989.03	四川省科普创作协会	唯一	
35	安装工程学科创建及系董事会办学模式的实践	1999.03	中国安装协会科学技术委员会	唯一	
36	浅论工业设备安装工程的特点	1988.03	重庆市科学技术协会	唯一	
37	用自行式起重机吊装设备与构件时起重滑轮组允许偏角的研究	1990.07	建筑技术	唯一	
38	安装企业的发展优势和特点	1984.08	全国安装技术情报网论文	唯一	
39	用自行式起重吊装设备的计算方法	1986.11	重庆市科学技术协会	唯一	
40	差分方法在多门滑轮组中轴设计中的应用	1986.11	四川建筑	唯一	
41	对成都市建筑工程管理局拟定技术装备方案几点论述	1993.12	四川省土木建筑学会	唯一	
42	增强安装行业的科技意识,促进安装行业的发展	1992.03	重庆市土木建筑协会	唯一	
43	地下管线建设应用非开挖技术的风险分析	1998.09	中国安装协会管道专业委员会	唯一	
44	关于成都市搞好国有建筑安装企业,推进项目法施工的情况和思考	1992.11	四川省土木建筑学会安装专业委员会	唯一	
45	人才教育与培养	1992.10	四川省土木建筑学会	唯一	
46	国内外设备的搬运与装卸技术的发展	1991.01	重庆市安装工程专业委员会	唯一	
47	建筑安装企业实施ISO9000的研究	1996	硕士论文(尹清辽)	唯一	第二导师
48	建筑安装工程质量管理	1997	硕士论文(温素英)	唯一	导师
49	起重吊装作业过程中的计算机辅助计算与分析方法的研究	1991	硕士论文(林立)	唯一	第一导师

序号	文章名	年. 卷. 期	期刊名	著者名次	备　注
50	国际工程风险分析、管理和对策	1999	硕士论文（杨承炜）	唯一	第一导师
51	住宅产业化发展模式及评价	2001	硕士论文（夏秋）	唯一	第一导师
52	模糊数学在建筑安装工程质量检验评定中的应用	1999	硕士论文（郑周练）	唯一	第二导师
53	中国非开挖技术产业发展模式的研究	2001	硕士论文（何晓婷）	唯一	第一导师
54	非开挖技术应用过程中环境效益评价指标体系的研究	2001	硕士论文（黄伟）	唯一	第一导师
55	城市型项目法施工的研究	1997	硕士论文（王建新）	唯一	第二导师
56	建筑安装业工程项目材料管理	1995	硕士论文（黄铁兵）	唯一	导师
57	推举法吊装的计算机模拟和分析方法的研究	2001	硕士论文（郭圣桦）	唯一	第一导师
58	略论绿色建筑与生态建筑	2001.03	重庆建筑	第五	
59	对我国建筑安装施工企业技术装备的论述	1994.03	四川建筑	唯一	
60	论建筑安装业在国民经济中的地位和作用	1996.11	四川建筑	第一	
61	市场 职能 项目——谈成都全兴酒厂扩建工程实践的超越	1994.12	中国改革纵横谈论文集	唯一	
62	用自行式起重机吊装设备的计算方法	1979.05	施工技术	唯一	
63	起重滑轮组的钢丝绳穿绕方法	1976.04	起重运输机械	唯一	
64	验证钢丝挠度公式实验与分析	1988.09	设备安装施工验收规范	第二	
65	浅谈起重吊装技术概况	1978.03	起重运输机械	唯一	
66	安装企业经管理的初探	1983.09	四川省建筑学会安装专委会	唯一	

续表

序号	文章名	年.卷.期	期刊名	著者名次	备注
67	知识经济与创造性人才培养	1999.03	中国安装协会	唯一	
68	浅论在我国设置《安装工程》专业的必要性	1995.09	中国安装协会	唯一	
69	浅论设备的管理、使用、维护与检修	1982.11	西南安装技术情报网年会论文	唯一	
70	利用构筑物吊装设备与构件时机具受力分析	1982.01	建筑技术	唯一	
71	我国吊装技术的发展与展望	2012.10	重庆建工学院科技论文	第一	
72	略论我国钢结构吊装技术的发展特点与展望	2011.04	安装	第一	
73	论高层超高层钢结构详图设计、加工制作、安装施工的重点、难点及对策	2012.10	2012中国钢结构行业大会论文集	第一	
74	论钢结构工程人才、设计、制作、安装施工一体化	2013.10	安装	第二	
75	结合"中国梦"来圆我们的"安装梦"	2013.09	安装	唯一	
76	论高层超高层钢结构工程安装施工的重点、难点及对策	2011.12	安装	第三	
77	论钢结构工程人才与深化及详图设计、加工制作、安装施工的整合、集成及一体化创新	2014.10	2014中国钢结构行业大会论文集	第一	
78	百年安装始于足下圆安装梦	2015.11	安装	唯一	
79	我国钢结构安装的辉煌成就	2015.11	中国安装协会	唯一	
80	在开创安装学科基础上努力开创完善钢结构学科	2015.11	中国安装协会三十年	唯一	
81	中国安装业的展望与发展方向	2016.02	安装	第二	

附录6　主编、参编著述

表1

序号	书名	出版社	出版时间	备　注
1	重型设备吊装工艺与计算	中国建筑工业出版社	1978 年第 1 版，1984 年第 2 版	唯一作者
2	设备安装工艺	中国建筑工业出版社	1989 年	主编
3	设备起重工	中国建筑工业出版社	1980 年第 1 版，1986 年第 2 版	唯一作者
4	设备起重工(二级工)	中国建筑工业出版社	1981 年	唯一作者
5	设备起重工(三级工)	中国建筑工业出版社	1981 年	唯一作者
6	设备起重工(四级工)	中国建筑工业出版社	1981 年	唯一作者
7	安装钳工(三级工)	中国建筑工业出版社	1982 年	唯一作者
8	机械设备起重工作手册	内部交流，非公开发行	1979 年	任编委，一机部一、二、三机电安装公司编
9	工程建设质量控制	中国建筑工业出版社	1997 年	任编委
10	建筑安全工程	机械工业出版社	2004 年	主编
11	网架结构制作与施工	机械工业出版社	2005 年出版，台湾高教出版社再版	主编
12	精品工程集	长江精工钢结构集团内部交流	2007 年	任执行主编，撰写国家体育场"鸟巢"等工程
13	起重吊装简易计算	中国机械工业出版社	2007 年	主编
14	钢结构工程施工工艺标准	中国计划出版社	2003 年	任编委，主要编写人之一
15	中国安装业四十年	中国建筑工业出版社	1989 年	任编委
16	中国安装协会三十年	中国建筑工业出版社	2015 年	任编委
17	建筑安装工程学	机械工业出版社	2015 年	第一编著者

表 2

序号	书名	出版社	出版时间	备 注
1	中国科普名家名作	中国科普作家协会、山东教育出版社	2002 年	被收录的名作家
2	中国当代技术人才荟萃	香港中国经济出版社		被收录的名作家
3	科技专家名人咨询通讯录	同济大学出版社	1992 年	被收录的专家学者
4	中国改革纵横谈（第五册）	中国经济出版社	1994 年	《市场、职能、项目谈成都全兴酒厂扩建工程实践的超越》一文被收录
5	中国少数民族专家学者辞典	辽宁民族出版社	1994 年	被收录的专家学者
6	中外名人辞典	中国国际交流出版社	1998 年	特约顾问编委，被收录的专家学者
7	云起南国	羊城晚报出版社	2004 年	被介绍的专家学者

图 1

附录7 专 利

　　笔者在深入安装、吊装现场学习、实践的同时,撰写多篇论文、多部专著,考虑相关人才稀缺的国情,将各种创新都撰写在论文和专著中了。本项专利申请的背景是:当时笔者在四川华神钢结构公司任顾问总工程师,公司想保留国家认同的钢结构技术中心,但缺专利项目,经总经理多次要求,笔者同意将多年积累的"一种斜撑可调的钢结构支撑"申请专利(表1与图1)。

　　作为第二责任人,申请川建法(2012)406号 SCGF062—2011 异型空间钢结构卸载技术工法一项(图2)。

表1

专利名称	国别	申请时间	授予时间	发明人名次
一种斜撑可调的钢结构支撑	中国	2011年5月20日	2011年11月20日	第一

图1

图2

附录8 获部、省、市级,学会、协会,院校等各种奖励

表1

序号	项目名称	时 间	奖 项	备 注
1	《重型设备吊装工艺的计算》	1987.12	重庆建筑工程学院科学技术二等奖	唯一作者
2	《重型设备吊装工艺与计算》	1989	获中国建筑联合会安装协会科学技术委员会科技成果三等奖	唯一作者
3	《设备安装工艺(上、下)》	1991.10	中国建筑联合会安装协会科学技术委员会第三届安装科技进步三等奖	第一作者
4	《设备安装工艺(上、下)》	1992	建设部优秀教材二等奖	第一作者
5	《设备起重工》	1991	首届高士其科普基金奖学院一等奖	唯一作者
6	《设备起重工(二级)》	1991	首届高士其科普基金奖	唯一作者
7	《设备起重工(三级)》	1991	首届高士其科普基金奖	唯一作者
8	《设备起重工(四级)》	1991	首届高士其科普基金奖	唯一作者
9	《安装钳工(三级)》	1991	首届高士其科普基金奖	唯一作者
10	《建筑安全工程》	2006	中国安装协会科技成果一等奖	第一作者
11	《钢网架结构制作与施工》	2006	中国安装协会科技成果三等奖	第一作者
12	《加快改革步伐,探索办学新型机制》	1994	中国建设教育协会优秀论文	唯一作者
13	《地下管线无沟渠成套施工技术发展综述》	1997.10	中国安装协会管道专业委员会优秀论文一等奖	第一作者
14	《试论工交科普读物的实用性》	1986.12	四川省科普创作协会优秀论文	唯一作者
15	《普及高科技 发展科普学》	1989.3	四川省科普全创作协会优秀论文	唯一作者

序号	项目名称	时间	奖项	备注
16	《安装工程学科创建及系董事会办学模式的实践》	1999.3	中国安装协会第四届科技成果三等奖	独立完成
17	《浅论工业设备安装工程的特点》	1989.7	重庆市科学技术协会优秀学术论文	唯一作者
18	《用自行式起重机吊装设备与构件时起重滑轮组允许偏角的研究》	1990.7	重庆市科学技术协会优秀学术论文	唯一作者
19	《浅淡起重吊装技术概况》	1986.11	重庆市科学技术协会优秀学术论文	唯一作者
20	《用自行式起重吊装设备的计算方法》	1986.11	重庆市科学技术协会优秀学术论文	唯一作者
21	《差分方程方法在多门滑轮组中轴设计中的应用》	1986.11	重庆市科学技术协会优秀学术论文	第一作者
22	《对成都市建筑工程管理局拟定技术装备方案的几点论述》	1993.12	四川省土木建筑学会优秀论文一等奖	唯一作者
23	《增强安装行业的科技意识，促进安装行业的发展》	1992.3	重庆市土木建筑协会优秀论文	唯一作者
24	《地下管线建设应用非开挖技术的风险分析》	1998.9	中国安装协会管道专业委员会优秀论文一等奖	第一作者
25	《关于成都市搞好国有建筑安装企业，推进项目法施工的情况和思考》	1992.11	四川省土木建筑学会优秀论文一等奖	唯一作者
26	《人才教育与培养》	1992.10	四川省土木建筑学会优秀论文二等奖	唯一作者
27	《国内外设备的搬运与装卸技术的发展》	1991.1	重庆市土木建筑协会优秀论文	唯一作者
28	把我国吊装行业办成"学习型行业"	2011.7	成都华神科技集团股份有限公司2010年度科技成果优秀奖	独立完成
29	《加快改革开放步伐探索办学新型机制》	1994.7	中国建设教育协会普通高等教育委员会优秀论文奖	第一作者

续表

序号	项目名称	时 间	奖 项	备 注
30	《设备起重工》	1989.10	中国建筑业联合会安装协会第二届科学技术进步奖二等奖	唯一作者
31	《设备起重工》安装工人技术学习丛书第一版	1984.12	重庆市科普创作协会科普作品一等奖	唯一作者
32	《设备起重工》安装工人技术学习丛书第一版	1985.11	重庆建筑工程学院科学技术一等奖	唯一作者
33	《设备起重工》安装工人技术学习丛书第二版	1989.1	重庆市科学技术协会、重庆市科普作家协会重庆市第二届优秀科普作品二等奖	唯一作者
34	建筑安装业在国民经济中的地位和作用	1999.3	中国安装协会科学技术委员会第四届科技成果评审大会三等奖	第一项目负责人
35	建筑安装业在国民经济中的地位和作用	2011.7	成都华神集团股份有限公司华神集团2010年度科技成果优秀奖	第一项目负责人
36	产学结合,建立广泛稳固的实习基地	2000.3	重庆建筑大学第四届教学成果奖二等奖	第四项目负责人
37	优秀教学	1985.9	重庆建筑工程学院1984—1985年度优秀教学二等奖	
38	优秀教学	1986.9	重庆建筑工程学院1985—1986年度优秀教学二等奖	
39	教学优秀成果	1989.10	重庆建筑大学机电工程系教学优秀成果奖	
40	优秀教师	1994.10	重庆建筑大学1993—1994年度优秀教师	
41	科普创作积极分子	1988.5	重庆市科普创作协会1987年度科普创作活动积极分子	
42	优秀中层干部	1997.3	中共重庆建筑大学委员会评选,1996年度,优秀中层干部	
43	工作积极分子	1989.12	中国建筑联合会安装协会第一届(1985—1989年度)工作积极分子	

序号	项目名称	时　间	奖　项	备　注
44	先进个人	1990.12	重庆土木建筑学会评选,先进个人	
45	民主学派先进个人	1996.12	重庆大学建筑大学民革支部、民盟总支部、致公党支部、九三学社评选,1995—1996年民主党派先进个人	
46	重庆市"红岩好教师"	1996.11	重庆市委宣传部、共青团重庆市委员会、重庆市教育委员会、重庆市文化局、重庆市青少年教育领导小组办公室评选,1996年度,重庆市"红岩好教师"	
47	工作先进个人	1996.11	四川省土木建筑学会第七次代表大会第六届理事会,学会工作先进个人	
48	突出贡献奖	2000.4	重庆科普作家协会评选,"从事科普创作多年,做出突出贡献"奖	
49	"十佳"名师	2008.4	绍兴市总工会评选,绍兴市第一轮"千名技师带高徒"活动,"十佳"名师奖	
50	1984—2014年中国钢结构三十年杰出贡献人物	2014.10	中国钢结构协会评选,1984—2014年中国钢结构三十年杰出贡献人物	
51	中国安装协会30年科技进步贡献奖	2015.11	中国安装协会评选,中国安装协会30年科技进步贡献奖	
52	中国钢结构协会终身成就奖	2017.9	中国钢结构协会专家委员会评选,中国钢结构协会终身成就奖	

附录9　部分聘书、奖状、证书

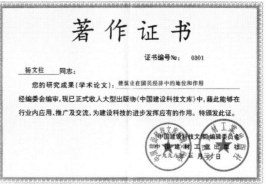

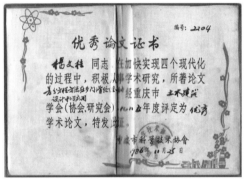
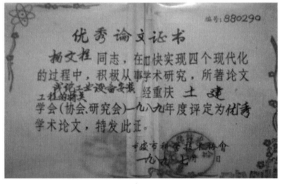

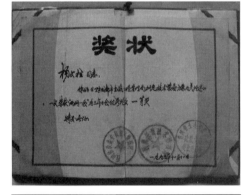

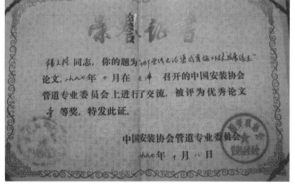

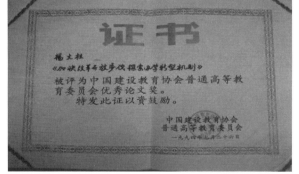

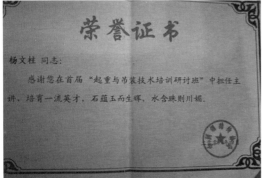

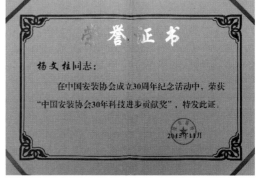

参考文献

［1］杨文柱.重型设备吊装工艺与计算［M］.2 版.北京:中国建筑工业出版社,1984.

［2］杨文柱.浅谈起重吊装技术概况［J］.北京:起重运输机械杂志,1978(3).

［3］杨文柱.设备起重工［M］.北京:中国建筑工业出版社,1980.

［4］杨文柱.设备起重工(二级工)［M］.北京:中国建筑工业出版社,1981.

［5］杨文柱.设备起重工(三级工)［M］.北京:中国建筑工业出版社,1981.

［6］杨文柱.设备起重工(四级工)［M］.北京:中国建筑工业出版社,1981.

［7］杨文柱.安装钳工(三级工)［M］.北京:中国建筑工业出版社,1982.

［8］杨文柱.差分方法在多门滑轮组中轴设计中的应用［J］.四川建筑,1986(11).

［9］杨文柱.设备安装工艺［M］.北京:中国建筑工业出版社,1989.

［10］杨文柱.用自行式起重机吊装设备与构件时起重滑轮组允许偏角的研究［J］.建筑技术,1990(7).

［11］全国监理工程师培训教材编写委员会.工程建设质量控制［M］.北京:中国建筑工业出版社,1997.

［12］杨凌川,杨文柱,赵献金.导电紫铜排手工电弧焊［J］.安装,1997(5).

［13］杨文柱.建筑安全工程［M］.北京:机械工业出版社,2004.

［14］杨晓杰,杨文柱,陈志江,等.钢结构工程事故的类型、原因分析和预防［J］.安装,2007(6).

［15］杨文柱,徐建设.国家体育馆钢结构工程［J］.安装,2007(12).

［16］杨文柱,杨晓杰,钱琳.浅论钢结构安装工程的卸载技术［J］.安装,2007(1).

［17］杨文柱,杨晓杰.论高层超高层钢结构详图设计、加工制作、安装施工的重点、难点及对策［J］.2012 中国钢结构行业大会论文集,2012(10).

［18］杨文柱,杨晓杰.论钢结构工程人才与深化及详图设计、加工制作、安装施工的整合、集成及一体化创新［J］.2014 中国钢结构行业大会论文集,2014(10).

［19］杨晓杰,杨文柱.中国安装业的展望与发展方向［J］.安装,2016(2).

［20］杨文柱,杨晓杰,王保健,等.略论我国钢结构吊装技术的发展特点与展望［J］.安装,2011(4).

［21］杨文柱.大型网架同步提升时卷扬机功率的测定方法［J］.施工技术,1974(4).

［22］杨文柱,杨晓杰.钢结构工程起重技术发展与展望［J］.建筑结构,2006(增刊).

［23］杨文柱.差分方法在多门滑轮组中轴设计中的应用［J］.四川建筑,1986(11).

［24］孙关富,杨文柱,陈志江,等.钢结构工程焊接技术的重点、难点及控制措施［J］.安装,2007(2).

［25］杨文柱.建筑业在国民经济基础的地位作用［J］.中国建设科技文库,1998(5).

［26］杨文柱,杨晓杰,杨晓燕,等.论我国吊装技术的发展与展望［J］.中国机械,2012(10).

［27］中国建筑工程总公司.钢结构工程施工工艺标准［M］.北京:中国计划出版社,2003.

［28］杨文柱.起重吊装简易计算［M］.北京:机械工业出版社,2007.

［29］杨文柱.网架结构制作与施工［M］.北京:机械工业出版社,2005.

［30］杨文柱.建筑安装业在国民经济中的地位和作用［J］.安装,2010(11).

［31］杨文柱,杨晓杰,杨晓燕,等.建筑安装工程学［M］.北京:机械工业出版社,2016.